THE CAMBRIDGE ENCYCLOPEDIA OF AMATEUR ASTRONOMY
剑桥天文爱好者指南

MICHAEL E. BAKICH
[美] 迈克尔·E.白凯奇 著
李元 马星垣 齐锐 曹军 等译

CTS K 湖南科学技术出版社

译者序

把我国的天文爱好者活动和时代接轨

两年多以前我受湖南科学技术出版社之约请组译英国剑桥大学出版社《剑桥百科》系列中的一部《剑桥天文爱好者指南》(2003年版)。当我翻阅样书之后，觉得这是一本很有实际指导意义的好书，也是我从事天文工作60年来看到的最实用和最新的著作。本书中译本的出版，有助于把我国的天文爱好者活动和时代同步，和国际接轨。虽然任务重大，我还是把这件工作接了下来，有赖于诸位专家同行的合作，特别是湖南科学技术出版社慧眼识珠，挑选了这部著作并进行了大量有效的工作，才使本书奉献给中国读者，特别是我国的天文爱好者们。

由于历史的原因，我国的天文爱好者活动（或业余天文学事业）起步很晚，水平较低，和欧美、日本等国家和地区相距甚远。

在20世纪的二三十年代，在中国近代天文事业的奠基人高鲁的倡导下，于1922年成立了中国天文学会，学会章程明确提出：本会以求专门天文学之进步及通俗天文学之普及为宗旨。1930年创办了《宇宙》期刊（到1949年），对我国天文学的普及和培养天文爱好者起了促进作用。

为了指导天文爱好者的观测，我国主要引进外国天文著作。1920年出版了高鲁等译的英国R. Ball著《图解天文学》，刊有大量天文观测图表。1935年又出版了陈遵妫编译的《星体图说》《宇宙壮观》《恒星图表》等，这些都是20世纪前50年的参考用书。

新中国成立后，情形才逐步有了较大的发展。1949年开始出版《大众天文》月刊（到1953年），并成立了天文爱好者的组织——大众天文社（活动到1955年），该社的一些社员成为后来我国一些天文机构中的骨干力量。1956年科学出版社出版了紫金山天文台译自苏联的《天文爱好者手册》(多次重印)。1957年北京天文馆建成，它成为我国天文普及中心和天文爱好者之家。1958年创刊了《天文爱好者》期刊。1977年，开始出版由紫金山天文台与北京天文馆合编的《天文普及年历》，年出一册，这些都有力推动了我国天文爱好者活动的开展。1965年出版了李珩译自法国的世界天文科普名著，弗拉马利翁的《大众天文学》；1984年出版了李珩、李元合译的世界名著P·诺顿的《星图手册》(均由科学出版社出版)。改革开放以来更是出版了大量天文图书和星图手册，在许多科技馆、各级学校中建立了不少的中小型天文馆（天象厅）和天文台，再加上自购天文仪器的天文爱好者显著增多，使我们天文爱好者的活动大为开展，有的已达到世界水平。在此回顾多年往事，真是感慨良多。例如1948年，当时在清华大学物理系就读的沈良照独立发现了1948L彗星，他立刻用航空信通知紫金山天文台，经我们观测证实了他的发现，但限于当时的通信条件无法取得国际认可。还有江西的段元星1975年独立发现天鹅座新星。只有河南的张大庆2002年发现的彗星，由于联系及时，才被国际天文学联合会正式命名为"池谷-张"彗星。这也是我国天文爱好者发现的第一颗获得国际命名认可的彗星。

在我国天文爱好者活动日趋增长的情况下，指导性的图书是非常重要的。我们在选择国外此类图书的过程中也是做了许多的调研工作。其中值得介绍的有英国版的几种：J. B. Sidgwiek 编著的 *Amateur Astronomer's Handbook*，从1955年到1980年多次出版，600页，这本《天文爱好者手册》详细介绍了天文观测仪器设备，单引用的参考文献就有近600篇之多；它的姐妹篇为 *Observational Astronomy for Amateurs*（《天文爱好者的观测天文学》），近400页，也有大量参考文献，详述各类天体的观测内容与技术。由于这两本书分量过大，内容相当专业，虽然引进了原版但并未翻译。此外，世界著名天文普及大师，英国天文学家Patric Moore的近著，500页的大书 *Data Book of Astronomy* 2000年最新版也是值得参考的。

我们之所以选译了这本《剑桥天文爱好者指南》，是因为它内容全面、适中，而且资料最新。最可贵的是提供了大量当代活跃的一些天文爱好者的实测事例和经验。虽然和我们的国情不尽相同，但大部分是有用的。

本书由多位译者合作翻译，分工如下：

前言、序言及1.1：李元、霍志英、郭霞；第一章1.2~1.4：宋禹忻；第二章：曹军；第三章：王军、宋禹忻、戴明；第四章：戴明；第五章5.1：李元，5.2~5.6：戴明、齐锐；第六章6.1~6.12：李鉴，6.13：戴明；第七章：马星垣；名词解释：高建；附录：李元、曹军。

此外，李元和齐锐还负责翻译的组织工作。李元通读全稿并进行了一些补译、更新和注释。全书内容庞大，项目复杂，虽经努力但错误难免，敬请批评指正。

自从进入新世纪以来，我国的天文爱好者及其活动在数量和质量上有了很大的提高。为了把我国天文爱好者的活动推向一个全新的阶段并与国际接轨，走向世界，我们愿此书成为天文爱好者的良师益友，并作为向北京天文馆建馆50周年呈献的一份厚礼。

李元

2007年五一节于北京

序 言

你想观察夜空，可不知道从哪儿开始；你准备买设备，但不知道哪个更适合你；你想得到成果，但是不知道怎样才能做到，到头来，你无从下手。这本书可以满足你的要求，购买它可能是你成为一个天文爱好者的第一步。

实践，如果我能用一个词来总结我试图用这本书达到的目的，那这个词一定是“实践”。有许多内容质量很好的天文书，我不是要说它们有什么错误。毕竟，我也写过两本！然而本书真正反映了许多涉及天文学的具体实践，它的主要目的是帮助读者学习怎样去“做”天文。

40年前我开始学习认识星空。我想当一

作者梦想中的望远镜。一架带自动指向驱动的500毫米星空主人。这是Rick Singmaster的私人“旅行望远镜”，由星空主人望远镜公司制造。(作者摄)

个人很小就开始学习并持之以恒，那么任何学科都难不倒他。毕竟，作为一个在天文馆工作多年的教育工作者，我常常努力向人们展示“天空是奇妙的”，并热衷于看他们对此的反应。在大多数情况下，这对他们来说不容易理解。事实上，我已经习惯于看到许多人睁大眼睛表示出迷惑。“你怎么知道那是木星？”“这对于我是一架好望远镜吗？”“啥时我才能拍出我看到的天象？”这只是刚入门的天文爱好者问的无数问题中最常见的三个问题。

我想说的是这本书提供了一些答案：那些新的可以给天文爱好者派上用场的技巧、技术，以及指导他们怎样着手开始入门的计划。前面的几个章节介绍了包括一些术语和概念在内的应用知识。回顾这些信息对爱好者更有启迪作用。资深的爱好者，也能从这许多章节中挑拣出有用的信息。

这本书只是一个入门，它不是一个终点。每一个主题涉及的信息是多方面的。如果你通过我提供的“重点”，自己浏览了这本书，你将走在正确的道路上。每人的学养不同，则本书提供的“重点”可能也会有不同。也因为这个原因，我提供了一个附带说明的资料目录以及编目、相关软件和网站信息，为那些希望在一个特殊主题上深入探究的爱好者提供帮助。我们中的每一个人都会对这本书中的一两个主题感兴趣。不管是什么主题，我都希望这本书不仅对你更好地理解天文学有帮助，而且更重要的是提高你的实践能力，使你更好地去“做”天文。

前 言

凭借一幅活动星图和祖母看戏的小望远镜，9岁时我就成了一个天文爱好者。我儿时的家在俄亥俄州的库亚霍伽瀑布市，在我家的前院，我可以认出织女星和夏季大三角，还有许多夏季明亮的银河星团。多年以后，我已经能熟练地识别星座和观察天空，我发现自己花在观测星空的时间越来越多。在拥有了一架望远镜、几个目镜和一些精美的星图之后，我开始沉溺于搜寻暗淡的深空天体，并且在夜晚持续观测努力捕捉行星图像中微小的细节。但是比这更有意义的，是我结交了许多天文爱好者——他们成为我的良师益友。

没有什么能比夜空本身这样持久地贴近我的心灵。随着时光的流逝，我越来越沉浸于夜空带给我的自然环境。当我在郊外独自或者和三五好友一起，在黑暗中注视着遥远的夜空时，没有任何地方能让我觉得如此暇逸和自然。城市偏执狂们不会对我夜里在乡间行走，长时间地向上遥望带来的愉悦有同感，也不会像我那样为夜间活动所需要的特殊环境和所有的管理员们去交涉。我对此一点也不厌烦。每个漆黑的夜晚，我都能深深地投入到一片广袤——人迹罕至的广袤中去，那里完全与世隔绝。我见过的事物和地方很少，即便这样也是人类已经看见的，去过或没有去过的地方。只有在那儿——即使用我们这个世界上所有特殊的空间，全部已知的人类的时间都无法与之匹敌——只有那儿，在夜空里，我才能发现我的真谛。夜空是我真正的家。

现在，距我第一次用看戏的小望远镜遥望夏季的银河已经有20年了，我已经可以舒服地躺着，等着我的机器人望远镜和我的电子照相机拍摄星空的变化以便日后分析。这个装备，使我的后院变成了一个全副武装的专业天文台，据此天文台观测结果发表的科学专著也得到了IAU的认可。

我没有失去用眼睛、双筒望远镜和望远镜观察天空的热情。但是20年来我的爱好已经有了变化。在刚开始接触天文时，我只有一架8英寸（译注：1英寸为2.54厘米。）的配备有德国赤道仪装置的望远镜，当时那是一架大型望远镜，并带有一个旧的C-8部件，对于那些拥有小汽车或跑车的人来说这是一个新奇的玩意儿。我用一架4.5英寸的反射望远镜进行观测，那是我叔叔在一次天文学会上买来送给我的——这架望远镜的光学装置至今仍在使用。几年后，一种廉价的地平设计的望远镜风靡了所有的天文爱好者——道布森革命给我们带来了很大的冲击。在20世纪80年代中期，我把望远镜升级成10英寸的Coulter dob，根据重量判断，它是由高密度材料制造的。很快广角目镜迅速取代了窄视角普罗素，成为观测者目镜的首选。不久，道布森就不再像小型卡车一样重了。到了20世纪90年代初，计算机革命迅速普及，我们开始用计算机控制的望远镜、CCD照相机进行观测，并且通过网上的天文爱好者论坛进行交流。

业余天文爱好者运用装备的技巧，简而言之，不是一成不变的。这些变化使一些老手感到震惊，他们越来越龟缩到他们的天文台和星空派对，固守传统的方式进行隐蔽的观测。（就我而言，我把自己也看成是“老手”中的一员，这些变化已让我震惊。）而其他人对这些变化欣然接受，并追逐新变化带来的乐趣。这些变化吸引了一大批新的天文爱好者的加入——他们有的还运用最新的技术小试牛刀，或者已经把它当作工具使用；同时，其他一些爱好者则更偏好“复古”，以将天文爱好者的这些传统方法继续传承下去。

本书为今天我们如何成为天文爱好者提供了指南。对于我们大多数人来说，它可以告诉我们曾经到过哪儿。那些寻找自信的初学者和资深天文爱好者将会在这里得到许多教益和愉悦。我期盼我能充分利用这本书，希望你们也能！

过去的20年飞驰而过。现在我们感兴趣的是未来的20年我们会在哪里遥望星空。当你们到那儿的时候，一定会看到我。你们会在某个黑暗的地方发现我。

Jeff Medkeff

《天空和望远镜》特约编辑

目 录

第一章　背景知识

1.1　宇宙简说

做一个天文爱好者是很愉快的，那里有很多不同的而且有趣的领域。但是在我们要去开展天文活动前，让我们先从一次小小的星际旅行中去了解一些我们将要观测的事物，我们就从地球出发吧。（有经验的观测者可以略去。）

地球

地球是一颗行星。行星和恒星的区别是

↙在密苏里州的堪萨斯城，Gil Machin和他自制的超级400mm牛顿式望远镜。Gil把望远镜安装好以便观测。（作者摄）

↑月球。(加利福尼亚州Valencia的Robert Kuberek摄)

行星自己不发光（不过像木星等大行星也会辐射一些能量）。行星也大多比恒星小，所以看起来它们是绕恒星运动的（也可以确切地讲恒星和行星是围绕着它们共同质量中心运动着）。对太阳系来说，行星是环绕太阳的天体。

从太阳那里算起，地球是第三颗行星。最靠近太阳的是水星，其次是金星。这三颗行星就是内行星或地内行星。比地球离太阳远的依次是火星、木星、天王星、海王星和冥王星。这些就是外行星或地外行星。行星中四颗行星（木星、土星、天王星、海王星）都比地球大，另外四个则比地球小。比地球大的四颗行星，它们的主要构成的气体、较小的岩石非金属核心方面也有所区别。冥王星可能主要由冻结的气体组成，其他三个较小的行星类似地球的构成。(译注：2006年8月由国际天文学联合会代表大会表决通过，冥王星降位为矮行星，不再属于行星系列。)

月球（月亮）

从地球出发后的第一站就是月球。月球的直径大约是地球直径的四分之一，但是质量小得多。它绕地球一周大约是$27\frac{1}{3}$天，完成了圆缺形状的全部循环。这个月球周期是从新月（从地球上看不见）开始。新月(朔)时月球正处于太阳和地球之间。

日食和月食

有时我们会看见月球从太阳前走过。这就叫作日食。日食可以是全食，就是月球把太阳全部遮住。遮住一部分的叫偏食。还有一种日环食，那时月球离地球较远，虽然它正好从太阳表面经过，但不能把太阳全部遮住，我们就看到太阳呈现一个圆环。日食并不是每一个$29\frac{1}{2}$天内都发生，是因为月球的轨道倾斜于地球绕太阳的轨道，因此即使在新月的时候，月球也会从太阳的上面或下面经过。

此外，还有月食。月食发生在满月（望）时。那时地球处于太阳和月球之间，月食有全食和偏食。地影分两个部分，靠里的黑暗部分叫本影，较亮的外影叫半影。月球没有进入本影的月食叫作半影食。月球进入本影时会发生月全食或月偏食。

观测者对新月前后的观测没有兴趣。实际上当上、下弦月的前后两周的时期，月光较暗是观月的佳期，上下弦的月球只能观测

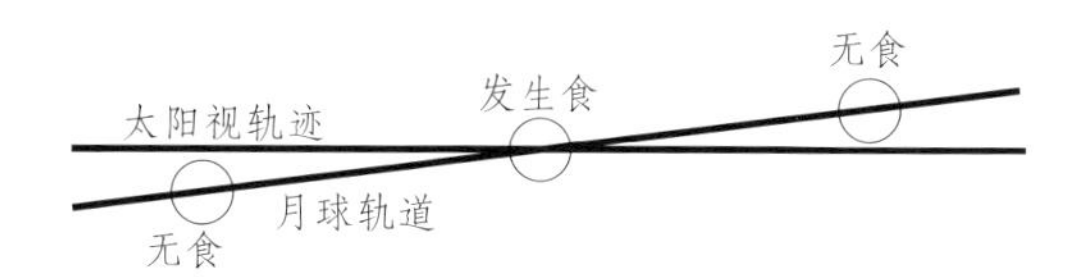

↑太阳视轨迹和月球轨道的两个交叉点被称为交点。只有当满月在其中一个交点时才会发生月食。当太阳处在相同的点时发生日食。当太阳和月球分别位于相对的交点时，发生月食。

↑满月时（阳光直射月面）细节消失最不利于观察月亮。(霍莉·Y.白凯奇绘)

半个夜晚（上弦月时从日落到夜半；下弦月时从夜半到日出）。还有一点要说明的，因为阳光照射月面的角度不同，使得弦月时的亮度只有满月时的百分之十。一般不去观测满月也是由于太阳光的角度。当满月时，太阳在观测者的背后。这时月球上的日影是最短的，细节消失不利于观察。想仔细观测月面细节的最佳位置是月面上的明暗相接线。这条线是指出日出（当处于新月和满月之间）或日落（满月和新月之间）的线，也叫作明暗界线。

水星和金星

当我们的目光越过月球向前看（对着太阳的方向），我们会遇到水星和金星，因为它们的轨道小于地球的轨道，所以永远不会在离太阳很远处看见它们。最远时，水星离太阳只有28°，金星是47°。度数是在天空中测量距离的单位。这种距离叫作角距离，当你在观测时就要使用，这不是以英里和千米计算的真正距离（译注：1英里等于1.6093千米）。要建立角度测量的概念，首先是用你的臂膀去量，伸展臂膀，你的拳头大约是10°，伸出一个指头大约为2°。在天空中粗略估计距离的方法还可用北斗七星。七星中的两颗指极星的距离略大于5°，从北斗星的指极星顶上的一颗到弯曲斗把的最后一颗星，大约为25°。其他帮助我们测量距离的方法，以后还会谈到。

水星是一颗小的行星，一般天文爱好者们很少仔细观测它。金星比较大也比较接近地球，但是它的表面全部被厚厚的云层覆盖。有时，用相当好的设备可以观测到金星云层的结构。这些我们在以后的观测金星一节内会细谈。

水星和金星与地球和太阳之间可以有两种排列。其中之一是它们处于日地之间，称为下合；如果它们位于太阳的另一端，则称为上合。正如同日食那样，平常这三个天体并不会在一条直线上。然而不论是水星还是金星，如果它们和地球正处于一条直线时，行星就会以一个黑点的形态出现在太阳面上，这就是凌日。水星凌日是少见的，但更为罕见的是金星凌日（两次金星凌日的间隔在百年以上）。

太阳

在我们把目光从内行星的方向移开之前，让我对太阳略谈几句。太阳是一颗恒星，就像我们在夜晚天空中看到的星星一样。它是一颗普通的恒星。大约有一半的恒星体积比它大些，另半数的更小些；有一半的星星更热些，另一半星星更冷些；有一半的星星质量更大些，另一半星星的质量更小些。但是比这更重要的是，太阳是一颗稳定的恒星。

太阳有两种巨大的力。首先是引力，引力是由太阳本身的物质产生的（别的天体也是这样）。引力要把太阳所有的物质都拉向中心；和引力相反的一种力量则由太阳核心的能量所产生。那里的温度高达1500万摄氏度，在氢原子中心原子相互撞击（至少是在原子核）而产生了氦原子。在这一过程中，当能量释放时一些物质损失了。这就是

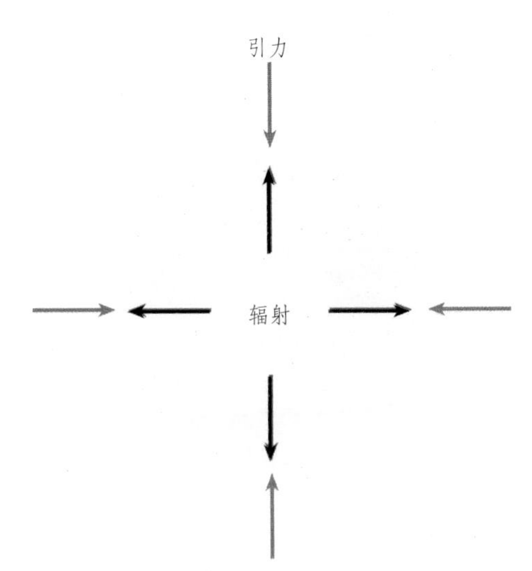

↑像太阳这样的稳定恒星，引力和辐射是平衡的。（霍莉·Y.白凯奇绘）

太阳发光的原因。我们大多数人可能至少听到过爱因斯坦的著名公式$E=mc^2$。这是一个对物质（公式内的m）可以转换成能量（E）的简明解释。

火星

继续我们往外的行程，我们来到火星。在所有行星中，火星最像地球。火星的一天比24小时略长一点。自转轴的倾斜（这是指自转轴并不垂直，地轴倾斜是23°）也类似地球。也就是说像地球一样，火星也有四季的区分。火星温度变化的幅度比任何其他行星都更接近地球的情况，虽然它的平均温度仍然是很寒冷的。火星也是天文爱好者靠望远镜可以看出它表面细节的唯一行星。

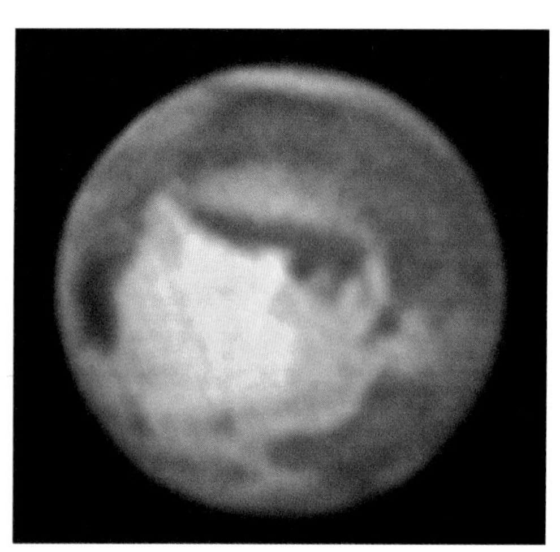

↑新加坡的Tan Wei leong于2001年6月20日世界时16:18拍摄的火星照片。（Celestron C11和SBIG ST7E CCD照相机）

小行星带

位于火星和木星之间有一个小行星带，它们也是环绕太阳运转的许多岩石体，公转周期3~6年。在这个区域内有成千上万的小行星。其中最大的谷神星（Ceres），直径也只有930千米。有些小行星并不属太阳系的范围，它们的区域更为广远。有些小行星在太空中接近我们的区域，它们叫作NEOs，即近地天体。

木星、土星、天王星和海王星

木星、土星、天王星和海王星都叫作类木行星（木星族行星），或气体大行星。从构成上来讲它们更像太阳，然后才像地球。它们是由氢和氦以及少量其他气体组成的。当我们观测这些行星的时候，我们只能看到它们大气的表层。在爱好者的望远镜中天王星和海王星仅仅能露出一些细节（除颜色以外）。木星和土星可以分辨出细节。

即使用小望远镜，木星也会显示它的条纹和四个明亮的卫星。木星快速旋转使它的表面特征有大的变化。土星以它的漂亮的光环而闻名。当然，土星也不是唯一有环的行星。另外三个气体大行星也有环。在结构上，那些环都是由薄的黑暗的物质组成，从地球上无法直接看到。土星环就不是这样，它们是由又大又亮的冰晶和覆盖冰的石块组成。

冥王星

我们从太阳往外的旅行，最后一颗行星是冥王星，用天文爱好者的中型望远镜能看到它。它看起来就像一颗恒星，不论怎么看它也只是一颗微弱的星点，你当然需用一份很好的星图去找到它。

柯伊伯带

在冥王星的外边还有大量太阳系的天体。一个由彗星组成的盘状体叫作柯伊伯带，从冥王星往外延伸数千个地日距离那么远。顺便说一下，地日平均距离有一个专用名词，天文学家称它为天文单位；常常缩写为AU。

奥尔特云

太阳系的延伸可以用奥尔特云确定下来。离太阳更远处有更大的彗星群。奥尔特云离太阳有3万~10万个天文单位。奥尔特云中最远的彗星群，略大于和我们与最近恒星距离的三分之一。

彗星

在前面两节中已经谈过彗星，但是仅仅

↑哈雷彗星，1986年1月4日，亚利桑那州Naco。（8″f/1.5 Celestron史密特照相机，5分钟曝光on hypered TP 2415胶卷，Arizona，Sierra Vista的David Healy摄）

把它们当做远离太阳的冰状天体来看待的。往往是当彗星靠近太阳的时候我们才能在天空中找到它们。这时，太阳的热开始把构成彗星的冰蒸发。（彗星的另一混合物是尘埃物质。）此刻彗星发展出彗发，（包围彗星中心体的气体云，彗发形成时，这中央体叫作彗核。）同时还能产生一条彗尾，这也就是观测者开始激动之时。彗尾巨大的明亮气体使人容易观测它。任何一个彗星到底有多亮要基于下列三个因素：（1）彗星本身的构成；（2）和太阳的距离；（3）和地球的距离。彗星越靠近太阳，它也变得越亮。然而，如果彗星处于太阳的另一边，这时从地球上看去它就未必有那么明亮，这就是为什么哈雷彗星（以及其他彗星）有时看起来明亮，有时又仅能辨认。

恒星

从我们的太阳系延伸出去，我们将看到恒星。恒星离我们非常遥远，需要用新的距

↑大犬星座，最亮星为天狼星。在原灯片上还可见到M41，M46，M47，M50和M93。梅西耶（M）天体在后文中会谈到。（作者摄）

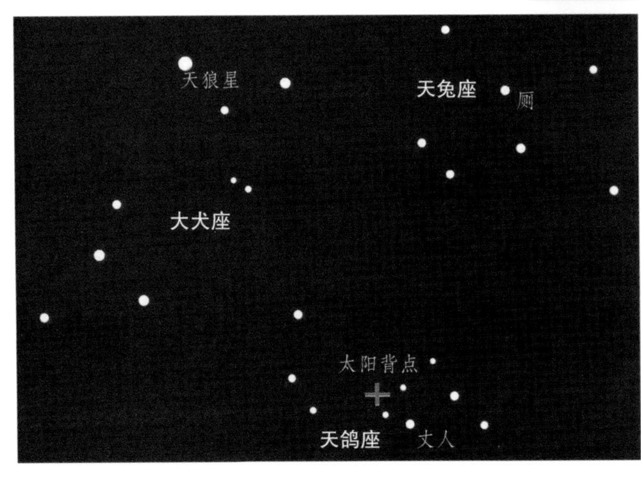

←太阳背点位于天鸽座内，天狼星的东南方。由于银河系的自转，太阳系向远离太阳背点的方向运动。

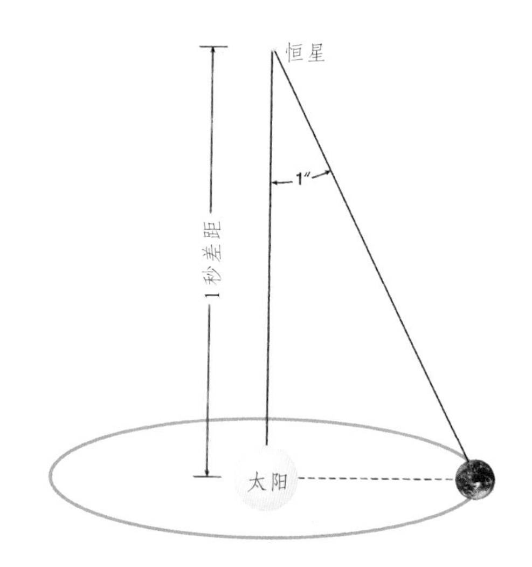

↑以地球轨道的半径为基线，向远方天体所张的1°角的视差为一个秒差距，所有恒星都大于1秒差距。(霍莉·Y.白凯奇作图)

离标度来描述量。比如，夜空中最亮的是天狼星。它从秋末到仲春时节最易观测，猎户座腰带延长线上最亮的恒星就是天狼星。当天文学家们描述恒星的距离时，他们不用千米，而是用光年或秒差距。

光年听起来好像是时间单位，其实是距离单位。光年是指在一年内光行走（光速的每秒钟30万千米）的距离。通过简单计算，我们就发现1光年约为9.5万亿千米！而天狼星距离我们8.65光年。

秒差距理解起来稍有点难，因为这不仅仅是数学作图。1秒差距就是当天体的视差为1角秒时的距离，而视差是指从地球轨道的两端分别测量天体时所得到角度的一半。1秒就是1度的1/3 600（非常微小）。仰望星空时，人们无法用千米来测定两个天体彼此的距离，天文学家只能测量角度。1圆周是360°，1度又是60分，1分又等于60秒。这样就知道任何物体在一秒差处的距离略大于$3\frac{1}{4}$光年（更精确的为3.2616光年）。

↑昴星团（七姊妹星团），金牛座中一个非常年轻的疏散星团。用SBIG ST 7e NABG照相机，通过SBIG CLA 尼康镜头 adapteron on a Viven GP-DX EQ mount.80mm 尼康镜头，10分钟曝光。(加利福尼亚州 Chris Woodruff摄)

恒星有多种类型。所有的恒星都要经过“诞生”、“成长”和“衰亡”的阶段，（这样描述有利于我们解释恒星的不同存在阶段。）恒星诞生于巨大的气体云中，这些气体云位于星系内部，主要由氢和氦组成。气体云在自引力作用下坍缩，使压力和温度增高。这种坍缩一直持续下去使恒星温度升高到10 000 000 ℃。这时，核聚变开始发生。较轻的原子可以被巨大的能量加速而相互碰撞，聚变成较重的元素。最常见的转换发生于氢原子碰撞的合并，最后聚变为氦。在这种情况下，氢的一小部分质量转变为能量。我们要感谢爱因斯坦帮助我们理解这一过程。$E=mc^2$是他的著名公式。简言之，公式表明能量等于质量乘以一个巨大的常数即光速的平方。这就说明为什么小的质量能产生巨大的能量，核聚变促成了太阳和其他大量恒星的发光。

当一颗恒星开始氢燃烧（只发生在恒星中心，也叫核区）时，便迅速达到一种两力平衡的状态。一种是来自自身能量的力（向外流动），另一种是由引力产生的力（拉向内部）。当这两种力达到平衡时，就可以说这是一颗稳定的恒星。这也是我们的太阳到现在为止最重要的特征——太阳是稳定的。如果太阳的温度、大小等都发生波动变化，那么，显而易见，地球上不可能有生命的存在。

我们可见的大部分恒星都处于中年时期（有时叫作氢燃烧阶段，是由于恒星把氢作为燃料）。这一阶段的长短完全依赖于恒星的质量。大质量、热的恒星，它们的中心部分温度极高，所以它们中心的氢将很快被燃尽（至少在天文学上时间尺度上很快）。像我们太阳这样质量小些的恒星，这一阶段可能有数十亿年（太阳的中年时期估计为10亿年，目前它已在这一阶段过了近一半时间）。

大质量（注意这是指质量而不是尺寸的大小）恒星是很亮的，中心具有极高的温

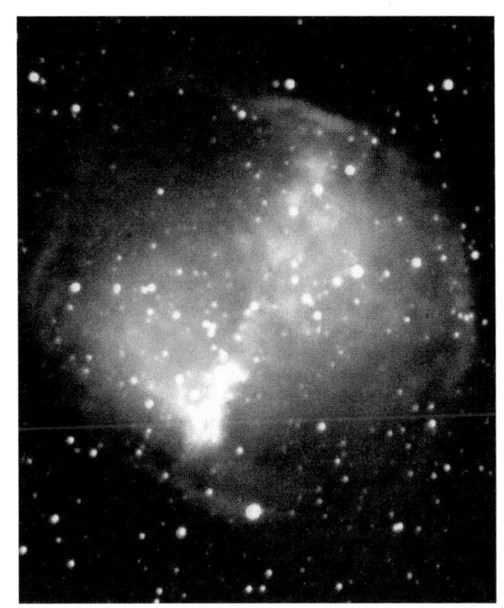

↑M27，照片由亚利桑那州Sierra Vista的David Healy于1998年7月18日拍摄。三色影像合成用SBIG ST-8 CCD照相机，红：20分钟，绿：30分钟，蓝：60分钟（Meade 16″LX200@f/6）

度，寿命很短。恒星能量的释放使它尺度逐渐变小，原因是“拔河游戏”中引力战胜了能量，恒星开始收缩。这样又引起新的变化。恒星中心的温度和压力的增加，很快使氦燃烧并产生能量。因为氦燃烧比氢具有更高的温度，令其释放更多的能量，所以恒星外层膨胀直到能量和引力重新达到平衡。这时恒星变成一颗红巨星。另外一些较重的元素将在更高温度下燃烧使恒星变为红超巨星，但这一阶段将很快结束。此时的恒星将会发生不同的事情。

行星状星云

一种情况是恒星继续燃烧核区外的氢和氦并制造能量，恒星表面就会出现涨落而成为一颗变星。当失控时，气体层将被抛出，形成一个气体壳，这就是我们所说的行星状星云。对于天文爱好者来说，将有许多机会观测行星状星云。很多这类天体都非常明亮并且容易观测。

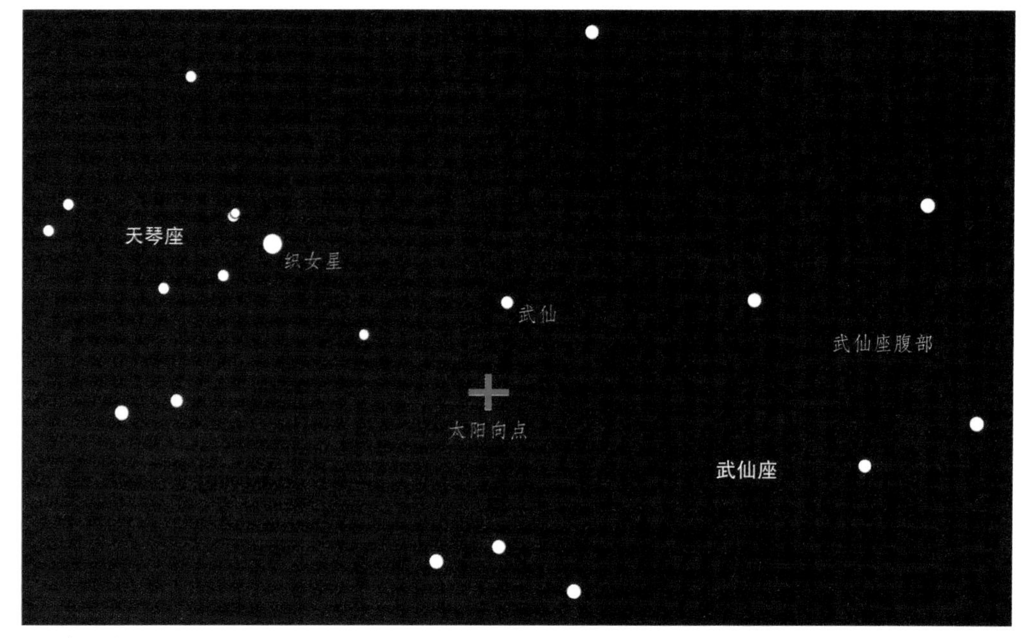

↑朝着太阳向点前进的路，或太阳向点，太约是在离武仙座θ星3°方向，和这一点最靠近的就是织女星。太阳向点是太阳带领太阳系天体在空间运动的方向，这是由于银河系自转形成的一种运动。

白矮星

当恒星的外层被喷出之后，核心区会收缩到大约地球的大小，我们称之为白矮星。由于恒星没有足够的质量去克服物质内部电子排斥而产生的力，使其无法进一步收缩。天狼B星可能是第一颗被发现的白矮星。从星名上可以看出它是夜空中最亮恒星天狼星的伴星。它是在1862年被著名的美国望远镜制造家A·克拉克发现的。在天狼星的明亮光辉淹没下，这颗伴星是很难发现的，除非它位于轨道的足够远端。在本书后面的双星一节中有一幅图显示了天狼B星的最佳观测时刻。

超新星

非常大质量的恒星将继续按顺序燃烧重元素并产生更多的能量。然而，一旦铁元素形成，更进一步的燃烧将不再发生。因为铁元素是非常稳定的，在铁核生成之后，恒星在自身引力的作用下会迅速地坍缩，同时恒星表层大量气体就会喷发出去。这颗星就变成了超新星。超新星是宇宙间最大能量的爆发，它的光亮常常会照亮它所在的整个星系。

中子星

超新星爆发过程伴随着极大的能量。恒星核心被压缩到非常小的尺度，以至于质子和电子相互合并形成中子。中子星的物质密度比白矮星大过1亿倍。我曾听说，一汤匙的中子星物质比地球上的任何一辆汽车都重。

脉冲星

如果一颗恒星爆发变成超新星，并产生一颗旋转的中子星，根据角动量守恒定律，中子星将快速旋转。就像一个溜冰的人缩回手臂紧抱身体而加速旋转那样。中子星上可能会形成由磁场诱发的热斑，当这些亮斑经过我们的视场时，我们就会观测到中子星一闪一闪或称之为脉冲的现象。这

←天琴座，在明亮的织女星左上方可以看到双双星，它们是一对双星，但又各为一对双星。（德国 Kronberg 的 Ulrich Beinert 拍摄，柯达 Elite Chrome 200胶卷，增感一次。尼康 F2 + 50mm Nikkor 镜头）

种星就叫脉冲星。用天文爱好者的设备是看不到脉冲星的。

黑洞

如一颗恒星的质量为太阳的6倍到8倍甚至更多的话，一个比中子星还要奇特的天体便形成了，天文学家创造了“黑洞”这个名词，可能“看不见的星”更形象一些。黑洞是非常猛烈的超新星爆发而形成的，这巨大的力使物质聚集在恒星的核心且被压缩到令人无法相信的密度。在引力和能量的拔河游戏中，黑洞得到最后的胜利。黑洞的引力场特别强，任何东西——甚至光线——也无法逃逸。即使专业天文学家用最大的望远镜也无法直接观测到。简单地说就是看不见。它的形态可以从它对邻近恒星的影响，或吞噬邻近恒星的气体中显示出来。

星座

所有能看见的恒星都被组合成星座，今

↑船底座η星云，天空一大奇观。（澳大利亚，维多利亚州，Balliang East 的 Steven Juchnowski 拍摄，曝光20分钟，用 Fuji HG400 装在 Celestron 5 at f/6.3 望远镜上完成）

天共有88个星座（星座表见附录A）。星座并不互相覆盖，它们之间也不留空隙。星座界限是在1928年加以确定公布的（1930年印行）。今天当我们说某一天体在某一星座时就是说这个天体是在早已公布了的星座界限内发现的。

我想所有的天文爱好者们应该至少熟知那些最主要的星座。在研讨会上当问到天体位置时，答案常常以某星座相对位置标示，如“它在牧夫星座”。如果你不知道牧夫星座在哪里时，就要有人指给你。最好去认识那些四季星座，通常可以在每季的中期日落以后去认识星座。

除了花点时间去了解天上星座的位置和图形以外，你还要学会星座名称的正确读音（见附录A）。对啦，我当年学习时常把黄道星座中心两个星座名称混淆，那是Scorpio（天蝎座）和Capricorn（摩羯座）。如果你听到人家讲到这两个星座时，你自己应该注意免得混淆。

除了正规的88个星座之外，还有一些不正规的天空的星的组合。如大熊星座中的大杓星（北斗星）和人马星座中的茶壶星（中国把人马座中的六颗星叫南斗星——译注），非正规的星群还往往不是出于一个星座，例如夏季大三角就是由天琴座、天鹰座和天鹅座中的三颗星组成。

星云

“星云（nebula）”一词来源于拉丁文的“云（cloud）”。当我说星云就是说在太空中由气体和尘埃组成的云。星云主要分为两类：发射星云和反射星云。在发射星云里的原子受到星云内部的大质量高温恒星的激发而发光。这类星云一般是红色的，因它们几乎全部由氢组成，当氢受到激发而发光时，

←猎户星座中的发射和反射星云（NGC1973，1975，1977）。有时也把它们叫作“奔跑的人”星云。（美国康涅狄格州Avon的Robert Gendler摄，总曝光时间为100分钟，用1MG 1024相机，FL1，12.5″Ritchey-Chretien at f/7.5）

红光是最强的颜色。发射星云常有黑暗的区域，那是由于云雾和尘埃阻挡了光线。由红色的氢云和昏暗的尘埃组成的发射星云有时会以很有趣的形态出现，著名的例子就是在天鹅星座中的北美洲星云。

另一类主要的星云被称为反射星云，这是由于星云气体中的尘埃反射的光并不来自于星云内部。反射星云常是蓝色，这是光线经过云中尘埃微粒散射造成的。这种蓝光散射现象同我们在白天看到的蓝天是同一原理。有些星云同时具有反射和发射星云。著名的例子是人马座中的三叶星云。

↑疏散星团NGC188。（美国肯塔基山Chris Anderson摄影，用Celestron Fastar 8 at f/1.95，PixCel 237CCD。未导星60秒钟曝光，AP900山山顶，-26.81℃）

星团

由许多恒星组成的恒星集团叫作星团。天文学家把星团分为三类：星协、疏散星团和球状星团。星协是非常稀疏的，一般只有几颗或数百颗恒星。疏散星团（也叫银河星团），比星协的星多，是由数百或数千的星组成。上述星团的成员主要是年轻的恒星。球状星团（因像球而得名）是更年老的星，而且由众多的恒星组成，往往由数十万颗甚至百万颗星组成。因此星团也可分成两大类，

↑M82。（Adam Block用0.4m Meade LX200型望远镜拍摄）

↘M61。（Adam Block用0.4m Meade LX200型望远镜拍摄）

←一个壮观的彩色涡状星系 M51。（Adam Block 用 0.4m Meade LX200型望远镜拍摄）

一种是球状的，另一类则不是。此外星协和疏散星团能在银盘上找到，而球状星团则是在银河系之外，围绕银河核心呈球状分布。

星系

每一个天文爱好者都希望观测星系。遗憾的是，星系在小望远镜中不易观测。在许多地方（包括本书）可以看到星系的漂亮照片，于是形成一种印象以为星系是容易观测的，其实不然。星系的清晰照片和色彩是用电子技术和照相方法得到的，一般单用眼睛加上望远镜是不容易观测到的（除了最特殊的情况），需要经验帮助你去找到那些漂亮的目标而不要漏掉细节，我们将在星系那一节中详细介绍。经验告诉我们，当我们要观测星系时，望远镜的尺寸大小是最重要的，当然望远镜越大越好。

我们自己的星系叫作银河系，约有2500多亿颗恒星，我们的太阳是一个典型的恒星。银河系是一个漂亮的大旋涡星系，它有三个主要部分：银盘（其中太阳系是一个极小的部分），中心的核球，以及环绕四周的晕。银盘有四个旋臂，厚约300秒差距，直径约30千秒差距，主要由蓝色星族组成Ⅰ，年轻的蓝星处于百万年到百亿年的星龄。银河系中央的核球是一个扁球体，大约为1×6千秒差距（kpc）。这是一个恒星高度密集区，由星族Ⅱ的恒星组成。它们是非常老的红色恒星，年龄大约有百亿年。有迹象表明，银河系中心存在一个质量极大的黑洞。

银晕是一个弥漫的环绕银盘的球形区域。其中是密度小的老年恒星，大多数位于上面所说的球状星团中。银晕可能主要由延展到银盘以外的暗物质组成。

星系比较容易在星系聚集的星系群中找到。我们银河系所在的是本星系团。它由下列星系组成。后面括号内的数字代表从银河系到每个星系的大约距离，单位为千秒差距（kiloparses，见括弧内）。

Wolf-Lundmark-Melotte Galaxy（1300）
IC 10 （1300）
Cetus Dwarf （925）鲸鱼座矮星系
NGC 147（750）
AndromedaⅢ （900）仙女座Ⅲ星系
NGC 185（775）
M 110（900）
AndromedaⅣ （900）仙女座Ⅳ星系
M 32（900）
M 31（900）
And Ⅰ （900）
Small Magellanic Cloud（65）小麦云
Sculptor Dwarf（90）玉夫座矮星系
LGS 3 3000
IC 1613（900）
AndromedaⅤ （900）仙女座Ⅴ星系
AndromedaⅡ （900）仙女座Ⅱ星系
M 33（925）
Phoenix Dwarf（500）凤凰座矮星系
Fornax Dwarf（160）天炉座矮星系
UGCA 86（1900）

←Abell 426，位于英仙座的星系团（美国得克萨斯州，休斯敦的Ed Grafton用Celestron14望远镜和一架ST5c CCD相机拍摄）

UGCA 92（925）
Large Magellanic Cloud（55）大麦云
Carina Dwarf（90）船底座矮星系
Leo A（2150）狮子座A
Sextans B（1225）六分仪座B
NGC3109（1250）
Antlia Dwarf（1250）唧筒座矮星系
Leo Ⅰ（270）狮子座Ⅰ
Sextans A（1225）六分仪座A
Sextans Dwarf（90）六分仪座矮星系
Leo Ⅱ（250）狮子座Ⅱ
GR 8（1550）
Ursa Minor Dwarf（75）小熊座矮星系
Draco Dwarf（85）天龙座矮星系
Sagittarius Dwarf Elliptical Galaxy（25）人马座矮椭圆星系
Sagittarius Dwarf Irregular Galaxy（600）人马座不规则星系
NGC 6822（525）
Aquarius Dwarf（600）宝瓶座矮星系
IC 5152（925）
Tucana Dwarf（925）杜鹃座矮星系
AndromedaⅦ（900）仙女座Ⅶ星系
Pegasus Dwarf（1850）飞马座矮星系
AndromedaⅥ（900）仙女座Ⅵ星系

规则星系团具有致密的中心核和完美的球状结构。根据聚集度，也就是1.5兆秒差距（Mpc）内的星系数目将规则星系团分为不同的类别。这个距离即阿贝尔半径。它们典型的范围是1~10Mpc。一个著名的规则星系团的例子是后发座星系团，它是一个非常富有的星系团，在阿贝尔半径之内有数千个椭圆星系。

不规则星系团没有确切的中心，但粗略说来，它们和规则星系团有着同样的尺度。它们一般容纳很少的星系，质量只有规则星系的十分之一至千分之一。较近的室女星系

↑这是一张并不令人惊奇的照片吗？再想一想。箭头所指是已经发现的最明亮的类星体3C273，位于室女座。（亚利桑那州，Sierra Vista的David Healy摄。用300mm Takumar镜头，f/4，20分钟曝光，底片为Kodak103a-E，North Sandwich，NH，1977年4月）

团就是一例。

宇宙中最大的结构是超星系团。它通常是由大约十几个星系团组成的星系团链，质量约为规则星系团的10倍。我们所在的本超星系团的中心在室女星座的方向，聚集度相对说来较低，尺度为15Mpc。最大的超星系团，例如后发星系团所处的超星系团，尺度延伸至100Mpc。

能够看见的最远的天体就是类星体（类星射电源）。某些不可思议的原因驱动着类星体难以置信地发射强大的能量。它们看起来很小，只有一般星系的0.1%的大小，但所发出的能量，显然超出了星系的1000倍。

测量星系速度和它们对宇宙整体膨胀速度的偏离是可以做到的。研究揭示有超出60Mpc范围的大量星系在做大规模的类似运动。与这些运动一样，我们的银河系也在朝着一个遥远的目标，天文学家称之为“巨引源”的方向以大约每秒600千米速度运动着，这个巨引源位于半人马座方向65Mpc距离处，质量约为5×10^{16}个太阳质量。对这一区域的仔细研究发现区内没有足够的可见物质能够解释这种运动，能作出解释的能量来源大概只有十分之一，这就暗示那里有一个重要的，正如天文学家称之为“暗物质”的东西起主导作用。

其他的天文巡天显示宇宙是一个多泡的结构，星系主要被限制在泡的壁和纤维结构上，这些结构之间的区域叫作“巨洞”，是宇宙结构的主要特征，典型的直径约25Mpc，占据了宇宙空间几乎90%的区域，被观测到的最大巨洞是牧夫座巨洞，直径约124Mpc。另外一个已观测到的特征叫作“巨壁”，位于大约100Mpc距离处的星系连成一个100Mpc长的薄片。

暗物质

许多天文学家相信宇宙间充满大量的暗物质。这种物质既不发光，而且现代的观测技术也无法确定它的大小尺度。暗物质可能有很多形式，比如，它们可能是很大数量的类木行星或低光恒星（红色和褐色矮星）。这表明在每个星系中的暗物质比天文学家以往估计的要多出10倍以上。

现在你知道了从栖息于我们太阳系的小尺度天体一直到超星系团。就如同一个天文爱好者在观测途中，有着许多想象，你将有多种选择。

现在我们简要地叙述了我们居住的奇妙的宇宙，你可以用你自己的方法去研究了。在你旅行的第一步，让我们初步接触三个领域，一个天文爱好者必须熟悉：方位天文学，时间和历法以及星等系统。

←是暗物质吗？对啦，至少也是一个暗星云。这张照片显示88个星座中最小的南十字座。黑暗区域称为煤袋，很容易看出来。（亚利桑那州凤凰城的Steve Coe拍摄）

1.2　方位天文学

位置和坐标系统

作为观测者，我们要做的第一步就是能对天体的位置进行合理的描述。因此，要对空间的每个位置进行编号。这些数字就称为坐标，通过这种程序就建立起了坐标系。

在空间，坐标系以参考点为基础而建立，位置的测量也以该参考点为起点。我们将这个参考点定义为坐标系统的原点。原点可以是观测者的位置，也可以是地球、太阳或者银河的中心。通过测定与原点的距离和方向，空间的任何位置都能够得到合理的描述。方向可以利用从原点出发并经过指定位置（直到无穷远）的直线来给出。在天文学所使用的坐标系统中，方向由基于定义的参考平面和参考轴线的两个角度来确定。让我们来看一个例子。

对于我们所生活的地球表面，所采用的坐标系是通过经度和纬度来确定的。地球的赤道面成为其天然的参考平面，同时人们将连接着地球南、北两极的假想直线所确定的旋转着的地轴设定为天然的参考轴线（事实上，两极也被人们定义为在地球表面上与赤道每个点的距离都相等的两个点）。从而，我们把沿着地球表面且平行于赤道的圆环称为纬线圈。在同一纬线圈上的点与地球的中心都有着相同的角度。与赤道垂直且连接两极的半圆环叫作子午线。在很久以前，人们就把其中穿过英国伦敦格林尼治天文台的那条子午线定义为参考子午线。经度就是指参考子午线与任何选定的子午线之间的角度，同样，这个角度也是通过地球的中心测量的。

下面，我们快速介绍一下角度。一个圆周有360度，它的表示符号是“°”；每一度被分为60分，表示符号为“′”；而每分又由60秒组成，表示符号为“″”。

下面将谈到天文学所使用的四个基本坐标系统，即：地平坐标系、赤道坐标系、黄道坐标系和银道坐标系。这些坐标系都遵循

↗穿过英国格林尼治的本初子午线。该线的经度为0°。由此向东或向西经度都增加，一直到180°。（由霍莉·Y·白凯奇绘）

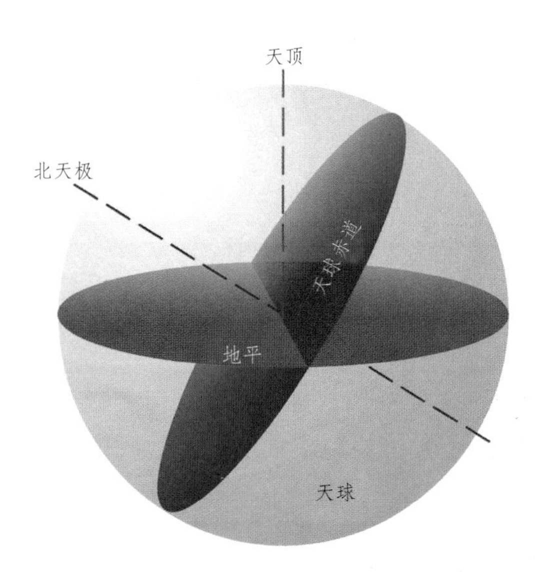

←在得克萨斯州的El Paso看到的天球的样子。天极（南或北）与地平线之间的夹角等于该地点的纬度。（霍莉·Y·白凯奇绘）

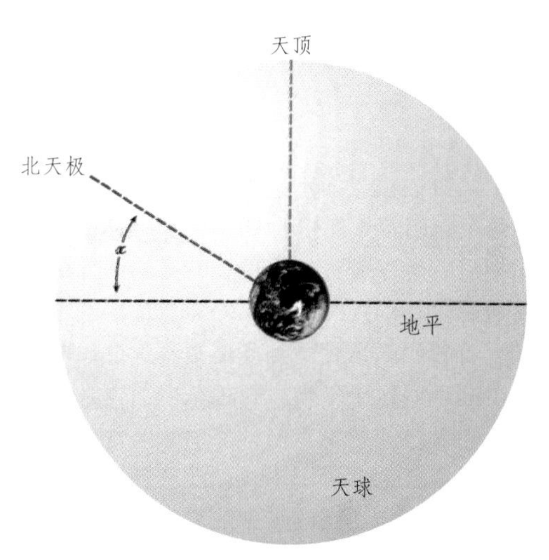

↑两个天极的高度，度数等于观测者所在的纬度。（霍莉·Y·白凯奇绘）

了一个共同的思路：假设所有的天体都位于所谓的天球的内表面。

大约400年以前，人们都认为天空是由太阳、月亮、行星和镶嵌着星星的固态球体组成。尽管这是个绝对错误的观点，但它还是有助于我们理解到底什么是天文学家所说的天球。它是一个以地球为中心，用来表示整个天空的无限大的假想球体。这个概念对我们理解天球概念起到了很大的作用。因为行星、恒星等各种天体的距离都是肉眼所不能辨别的，它们看起来就像是被远远地固定在一个巨大的球体上。

天球用来描述天文学上物体的位置和运动。因此，可以认为这些天体处在观察者的视线与天球相交的位置上。这种假设的美妙之处就在于可以不必知道天体的真实距离。在天文坐标系中，坐标轴是天球的大圆。

系统1　经纬坐标系

这种坐标系通常被称为地平坐标系。在利用这种坐标系时，天球上的天体的位置通过其相对于观测者所在位置的天顶和地平线来描述。在这个体系中，物体的坐标值表示的是高度和方位角。其高度是指地平线与物体之间的角度值。地平线上的物体的高度为0°，天顶为90°。如果真实的地平线不能看到（由于树木、建筑物、山脉等的作用，这种现象很正常），那么，其高度的算法是用顶的90°减去与最高点的距离高度，也就是说，如果一个物体的距离最高点是40°，那么它的高度就是90°−40°，即50°。

为了更好地理解方位角，让我们先来定义一个词：垂直圈。实际上，垂直圈被认为是起始于地平线，结束在天顶的圆环的四分之一。从而，从正北开始沿着地平线一直到

↑方位角的划分。正北是0°。方位角向东增加。（霍莉·Y·白凯奇绘）

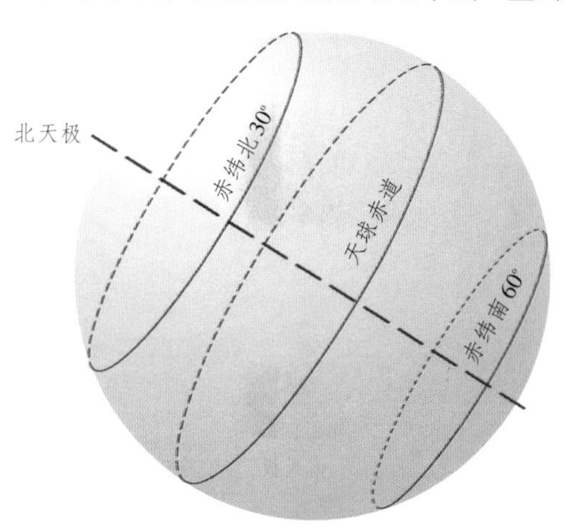

↑赤纬是由位于0°的天体赤道向北向南的度量。所有的赤纬圈都与天球赤道平行。（霍莉·Y·白凯奇绘）

世界时

在全世界范围内使用恒星时是不实际的，于是各种事件，特别是天文和气象事件的时间都用世界时（简写为UT）来说明。世界时的使用始于1928年——国际天文学联合会推荐在编辑天文年鉴时使用世界时。有时，你可能仍然会听到“格林尼治平时”（缩写为GMT）这个古老的术语，但现在它已经过时了。这两个词中的任意一个都可以用来指代零度经线所在的时区的时间。零度经线即为穿过在英格兰前格林尼治天文台的那条经线。这条经线所在时区的时间比美国东部标准时间要提早5个小时。世界时中采用一天24小时的表示形式。因此，14:02（常常简写为1402）表示下午2:02，21:47（2147）表示的是晚上9:47。有的时候在时间后面会附加上一个字母Z来说明是世界时，比如0539Z。

当精度需要达到秒或者更高时，就需要对世界时进行更为确切的定义。正是因为这样，世界时采取了不同的设计形式。在天文和航海中，通常使用特定的时间形式UT1来作为世界时，UT1是天文角度上对地球旋转角度的一种衡量。它会受到地球自转的微小变化的影响，从而与格林尼治子午线的时间稍微不同。在美国海军天文台出版的天文年鉴中，标有UT的时间指的就是UT1。

然而，在UT系统中，民间最普遍采用的时间尺度是“协调世界时间”（缩写为UTC），它是全世界所采用的时间系统的基础。这个时间尺度是由世界各地的时间实验室设置的，通过高精度的原子钟确定。这些原子钟提供国际标准UTC，它的精确度达到近似每天一纳秒（十亿分之一秒）。UTC1秒的长度取决于在特定条件下铯原子的振荡，而和任何天文现象都没有直接的联系。

UTC通过专门播报时间的标准广播站来发布，如美国标准无线电广播局、WWVH等。它也可以通过全球定位系统卫星获得。UTC是美国标准时间的基础。在美国的各个时区的标准时间与UTC相差整数个小时。

历史记录

在1948年之前，格林尼治天文台作为英国皇家天文台而广为人知。它坐落于泰晤士河边的一个小山上，能俯视伦敦码头的景色。在1948年，天文台迁移至萨西克斯郡的赫斯曼苏城堡，称为皇家格林尼治天文台。尽管，它已经不在格林尼治了，但仍然被赋予了这个名字。而它以前在格林尼治的遗址已经作为前格林尼治天文台而闻名。随着时间的流逝，那些有历史意义的建筑物和仪器已经编入了国家海军博物馆。博物馆的主要建筑就位于天文台的山脚下，紧傍着泰晤士河。1998年的秋季，随着皇家格林尼治天文台的关闭，前格林尼治天文台改名为皇家格林尼治天文台。

格林尼治平时（GMT）

格林尼治平时是以前格林尼治天文台所在子午线（0°经线）的平太阳的视运动为基础而建立的时间尺度。由于按照太阳的实际运动或是太阳的视运动，太阳每次通过本初子午线的时间间隔是不固定的，于是采用平太阳这个概念。地球轨道的中心有着轻微的变化，它的轨道平面向赤道方向倾斜（大约$23\frac{1}{2}°$），因此，在一年中的不同的时间，太阳在天空中的运动看起来并不完全一致，有时稍快，有时稍慢。这就是为什么未经调整的日晷竟能达到16分钟的误差（如果认为它显示的是有效的平时）。如果平太阳（校正过的）是在格林尼治的子午线的正上方，那么此时的时间为GMT（格林尼治平时）的正午12点，或表示为12:00GMT。（在1925

年之前，天文学家从中午开始计算平太阳时，而此时格林尼治子午线的平太阳时，正好为格林尼治时间00:00。这种实践的兴起，使得天文学家在夜间的观测中不需要改变日期。尽管现在从中午开始计算的格林尼治平均天文时得到广泛的推广，但在一些天文学的组织机构中，人们仍然使用1925以前对GMT的定义，来对古老的数据进行分析。）每隔15°选定一条子午线，这条子午线的平时作为它所在的时区的标准时间。例如，美国东部标准时间是西经75°的平太阳时。

格林尼治平时和英国广播公司

英国广播公司在1924年就开始传送时间信号。自此每天的主要世界新闻摘要都在格林尼治时间六响广播报时信号之后播出。1924年1月1日，在大笨钟敲钟报时后，这样的广播报时信号在午夜第一次响起。不久后，1924年2月5日，在当时的英国皇家天文学家弗兰克·戴森（Frank Dyson）的建议下，六响报时信号（正式作为格林尼治时间信号）正式启用。六响报时信号（代表第55、56、57、58、59、00秒）是戴森智慧的结晶，是他在与自由摆钟的发明者弗兰克·霍普琼斯（Frank Hope-Jones）的讨论中，通过思索而设计发明的。其中第六响报时信号是下一分钟的开始。

1949年皇家天文台接管了英国广播公司的六响报时信号的控制。1957年，时间服务工作迁移至赫斯曼苏，直至1990年2月停止播音，此时，英国广播公司接管了六响广播报时信号的工作。1990年2月5日，在格林尼治时间服务启用的第66周年纪念日上，六响报时信号通过使用全球定位系统与UTC同步。GPS（全球定位系统）卫星的信号是通过一对在伦敦广播塔顶上的GPS接收器接收到的。

有关时间的更多知识，可以查看“望远镜的附件”一章的“同步时间”一节。

历法

除了“日”之外，还有两个更长的自然时间周期。其一，是基于月亮相位的周期，月；其二，是与太阳有关的周期，年。

今天使用的“月”是一种方便化了的计时周期。由于我们所使用的月很难与月亮的变化保持一致，因此每月粗略的等同于30或31天（二月除外），每12个月为一年。

年，就像日一样，是天文学上最基本的时间单位。一年指的就是地球围绕太阳旋转一周的时间。尽管年有多种定义方式，但对于天文爱好者来说，使用它最基本的定义——一年等于365.2422天，这就足够了。

大卫·尤因·邓肯（David Ewing Duncan）在他所著的《人类确定真实而准确的年的

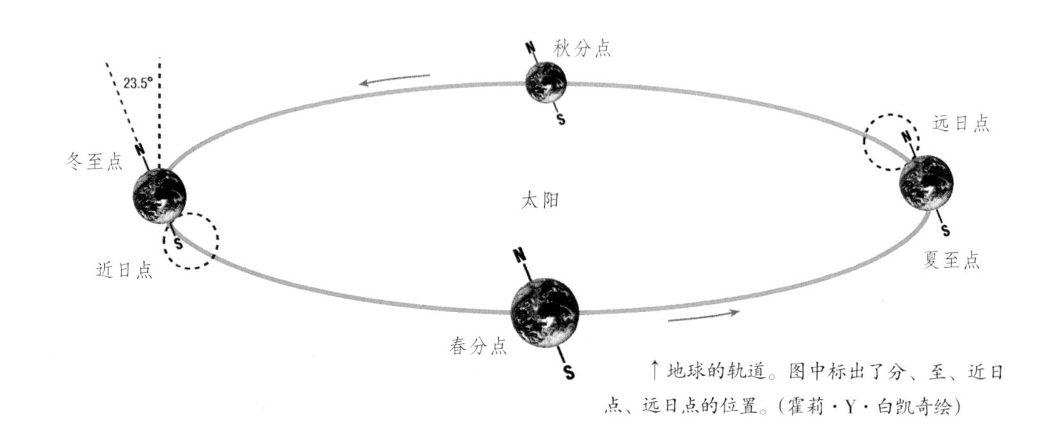

↑地球的轨道。图中标出了分、至、近日点、远日点的位置。（霍莉·Y·白凯奇绘）

辉煌奋斗史》（*Humanity's Epic Struggle to Determine a True and Accurate Year, Avon Books, New York* 1999）一书中这样定义日历：为所有的东西提供日期参考。通过公式来得到非常精确的时间参考，我推荐E·G·理查兹（E. G. Richards，牛津大学出版社）的《为时间绘图：历法和它的历史》（*Mapping Time:The Calendar and Its History*）。

儒略日

计算时间的儒略日数字系统能够方便地确定两件重大事件相隔的天数。你只需简单地做一个减法。

1583年，意大利文学家约瑟夫·尤斯图斯·斯卡利哲（Joseph Justus Scaliger 1540—1609），将三个时间周期结合起来，称作儒略周期。它们是（1）时间为28年的阳历的周期；（2）19年的默冬周期，19个阳历年大约等同为235个阴历的月份；（3）由康斯坦丁大帝在很早以前就颁布的罗马十五年一轮的周期。这三个周期最近一次彼此一致是在公元前4713年的1月1号。

在这里，我们附带说明一下，斯卡利哲的父亲是儒略·恺撒·斯卡利哲（Julius Caesar Scaliger），因此，人们猜测他命名儒略周期是为了纪念他的父亲。然而，在*De Emandatione Temporum*（日内瓦，1583）一书中，斯卡利哲说道："我们将它命名为儒略历，是因为它适合儒略年。"

尽管是斯卡利哲发明了儒略周期，但把这种构想转化成为一个完备的时间体系的人却是英国天文学家约翰·弗雷德里克·赫歇耳（John Frederick William Herschel 1792—1871）。（请参看约翰·弗雷德里克·赫歇耳、朗曼思（Longmans）、布朗（Brown）、格林和朗曼思（Green & Longmans）1849年在伦敦出版的《天文学概要》（*Outline of Astronomy*）一书中的928~931页）。这样，公元前4713年1月1日成为儒略日（JD）的第一天。

儒略日以世界时的中午为起点。世界时的2000年1月1日的儒略日是2 451 544.5（在那天中午，儒略日是2 451 545）。由于儒略日太大，天文学家常采用约化儒略日（MJD），它们之间的转换关系是一个简单的减法运算：

$$MJD=JD-2\,400\,000.5$$

1.4 星等系统

我们所知道的第一个按照亮度来对恒星进行描述和编目的人是生活在公元前2世纪的希腊天文学家喜帕恰斯。他将所编目的大约850颗可见恒星划分了六个亮度级别，也就是星等。最亮的被划分为一等星，最暗的为六等星。他的系统被几乎不加改变地应用了1800年。

然后伽利略加入了进来。在发现了金星的相位变化、木星的大卫星等的同时，他注意到，他的望远镜不只是简单的放大，还展现了许多之前看不见的东西。1610年，在写作《星际信使》（*Sidereus Nuncius*）的时候，伽利略指出："实际上，通过望远镜你会发现，在六等以下还有如此多超出人们自然视力的其他恒星，简直难以置信。"然后，他创造出一个之前没有用过的新词，他称那些低于肉眼可见程度的恒星中最亮的为"七等星"。

↑这张英仙座h和x的照片，为我们显示了许多对于肉眼来说太暗而不可见的恒星。(8″celestron施密特照相机，f/1.5，TP2415胶卷15分钟，30℃，气体成形，增感处理9.5天，1980年10月8—9日，Naco，亚利桑那州。亚利桑那州，Sierra Vista，David Healy摄)

所以，在望远镜发明之后，人们确信有必要扩展星等系统了。比喜帕恰斯所划分的六等星还暗的恒星，此时已经可见，此外，同为一等星的恒星的不同亮度也彼此很不相同。大约在伟大的观测天文学家威廉·赫歇尔爵士的时代，人们接受了一个宽松的星等系统：定义亮度近似相差2.5倍的两个恒星的差别为一个星等。其中，一个虽然奇怪但是必须永远记住的关键点就是，天体越亮，星等的数字越小。换句话说，越暗的东西具有越大的、正的星等。在附录B中列出了最亮的30颗星。

在1851年，威廉·R·道斯（William R. Dawes，1799—1868）提出了一个简单而有效的光度比较方法来解决星等的固定标准问题，该方法主要依赖于通过限制光圈来进行平均化处理。(《皇家天文学会月报》(*Monthly Notices of the Royal Astronomical Society*)，vol xi，p.187)

1856年，诺曼·R·波格逊（Norman R. Pogson）建议，所有的观测都可以用常数$10^{2/5}$来校准。这样，星等之间的比率就近似为2.5118865。其含义是，一颗指定星等的恒星比暗一个星等的恒星亮2.5118865倍。在那时，等于0或者小于0的星等的概念也开始使用。该原理保持了原来的系统的一些外在的形式，仍大致将人类肉眼可见的最暗的极限星等划为六等。通过这个限制再加上波格逊的数学公式，我们可以发现，最亮的恒星远比一等星要亮，更不用说亮行星、月亮，当然还有太阳了。

在那时，这些星等之间的等级是基于19世纪人们对人类眼睛对于亮度差别的知识来确定的。人们认为眼睛以对数尺度感受亮度

星等系统

星等差	亮度比
0.1	1.0964782
0.2	1.2022644
0.25	1.2589254
0.3	1.3182567
0.333	1.3593563
0.4	1.4454397
0.5	1.5848932
0.6	1.7378008
0.666	1.8478497
0.7	1.9054607
0.75	1.9952623
0.8	2.0892961
0.9	2.2908677
1.0	2.5118865
1.5	3.9810719
2.0	6.3095738
2.5	10.000000
3.0	15.848932
3.5	25.118865
4.0	39.810719
4.5	63.095738
5.0	100.00000
5.5	158.48932
6.0	251.18865
6.5	398.10719
7.0	630.95738
7.5	1000.0000
8.0	1584.8932
8.5	2511.8865
9.0	3981.0719
9.5	6309.5738
10.0	10000.000
11.0	25118.865
12.0	63095.738
12.5	100000
13.0	158489.32
14.0	398107.19
15.0	1000000
16.0	2511886.5
17.0	6309573.8
17.5	10000000
08.0	15848932
19.0	39810719
20.0	100000000

的差别。这样，星等并不能直接按比例反映眼睛接收到的能量的多少。今天，我们知道眼睛并不是一个对数探测系统。我们眼睛的感觉，对于相同亮度间隔的光有着相同的强度比例。这意味着五等星的亮度对于我们的眼睛并不是四等和六等星中间的亮度，相近，但不精确。

上面给出的数字——2.5118865——是100的5重根。所以，5个星等的差异等于100倍实际亮度的差异。这样-1.46等的天狼星（大犬座α）就比+3.53等的天樽二（双子座δ）亮了100倍。

在左侧的表中，详细地给出了星等系统。如果我们计算出来的星等差值没有在这里列出来，那么需要在表中找到两个星等值，使它们相加等于这个星等差值，然后只需简单地将找到的两个星等的亮度比率相乘，就可以得到这个星等差值的亮度比率。举个例子：要得到1.2等的心宿二（天蝎座α）与3.5等的帝座星（武仙座α）的亮度比（差别=2.3等），只需简单的将比率6.3095738（对应于星等差为2）和1.3182567（对应于星等差为0.3）相乘。这样，就可以得到心宿二与帝座星的亮度比：

$$6.3095738\times1.3182567=8.3176379,$$

或者近似地说，亮了8.3倍。需要记住的是，当你计算星等的差异时，对星等做加法或减法，而计算亮度时则做乘法或除法。

下面是一个简单的计算星等的公式（来自吉恩·密斯（Jean Meeus）编写的《天文计算公式》（*Astronomical Formulae for Calculators*，由弗吉尼亚里士满的威尔曼-贝尔公司，在1979年出版）：

$$m_c=m_2-2.5\log(10^x+1)$$

其中，m_c是该系统的联合星等，

$$x=0.4(m_2-m_1)$$

其中m_1和m_2是恒星的星等。

在这里必须说明的是，当我们谈论在地球上看到的天体的亮度时，使用的是目视星等（指定其为m），它表征的是天体看起来

↑猎户座。（柯达Elite Chrome 200胶卷，增感一次。尼康F2相机+105mm Nikkor镜头。德国Kronberg的Ulrich Beinert摄）

的亮度。但还有一个标准化的星等，它能够用来直接比较天体的实际的亮度，称为绝对星等（指定其为m）。天体的绝对星等（与太阳系无关），是指假定天体距离我们为10秒差距（32.6光年）我们所看到的它的亮度。换一种说法，绝对星等是对天体发光度的测量——由该天体辐射出的可见光的能量的总和。正如你所猜到的，绝对星等比目视星等能更真实地反映天体的属性。

注意：对于彗星和小行星，使用的是一套不同的“绝对星等”系统。此时，绝对星等被定义为，一个假设的观测者站在太阳上，而一个彗星或者小行星处在一天文单位的距离上，观测者所看到的它们的星等。

在目视星等和绝对星等这两种划分方式中，每种划分方式都含有大量与天体在不同波长上所表现出来的亮度相关的星等。可见光星等，其中心波长在光谱中的黄和绿区域附近，它能近似地给出用肉眼看到的恒星或者其他天体亮度。作为过去感蓝光摄影乳剂的残余，蓝色星等是另外一种星等，红色星等也一样。即使从恒星传递来的不可见光也可以有它自己的星等。例如，对恒星紫外和红外星等的测量就很普遍。用彩色滤光片遮住感光计来测量这些星等。

通过比较同一颗恒星的不同颜色的星等，天文学家们可以获得所谓的色指数。应用最广泛的色指数，是用一颗恒星的蓝色星等减去目视星等所获得的差值。你会看到它被记作B–V。简单地想一下就能得出这样的结论，这个值越大，这颗恒星就越红，而越小或者为负数时，这颗恒星就越蓝。色指数的有效范围是近似从–0.5~2.5。

夜晚天空的亮度

天空在夜晚到底有多亮呢？天空的亮度用每平方弧秒的星等来衡量。回顾20世纪80年代，作为国家光学天文台的一部分的Cerro Tololo美洲天文台（CTIO）所担任的一项研究，这个研究发表在NOAO时事通信的

#10。天文学家在整个月相周期对夜晚天空的亮度进行测量。下面表中的数值来自于CTIO，但这些数据仅在最暗的地点近似有效。字母B、V和R分别表示蓝色滤光片、可见光滤光片和红色滤光片。其中的数字是每平方弧秒的星等。要注意的是，数字越大，天空越暗。

注意在最蓝的时候，差别是最大的。这是因为我们的大气层对蓝色光的散射作用是最强的，因此被散射的光越多，天空背景就越亮、越蓝。在下面的表中，会发现这种情况：用标准蓝色滤光片测量，满月的天空比新月的天空亮3.2个星等；而用标准红色滤光片测量时，这个差别仅是一个星等；用可见光滤光片（或者直接用眼睛）观测，这个差别在整个天空近似为1.8个星等。

夜晚天空的亮度

月周期	B	V	R
0（新月）	22.7	21.8	20.9
3	22.4	21.7	20.8
7	21.6	21.4	20.6
10	20.7	20.7	20.3
14（满月）	19.5	20.0	19.9

估计极限目视星等

在天文观测的时候，最好先对极限目视星等做出评估（也就是寻找最暗淡的星星）。这不仅可以帮助你确定此时天空的好（或坏）的程度，也将使你对你的观测记录的质量做出判断，同样，坚持长时期的反复评估，极限星等虽然对实际的天空条件没有什么帮助，但可以使你成为一位更好的观测者，对很小的细节更敏感。

一些观测者通过眼睛来评估极限星等，而有些则通过望远镜来评估。一般来说，评估望远镜极限星等是因为其观测目标中包括非常暗的天体，它们的亮度几乎接近了可探测的极限。

←罗杰·N·克拉克（Roger N. Clark）出色的《深空目视天文学》。（作者摄）

观测技巧：如果你要评估望远镜极限星等，首先需要在你的观测日志上记录望远镜的口径和目镜（放大率）。

罗杰·N·克拉克，传奇般的《深空目视天文学》（*Visual Astronomy of the Deep Sky*，剑桥大学出版社，1990年）的作者说道：对最暗淡的星星的探测是放大率最有意义的功能。越亮的天空对放大率的依赖就越大。天空越暗，在达到最终极限的时候所需要的放大率就越低。例如，在早晨黎明降临的时候，暗淡的星星慢慢消失，而使用更高的放大率就能将它们找回来（至少能有一会）。这种对放大率的依赖性也可以解释为什么使用相同口径望远镜的不同观测者对最暗的恒星的观测报告彼此不同（当然，经验也是一个原因）。

大部分对极限星等的评估都在天顶附近进行，这里的天空条件通常是最好的。此时，用眼睛估计极限目视星等得到的结果通常是正确的。然而，如果你正研究一个遥远的星云，或者是星系团，而它们离天顶很远，此时，你可能需要在这些天体附近，寻找极限星等。记住在相同的天顶距离（高度）进行评估。

经常用眼睛评估极限星等和测量视力有利于培养眼睛日常观测的能力。通过这样的练习，你将能够看到更多以前你没有发现的东西，你也将从中享受到更多的乐趣。

第二章 器 材

2.1 望远镜

望远镜发明之前

年 代	事 件
公元前3000年	古埃及出现玻璃
公元前1500年	现存最早的玻璃器皿制成
公元前425年	开始探讨光的特性
公元1000年	大气折射现象被解释
公元1278年	发明玻璃镜子
公元1285年	发明眼镜

折射望远镜

折射是当光从一种介质进入到另一种介质，例如从空气入射到玻璃中时，所产生的光线弯曲的现象。折射望远镜利用了这一原理，通过使用曲面透镜来工作。当光线从空气进入透镜，再穿过透镜回到空气中时，它的方向会变得倾向透镜光轴。如果透镜的表面形状合适，光线会射到焦点上。

第一架折射望远镜是由荷兰的眼镜商里帕席（Hans Lippershey，1570—1619）制作的。他在1608年10月2日提交了一份专利申请："一架能使远方的物体看起来变近的仪器。"所谓仪器是个筒状物，在前面安放了一块凸透镜，在后面则安装一块凹透镜，眼睛在凹透镜后面观察。这个仪器能把物体放大3倍。在当时就有到底是谁第一个发明了这种仪器的争论，所以这个专利申请从未被批准过。

意大利的发明家伽利略（Galileo Galilei，1564—1642）则在1609年初做成了自己的望远镜，他是第一个把望远镜指向天体的人，而他的发现引发了天文学的革命。

你也许知道早期望远镜的光学质量是很糟糕的。望远镜所用的透镜有着各式各样的像差。望远镜制造者们发现如果把透镜的焦比做得比较长，那么这些像差就会减小。在这些发明家中最著名的恐怕要数荷兰天文学家惠更斯（Christiaan Huygens，1629—1695）

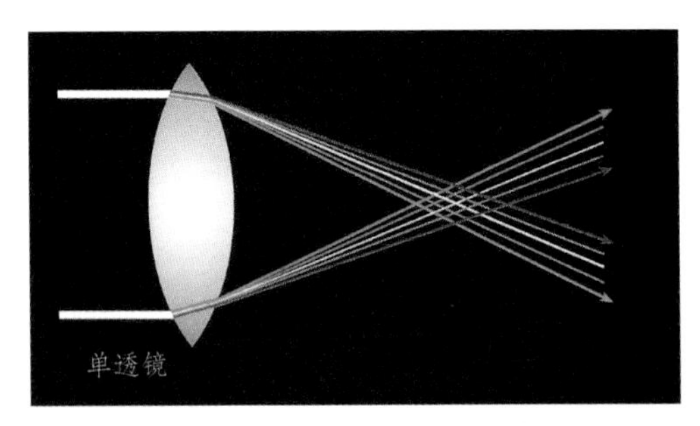

↑色差。一块单透镜无法使各种颜色的光会聚到同一个焦点上。

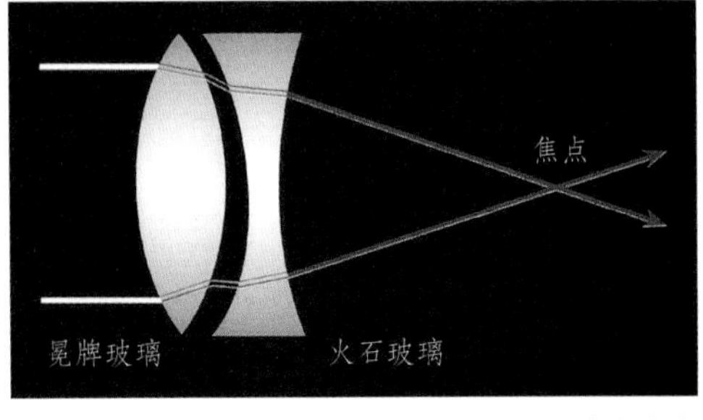

↑一具两片的消色差物镜使得红光和蓝光会聚到同一个焦点，从而极大地降低了色差。

和德国天文学家赫维留（Johannes Hevelius）了。惠更斯分别制成了焦距为3.6米、7米和长达37.5米的望远镜，并用它们作出了重大的发现，包括首次证认出土星环的本质。他还尝试消减物镜带来的色差问题，并在望远镜镜筒内安装光阑来减小镜筒内壁反射光的影响。

赫维留更是制作了焦距为18米、22米和46米的巨型望远镜！这些望远镜有很多组件，安装在木头框架里，用滑轮来操作。需要一组助手的帮助才能移动。除了非常难于准确指向目标外，只要有一点微风望远镜就摇晃得没法用了。

早期透镜存在的问题之一是色差的现象。白光是由各种颜色构成的。不幸的是，不同颜色的光通过单透镜后并不会聚到同一个焦点上，蓝光比红光会聚得更厉害些。

1729年，霍尔（Chester Moore Hall，1703—1771）设计出一种透镜，由一块冕牌玻璃和一块火石玻璃组成，它的成像在一定程度上没有色差，所以这种透镜被称为消色差的。当时，望远镜制造是一桩有利可图的大生意，所以霍尔在秘密地工作。他找了两家光学工厂分别加工冕牌玻璃和火石玻璃的透镜。霍尔制成的消色差透镜直径为2.5英寸，焦距20英寸。这是一项里程碑式的成就，想想仅在60年前，连牛顿这样的权威都声称消色差透镜是不可能做出来的。

到19世纪，玻璃和消色差透镜的制造质量有了长足的进步。一个有力的例证就是1819年由约瑟夫·夫琅和费（Joseph Fraunhofer，1787—1826）为多尔巴特折射望远镜（Dorpat，俄国地名）磨制的透镜。这只透镜口径有240毫米，焦比为17.7，它的品质与今天制造的消色差透镜相比毫不逊色。斯特鲁维（F.G.W.Struve）就是用这架望远镜搜寻和测量双星。当你在现在的双星星表中看到符号Σ时，就代表当时斯特鲁维用这架望远镜发现的一对双星。

在19世纪中叶的美国，阿尔文·克拉克（Alvin Clark，1804—1887）和他的儿子们开始制造高质量的望远镜。在他们制成的大大小小的望远镜中，巅峰之作是1897年投入使用的有史以来最大的折射望远镜：芝加哥大学叶凯士天文台的1.016米直径的折射镜。要了解克拉克的光学工厂的详细历史，我推荐由Deborah J.Warner和Robert B. Ariail写的书：《克拉克父子：光学制造的艺术家》（*Alvin Clark & Sons：Artists in Optics*，由Willmann-Bell Inc.出版）

到了20世纪，消色差透镜的技术仍在不断改进。在20年代，两个问题被解决了。一个是当光从空气中进入透镜时因为玻璃表面的反射而造成的光能损失；另一个是光在透镜组内部表面的反射。这两个难题被克拉克和德国的蔡斯公司克服。他们设计出用油隔离的物镜组。镜片之间的油消除了透镜组内部的反射，使得每个表面的透过率增大了2%。同时透镜表面的一些小的瑕疵所造成的影响也被减弱了。对这种镜头组的密封必须近乎完美，否则热胀冷缩所造成的变形会导致漏油的后果。同时经过10年左右，油会变得污浊而需要更换。

20世纪50年代，镀膜技术（特别是氟化镁膜）有很大的提高，使得人们可以不必再靠油来消除镜头内部的反射和减小玻璃介面反射造成的光损失。之后，一种由氟化钙（萤石）构成的新型玻璃也被发明出来。（第一架使用了萤石物镜的望远镜是日本的高桥公司于1977年制成的）。

1951年，联合贸易公司（United Trading Company）开始销售高品质的Unitron系列折射望远镜。从50年代到70年代，Unitron发动了强大的广告攻势（在此期间的每一期《天空和望远镜》杂志上都可见到它的广告）。所有Unitron望远镜都装有经过精密校正的空气分离消色差物镜。

第一个宣称“无色差”的望远镜物镜是由天体物理公司（Astro-Physics，Inc.）的克里斯顿（Roland Christen）于1981年推出的一款三片透镜系统。那时只有两种“复消色差”的透镜可以提供，都是f/11的镀氟化镁膜空气分离三片系统。小一点的是150毫米口径，大的为200毫米口径。在《天空和望远镜》1981年10月号上刊登了Christen的文章：一款复消色差的三合物镜。这是复消色差折射望远镜的新纪元的开始。

注意：尽管复消色差透镜被称为“无色差”的，实际上不同波长的光线仍然不会严格地会聚到同一个焦点上，但其聚焦确实比普通消色差透镜好得多。现在的复消色差物镜通常由2片或者4片透镜组成，其中至少有一片是由萤石或者超低色散（ED）玻璃制成，进一步校正了色差。

托马斯·贝克（Thomas Back）是高级光学系统的设计师，也是位于俄亥俄州Cleveland的TMB光学公司的所有人。他给出了一个关于复消色差物镜的全面的定义：

明视觉的峰值响应位于以555nm为中心的可见光谱区的黄绿光谱的部分。如果在此波长上，望远镜物镜成像的Strehl系数达到或者高于0.95；彗形象差在全口径范围内得到校正；在从C谱线到F谱线之间的波长范围内的最大波像差小于1/4波长；对紫色的G谱线，波像差的峰谷值小于1/2波长，那么这个物镜满足现代对于复消色差的定义。达到这种品质的物镜无二级色差，成像极为锐利，反差甚高。

折射望远镜的优点

高质量的消色差和复消色差望远镜在一些方面比反射镜优越。首先，折射镜的整个物镜口径内没有任何遮挡，因此入射光线不会被中间的遮挡物所衍射、散射到暗处，因此一般折射镜成像的反差较大。折射镜还通常被看作是行星和双星观测的首选设备。

折射镜的第二个优点是易于保养。透镜不需要被经常地重新镀膜，而且，装配好的镜筒通常无需调整准直。透镜固定在镜筒中，光轴不太容易偏离，也不容易损坏。

折射望远镜的缺点

因为折射镜的镜筒是封闭的，它需要较长的时间才能达到周围环境的温度。现在的薄壁铝制镜筒已经大大缩短了热平衡所需的周期，但在实际观测中仍然需要考虑这一因素。

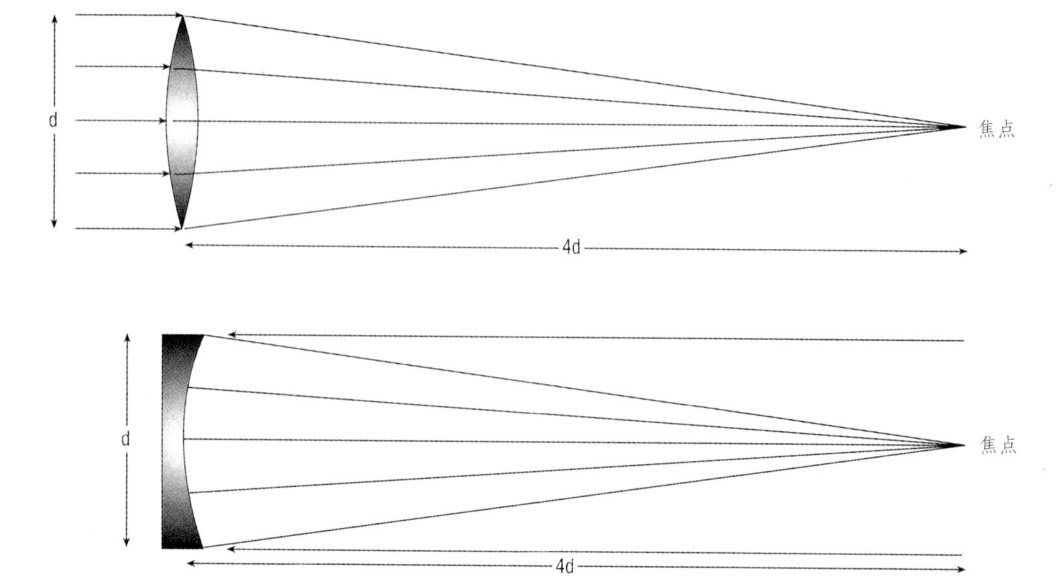

↓两种类似的望远镜系统。d是口径，4d是焦距。因为焦距是4倍的口径，所以两个都是f/4的系统。

第二个缺点是，消色差物镜的成像仍然会有一点色差，表现为在月亮或者木星这样明亮目标的周围可以看到暗暗的彩边。

折射望远镜最大的缺点是大口径消色差和复消色差透镜的昂贵价格。因为一个三片的复消色差物镜有6个表面需要加工。一个150毫米的复消色差透镜的成本至少是只有一个镜面需要加工的同口径高质量反射镜的10倍。

反射望远镜

第一种反射望远镜是由苏格兰数学家詹姆士·格里高利（James Gregory，1638—1675）发明的。他在1663年出版的《光学的进展》上发表了一种反射望远镜的设计方案。他并没有实际制作出这样一架由一块抛物面反射镜和一块旋转椭圆面反射镜组成的望远镜。

第一架实用的反射望远镜是由伟大的艾萨克·牛顿在1668年制成的。它的球面主镜直径为1英寸，镜筒长6英寸。

↑在2001年得克萨斯星空聚会上，密苏里州堪萨斯城的Gil Machin为他的32厘米，f/13.5经典卡塞格林望远镜开光。他不仅自制了这架望远镜，还自制了赤道仪，将精良的机械和高质量的望远镜结合在了一起。

↑密苏里州堪萨斯城的Kathy Machin和她自制的300毫米道布森式望远镜在2001年得克萨斯星空聚会上。

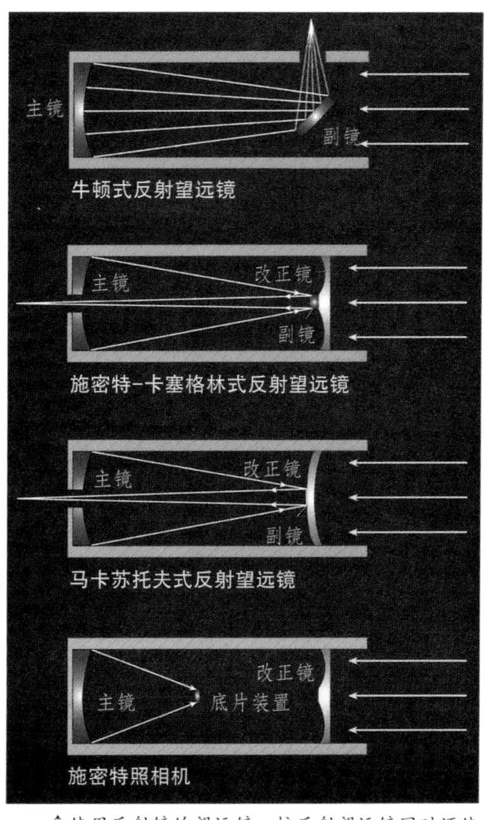

↑使用反射镜的望远镜。校反射望远镜同时还使用一块改正透镜。（霍莉·Y.白凯奇绘）

牛顿并未满足于此，他接着进行改进完成了一架接近2英寸的大一些的反射望远镜。1671年这个最早的“牛顿式望远镜”被呈献给皇家天文学会，同时牛顿成为学会的正式会员。

早期反射望远镜的主镜都是金属的，使用的是80%的铜和20%的锡的合金。在铸造和抛光后，这种金属镜面在几个月后就会开始腐蚀，必须再次抛光才能使用。每次抛光中都要非常小心地保持镜面的形状不变。

卡塞格林望远镜是一种由抛物面主镜和旋转双曲面副镜构成的反射望远镜系统。光线通过在主镜中心开的圆孔到达安装在镜筒后面的目镜或者照相机中。它是一位法国雕塑家卡塞格林（Sieur Guillaume Cassegrain，1625—1712）在1672年发明的。

在18世纪，威廉·赫歇耳（William Herschel）爵士制造出不同口径和焦距的很多架反射望远镜。最著名的是那架发现了天王星的7英尺（2.1米）焦距的望远镜，口径165毫米。19世纪中叶，住在爱尔兰帕森斯镇的比尔城堡里的罗斯伯爵三世制成了口径1.8米反射望远镜，使得金属镜面的反射望远镜达到了高峰。

1835年，一种在玻璃表面沉积一层厚银膜的工艺被德国化学家利比吉（Justus Leibig，1804—1873）发明。这是一个很大的进步。银反射面虽然也会变暗，但可以用化学方法清除，然后再重新镀上一层，在此过程中玻璃镜面的曲率形状不会改变。但是除了会氧化变暗，银膜还不是一个理想的反射面。比如，铝膜的反射率就比它高出50%。加州理工学院的年轻物理学家斯特朗（John Donovan Strong）首先使用真空蒸镀的方法成功地将铝镀到了玻璃表面上。他在1932年完成了已知的第一个采用这种工艺的天文望远镜镀铝反射镜面。

↑在600毫米星空主人望远镜中放置主镜的镜托机构。注意这种可以分散镜片重量的分布式支撑结构的优异设计。开放式的架构亦有助于镜片的散热。（作者摄）

反射望远镜的优点

反射望远镜没有色差的困扰。只有一个需要光学加工的镜面（复消色差透镜有4到8个加工面），所以反射镜的加工成本相对低得多。200毫米以上口径的望远镜绝大多数是反射或折反射望远镜（见后文）。

反射望远镜的缺点

因为使用了副镜，所以存在中心遮挡。这造成了光的衍射，降低了反差。所谓的“适合行星观测”的牛顿望远镜特地减小了中心的遮挡率（低到整个孔径的16%）。

所有的牛顿反射镜都有彗差。焦比越小，彗差越严重，同时不经改正就能够达到衍射极限的视场范围越小。当焦比在f/5或以下时安装一个彗差修正镜或像场改正镜

↑这架在堪萨斯州Olathe的Everstar天文台上的施密特-卡塞格林望远镜（SCT）是Meade公司出品的250毫米口径的LX200。（Mark Abraham摄）

（例如Paracorr）可以明显地增大，能够达到衍射极限的视场范围。这有助于把目标保持在视场中央，特别是在没有跟踪时。

至于维护，反射镜面每隔几年需要重新镀膜。而且反射望远镜对于撞击、振动和运输比较敏感。如果不是永久式地固定安装，每次在使用反射望远镜观测前都需要调整光轴。焦距越短，准直的误差容限也越小。要想达到衍射极限的图像质量，精确的准直必不可少。

如果大口径反射望远镜的主镜较厚，那么要与周围环境达到热平衡就会很困难。有时会使用风扇加快镜片散热的过程。最后，如果牛顿望远镜比较大，那么在观测天顶附近的目标时还需要使用梯子。

R-C望远镜

这是由美国的光学仪器制造家乔治·威利斯·里奇（George Willis Ritchey，1864—1945）和法国的光学设计师亨利·克里蒂安（Henri Chretien，1876—1956）在20世纪初共同开发的一种反射望远镜，所以被称作R-C系统。里奇为威尔逊山天文台建造了60英寸和100英寸的反射镜面。他对于100英寸望远镜不采纳他的这个设计方案非常恼火，并公开地提出批评，因而被解雇。解雇里奇的正是曾经不顾强烈争议雇用他的乔治·埃勒里·海尔（George Ellery Hale）。海尔拒绝在帕洛玛山上的200英寸望远镜上使用R-C系统，而是采用了卡塞格林式望远镜的设计。尽管出现过这样的争执，R-C望远镜的设计已经在很多大型望远镜上使用，包括基特峰、莫纳克亚山、托洛洛山（Cerro Tololo）天文台的主要望远镜以及甚大望远镜系统（VLT），甚至哈勃太空望远镜。

↑M31。（亚利桑那州Sierra Vista的David Healy于1979年11月13日摄于该州Naco地区。8英寸Celestron牌施密特照相机，f/1.5，TP2415底片，曝光30分钟）

反射望远镜副镜的放大倍数越低，像场就越平坦。R-C系统的副镜放大系数为2.7倍，施密特-卡塞格林系统则是5倍。R-C系统没有彗差，施密特-卡塞格林系统存在彗差。商品化的施密特-卡塞格林望远镜使用了球面的主镜和副镜，未对彗差进行校正。而R-C系统的主镜和副镜是旋转双曲面，校正了彗差。最后，R-C系统只有两个需要加工的曲面，而施密特-卡塞格林望远镜有4个。R-C系统的不足之处是存在像散和场曲需要进行补偿。

折反射望远镜

折反射的意思是在光路中既有反射又有折射。有时也叫作混合型望远镜，因为里面既有折射望远镜的元件又有反射望远镜的元件。

第一个混合式望远镜是由德国的天文学家施密特（Bernhard Schmidt，1879—1935）在1930年发明的。施密特望远镜在底部有一个球面的反射主镜，在望远镜前端则装有一块玻璃改正板，用来消除球差。施密特望远镜是用来进行摄影的，照片底板放置在主焦点处，所以经常被称作施密特照相机。

施密特望远镜是现在颇为流行的施密

←Meade 公司产 300 毫米SCT的主控面板。（作者摄）

特-卡塞格林望远镜（SCT）的前身。这种将卡塞格林望远镜和施密特的改正板结合起来的新系统是在20世纪60年代发明的。就像卡塞格林望远镜一样，副镜把光通过主镜中央的圆孔反射到目镜中。

第二种混合式的望远镜是由俄国天文学家马克苏托夫（Dmitri Maksutov, 1896—1964）在1944年发明的，荷兰天文学家A.Bouwers曾经试验在主镜前加装改正板，并在1940年发表过一个类似的设计细节。马克苏托夫望远镜有点像施密特望远镜，但是它的改正镜更加接近球面。这种系统易于制成紧凑结实的折反射望远镜。当这种弯月形改正板和中心开孔的卡塞格林式主镜结合起来就构成

↑Meade公司产300毫米LX200 GPS施密特-卡塞格林望远镜（SCT）架设在院子里降温。（作者摄）

↑Meade公司产300毫米LX200 GPS施密特-卡塞格林望远镜（SCT）准备观测。（作者摄）

了马克苏托夫-卡塞格林望远镜。

Questar公司在20世纪50年代首先开始生产普及型的马克苏托夫-卡塞格林望远镜。Questar公司的望远镜成像可与同口径最高级的复消色差望远镜相媲美，但长度只有折射镜的三分之一。

20世纪90年代初，马克苏托夫型的改正镜被应用到牛顿式反射望远镜上，产生了马克苏托夫-牛顿望远镜。第一个普及型产品来自加拿大渥太华的Ceravolo光学公司。与马克苏托夫-卡塞格林或者施密特-卡塞格林望远镜不同，马克苏托夫-牛顿望远镜的副镜是平面镜，不提供放大。光路也不折叠，等效焦距和望远镜长度也近似于牛顿镜的焦距。主镜并不开孔，调焦器的位置和传统牛顿镜一样。

一些独特的望远镜

当然，前面的介绍并没有涵盖所有的望远镜设计，如果对一些独特的望远镜设计感兴趣，可以访问David Stevick在http://bhs.broo.k12.wv.us/homepage/alumni/dstevick/weird.htm的网站："奇形怪状的望远镜"。

主动冷却

有些观测者用一个或数个小风扇来帮助大口径反射望远镜的主镜加速冷却，这种方法尤其在刚刚天黑不久时非常管用。一个共识是应当保持风扇工作直至主镜达到环境温度之后再停止，此后因为气温还在逐渐下降，主镜会把热量自然地散发出去。

技术解说：RMS，Strehl比率和峰谷偏差（P-V）

RMS值指的是在望远镜的最优焦点上，使用555nm的光源测量到的光波前偏差的均方根值。有些人认为这是比峰谷值更为合适的表征望远镜偏差的参量。

一个镜面的Strehl比率是光线汇聚到艾黑斑内的能量和同样孔径的理想镜面下艾黑斑内的能量的比值。不考虑副镜遮挡的复杂情况，一个理想镜面的成像中83.7%的能量会集中在艾黑斑里，其余的16.3%的能量会分散到四周的衍射环上。所以，如果Strehl比为0.994，那么艾黑斑里的能量为83.7%×0.994=83.2%，分散到衍射环上的则为16.8%。

一个镜面的峰谷偏差（P-V）值是它和一个与之最接近的理想抛物面镜面比较时的最大偏差减去最小偏差的结果。表面P-V值最直观的单位是"纳米"（nm），有时也常用波长表示，但此时要用表面偏差P-V值的2倍除以参考光波长。瑞利判据要求P-V值应

↑一架250毫米口径，f/20马克苏托夫-卡塞格林望远镜，由科罗拉多州望远镜工程公司（TEC）的Yuri Petrunin制造。中心的遮挡率低于22%。

低于1/4波长，或表面偏差P-V值小于68.8nm。

对于上面介绍的这些镜面精度的指标，亚利桑那州Sierra Vista的Jeff Medkeff曾经提出过一个很有意思的思考问题。他说道：

我们可以通过一个思维实验来看出P-V值并不是一个非常有用的表征光学质量的数值。设想你有一个8英寸的反射镜或物镜，除了1毫米见方的一小块面积以外，表面的其他部分是理想的。这1毫米见方的部分偏离正常表面300个波长（高出300个波长或凹进300个波长）。那么这个物镜的P-V指标是很差的。如果是镜面，波前偏差的P-V值达到了600个波长。

现在再设想另一块8英寸的物镜。物镜表面有一条横贯镜面的宽宽的浅沟通过中心，但这条浅沟最深的地方只比理想表面凹进去1/4波长。显然，看上去这块物镜的P-V指标要好得多。那么，使用这样的望远镜实际观测的结果会怎么样呢？

第一架望远镜会呈现出几乎完美的图像，即便最挑剔的观测者也觉察不出那1毫米的缺陷。这个瑕疵所带来的影响只有通过专门的光学测试才能发现。而第二架望远镜能够看出像散，星像在焦点会聚成一条直线而非一点，确切地说没有焦点。用这样的望远镜观测行星时会几乎看不清细节。如果能够选择的话，每个人都会跑到波前偏差P-V值是600个波长的第一架望远镜边，而把1/4波长P-V值的望远镜扔到垃圾堆中，因为前者的Struhl比高达0.99。所以，Struhl比值包含了误差面的大小的影响因素，并根据其对最终成像的影响赋予了适当的权重。

这才是光学质量测试应该提供的结论。它应使用户能够据此得出合理的结论，以决定使用什么样的望远镜或者去寻找什么样的镜片。我们中的一些人已经能够根据光学指标做出判断，但这是建立在他们理解这些指标含义的基础上。从这点上说，了解这些测试的原理和方法是十分重要的。

这里经常可以见到对立的两种表现。一种是对指标盲目迷信，认为只要某个指标低于某个数值那么整个系统就一无是处；另一种是，那些光学方面的行家们认为对于最终用户来说，这些光学测试指标没有实际意义。这两个极端无疑都有问题，而后者的观点更是被前一类人所诟病。知识的普及能够帮助前一类人意识到他们错在什么地方，同时缓解后者所受到的误解。所以，对于光学质量指标的问题，不要仅仅摆摆手说“就是足够好”，“去观测一下就知道了”，“用不着你去关心光学指标”这些令人沮丧的话，而是要告诉别人如何去判断镜头的好坏，因为许多受到波像差困扰的人已经开始关心这些东西了。与其去斥责他们，不如教给他们如何去做。如果他们最终想成为一个热衷于指标数字的光学仪器专家而非天文爱好者，顺其自然好了。

望远镜的维护

就像在演出前要对乐器调音一样。望远镜要想发挥出它的最佳性能，清洁和调整是必不可少的。正确地清洁和调整望远镜的光学部件会产生明显的效果，就好像从一次普通的观测变为一次“前所未有的最好的”观测那样。

↑Meade 300毫米SCT望远镜上的准直螺丝。调光轴是很多天文爱好者最为头疼的事。（作者摄）

校准

校准（调光轴）是将望远镜内的光学元件进行准直的过程。光轴的轻微失调会造成或增大星像的闪动，降低图像的反差，或使图像无法均匀聚焦。严重的光轴失调还会造成望远镜的集光力降低，甚至根本无法聚焦。

快速校准折射镜光轴的方法

大多数折射望远镜的光轴准直保持得较好。所以当这些望远镜从工厂运到用户手中时一般仍能保持良好的状态。不幸的是，很多望远镜是固定式设计，用户自己很难去调整光轴。而有些望远镜则在物镜座上安装有3对呈“顶-拉”组合的螺丝，使得用户自己可以去调整。以下是如何去做：

1）把望远镜指向一堵比较暗的墙，或者把镜头盖上。

2）在调焦器中插入准直器。（准直器也叫Cheshire，是一根顶端有窥孔的管子。管子里面有一个45°角的斜面，是白色或者能散射光的。光从管壁上的开孔射入，照亮斜面。此时从窥孔中就能看到从透镜表面反射回来的明亮的斜面和黑暗的中央圆孔的像。在准直器里可能还安装有视场光阑使得亮面的边缘更清晰。准直目镜或准直器可以从好几家公司买到。）

3）用一个光源照亮窥管中的斜面。

4）通过窥管观察。如果望远镜的光轴准直很好，你可以看到一个暗点位于圆形亮斑的中心。如果光轴有偏差，那么亮斑和暗点会重叠在一起。

5）有些折射镜的物镜座上有由3对螺丝构成的“顶-拉”调整机构，你可以根据需要松开或锁紧调节，直至图像中暗点移到亮斑的中心。

提示：无论哪类准直调整，每一次都只能略微扭动螺丝。决不允许大幅调节。

校准反射望远镜和折反射望远镜

关于校准反射和折反射望远镜的文章和书籍已经有很多，详细描述了调整程序和细节，即便把要点罗列在此也要占用过多的篇幅。如果你购买的是新的望远镜，那么按照说明书中介绍的方法去校准就可以了。很好的一本有关评估和调整各种望远镜的书是Harold Richard Suiter写的《天文望远镜的星像检测》，由Willmann-Bell公司于1994年出版。

←H.R.Suiter写的《天文望远镜的星像检测》。（作者摄）

如果你考虑校调光轴，我自己有一些经验愿意分享。

* 当焦比减小时（特别是低于6），对准直的要求要苛刻得多。因为这时抛物面镜面更凹，造成焦面的曲率增加。

* 确认主镜位于望远镜后部的中心位置，主镜中心和镜筒的中心线重合。否则，镜筒前端很有可能遮挡部分入射光。

* 尽管副镜不一定非要严格地将光线翻折90°（2个45°），但90°是最为高效的设计，因为这样所需要的目镜调焦座和斜镜的尺寸最小。

* 为进行施密特-卡塞格林望远镜的校准，网站http://hometown.aol.com/rkmorrow/myhomepage/index.html提供了所需的方法。这个主意非常巧妙，你可以用一套小旋钮替

换原来望远镜上的三颗准直螺丝，这样可以用手去调整望远镜。再也不用在黑夜中使用六角扳手了。

* 一旦大致校准好后，使用激光准直器会非常方便。但是有一个潜在的问题，就是你所选择用激光去照射的镜面中心点的位置，决定了你的调整结果。所以一定要仔细地选择这个点，确保它位于真正的中心。

* 最后，在你所有的机械调整完成后，再根据星像进行准直。使用星像校准考察了整个镜面包括目镜的综合效果，所以是最终的调整依据。

星点检测法

星像在稍微离开焦点的地方，无论焦点以内或者以外，都会呈现出一个中央的亮圆盘环绕着许多圆环的形状。如果光路是准直的，那么圆盘和圆环就会严格同心。尝试一下使用星像进行校准。这不是一件很容易的事情，因为要求大气的宁静度很好并且使用很大的放大倍数（至少每毫米口径2倍）。需要把星像调整到视场中央以减小场曲等其他因素的影响。

当把星像稍微调离焦点位置，就可以看到中心的暗点和周围的亮环，所有这些都应是同心的圆形。否则，将星像向旁边各个方向移动一下看看情况有没有改善。如果有，那么从有改善的这个位置出发，微调校准螺丝再将星像调回中心点。反复几次直到星像变得对称。一定记住，所有这些只需要非常细微地调节螺丝或者旋钮就可以了。

清洁镜片

随着时间的推移镜片表面总会变脏，除非把望远镜密封在原来的包装箱中从不使用，当然这不是我们打算让你做的。

我们可以从Meade公司的一些建议出发学习如何合理地保养望远镜。Meade公司说——我也同意这种看法——要把望远镜保持在最佳状态，重在预防是最好的办法。

灰尘和水汽是你的仪器面对的两大敌人。在观测中一定要使用防露罩，它不仅能够防止结露，还可以避免灰尘落到镜面上。同时，防露罩还能减少四周的杂散光对图像反差的影响。

防露罩可以防止水汽的增加，但有时仍然不免会遇到镜面上水汽均匀地结露的情形。这也并不是特别有害，只要把望远镜移到室内，打开镜头盖，让露水从设备上蒸发即可。当镜片结露时，绝对不要去擦拭，因为灰土可能混在露水中，如果强行擦拭就会刮花镜面。通常当露水蒸发光后，你会发现望远镜完好无损，可以立即进行下次的观测。

如果你居住在潮湿的环境里，那么在望远镜箱中放一些硅胶干燥剂是很有必要的。硅胶可以去除潮气，防止镜片镀膜表面和内部生霉。尽可能频繁地更换硅胶。袋装的硅胶干燥剂可以“再生”使用，只要把它放在厨灶上用最低的热度烘烤15分钟就行了。

在沿海和热带地区，可以把那种可揭除的不干胶带贴在控制操作面板上的电子插座和按键手柄上，防止金属接点的腐蚀，用小刷子把少量的水置换溶液涂在所有内部的金属接点上和线缆的金属接头处。按键手柄和其他单独的附件都应存放在可以密封的塑料袋里，并放上干燥剂。

如果在仪器暴露的表面上有厚厚的一层灰尘，那么它会吸收水汽。要是不加留意，可能造成表面腐蚀损坏。要在观测时防止灰尘，可以把望远镜架设在一小块地垫上。如果你在同一地点连续几个夜晚观测，在白天可以保持望远镜不动，上面盖上罩或者套一个大的塑料袋（例如望远镜的包装袋）。

目镜、天顶镜和其他附件最好装在塑料袋中放到箱子里。望远镜上的所有非光学表面都应该定期地用软布蘸酒精清洁以避免生锈。金属铸件和单独的螺丝也可以用水置换溶液涂抹，保持外观鲜亮和防止腐蚀。望远镜上任何多余的溶液都要用干净的干布擦掉，尤其注意不要让溶液流到镜片上。涂漆的镜筒可以用软布加汽车蜡擦拭抛光。

在我作为天文爱好者的“职业生涯”中，我曾清洁过少量的反射镜和更少数量的透镜。为此我曾拜访过一位光学元件清洁的专家，Leonard B. Abbey。承蒙他的允许，我在这里引用他所撰写的关于望远镜清洁问题的一篇文章。在他的网站上还有涉及业余天文学各个方面的许多论述，见http: //LAbbey.com。

如何清洁反射镜和透镜

Leonard B. Abbey, FRAS

清洁光学元件的表面，特别是最外边的那些镜面，是天文学家们要完成的最为精细和精密的任务。在清洁的时候，镜面最为脆弱，是很容易损坏，而且这种损坏都是不可修复的。但是一架望远镜要想发挥出它的全部潜力，一遍又一遍的清洁是必不可少的。

以下介绍的方法我已经使用了30多年，从没有在反射镜和透镜表面留下过一道划痕。它的优点在于所需要的材料都可以在附近的药店和杂货店中买到。每次清洁工作的成本不到25美分。

首先你应该清楚，对反射镜和透镜最好的清洁建议是——不做清洁。镜面沾上的灰尘和油迹可能会稍微影响成像，但在它们被人为地清除之前，是不会伤害到娇嫩的镜面的。所以，这项工作所需要的高超技巧在于，既要把灰尘清除又要不让灰尘在此过程中在镜面留下划痕。如果你的镜头上已经肮脏不堪不得不做清洁，那么请按照下面介绍的办法去操作。

反射镜面

1. 把落在镜面上的灰尘吹掉。可以用照相机商店中买到的罐装过滤清洁压缩空气（例如：Dust Off牌）。注意在使用时不要摇晃气罐，而且先放出少量气体后再去吹镜面。这可以保证没有液体喷出来把事情搞糟。也可用吹气球来做，但效果欠佳。

2. 准备一份高度稀释的中性清洁剂（例如：Dawn牌）。清洁剂中绝对不能含有洗手液和羊毛脂的成分。清洁剂通常是塑料瓶装，带有一个喷嘴。从喷嘴中挤出尽可能少的一点清洁剂（最好是小小一滴）到一个杯子里。把杯子装满水，搅拌后将大部分水倒掉。再将杯子灌满水，这样你就得到了高度稀释的清洁剂。

3. 把镜面放在适度的微温水流下面冲洗两到三分钟。要用手腕试一下水温，就像为婴儿准备奶瓶一样。此后让自来水一直流着。

4. 用新打开的一包强生消毒药棉制作一批小棉球。要选用U.S.P.类型，即真正的纯棉而非聚酯纤维的。把2到3个棉球浸到被稀释过的清洁剂中，使之完全吸满清洁剂。不要把液体挤出来。按照圆周运动方式从周边开始逐渐向中心移动来擦拭湿的镜面。压在棉球上的力应该只有它自己的重量。在第一次清洗时你需要使用较多的干净棉球。稍微地滚动棉球，这样镜面沾上的灰尘就会转到棉球的表面。

5. 把用过的棉球扔掉。

6. 用新的棉球重复上面的过程，这次稍微用一点点力。

7. 在水龙头下彻底地冲洗，在此之前水龙头应一直打开着。

8. 不管你认为你的自来水有多么干净，改用大量的蒸馏水冲洗镜面。

9. 把镜子立着放置晾干。用纸巾把从上面流到底部的水吸掉，在晾干过程中要一直更换纸巾。

10. 如果有的水滴不向下流，用气罐或者气球把它吹掉。有些在镀铝镜面上的顽固的水滴可以用纸巾的折角吸走，纸巾甚至不用接触到镜面就可以做到。

11. 把镜片放回到镜箱中。注意与夹具和支撑块之间保持一些缝隙，缝隙的大小基本在碰一下镜箱可以听到轻微的镜片咔嗒声的程度（0.5~1毫米）。

12. 花些时间重新校准望远镜。

13. 如果你的做法超出上面所说的，那么就会面临损坏镀膜的风险。但请记住，只要按照上面的指导，任何可能的损坏都会局限在镀膜而非玻璃上。当镜面重新镀铝后，它会完好如初。

14. 清洁镀铝镜面的频率不要超过每年一次。过度清洁你的镜子是有害的。

透镜物镜

任何情形下不要把镜片从镜头框中拆下，也不要把镜头框从镜筒上取下。

这个限制意味着上面介绍的流程必须有所改变，因为只有物镜的前表面可以加以清洁。如果你把物镜框从镜筒上卸下来，你会发现自己有大麻烦了。只有很少的人有能力准直折射望远镜。如果你在事前阅读了这篇文章，那么你有幸不会陷入这种难堪境地了。

1. 按照上面的告诫，用气罐或者吹气球把浮在表面的灰尘吹走。

2. 把棉球浸泡在50∶50的Windex溶液（市售的含氨水的玻璃清洁剂）和蒸馏水混合液中，轻轻挤压棉球，直到水不会自己滴下来。

3. 用湿棉球擦拭透镜前表面，仅依靠棉球自身的重量。接着马上用干棉球，轻微或者不用力擦拭。

4. 重复上面的过程，稍微用力。

5. 如果有些棉丝粘在镜头表面上，用气吹吹掉。

6. 要是镜头还不干净，重复上面的操作。如果经过一次重复后没有什么效果，那么停止工作，清洁到此为止。

7. 检查镜头确保没有一点清洁液流到镜头座或者镜片之间。否则，把望远镜放在温暖的房间里，打开镜头盖直到晾干。

施密特-卡塞格林望远镜和马克苏托夫望远镜

唯一你可以尝试清洁的是改正镜的前表面。按照清理折射镜物镜的步骤操作。如果你的SCT需要更彻底的清洁，把它寄回工厂。

目镜和巴洛镜

把棉球换成Q-Tips棉签（U.S.P.纯棉塑料杆棉签），按照清洁透镜物镜的方法操作。这里前后表面你都可以清洁。睫毛在接目镜表面留下的油渍可能需要反复几次才能清除干净，我觉得在这种情况下多擦几次是没有问题的。

一些禁区

1. 不要用任何喷雾剂产品，无论相关广告声称它有多好、从哪里购买。

2. 不要用镜头纸或镜头布，它们确会划伤镜面。

3. 不要用市售的包装好的棉球，它们通常不是纯棉的。

4. 不要用任何种类的酒精，特别是对镀铝镜面。

5. 最后冲洗时不要用普通水。

6. 不要用那些花里胡哨公司推向市场的镜头清洁液，像Focal、Jason和Swift什么的。Dawn和Windex牌（以及其他国家的类似产品）清洁剂既便宜又到处可以买到。

为镜面重新镀铝

如果你的反射望远镜或者折反射望远镜已经使用了很多年头，那么你最终需要对镜面重新镀铝。牛顿反射镜需要更为频繁地重新镀膜，因为它不像折反射望远镜那样有一个封闭的镜筒。

反射镜需要重新镀铝很大部分源于不正确的清洁和操作。其他因素有过多的灰尘带来的磨损，以及酸性的气雾颗粒的凝结等。

如何知道镜面需要镀铝了呢？反射膜层的损坏是渐进的，所以要判断出镀膜已经劣化不是很容易。通常在镜面上，很多的划痕、坏点和暗斑等特别明显的特征并不多见。当把灰尘清除干净后看一下亮天体周围有没有光晕，或者当你怀疑镀膜开始变差时，找一架同等口径的望远镜放在一起对比一下。最后，如果你觉得膜层已经老旧，查看一下日历。要是距离上次镀铝已经过去了5年以上，那么现在是重新镀膜的时候了。

提示： 如果你把主镜送去镀铝，别忘了把副镜也一同送去。

增强型镀膜

替你镀膜的那些公司通常还能在铝膜之上再附加一层膜层，有些是为了保护铝反射膜。这个附加膜层通常是一氧化硅（SiO），有时也用氟化镁（MgF_2），但不如前者耐刮花。

另一种类型叫作“增强型镀膜”，可以把镜面的反射率提高5%~10%。由于增强型镀膜的成本较高，甚至是普通镀膜的2倍，我们有必要自问一下这样做是否值得？普遍的共识是“不值”。增强型镀膜比普通镀膜更易受空气环境的影响，例如潮湿环境、空气中的微粒、空气中酸性物质的含量等。大多数天文爱好者得出这样的结论，就是增强型镀膜比普通镀膜劣化的过程更快。

星空主人望远镜公司的负责人Rick Singmaster对于各式各样的镜面镀膜有着丰富的经验。他对于增强型镀膜“价值”的看法是：

“谈到增强型镀膜，我们公司并不推荐在主镜上使用。我们也不是唯一持这种观点的公司。其他并不鼓吹增强型镀膜的主要光学制造公司还有得克萨斯州Brackettville的Pegasus光学公司，佛罗里达州Deltona的Spectrum Coatings公司，科罗拉多州LaSalle的Astro Systems公司，华盛顿州Rainier的Zambuto光学公司。在俄勒冈州波特兰的Swayze光学公司生产的主镜中，只有大约5%采用了增强膜。

在我们刚开始生产增强型镀膜的主镜时，废品和返工率是普通镀膜产品的2倍还高。而且因为增强的膜层严重歪曲了光波前，很多主镜甚至无法对焦。

我们遇到的另一个问题是很多镀增强型膜的主镜的反差都会降低。当把同一家公司出品的增强型和普通型镜子放在一起比较时就可以看出来。而且，当把不同公司生产的产品放在一起比较时仍然能够看出这种差别，说明这不是偶然的特例。

我本人在发货之前都会亲自一一比较这些望远镜。我们生产的所有望远镜都进行过这种检测，所以我的结论是建立在我所亲自经手的大量样本基础之上。

在星空主人公司，我们唯一关心的是让客户用上性能优异的望远镜。我不反对任何能够提高望远镜性能的技术。但当我看到这些反复出现的降低性能的工序时，我确实无法诚心诚意地向我的客户去推荐这种产品，更何况这还意味着价格的提高。”

2.2 支架和驱动装置

地平式装置

地平式装置是最简单的望远镜支架装置。在英语中地平式（altazimuth）这个词是高度（altitude）和方位（azimuth）的组合。高度角是处在地平和天顶之间的那个夹角，而方位角则是以度表示的从地平北点开始向东量度的角度。所以，架设在这类地平式装置上的望远镜可以在上下和左右两个方向转动。

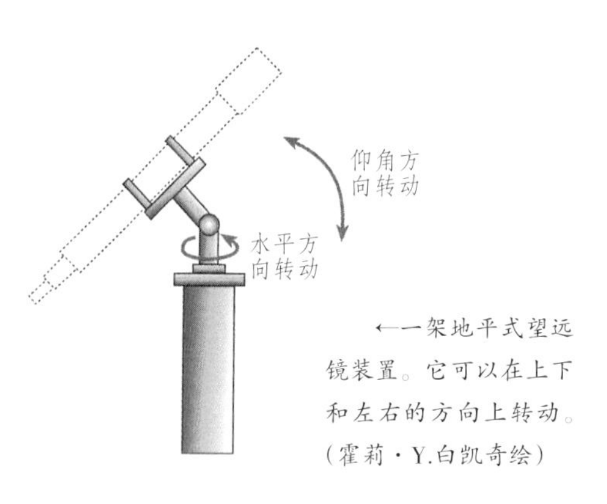

←一架地平式望远镜装置。它可以在上下和左右的方向上转动。（霍莉·Y.白凯奇绘）

道布森式装置

大名鼎鼎的天文爱好者和望远镜制造者约翰·道布森（John Dobson）在1956年制作了他的第一架天文望远镜。从那时起他就致力于让每一个人都有机会眺望星空。他发明的这种地平式装置在业余天文界引发了一场革命。这是一种简单的有两个枢轴的装置，通常用来架设一具牛顿式反射望远镜。轻轻一推就能让望远镜上下俯仰，或者左右转动。这是一种了不起的设计，使用起来非常方便。

↑“想让你的600毫米口径望远镜实现自动指向吗?”在我们当中没有几个人会不想拥有这样一架大型StarMaster望远镜。这些望远镜正在厂房内等待安装主镜。（作者摄）

有一份很好的关于制作道布森式望远镜的指南可以在互联网上 http://tie.jpl.nasa.gov/tie/dobson 的“望远镜讲座”（Telescope in Education）栏目里找到。

电动地平式装置

最近的发展是出现了电动的地平式装置。在方位轴和高度轴上分别装上电机后，望远镜可以：（1）一旦将某个天体放到视场中央，就能一直跟踪它在天空中的运动；（2）可以接到计算机上，进行天体的寻找和跟踪。具有上述功能的高级地平式装置很精确，一旦找到目标，观测者就不需要人工持续转动望远镜了。

赤道式装置

如果地球不转动，那么我们只需要地平

天球赤道方向
天极方向
极轴
赤纬轴

←一架赤道式望远镜装置。极轴的校准非常重要。

式装置就够了。但是地球确实在自转，所以我们必须想出对策。第二种装置叫作赤道式装置，也叫赤道仪，它是设计用来跟踪星体的周日视运动的。它的做法是使其中一个轴与地球的自转轴平行。注意有两种赤道式装置：手动的和电动的。如果你能够选择，那么使用电动的。

对极轴

正确地架设赤道仪的工作叫作“校准极轴”或者“对极轴”。把三脚架的方向调整到通过赤道仪极轴的假想直线正好指向北天极。如果你是目视观测而不需要拍照，那么可以对准北极星。北极星并不正好位于北天极，所以这样会有一点偏差，但是天体仍然可以在视场中保持很长一段时间。

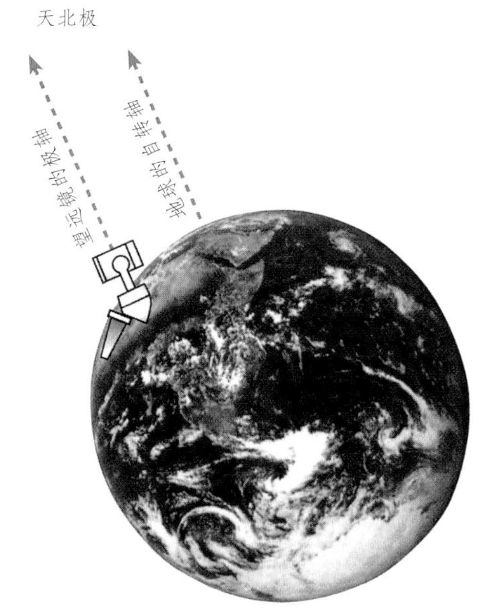

↑一架赤道式望远镜装置的极轴必须和地球自转轴平行。(霍莉·Y.白凯奇绘)

如果你想把望远镜装置架设得更为精确，那么需要保证赤道仪极轴指向实际的北天极。在写这本书的时候，北极星位于赤经2时33分，距离北天极约有0.77°。要目视修正到正确的方位，可以找到小熊座β星，即北极二。北极二就是离勺柄最远端的两颗星里亮的那颗。北极二的赤经大致为14时50分，和北极星相差约12时，在北天极两侧相对。所以从北极星出发向北极二的方向移动3/4°即可。(注意移动的方向要正确，因为很多目镜后成的是倒像。)

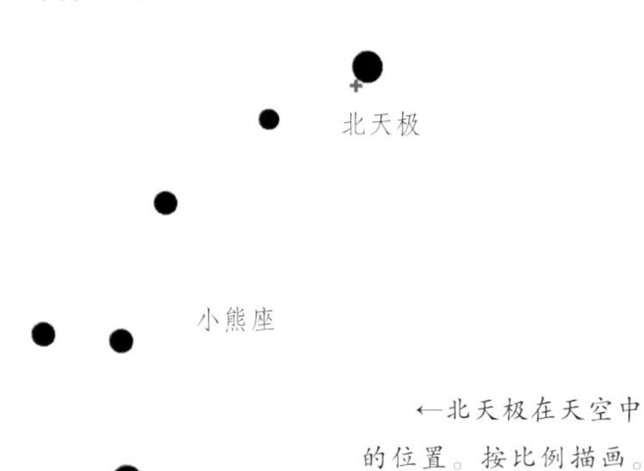

←北天极在天空中的位置。按比例描画。(霍莉·Y.白凯奇绘)

提示：在对极轴时，要移动整个赤道仪而不仅是望远镜。

如果你的望远镜是安装在一个永久性的(非便携)的装置上进行天文摄影，那么最为关键的步骤就是精确地校调极轴。Bruce Johnston曾写过一篇非常好的文章：《校对极轴不再难》，描述了对极轴的技巧。该文可以在http://members.aol.com/ccdastro/drift-align.htm找到。

对于南半球的观测者或者访客，想学习在南天找到南天极的方法，可以看一下Dave Gordon写的带有图解的详细指南：http://www.aqua.co.za/assa_jhb/Canopus/Can2000/coobSCP.htm。

数字刻度环

无论是地平式还是赤道式装置，都可以加装一套数字刻度环(DSC)进行升级。DSC可以在许多天文器材供应商处买到。例如Lymax Astronomy公司，他们的网址是http://www.lymax.com/index.php。

所有的DSC既可以工作在赤道式装置上，也可以工作在地平式装置上。DSC包括安装在转轴上的电子旋转编码器和一个微处理器，可以将装置的仰角和方位角转换成天球的赤经赤纬坐标。

DSC对那些虽然喜欢去理解天球坐标系概念，但同时更希望实际的指向任务由微处理器完成的观测者们很有吸引力。要设置DSC，你必须首先对准2到3颗亮星（取决于系统），把它们移到望远镜视场中央，然后输入它们的代号（例如M11或NGC3242），再转动望远镜直到赤经赤纬的显示变为0。

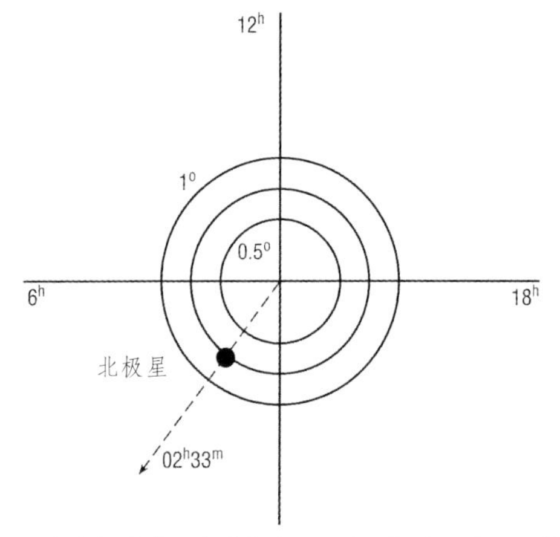

↑北极星并不是严格地位于北天极的位置上。在写这本书时，北极星距离北天极有0.77°，而且还在继续靠近。在2102年，北极星将距离北天极最近，只有0.46°。（霍莉·Y.白凯奇绘）

自动指向驱动

从本质上说，自动指向不过是DSC加上双轴的驱动电机。像DSC一样，自动指向系统也要求对准1~2颗亮星来校准。大多数现在生产的自动指向望远镜都带有一个包括很多天体的数据库供你选择。实际上，有些小型望远镜的自动指向系统数据库里的天体是这架望远镜根本没有希望看到的。

最近（写这本书时），望远镜的自动指向系统已经和全球定位系统及电子罗盘结合起来。例如Meade公司的12英寸GPS望远镜就是这样一款产品。其结果是几乎实现了完全自动化。比如，如果你把这架望远镜的校准选项设成自动，那么望远镜首先会接收GPS卫星的信号，获得望远镜的位置信息，包括经度、纬度和海拔高度；接着，它会找到正北方向，并修正电子罗盘的磁偏角获得真正的北极。它的电子系统会自动测量装置是否水平，并对倾斜角进行补偿。然后，第一颗星被导入到视场中，你需要把它调整到视场中央然后按下“ENTER”键；接着对第二颗星重复上面的操作。顺便说一下，两颗星都是由望远镜的计算机自动选择的，所以能够保证它们此时一定位于地平线之上。就这么简单。只要在控制手柄上按下三个键，你就可以开始观测了。

个人意见：自动找星还是人工找星

在这些年里我看到有许多的天文爱好者都相信一个人的第一架望远镜不应该有自动指向功能，而且这并不是出于经济方面的考虑。他们的论点是所有的天文爱好者都应该了解星空，而卖力地找星就是基础课的一部分。在他们看来，自动指向功能是一根应该扔掉的多余的拐杖。

然而，大多数天体非常暗弱，要找到它们是一件很困难的事情，特别是对于新手来说。无法熟练找到天上的目标是很多人最终放弃这一爱好的原因。基于这点，我倾向于使用自动指向装置，而且不仅仅限于初学者。

熟悉星空的有经验的观测者也可以从自动指向功能中得到好处。我已经记不清有多少次听到观测老手们说：“自从使用了自动指向，我用来观测的时间多多了。”难道这还不说明问题吗？

支架的稳定性

我们所说的望远镜也可以称为是安装在支架装置上的光学镜筒。这指出了一个事实，就是望远镜系统的一半是支架装置，甚

↑值得推荐的一套Celestron的减震垫，可以有效地减少便携式三脚架遇到的振动问题。(作者摄)

至有些人说支架更重要。在一个不稳定的支架上的高级复消色差望远镜是不可能提供高质量的图像的。如果支架过于单薄，你的敌人就不止是风（这对大望远镜来说也是个祸害）了。即便在调焦时也会发现图像在不停地晃动。

对支架稳定性的测试有时是通过阻尼因子来表示的。这是望远镜移动或者重新调焦后图像变得稳定所需要的时间。任何情况下图像都应在2秒钟内稳定下来。就风而言，得克萨斯春天的大风可以吹动整个支架装置，所以考察一个支架的更好的评估是看它对微风的反应。

尽善尽美的支架装置是固定在天文台里几立方米的混凝土底座上的那种，实际上我们必须有所取舍。大多数观测者希望并且需要他们的望远镜有较好的携带性。便携性的大小当然意味着某种折中：一个有幸拥有600毫米望远镜的爱好者当然清楚没有任何一次观测是能够不花时间准备而马上开始的。

空程

这个名词指的是在望远镜的驱动机构中多余的间隙。有些空程是不可避免的，因为没有办法生产出廉价而又没有多余空隙的齿轮系统。要减小空程，参考一下支架装置的手册或者和其他有同样设备的人交流一下。

精度误差改正

精度误差改正PEC功能可以修正驱动机械偏差带来的望远镜在赤经方向运动的不规则性。所有望远镜的驱动机构，包括专业天文台的望远镜，都存在一个基本的问题，就是用来驱动望远镜运转的涡轮和齿轮系统总是会存在一定的机械误差。由此带来的机械运动的不规则表现是周期性的，由齿轮的转动速度决定。

解决方法是调节驱动电机的速度进行补偿，使得转动涡轮的涡杆的转速一会儿快些，一会儿慢些。为此首先要把驱动系统设置为训练模式，通过手工操作训练计算机对偏差进行补偿。这是一种很好的解决办法，可以消除多达90%的不规则运动。

支撑斜杆

在2001年9月号的《天空和望远镜》杂志（114页）上刊登了一篇文章，介绍了一种叫作支撑斜杆的加固臂，以及制作指南。受此启发，我也为我的100毫米f/15Unitron折射镜望远镜制作了一副。变化是如此明显！调焦之后的稳定时间明显缩短。风造成的影响也减小了。在收到所有零件后只需要一个小时就可以装好。我衷心地向拥有长焦比望远镜的观测者推荐这个装置。

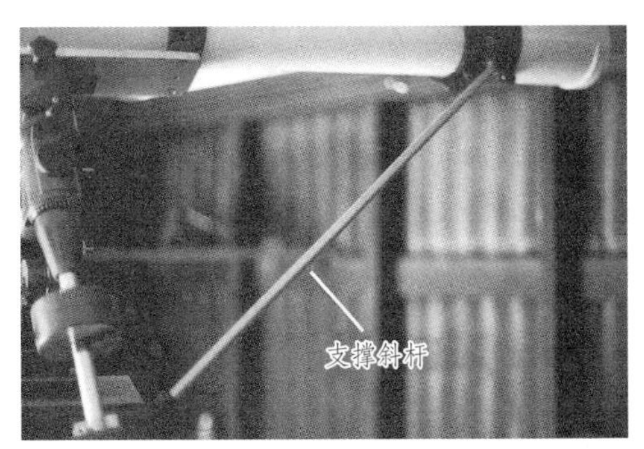

↑如果你拥有一架长焦比折射望远镜，那么加上支撑杆会对提高图像稳定性有很大帮助。(作者摄)

2.3 目镜

目镜就像立体声音响一样。所有的人都会喜欢高档的立体声系统，推崇做工精良、忠实还原原始声音的特质。当聆听一段熟悉的乐曲时，我们每一个人又都会有自己独特的感受。有些乐段我听上去没有什么特殊的感觉而对你却有细微不同的意义。最终的结果是我们并不总是选择同样的音响，同样的情形也出现在摄影器材、汽车或者目镜上面。

公平地说，这里经济能力是影响最大的因素。那些公认的最棒的目镜都是价格不菲。对我们中的一些人来说，要下决心花类似在望远镜上那么多钱来购买目镜不是一件容易的事。但是这个投资确实需要有长远的眼光。因为如果你购买了高质量的目镜，那么当你升级望远镜（我们很多人都有“大口径”情结）后，就不需要再更换目镜了。即使你的新望远镜是2英寸的目镜接口，而原来的目镜是1.25英寸的，也可以很容易买到转接器。

当考虑为你的设备增加一只目镜时，一位生活在堪萨斯州Fort Scott的热心的天文爱好者Susan Carroll提出了很好的建议：

“当你在计划购买一只新的目镜时，尽可能在买之前先在你自己的望远镜上亲自试看一下。也许你可以在星空聚会时从别人那里借用一个小时，也许有销售商愿意在你购买前借你试用一晚上。

这是因为有太多的个人变数需要考虑，不能仅仅根据别人的看法去做决定。你是否近视，或者远视？观测时是否戴眼镜？瞳孔最大有7毫米，还是像我们这些年纪大些的只有5毫米了？类似的问题还有很多。把每一只目镜看做是为了将来观测的一项投资慎重选择。不要匆忙购买那些最新型、最时髦的玩意儿，否则你可能会追悔莫及。”

另一个需要考虑的问题是一些新型目镜的重量。像Tele-Vue的Nagler头31毫米目镜会重达1千克！相当于一架双筒望远镜。如果你用的只是一架中小型望远镜，请不要考虑使用这个目镜和其他类似的东西。要是你购买和使用这种目镜，那么当移动望远镜或者目镜处于有可能从天顶镜中掉下来的位置时，要记住把固定螺丝拧得更紧一些。反之，如果你拥有大中型的望远镜，那么就该存钱去购买高质量的2英寸目镜。每次购买一只，并且随时留意二手市场有没有合适的货品。

目镜的设计

现在可以买到很多种不同设计的目镜。它们中主要的一些类型得到了爱好者们的普遍认可。下面是一些相关的定义。首先是目镜的放大倍数。

放大倍数=望远镜焦距/目镜焦距

例：一段时间以来我一直使用一架出色的Meade 305毫米LX200GPS望远镜。它的焦距是3048毫米。如果我插上一只Tele-Vue的22毫米Nagler目镜，那么将会提供138.54倍，即约139倍的放大。

视场（缩写为fov）是当你向目镜中观察时实际看到的天空的范围。一只目镜的表观视场（afov）是能够进入目镜的光锥的角度。目镜的表观视场为25°~84°。表观视场与真视场角，即通过望远镜实际观测到的天区大小是不一样的，用公式来表示：

真视场角=表观视场/放大倍数

例：计算Nagler目镜用在上述LX200GPS望远镜时的视场。上面已经算出了放大倍数，而该目镜的表观视场为84°，所以实际视场为84°/139°，即0.604°。再看一下用Vixen25毫米镧系目镜时的情况。此时放大

目镜特点汇总

惠更斯目镜	由两块单透镜构成两片结构，可以降低色差。场曲严重，视场被限制在大约25°。出瞳距离过短。尽量不要使用
冉斯登目镜	由焦距相同的两块单透镜构成（两片结构）。有一些色差，但场曲比惠更斯目镜小得多。可用的视场在25°~30°。尽量不要选用
凯涅耳目镜	和冉斯登目镜类似，但其中一块单透镜改为两片的消色差透镜（三片结构）。对色差和场曲有更好的校正。视场达到40°~45°，出瞳距离较合适。价格很低，如果考虑这一点的话，不是一款很差的目镜
厄尔夫目镜	使用了三组消色差透镜，或者两组消色差透镜加上一片单透镜构成（5或6片结构）。色差和场曲校正得很好。低档的厄尔夫目镜在像场边缘可能存在像散。视场可达60°~70°。很好的便宜目镜
无畸变目镜	由一个三片的消色差透镜和一片单透镜组成（4片结构）。在整个像场内对所有光学像差进行了很好的改正。有一些内部的反射。视场在45°~50°。阿贝无畸变目镜以出色的反差而闻名。非常好的中等价格的目镜
普罗素目镜	由两组靠得很近的消色差透镜组成，有的设计还包括另一块单透镜（4或5片结构）。属于不很贵的一种目镜。视场为50°~55°。出瞳距离通常是目镜焦距的0.73倍。内部的光反射比无畸变目镜厉害。几乎每一个天文爱好者都拥有普罗素目镜。很好的中等价钱的目镜
Televue的Nagler系列目镜	6到8片结构，视场可达82°！1982年由Tele-Vue公司推出。12毫米的出瞳距离。反差不如有些目镜，但也是很好。图像锐利。得到爱好者们好评的出色而昂贵的目镜。自从发明以来已经推出了很多不同的类型（特别是各种“升级版”）
威信的镧（Lanthanum）系列目镜	5片的普罗素目镜加上1~3片的巴罗镜结构。在所有的焦距下能够提供20毫米的出瞳距离。45~50毫米的视场。很好的反差，成像直到像场边缘都很锐利。另有贵很多的广角（65°视场）系列。出色的中价目镜
Tele-Vue的Radian系列目镜	18，14，12，10和8毫米的型号是6片结构，6，5，4和3毫米的型号是7片结构。视场60°，重量为225~360克。比威信的镧系列目镜视场稍大，但价格要贵1倍。性能优异的目镜
Panoptic目镜	6片结构，68°视场。出瞳距离等于焦距的0.68倍。像场边缘有枕形形变，尚可容忍。很好但较贵的目镜。
Meade SWA目镜	6片结构，视场67°。有些焦距下的出瞳距离较短。属于高档目镜中的低端产品，但性能很好
Meade UWA目镜	8片结构，视场达84°。基本上是早期Nagler设计的翻版，但便宜一些。性能很好
Pentax XL目镜	由厄尔夫目镜的设计加上一只巴罗镜构成，在整个焦距范围内提供20毫米的长出瞳距离（5~7片结构）。视场65°。整个系列都支持20毫米的出瞳距离。出色而昂贵的目镜

率变成3048/25=122倍，该目镜的表观视场为50°，所以实际视场是50 /122=0.41°。从这个例子可以看出为什么爱好者们喜欢广角目镜。在本例中Tele-Vue目镜比Vixen目镜放大倍数大，视场也更宽，虽然这意味着3倍的价格。

在比较测试不同的目镜或者不同厂家生产的相似设计的目镜时，要始终注意观测的物体和天空之间的反差。观测一颗亮行星或者月亮的明暗分界线是一项很好的测试。注意是否有光线被散射到了物体四周黑暗的地方。

另一个需要知道的是边缘成像的锐利度。这种测试最好办法莫过于把星像移动，或者让其自行从视场的一边移动到另一边，同时观察星像的变化。

在向你详细介绍目镜的设计结构之前，还有最后一个提示。就是现在值得考虑购买的所有的目镜中，每一个玻璃到空气的表面都是镀膜的。这把每个表面由于反射和散射等原因造成的光损失从4%降到了0.2%以下。所以，不管目镜中有多少透镜表面，光的总透过率已经不再是问题。当然还有很多其他的区别特点你可能会注意到。

最后是一点澄清。只有在同一架望远镜上直接比较同样焦距的目镜才能判断出哪个目镜性能更好。我并不是说上面列明的这些数据和级别特点都没有用。而是希望你能做到，至少在你第一次购买某种类型的目镜前，你已经比较了相同焦距（或基本相同）的不同类型的目镜。

在比较测试几乎相同的目镜时，选择合适的观测目标是很重要的。角距很接近望远镜极限分辨率的那种双星就是这种测试的最好选择，星系则完全不是合适的目标。

↘不同的目镜设计。解释见正文。（霍莉・Y.白凯奇绘）

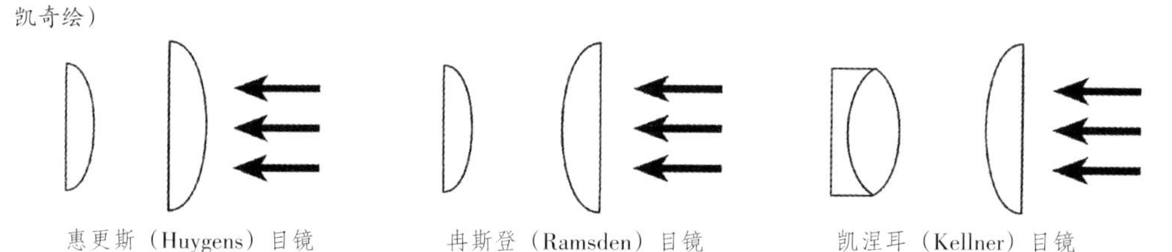

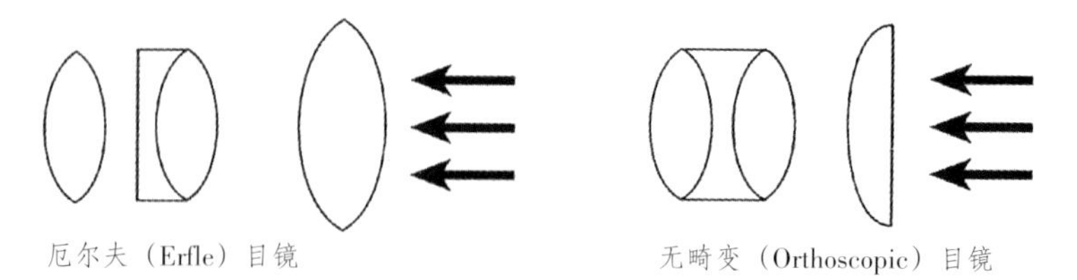

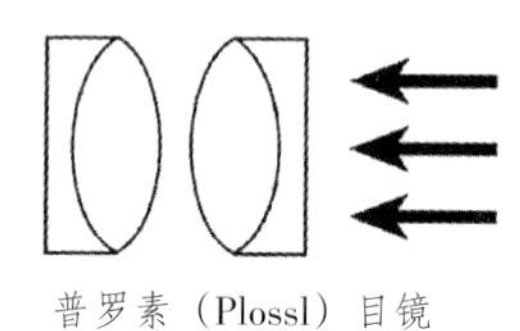

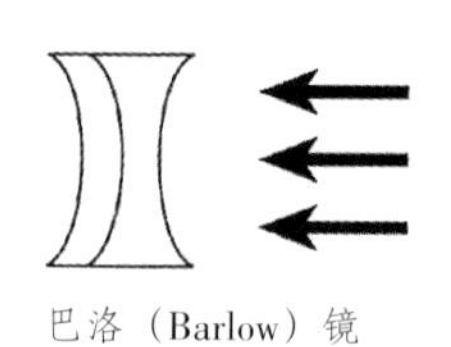

等焦面目镜（组）

等焦面目镜是指一组（2只或更多）的目镜可以直接互换而不需要重新调整望远镜的焦点。如果真能做到这点的话无疑会带来相当大的方便。但实际上，即便那些标称为等焦面的目镜也很少能够达到真正的“等焦面”。在我看来要做到这点其实也没有什么特别的困难，只不过造成这组目镜的镜筒长短不一罢了。

制作一套等焦面的目镜

加利福尼亚州Chico的Ray Rochelle提供了以下的步骤说明，可以把你的一套目镜变成等焦面的。

其实这一点也不难。首先你要找到（并不需要太多）能够缠绕在目镜筒外边的东西，比如薄塑料片、硬卡纸、带子等。你要做的就是裁出一条带子，并把它绕在目镜镜筒的外边，然后用一小块胶带把它固定住。要确定带子的宽度，按照下面的步骤操作。

（1）你的望远镜对准星星、月亮或者远方的目标。

（2）把最高倍率的目镜（根据自己的情况，可能是4毫米或者12毫米的，都无所谓）插上，调好焦点。

（3）此后不要再碰望远镜的调焦轮。

（4）换上另一只目镜，用手前后移动目镜直到合焦。用一只毡尖笔在目镜镜筒上伸进望远镜镜筒或者天顶镜的地方画线作记号。从目镜镜身底面到你画线的地方有时能有半英寸的距离。

（5）对所有的目镜都这样做一遍。

（6）按照每一只目镜上从镜身底部到画线处的距离裁剪塑料片（或其他薄片），把它包裹在目镜镜筒外边，正好盖住画线处直到镜身底部的镜筒部分。用胶带固定。

（7）现在，只要你用一只目镜调整好焦点，就可以随意更换目镜了。即使需要重新调焦也只是调整一点点就好了。

这不过是把每只目镜外边又加了一个套筒，使得焦平面到新的镜身底部的距离一致。当然，你也可以去购买特制的套筒啦。

出射光瞳

有些观测者们喜欢谈论出瞳，而不是比较放大率。出瞳是从目镜射出的光束的直径。从另一个角度去理解，如果你把望远镜指向一个明亮的目标，离开30厘米看目镜，那么在镜片上看到的光斑就是出瞳（双筒镜也同样这么做，见该章节的插图）。

谈到目镜的出瞳，有两个公式：

出瞳直径=望远镜口径/放大倍数

或

出瞳直径=目镜焦距/望远镜焦比

关于对某个特定目标观测时所用的最佳出瞳大小这个话题，在那些知识丰富的天文

↑一组目镜。从左上沿顺时针方向依次为：威信9毫米镧系列目镜，Meade14毫米超广角目镜，Meade55毫米超级普罗素目镜，University Optics公司的28毫米无畸变目镜，Tele-Vue 22毫米Nagler 4型目镜，威信20毫米镧系目镜。（图片及目镜提供：Eugene Lawson，得克萨斯州El Paso）

爱好者之间有过热烈的讨论。在我看来——虽然有可能开罪其中的一些人——出瞳大小的重要性被过于夸大了。出瞳有时会用来比较不同望远镜的观看效果。而那些纠缠出瞳尺寸的观测者们却总是试图使出瞳和观测目标或者和自己的眼睛相匹配。

有些观测者会告诉你小于某个尺寸（常常是1毫米）的出瞳是无法使用的。这完全不对。在细致认真的观测中，小于1毫米的出瞳在视网膜上所成的像仍然有着足够的分辨率。最低出瞳的限制实际上来自于大气视宁度。较小的出瞳已经被成功地应用在月亮、行星和双星的观测中。

其他（也可能是同一群人）观测者们还在争论是否可以使用大尺寸的出瞳。通常这指的是大于7毫米的出瞳。为什么是7毫米？因为这是人的瞳孔在黑暗环境中扩张到最大时的尺寸。据说任何比这个大的出瞳都意味着光线的浪费。

我承认他们的结论有些道理，但并不是因为上述的原因。除了折射镜以外的所有望远镜（存在副镜的遮挡），当出瞳大于某个限度时，你就会开始看到副镜的阴影，这当然是令人不快的。但是要想让出瞳和眼睛的瞳孔精确匹配也不是一件容易的事。首先，除非你仔细测量过自己的瞳孔（有专用的仪器，或者可以去找验光师），否则7毫米的数值不一定是你的瞳孔尺寸。事实上，不同人的最大瞳孔直径是相差很大的，从4毫米到10毫米都有，而且随着年龄的增加，最大瞳孔直径会减小。最后一点也是很重要的，就是很难在实际观测中让瞳孔正好和出瞳匹配，因为这要求眼睛必须处于和出射光完全对准的位置上。

在我看来，最关键的是能否达到望远镜的极限状态。从低放大倍率（大出瞳直径）开始，逐渐增加放大率直到像质因为视宁度的影响变坏，或者你要研究的细节没有进一步的提高。许多使用没有电动跟踪的望远镜的爱好者们有他们自己的倍率上限。当没有跟踪时，星像会快速地移过视场，这时使用低倍率会容易些。

天顶转向镜

牛顿式反射镜内部的光路有一个90°的转折，折射镜和SCT等却不是这样。因为观测天体目标的最佳位置是当它们在天空中位于较高的仰角时，这时保持一个仰头直视的姿势是很不舒服的。对此问题的解决方法是一个天顶转向镜，它的一端可以插到望远镜的调焦筒里，另一端则可以安装一只目镜。天顶转向镜可以是1.25英寸或者2英寸接口。在天顶转向镜内部有一块棱镜或者平面镜。

如果必须顺着镜筒方向观测，那么当我使用自己的长焦比折射镜时，我会把观测目标限制在离地平30°以下的地方。幸运的是，很久以前人们就发明了转向镜，使得我们即使在观测天顶附近的目标时的姿势仍然比较舒服。

天顶镜有两大类，棱镜式的和反射镜式的，对应着里面使光线偏转的光学元件。选择很简单：棱镜的便宜一些，反射镜式的性能更好。

所有在天文观测中使用的转向镜都是90°的。这意味着光线被从望远镜光轴方向转折90°。有一些45°的转向镜，主要是用来观看地面上的目标的，不要购买。

↑一只2英寸接口的Meade天顶转向镜，和1.25英寸的转接器。(作者摄)

不同品牌的平面镜式转向镜有着不同的光反射率。当你把自己的望远镜能力发挥到极限，试图捕捉最为暗弱的目标时，你会选择能够最多地反射光线的天顶转向镜。

平面镜式转向镜要比棱镜式的好，因为只有一个光表面参与到光路中，所以光的通过量要大一点。一些工艺粗糙的天顶镜的主要问题是像散和光轴失调。

天体物理公司（Astro-Physics）在他们高档的MaxBright天顶转向镜中采用了不同的设计。沉积的多层氧化膜形成的反射面代替了普通的镜面。在目视观测时，99%以上的入射光被反射出来。

天顶转向镜的比较

品 牌	接口尺寸	性能特点
Lumicon	1.25英寸	反射率96%。增强的镀铝镜面。可以安装1.25英寸螺纹滤光片
Tele-Vue	2英寸	反射率96%。某些型号有铜制目镜锁紧环，价格有所增加。Everbrite版本使用电介质镀膜，反射率达到99%
Lumicon	2英寸	反射率96%。增强的镀铝镜面。可以安装48毫米螺纹的滤光片
Astro-Physics MaxBright	2英寸	高于99%的反射率。非常耐用的电介质反射膜。内置黄铜制目镜锁紧环。可以安装48毫米螺纹的滤光片

星光遮掩片

你是否想观测金星的灰光？或者亮星的暗淡的伴星？或者火星的卫星？或者昴宿五旁的星云？要做到这点，一些爱好者们制作了一个星光遮掩片放在目镜中。简单的遮掩片只是一条黑色的电工胶带，复杂的也就是一块铝箔。

所谓遮掩片就是一块不透明的薄片，放在目镜的前焦面上。通常你会把目镜的半个孔径光阑挡住，这样当转动目镜时，遮掩片就可以挡住某个特定亮天体，或者目标上较亮的区域，使之不影响你的眼睛观测旁边暗淡的东西。

目镜的孔径光阑是一个圆环（大多数是金属的），使得视场有一个明确的边界。孔径光阑都安置在目镜的焦平面上。但要注意有些新型的目镜在孔径光阑前面还有一些镜片。如果是这样，除非你把目镜拆开（不是一个好主意）否则无法安装遮掩片。

对于那些在透镜外边的孔径光阑，可以

↑一个星光遮掩片。带子的边缘（为明显起见这里标为蓝色）位于焦面上，并挡住了一半视野。（作者摄）

用一块胶布或一小滴胶水把遮掩片固定在上面。前面说过，遮掩片可以用黑色卡纸、铝箔、曝光的胶片或者黑色的塑料或纸质带子来制作。

观测提示：不要等到天完全黑下来再试验你的星光遮掩片。最好在白天检查，这样才能发现哪些地方不整齐或者哪处有些漏光。

巴洛镜

巴洛镜是一种负透镜，用来增加透镜或者反射镜的等效焦距。巴洛镜用倍率来标识，比如某个巴洛镜是2倍的，另一种是3倍的，等等。

例：望远镜的物镜焦距为1500毫米，

↑一只简单的2×巴洛镜。(作者摄)

配用15毫米目镜后的放大率为100倍。如果加入一只2×巴洛镜，那么放大倍数变为200。这样等效焦距就从1500毫米增加到了3000毫米。

40多年前当巴洛镜刚出现时还只是简单地用一块单透镜制成。它们虽然有放大作用，但对于像质却有影响。今天的巴洛镜都是由经过很好校准的多层镀膜的多片透镜组成，拥有很高的透光率。现在发誓说永不购买巴洛镜的天文爱好者人数已经明显减少，而且会越来越少。

如果你有策略地选择自己的目镜焦距，那么巴洛镜可以让它们的效益翻番。此外，巴洛镜和一些低倍率目镜配合使用，可以提供和高倍目镜同样的放大倍数和更合适的出瞳距离。不过暂时不要理会可调倍率的巴洛镜，它们的像质和做工还有差距。记住你可以通过把巴洛镜放在天顶转向镜之前（通常的做法）或者之后来改变它的放大率。如果你不用转向镜，在巴洛镜和目镜之间加上一段延长筒也可以达到同样的效果。

有些巴洛镜上的2×或者3×的指标并不是确切的放大倍数。要想精确地测量巴洛镜的倍数，首先停止赤道仪的跟踪，记录一颗星星穿过视场所需要的时间；然后加上巴洛镜，再把同一颗星沿着同样的轨迹通过视场的时间记下。用第二个数字去除第一个数字，结果就是巴洛镜的倍数。

用测试目镜同样的方法测试巴洛镜，特别注意图像有没有反差和眩光的问题。如果巴洛镜把过多的光散射到视场中黑暗的区域，那么可以肯定它不可能用来揭示行星表面的细微特征。图像的反差是巴洛镜的一个非常重要的性能指标，因为使用巴洛镜是为了得到高倍放大率。在高倍率下，你需要的是能够看清细节，而缺乏反差是细节观测的杀手。比较一下相同倍率的巴洛镜，或者将一个巴洛镜/目镜组合与一个一半焦距目镜的效果进行对比来获得更全面的结论。

彗差改正镜

随着大口径短焦距的道布森式反射望远镜的革命，需要一种新的光学元件来解决困扰这类望远镜的一个问题：彗差。而在做到这点的同时需要不增加其他像差。我可以可靠地说Tele-Vue的Al Nagler已经用彗差改正镜做到了这一点。Paracorr代表抛物面改正镜，与一个巴洛镜非常类似。实际上，它的确将图像放大了一点（1.15×）。

彗差改正镜包括两组多层镀膜的消色差透镜，由高折射率玻璃制成。特别重要的是，它没有在图像中产生任何假色，也没有产生球差。彗差改正镜把快速牛顿反射镜的清晰视场区从（通常的）0.1°增加到超过3°改正镜上有48毫米的螺纹，可以安装滤镜，令我非常喜欢。它为需要使用滤镜观测时改变放大倍数带来了方便，只要直接更换

↑一个目镜投影装置。上面的螺丝可以把一只1.25英寸的目镜固定在套筒内。(作者摄)

目镜就可以了。

双目观察装置

双目镜是一种把单眼观测改换为通过两只目镜进行双眼观测的光学装置。就像双筒镜那样，光线经过棱镜分成两束，分别送到两只眼睛里。这个附件并不便宜，高质量的型号一般要500~1000美元。有些观测者很喜欢双目镜，有些则坚决反对。他们的理由有以下几点。

首先是光线损失。因为原来汇聚到一只目镜的光现在被分配给两只目镜，目标的表面亮度随之降低。对于暗天体，这确实是个问题；而对于明亮的天体，或者使用大的望远镜观测时，光的损失在一定程度上换来了观看的舒适。眼睛的疲劳降低了，而双目同时观看时视网膜中的那种漂浮物带来的影响也变得小多了。

在你决定购买双目镜前，有两个问题你绝对要考察好。首先是加上双目镜后你的望远镜是否还能对焦。很多双目镜需要很大的焦内行程（调焦筒向焦点内方向移动），超过了望远镜的调节范围导致无法使用。事实上，有的双目镜要求12厘米的焦内行程。要克服这个困难，很多双目镜带有一个巴洛镜。这样在照顾了大多数的望远镜的同时，巴洛镜-双目镜-目镜的组合通常会导致惊人的倍数。对于2×的巴洛镜来说，3.5×~4×的实际放大倍数并不罕见。在我撰写本书时，厂家们正在寻求解决的办法（事实上像Tele-Vue、高桥和蔡斯等公司已经解决了这个问题）。

第二个要确认的是你是否真的能够使用这个双目镜。和你的双眼瞳距相比，目镜间的距离是否过长或者过短？在观看时，两只眼睛看到的图像能够重合在一起吗？有些观测者发现在很高的倍率或者很低的倍率下，两个图像永远也无法重合在一起。这样就严重地限制了上面提到的使用的目镜种类。这种情况是否存在，不同人之间的差异很大。

对了，还有目镜。你迟早会意识到使用双目镜后你的目镜数量要增加一倍。这对很多人（比如我）是个严重的阻碍。除了价钱，还有其他问题。

你必须了解你的目镜的出瞳距离。目镜的出瞳距离太短会有问题，太长也不行，因为此时你很难把目标稳定在视野中央。另一个需要考虑的是重量，特别是一些新型的多镜片结构的双目装置。在我的f/15折射镜上，即便解决了配重，我还要担心望远镜镜筒的弯折。此外，你还需要选择两只完全匹

↑刚刚拆封的蔡司双目观察装置。（加利福尼亚州Valencia的Robert Kuberek摄）

↑装有1对27mm Tele-Vue Panoptic目镜的蔡司双目观察装置。（加利福尼亚州Valencia的Robert Kuberek摄）

配的目镜。将一只10年前购买的目镜和一只昨天才拿到的目镜放在一起可能根本无法使用。Tele-Vue的Nagler目镜（我正在写这本书时他们刚刚发布了第6个改型版！）就是一个突出的例子。

在解决了所有这些问题之后，一旦为你的望远镜找到了一套合适的双目观测装置和目镜的组合，接下来的观测将给你带来无尽的享受。

一些双目观测装置的供应商网址

Baader/Astro-Physics Binoviewer	http://www.astro-physics.com
Celestron, Inc.	http://www.celestron.com
Orion Binoviewer	http://www.telescope.com
Seibert Optics	http://www.SiebertOptics.bizland.com
Tele-Vue binoviewer	http://televue.com
University Optics	http://www.universityoptics.com

2.4 滤光片

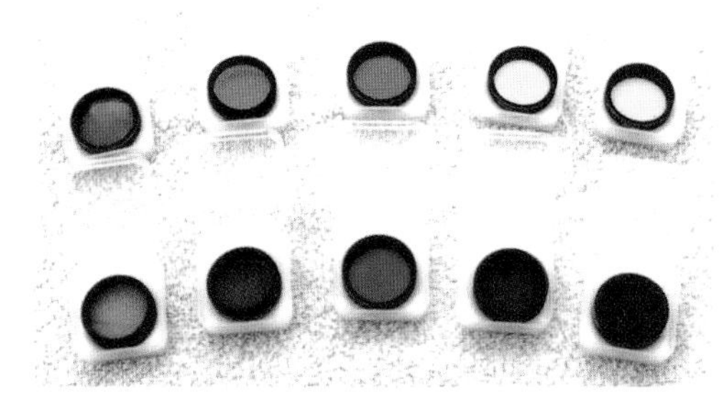

↑对于那些严谨的行星观测者们来说，一套目镜端滤光片是必不可少的。（作者摄）

彩色滤光片

首先我要指出滤光片的一个共性，就是没有任何滤光片能让天体的成像变得更明亮，因为所有的滤光片都会吸收某些波长，从而使物体变得更暗。所以当你听到某人说“啊，通过这个滤光片看星云真亮”时，他实际想说的是：“啊，这个滤光片让星云看起来真明显。”

根据我的经验，处于初学阶段的业余天文爱好者们都有点害怕滤光片。他们对于滤光片的用处不完全理解，不很清楚要用滤光片去看什么，而通过滤光片看到的景象也让他们提不起兴趣。这也许是因为很多人是从审美的角度出发去评价看到的天体景象的。而滤光片有很多用处，使天体变得美丽动人却并不在其中。使用它们的目的是突出亮度上的差异。实际上，几乎所有对滤光片的批评都表现出观测者以为滤光片应能改变颜色，而非改变亮度。

滤光片能够克服因为大气散射造成的图像劣化，它们可以分离从行星大气不同高度发出的光线，还可以增加不同颜色的区域间的反差。虽然滤光片无法改变望远镜本身的缺陷，但能够使得图像轮廓更为清晰，甚至对一个光学质量不很好的系统也是如此。

滤光镜的类别标示在它的金属环外。在使用时，滤光镜经常旋进目镜筒中。所有滤光镜都加工有和目镜筒内侧相同的螺纹。大多数滤光镜可以用在1.25英寸接口的目镜上，有些则能与2英寸目镜相配。有些情况下，观测者喜欢手持滤镜，并把滤镜放在目镜的接目镜和眼睛之间来回移动。这样做可以随时比较加或不加滤镜的图像差别，但要注意这样做容易失手将滤镜掉落摔坏，尤其是在寒冷的天气里戴着手套手感迟钝的时候。有些厂家由此推出滤镜转盘，上面可以同时安装4只滤镜以供快速变换之用。我认识的多数人会把其中一个滤镜的位置空着，这样就可以方便地研究没有滤镜时候的效果。

←照片中所示的这些颜色的滤镜，你永远不要把它们叠合在一起使用。这张照片只是示意滤镜是如何拧在一起的。（作者摄）

滤镜的作用是“过滤”或者阻挡光谱中的某一部分（通常是很大的一部分），只让特定的部分通过滤镜进入视场。滤镜外观颜色标示它允许哪种颜色的光通过。一块彩色滤镜是由它的雷登编号表示的。雷登体系是由柯达公司在1909年建立的，并从此以后成为通用标准。无论是摄影、天文还是其他用途的滤光镜都统一使用这个标准。

请注意因为会影响光通量，所以滤光片在大型望远镜上使用时效果才好。我曾在一个视宁度极佳的晚上试图在我的100毫米折射镜上使用紫色滤镜观测金星云带，结果根本无法工作，因为只有3%的光能透射过来。但是，同样的滤镜在300毫米SCT上能容易地分辨出那些特征。

在本章节里，我们将讨论在各个天体上使用滤镜的效果。在互联网站 http://sciastro.net/portia/advice/filters.htm 上有一篇 Susan Carroll 的文章，很好地描述了彩色滤镜的用法。

下面的表格罗列了常用的彩色滤镜和各自的透过率。

	彩色滤镜	透光率%
#8	浅黄色	83
#11	黄绿色	78
#12	黄色	74
#15	深黄色	67
#21	橙色	46
#23A	浅红色	25
#25A	红色	14
#38A	深蓝色	17
#47	紫色	3
#56	浅绿色	53
#58	绿色	24
#80A	蓝色	30
#82A	浅蓝色	73

亚利桑那州 Sierra Vista 的 Jeff Medkeff 曾经这样建议道："如果我只能保留 2 块滤镜，我将选择 21 号橙色和 82A 浅蓝。如果能再加一只，我会要 25A 红色。要是能选择第四只，它会是 80A 深蓝。我认为这也是你应该配备的第一组滤镜。"他还有一篇关于彩色滤镜的精彩文章，见 http://www.roboticobservatory.com/jeff/observing/colorfilter/index.htm。

天文爱好者经常使用彩色滤镜来抑制大气的影响，这在某种程度上稍微有一点作用。通过 25A 红色滤镜观测地平低处的天体，当天体逐渐升高时改用不那么红的滤镜，据说这样做可以改善图像。

这种想法是有一些根据的。空气的散射相当于在观测者和天体之间加入了一层照亮的薄纱。科学家们已经证明，在地球大气中给定尺寸的粒子所造成的散射与入射光波长的 4 次方成反比。所以，400nm 的紫光受到的反射是 800nm 的深红光的 16 倍，这也是为什么在白天天空呈现蓝色。所以使用红色滤镜能够把受散射最轻微的红光保留下来进行观察。

可惜的是，尽管学术上是这样解释，实际上我发现这种做法带来的改善是微乎其微。用一只 25A 红色滤镜来抑制大气视宁度的影响，就算有点作用也是极其有限的。所以我几乎从不用它观测地平附近的目标。

专用滤镜

中性密度滤镜

另一种常用的滤镜是中性密度滤镜。这种滤镜通过吸收来减弱整个的光量，但不滤除任何特定的颜色。目视使用的中性密度镜的减光范围从 80% 到低于 1%。更低的透过率可以通过将滤镜叠加使用来达到。总体来说，较浅的中型密度滤镜用于行星的观测，较深的则用来观测月亮。请注意没有任何中性密度滤镜在测试时是真正"中性"的，但对于目视而言是完全够用的。

←中型密度滤镜。许多观测者用来观测月球。（作者摄）

偏振镜

偏振镜只让某个偏振方向的光线通过，从而可以减小眩光。在双星观测中，当其中一颗星比另一颗亮很多时，观测者常常使用单片的偏振滤光镜，希望这样能够降低主星的光芒，使得暗弱的伴星能被看到。

有些观测者在满月期间使用偏振滤光镜观测深空天体。他们报告说在距离月亮 60° 的地方这种方法可以极大地提高反差，而当目标距离月亮 80° 到 90° 时，改善的结果是惊人的，虽然这主要局限在低放大率的观测。对于恒星类目标，偏振滤光片在低放大倍数下只有少许帮助，能达到的极限星等和你用一只高倍目镜看到的一样。

用交叠的偏振滤光镜可以制成衰减可调的中性密度滤光镜，它可以让人在观测之中调整图像的亮度。两层偏振滤光片安装在可以旋转的框架上，总的透过率可以在3%~40%之间变化。这种滤光镜最常用在月亮观测中。

Baader月光/天光滤镜

尽管有这样一个名字，这种滤镜并不是用来观测月亮的，而是用来滤除因为月亮或其他光源造成的天光的。在写这本书时我还没有使用过，但我看到的报告是令人振奋的。显然，Baader滤镜可以阻绝月亮造成的散射光和光晕，而且比深空天体滤镜保留了更多的细节。通过Baader滤镜看星星会比通过深空滤镜要明亮和易见，它们之间透过率和反差的差别也是非常明显的。

消紫滤镜

华盛顿州Kirkland的天狼星光学公司（Sirius Optics）生产了一种叫作“消紫色”的MV1滤镜。MV1可以减小在低档消色差折射镜中仍然可见的蓝紫色边缘，而在做到这点的同时目标的颜色并未明显改变。在使用中发现MV1会稍微渗入一点点颜色，所以天狼星光学公司又生产了第二代的MV20消紫滤镜。

使用MV1滤镜所得出的结论是：1)能够减少图像的假色；2）使得对焦更为容易。后一点是因为无法对焦的那部分光减少了，所以更容易发现最佳的焦点位置。我在我的100毫米消色差折射镜上验证了上面的说法。

可调行星观测滤镜

天狼星光学公司生产的另一种滤镜是可调彩色滤光镜。在封装的壳体内有一个彩色转盘，当旋转它时就会改变透射波长。这种滤镜很有魔力，你的注意力甚至会被吸引到来回地变换转盘上而忽略掉这个滤镜正在揭示出来的一些细节。计划花一些时间来用它观测行星吧，这可是一种享受。

光害抑制滤镜

光害抑制滤镜（LPR）分为两类：宽带和窄带的。这里的频带指的是滤镜允许透过的光谱波长范围。制造商和销售商通常把宽带滤镜称作光害抑制滤镜。在中等城市中使用这类滤镜会使得图像有一定改善。但是，这并没有消除光污染带来的影响。对于这个

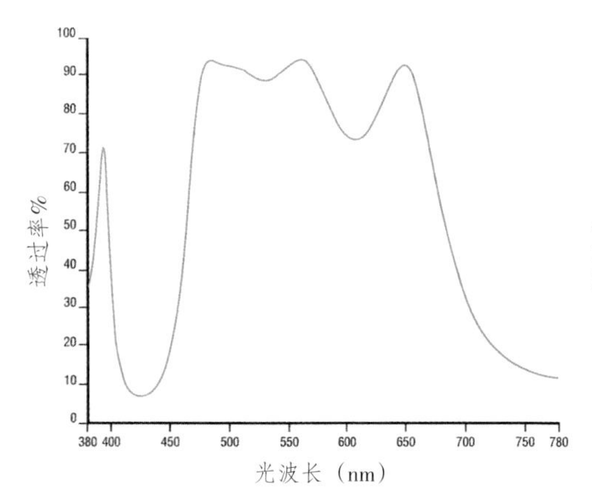

↑华盛顿州Kirkland的天狼星光学公司生产的MV1消紫滤镜的透过率曲线。（霍莉·Y.白凯奇绘）

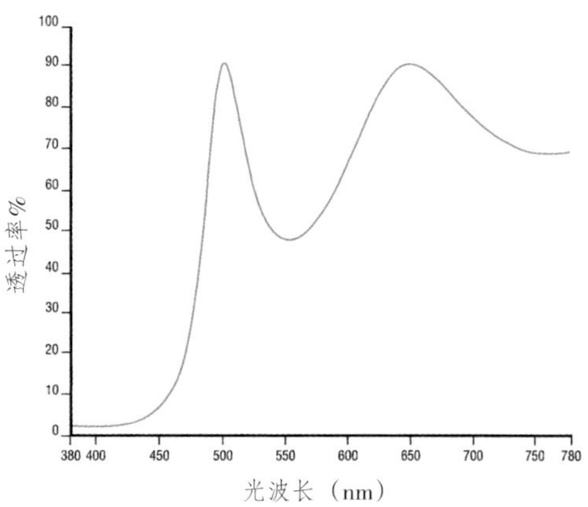

↑华盛顿州Kirkland的天狼星光学公司生产的增反差滤镜，比标准光害抑制滤镜的透过率要高。（霍莉·Y.白凯奇绘）

主题，堪萨斯城Lymax Astronomy公司的Bob Haler曾经说过：

“在我个人看来，对滤除光污染唯一有奇效的滤镜是OIII滤镜。我曾经在类似到处都是汞灯的停车场那样的严重光污染的环境中使用Lumicon的OIII滤镜，看到了效果非常出色的环状星云、哑铃星云和其他亮星云。我不是说这些星云看起来像是在远离城市灯光的黑暗地点所见的那样，而是说你可以看到相对较好的效果。并且还能在一些不太理想的观测地点——例如附近学校的操场上——把这些展示给别人。”

←天狼星光学公司生产的可调行星观测滤镜。（作者摄）

有很多种各式各样的宽带滤镜，虽然一直被告知说它们值这些钱，但我对此有所保留。我不能绝对地说它们挡不住一些不希望的光线，但事实上在轻微光污染或者比较黑暗的地方使用这些滤镜时效果才会比较理想。窄带滤镜则完全是另一回事情，是我们需要在此认真讨论的。让我们看一下Bob最常用的几种。

OIII滤镜

之所以叫这个名字，是因为这种滤镜只允许二次电离的氧原子所发出的谱线透过。注意，OIII表示的是二次电离：OI是自然状态下的氧，OII是一次电离后的氧，而OIII是二次电离后的氧（看来天文学不是唯一一个有很多怪异的术语和名词的学科。）总体来说，OIII滤镜的通带宽度约10nm，中心涵盖了波长为496nm和501nm的一对谱线。用它来观测行星状星云和超新星遗迹特别有

←Lumicon 公司的OIII滤镜。（作者摄）

利。其他的星云也不要忽略，特别是当星云比较明亮而光污染比较厉害时（例如尝试一下M42猎户座大星云）。

观测提示：尝试用OIII观测一些有难度的双星。有些观测者报告说对于亮度相差很大的双星如果使用OIII滤镜观测会有很好的效果。

UHC滤镜

这个滤镜的通带宽度比其他窄带滤镜要大，达到22~26nm，但比任何宽带滤镜要狭窄得多。使用时天空背景会变得暗些，而星星会略偏一点蓝色。各类星云，特别是那些弥漫的和较亮的星云适合用UHC滤镜观测。

H-Beta（Hβ）滤镜

这个滤镜的带宽最窄，只有8nm。中心波长是位于486nm的氢的β谱线。天文爱好者购买它的目的只有一个，就是观测难于捕获的猎户座马头星云，而且确实有效。我曾使用Hβ滤镜在150~750毫米口径的望远镜上观测过马头星云。还有其他的少数几个星云也可以用Hβ滤镜取得好效果，包括英仙座的加州星云，但屈指可数。

这些窄带滤镜可以从很多望远镜销售商处购得。

在继续之前Bob Haler的另一个建议供大家参考：

有时你会在星空聚会或者特价销售时发现有一些“外观污损”的减价滤镜，而检查一下并没有什么大问题，仅仅是看上去不太美观。这些滤镜仍能提供很好的效果，同时能为你节约可观的费用。

使用滤镜观测一些著名星云的效果比较

David Knisely, Prairie Astronomy Club, Lincoln,（内布拉斯加州），特许转载。

以下是使用各种滤镜目视观测发射星云的效果比较。观测设备是10英寸f/5.6牛顿式反射望远镜，使用的放大倍数分别为59×，70×和141×。偶尔也有手持滤镜用肉眼观看的结果，例如对玫瑰星云、北美洲星云、加州星云和巴纳德环等。使用的滤镜是Lumicon的深空滤镜（属于一种光害抑制滤镜）、OIII滤镜、UHC滤镜和Hβ滤镜，全部安装在改装过的Lumicon多滤镜转接器上。这使得我们能够快速地变换滤镜进行比较，避免了因更换滤镜耗费较长时间造成的判断不准的误差，以及不甚可靠的孤立观测的结果报告。观测是在一个目视极限星等6.5~7.0等的黑暗地点进行的。对观测天体的详细描述可以参考任何一本观测手册。我们使用了两种方法来对滤镜的效果进行评价。第一种方法对每个天体给出使用滤镜效果的分数，以0~5分表示。比如，OIII（4）表示使用OIII滤镜比不用滤镜直接观测有较大的提高，同时在OIII的总分里增加4分。判断滤镜对图像的改善效果的标准包括表面综合亮度，可观测到的星云区域大小，细节的反差等。然而，这种评价过程中包含一些个人的喜好，所以最后的结果带有一定的主观性。对不同的天体使用不同的滤镜时，每个人的感受可能会稍有不同，所以评判结果有所差异也是很自然的。但是，平均分数还是能够反映出滤镜的综合表现。

评分标准

（5）：比不使用滤镜有极大改善

（4）：比不使用滤镜有较大改善

（3）：比不使用滤镜有中等改善

（2）：比不使用滤镜有微弱改善

（1）：和不使用滤镜相比没有区别，或者略模糊

（0）：比不使用滤镜效果差很多，比如很勉强或者看不见目标

目前（2000年6月8日）为止已经测试了81个星云，据此得到的滤镜表现的总分：

UHC滤镜：284分，平均3.51分

OIII滤镜：257分，平均3.17分

深空滤镜：178分，平均2.20分

Hβ滤镜：112分，平均1.38分

第二种方法是根据个人的评价对每一个特定天体推荐一个最佳效果滤镜。这与个人的偏好和看法有关，带有一定主观性。通过星云亮度、可见范围大小、细节反差以及总体评价等因素的综合检测，确定哪种滤镜最适合用来观测这一目标。对于特定的天体，毫无疑问其他的观测者可能会有不同的最佳滤镜选择。如果两种滤镜的效果都很好（效果和优点在伯仲之间），就会同时成为推荐滤镜，总体效果更好的一个排在前面，随后是稍逊一筹者。

推荐排名汇总

UHC滤镜：34个星云目标效果最佳，另39个星云推荐排名第二。

推荐排名第一位和第二位的目标总数：73个。

OIII滤镜：对32个星云使用效果最佳（包括了行星状星云），19个星云观测效果次佳，有7个星云不推荐使用这种滤镜。

推荐排名第一位和第二位的目标总数：51个。

深空滤镜：对7个星云表现最好，对2个表现较好。

推荐排名第一位和第二位的目标总数：9个。

Hβ滤镜：对10个星云的效果最佳，对2个星云的观测效果排名第二，有36个星云不推荐使用这种滤镜。

推荐排名第一位和第二位的目标总数：12个。

总体结果

除了少数几个明显的例外，上面的数据显示UHC和OIII是最适合观测星云类天体的

滤镜。这在一定程度上验证了“如果你只能购买1块滤镜，选择UHC”的说法。从性能上来说，在观测许多发射星云时，UHC比OIII看到的星云面积稍大或者/而且稍微明亮一些；而对于特定的星云，OIII滤镜反差较大，能看到更暗的细节。通过OIII滤镜比UHC滤镜更容易看到小小的行星状星云，而Hβ滤镜则使得行星状星云的图像大大地变差。因为在我们的目标中包括了一些行星状星云，而OIII滤镜对这种目标的观测最具优势，所以OIII滤镜的总分有所增加。Hβ滤镜所适用的目标比UHC和OIII都要少，这可能是因为大多数被称作“Hβ滤镜目标天体”的都是低激发态的非常暗弱的星云，已经达到甚至低于我的10英寸望远镜的目视极限星等，所以没有被列入测评比较的清单。使用深空滤镜观测大多数天体都能提高图像反差，特别是在天光较亮的时候，但很少能产生令人惊异的改善效果。对观测清单上每一个目标的滤镜效果比较见下。

具体天体目标的比较结果

针对每个天体列出了各种滤镜的效果。对每种滤镜给出了评分，并对适于观测此天体的滤镜进行了推荐。在推荐部分，两种滤镜名称之间的斜线代表它们的效果都很好，而前者综合起来最佳。例如，UHC/OIII表示UHC略微胜出，但OIII也非常有用。

M1蟹状星云（超新星遗迹，金牛座）

深空滤镜：(3) 改善了反差，显示出星云东侧纤细的弧状尖端。

UHC滤镜：(4) 使得背景变暗，揭示出边缘絮状细节的迹象，东侧的尖端更容易看到了。

OIII滤镜：(3) 比UHC滤镜下暗很多，星云看上去变小、变圆了些。但在中等放大率下仍隐约可见星云中间和边缘的纤维状结构。

Hβ滤镜：(0) 几乎看不见星云。

M1观测推荐滤镜：UHC滤镜/深空滤镜(不推荐使用Hβ滤镜)。

M8礁湖星云（弥漫星云，人马座）

深空滤镜：(3) 反差有所增加，比不加滤镜时能看到多一些朦胧的区域。

UHC滤镜：(5) 大幅提高反差和星云边缘的可见度。星云显得大了许多（几乎达到1°宽），细节得到增强，尤其在靠外的部分。

OIII滤镜：(5) 比UHC滤镜下稍微暗一些，但反差有所增加，暗部细节比UHC滤镜下看到的多。有些最外边的星云区域看不到，但中心部分的细节非常明显。在明亮的区域可以感觉到淡红色。在存在光污染的环境中观测时，OIII滤镜的表现可能会更突出。

Hβ滤镜：(2) 星云变得相当暗。只能看到环绕沙漏星云的一团朦胧的球形云气和外部的弧形。

M8观测推荐滤镜：UHC滤镜/OIII滤镜。

M16鹰状星云（弥漫星云，巨蛇座）

深空滤镜：(2) 与不加滤镜相比，稍微容易看到暗弱的弥漫星云，但看不到很多细节。

UHC滤镜：(4) 星云变得很明显。显示出呈T字形的弥漫的很宽的亮扇形，星云北侧一些小的暗区可以看到。

OIII滤镜：(4) 比UHC滤镜稍暗，但星云边缘部分略微好一些。提供了更大的反差和更多的内部较暗的细节。包括在旁视时可以看出暗淡的从星云南侧指向中心的窄窄的手指样条带。

Hβ滤镜：(2) 星云严重变暗，但T字形隐约可见。

M16观测推荐滤镜：UHC滤镜/OIII滤镜，Hβ滤镜使图像严重劣化。

M17天鹅星云（Ω星云）（弥漫星云，人马座）

深空滤镜：(3) 对反差和细节有一点增强，勉强可见西北方位暗弱的环形云气。

UHC滤镜：(4) 反差和细节明显改善，外侧的大多数暗弱的区域和Ω样的环形相当容易看到。

OIII滤镜：(5) 比UHC滤镜的图像稍暗，但反差高些。可以看出沿着天鹅脖颈西侧的一个明显的黑色区域。在主要的明亮条带内的暗细节比UHC滤镜下分辨得更为清晰。

Hβ滤镜：(1) 与其他滤镜相比，目标明显变暗，对M17是一个不适用的选择。

M17观测推荐滤镜：OIII滤镜/UHC滤镜，不推荐Hβ滤镜。

M20三叶星云（弥漫发射/反射星云，人马座）

深空滤镜：(2) 和不使用滤镜时的效果类似。反差稍有增加，在有光污染的环境中可能会更有用。

UHC滤镜：(4) 星云比在深空滤镜下稍暗，但反差稍有提高；比不加滤镜时的反差要大很多。

OIII滤镜：(3) 星云比用UHC滤镜或深空滤镜观看时要暗。三个叶片的主要部分都显得小了些，影响了北侧反射星云部分的可见度。但是中间的暗黑缝隙的细节显示得多了些。

Hβ滤镜：(4) 星云比UHC滤镜略暗，但是三个叶片部分可见的星云状区域的面积比UHC滤镜大一些。反射星云部分看不见，中心星周围区域细节的亮度也降低了。

M20观测推荐滤镜：UHC滤镜/Hβ滤镜。

M27哑铃星云（行星状星云，狐狸座）

深空滤镜：(3) 哑铃两侧外部的云雾状区域的可见度有所提高，但星云亮度有所降低。

UHC滤镜：(5) 反差和外侧细节有很大改善，哑铃两侧延伸出的大片翼状亮区易见。星云内部变得较亮而且稍大了些，可以看出有趣的绿色淡光。

OIII滤镜：(4) 比UHC滤镜要暗淡，但是内部的暗细节更多，反差也更大。两个亮翼很容易看到。

Hβ滤镜：(1) 星云亮度减弱严重，外侧细节消失，只能看出内侧的哑铃形状。

M27观测推荐滤镜：UHC滤镜。OIII滤镜有助于观察内部的细节，但Hβ滤镜不推荐使用。

M42猎户座大星云（弥漫星云）

深空滤镜：(3) 可以看到反差有适度的改进，非常靠外边的星云部分也可以看到。这个滤镜对于大众观星活动是一个很好的选择，因为在突出了星云的同时，恒星仍然可以看到。

UHC滤镜：(5) 可以注意到比不用滤镜时的反差有了很大提高，外侧的星云很容易看到。用旁视法可以容易地看出在南边有一个稍亮的环形。直视观察时蓝绿的色调很明显。

OIII滤镜：(4) 最外侧的某些区域变暗了，但反差有所提高；明暗细节有可观的改进，特别是在中央区域。使用大孔径时可以注意到发蓝（有时发红）的色调。M43比在UHC滤镜下略暗一些，但在有光污染时OIII滤镜的较窄通带可能更有助于观测。

Hβ滤镜：(3) 外侧较暗的区域大部分消失了。但是扇形的核心区和M43还保留着。可以看出细节的反差和变化，包括西侧的一段较亮的弧状结构。通过Hβ滤镜也能看到一些红色。

M42观测推荐滤镜：UHC滤镜/OIII滤镜（效果类似）。

M43（猎户座大星云的北侧部分）

深空滤镜：(3) 比没有滤镜时反差高，但细节没有太多增强。滤镜在有光污染时会有用。

UHC滤镜：(3) 比深空滤镜下的反差高些，类似逗号的星云形状很容易看出来。

OIII滤镜：(2) 星云变暗，但整体形状易见。

Hβ滤镜：(4) 使得M43变得很突出，整体反差很高。在逗号形状中一些不规则的暗黑细节可见。

M43观测推荐滤镜：Hβ滤镜。UHC滤镜和深空滤镜也有帮助。

M57环状星云（行星状星云，天琴座）

深空滤镜：(2) 使得背景略微变黑。突出了椭圆形外侧的非常暗弱的星云迹象，其他方面则没有什么改善。

UHC 滤镜：(4) 减弱了背景和恒星的亮度，可以更加明显地看出圆环中心区内微微发亮。可见圆环外侧边缘周围的暗弱星云迹象。

OIII 滤镜：(4) 星云和背景的亮度进一步减弱，但可注意到反差小有改善。环的外层部分在旁视时可以看到。

Hβ滤镜：(0) 图像变得很糟，星云极暗。

M57 观测推荐滤镜：UHC 滤镜/OIII 滤镜。这个星云很小也很亮，所以这些滤镜起到的作用有限，但 UHC 滤镜确实有些帮助。Hβ滤镜不推荐使用。

M76 小哑铃星云或蝶状星云（行星状星云，英仙座）

深空滤镜：(2) 比不加滤镜勉强好一点，哑铃两侧的云气朦胧可见。

UHC 滤镜：(4) 可以看出更多的星云状区域，包括哑铃两侧外边的暗弱的翼状斑纹，以及内部的细节。

OIII 滤镜：(4) 星云变暗，但反差提高了。哑铃两瓣上的一些模糊的细节可以看到。哑铃侧边的斑纹看起来像是一个圆圈的一部分。

Hβ：(0) 在中等倍率下星云很暗，几乎消失了。

M76 观测推荐滤镜：OIII 滤镜/UHC 滤镜。Hβ滤镜不推荐使用。

M97 夜枭星云（行星状星云，大熊座）

深空滤镜：(2) 比不用滤镜时稍有改善。可以感觉出“眼睛”的模样。

UHC 滤镜：(4) 比用深空滤镜观看时的反差高很多。可见夜枭的一只“眼睛”，另一只也有迹象。

OIII 滤镜：(5) 比 UHC 滤镜下的反差增加。两只“眼睛”均可看见，还可以感觉到星云外部边缘的结构。

Hβ滤镜：(0) 星云几乎消失了。

M97 观测推荐滤镜：OIII 滤镜/UHC 滤镜。Hβ滤镜不推荐使用。

NGC40（行星状星云，仙王座）

深空滤镜：(3) 稍微增加了反差和细节，相对的侧边亮了一些。但实际上这个目标并不需要滤镜就可以观察。

UHC 滤镜：(3) 比深空滤镜略暗，但反差稍高。

OIII 滤镜：(2) 比 UHC 滤镜下暗一些，圆盘还是很容易看到。

Hβ滤镜：(2) 比 UHC 滤镜暗些，但比 OIII 滤镜稍微明亮（这个星云几乎可算是一个有β辐射的天体）。

NGC40 观测推荐滤镜：深空滤镜/UHC 滤镜（效果类似）。

NGC246（行星状星云，鲸鱼座）

深空滤镜：(2) 比不使用滤镜时清晰一些，但也只能看出一群恒星周围的弥漫的近似的圆形亮圈。

UHC 滤镜：(3) 更高的反差。星云显示为一个中等大小的清晰的暗盘，可以看出内部的亮度起伏。

OIII 滤镜：(5) 比 UHC 滤镜的反差明显增加！在星云中央部分可见好几个暗点，还可以感觉到圆盘外侧边缘锐利的纤维状结构。

Hβ滤镜：(0) 几乎看不到星云。

NGC246 观测推荐滤镜：OIII 滤镜。Hβ滤镜不推荐使用。

NGC281（弥漫发射星云，仙后座）

深空滤镜：(3) 星云容易看到一些，而在不用滤镜时几乎看不到。边缘变得更清楚。

UHC 滤镜：(4) 反差和细节都有明显改善。显得比在深空滤镜中看到的大了些。有些模糊的细节。

OIII 滤镜：(4) 星云暗了点，但内部的暗线状细节更加明显。星云的轮廓比 UHC 滤镜下清晰。

Hβ滤镜：(2) 星云比 OIII 滤镜变暗了许多，和深空滤镜下看到的细节类似（很暗）。

NGC281观测推荐滤镜：UHC滤镜/OIII滤镜。

NGC604（星系M33中的HII区域［电离氢原子云］，三角座）

深空滤镜：（2）比直接观察时的反差稍好，但不用滤镜也很容易看到。

UHC滤镜：（3）比深空滤镜容易看到得多。很显著的一团椭圆形云气。M33星系里其他的多数特征都还可以看到。

OIII滤镜：（4）反差明显增加，和UHC滤镜及不用滤镜相比，几乎可以算是“明亮”了。星系则暗了许多，但星云变得很突出。

Hβ滤镜：（2）比其他滤镜看到的要暗很多，但星云依然可见。

NGC604观测推荐滤镜：OIII滤镜/UHC滤镜。

NGC896/IC1795（弥漫星云，仙后座）

深空滤镜：（3）明显增加了可见度。不用滤镜时星云只是一个光斑，现在可以看到两块很暗的弥漫星云区域：大的是IC1795，小的是NGC896。

UHC滤镜：（4）更加显著和清晰，可见一些模糊的细节。从IC1975的南部有条细细的弧线向外弯出。

OIII滤镜：（4）比UHC滤镜暗淡，但可见更多暗弱的细节。模糊的外侧圈状结构拱向南面，几乎把两块亮斑连接起来。

Hβ滤镜：（1）几乎看不到了。

NGC896/IC1795观测推荐滤镜：UHC滤镜/OIII滤镜，不推荐使用Hβ滤镜。

NGC1360（大型行星状星云，天炉座）

深空滤镜：（2）稍微提高反差，比不用滤镜时容易看到。但没有滤镜仍然可见。

UHC滤镜：（4）显著增加反差，星云看起来更大而且明显地呈椭圆形。可以注意到一些不规则的内部细节以及中央星。

OIII滤镜：（4）比UHC滤镜的反差还大。内部弧状的细节很清楚。但中央星变得很暗，背景很黑。

Hβ滤镜：（0）只能看到中央星和它周围的一些云气，其余的云雾状区域不见了。

NGC1360观测推荐滤镜：OIII滤镜/UHC滤镜（不推荐使用Hβ滤镜）。

NGC1499加州星云（弥漫星云，英仙座）

直接看去，星云勉强可见。但只是比背景稍微亮一点，而没有任何细节。

深空滤镜：（2）可以感到反差稍有增加，但和不用滤镜看到的也没什么两样。

UHC滤镜：（2）比深空滤镜的反差高一点。星云的边缘稍微可以看出来，但分辨整个星云仍很困难。可以感觉到整个天体模糊的亮度起伏。

OIII滤镜：（1）视野变得很黑，星云非常暗淡。

Hβ滤镜：（4）可以感到反差极大提高，目标相当容易看到。边缘清晰，一些较暗的纤维状细节也可注意到。用肉眼通过Hβ滤镜就可以看到加州星云。

NGC1499观测推荐滤镜：Hβ滤镜。

NGC1514水晶球星云（行星状星云，金牛座）

深空滤镜：（2）暗弱的云气包围着一颗暗星。不用滤镜更容易看到。

UHC滤镜：（4）反差显著改善。球状的云气更清楚了。可以感觉到星云内部有暗淡的细节。

OIII滤镜：（4）比UHC滤镜的反差要大，在主要的气壳上面可以看出模糊的细节和弧状结构。比UHC滤镜下略暗，但总体效果好些。

Hβ滤镜：（0）星云几乎消失了。

NGC1514观测推荐滤镜：OIII滤镜/UHC滤镜。Hβ滤镜不推荐。

NGC1999（弥漫星云，猎户座）

深空滤镜：（2）比不用滤镜时略有增强。不用滤镜也很容易看到。

UHC滤镜：（1）比用深空滤镜或不用滤镜时要暗。

OIII滤镜：（1）比UHC滤镜和深空滤镜

都要暗。

Hβ滤镜：（1）比深空滤镜、UHC滤镜或不用滤镜都要暗。

NGC1999观测推荐滤镜：深空滤镜。

NGC2022（行星状星云，猎户座）

深空滤镜：（3）不用滤镜可见，但用深空滤镜更显著。可以看出星云呈模糊的小圆盘状。

UHC滤镜：（4）明显改善反差，在高倍率下可以看出很像圆环的样子。

OIII滤镜：（5）反差比UHC滤镜大很多，背景也更黑暗。但相比之下用UHC滤镜或者不加滤镜可能更适合于高倍率下的细节观测。

Hβ：（0）星云几乎看不见了。

NGC2022观测推荐滤镜：OIII滤镜/UHC滤镜（Hβ滤镜不推荐）。

NGC2024火焰星云（弥漫发射/反射星云，猎户座）

深空滤镜：（3）明显改善反差，暗条细节可见。

UHC滤镜：（3）比深空滤镜暗一些，但反差有所提高。

OIII滤镜：（2）比UHC滤镜暗，看到的细节也比UHC滤镜少。

Hβ：（1）图像是所有滤镜中最暗的，但星云仍可见，且细节与OIII滤镜看到的类似。

NGC2024观测推荐滤镜：深空滤镜/UHC滤镜（效果相近）。

NGC2174（弥漫星云，猎户座北部）

深空滤镜：（2）环绕一颗单星的暗淡的云气，可以感觉到有细节。比不用滤镜时容易看到得多。

UHC滤镜：（4）比深空滤镜下的反差有很大提高。显示出很大一块云气和内部暗淡不规则的模糊细节。

OIII滤镜：（4）比UHC滤镜暗，但反差更高。可见一些暗淡的窄条结构。

Hβ：（0）星云变暗，几乎看不见了。比深空滤镜看到的要少。

NGC2174观测推荐滤镜：UHC滤镜/OIII滤镜（效果相近）。Hβ滤镜不推荐。

NGC2327（弥漫星云，麒麟座）

深空滤镜：（2）围绕一颗7等星的非常暗弱的接近圆形的星云。

UHC滤镜：（3）目标显得大了些，比深空滤镜下稍微清晰了一点。

OIII滤镜：（2）星云现在很暗，只有靠近恒星边上的部分可见。

Hβ：（4）星云不像在UHC滤镜里那么亮，但清楚了很多。显示出在东北部包含的一块暗斑以及明亮的弧状西部边缘。

NGC2327观测推荐滤镜：Hβ滤镜/UHC滤镜。

NGC2237-9玫瑰星云（弥漫星云，麒麟座）

深空滤镜：（2）反差有所提高，但也只能看出环绕中央星团的很弥漫的云气。可以感到星云的分布不太规则。

UHC滤镜：（5）显著提高反差，外侧的星云和一些不规则的明暗结构可见。把UHC滤镜放在肉眼前就可以直接看到星云。

OIII滤镜：（5）比UHC滤镜的反差高，可以看出整个区域内暗色的不规则细节。但是星云的可见度不如UHC滤镜。

Hβ滤镜：（1）环绕星团的很暗的云气。比不用滤镜好不了多少，图像更暗。

NGC2237-9观测推荐滤镜：OIII滤镜/UHC滤镜（几乎相同）。

NGC2264圆锥星云（麒麟座S星附近）

深空滤镜：（2）反差稍有提高。可以看到暗弱的云气。最亮的斑点在麒麟座S星西南西方向。

UHC滤镜：（4）在接近1°宽的整个视野内可以看到暗弱的星云。在星云的南部所包围的暗圆锥形状隐约可见。

OIII滤镜：（3）比UHC滤镜暗，只有位于麒麟座S星西南的星云部分容易看到，暗圆锥看不见。

Hβ滤镜：（1）只在麒麟座S星西南方看

到一点微亮。

NGC2264观测推荐滤镜：UHC滤镜。

NGC2346（行星状星云，麒麟座）

深空滤镜：（2）比不用滤镜稍微容易看到。

UHC滤镜：（3）反差有所增加，可以感觉出呈环状。

OIII滤镜：（3）反差有所增加，比UHC滤镜下略暗。

Hβ滤镜：（0）星云几乎消失。

NGC2346观测推荐滤镜：UHC滤镜/OIII滤镜（效果接近）。Hβ滤镜不推荐。

NGC2438（行星状星云，船尾座）

深空滤镜：（2）比不加滤镜时容易看到得多。可以看出环状的迹象。

UHC滤镜：（3）反差明显提高，比深空滤镜更容易看到。环状更为明显。

OIII滤镜：（4）反差高了很多。环形相当明显。

Hβ滤镜：（0）星云几乎完全消失。

NGC2438观测推荐滤镜：OIII滤镜。Hβ滤镜不推荐。

NGC2467托尔的头盔（弥漫星云，船尾座）

深空滤镜：（2）在一个稀疏星团的南部有一颗单星亮一些，四周有暗淡的呈球状的星云物质围绕。

UHC滤镜：（4）比深空滤镜中亮得多，细节也多了。在南部可见亮一些的弧形条带。

OIII滤镜：（5）比UHC滤镜的反差更大，细节更多。弧形连到了一个经过中心星的圈上。外部细节隐约可以感觉到。

Hβ滤镜：（1）非常暗淡。

NGC2467观测推荐滤镜：OIII滤镜/UHC滤镜。Hβ滤镜不推荐。

NGC2359（弥漫星云，大犬座）

深空滤镜：（2）比无滤镜时清晰，但反差依然很低。

UHC滤镜：（4）比深空滤镜下的反差高。从椭圆形凝聚区的中间伸出的弧状细节可见。

OIII滤镜：（5）比UHC滤镜反差还高。椭圆形凝聚区看上去像一个环，从两端伸出一些细须。

Hβ滤镜：（0）星云几乎不可见。

NGC2359观测推荐滤镜：OIII滤镜/UHC滤镜。Hβ滤镜不推荐。

NGC2371-2（行星状星云，双子座）

深空滤镜：（2）看到两个相邻的暗淡斑点，效果比无滤镜时略好。

UHC滤镜：（4）比深空滤镜有所增强。可以感觉到两瓣是互相接触的。

OIII滤镜：（4）比UHC滤镜反差略高。在外侧有暗弱的翼状云气区域的迹象。

Hβ滤镜：（0）感觉不到星云的迹象。

NGC2371-2观测推荐滤镜：OIII滤镜/UHC滤镜（效果几乎相同）。Hβ滤镜不推荐。

NGC2392爱斯基摩星云（行星状星云，双子座）

深空滤镜：（2）比无滤镜时略有增强。容易看到两个气壳中外面的那一个。

UHC滤镜：（4）背景变暗，星云突出了。两个气壳都很容易看到。

OIII滤镜：（4）墨黑的天空背景，比UHC滤镜反差大。两个气壳看起来交叠到了一起，中央星变暗了。

Hβ滤镜：（0）只有内层的气壳可以看到。比深空滤镜、UHC滤镜和OIII滤镜都要暗。

NGC2392观测推荐滤镜：OIII滤镜/UHC滤镜。Hβ滤镜不推荐。

NGC3242木星的幽灵（行星状星云，长蛇座）

深空滤镜：（2）比不加滤镜时稍有增强，但是不用滤镜也很容易看到。

UHC滤镜：（4）反差提高了很多。在两个内侧气壳之外还有一个暗淡的圆形光晕状气壳可见。

OIII滤镜：（4）背景变得黑了很多，内侧的两个气壳确实显得明亮了。

Hβ滤镜：（1）暗了许多，只有最里面的气壳易见。

NGC3242观测推荐滤镜：UHC滤镜/OIII滤镜（效果相近）。Hβ滤镜不推荐。

NGC4361（行星状星云，乌鸦座）

深空滤镜：（2）比不用滤镜时反差稍高。

UHC滤镜：（4）反差提高很大，外部弥漫暗淡的延伸部分可见。

OIII滤镜：（4）更高的反差。比UHC滤镜下更清晰了一点，但同时星云显得略小。

Hβ滤镜：（0）星云消失了。

NGC4361观测推荐滤镜：UHC滤镜/OIII滤镜（效果相近）。Hβ滤镜不推荐。

NGC6210（行星状星云，武仙座）

深空滤镜：（2）略微突出了一点。但星云不用滤镜时就能看到。

UHC滤镜：（4）反差提高，在主圆斑的北部和南部好像有一个有封闭的气壳。

OIII滤镜：（4）减低了背景亮度，显示出外面气壳的迹象。

Hβ滤镜：（1）减弱了星云的亮度，只能看见稍亮的内核部分。

NGC6210观测推荐滤镜：OIII滤镜/UHC滤镜。Hβ滤镜不推荐。

NGC6302小虫星云（行星状星云，天蝎座）

深空滤镜：（2）比没有滤镜时反差稍高。

UHC滤镜：（3）显著改善反差。中央的核心区显得亮多了，外侧的东西像喷焰状细节可以很容易地看到。

OIII滤镜：（3）核心区变得很突出，星云则不如在UHC滤镜中那么亮。

Hβ滤镜：（0）看不到星云。

NGC6302观测推荐滤镜：OIII滤镜/UHC滤镜。Hβ滤镜不推荐。

NGC6334（弥漫星云，天蝎座）

深空滤镜：（2）星云是非常暗淡的较大一片微光，在靠近南端的一颗星的附近最亮。

UHC滤镜：（4）可以看出在靠近南端的两颗星的周围有两块分开的斑点，同时在北边暗淡的弥漫星云中有暗斑和黑点。

OIII滤镜：（3）比UHC滤镜暗，但仍然可以看到。

Hβ滤镜：（3）和OIII滤镜的图像相似，稍微暗一点。

NGC6334观测推荐滤镜：UHC滤镜。（OIII滤镜和Hβ滤镜也可用）。

NGC6445（行星状星云，人马座）

深空滤镜：（2）更突出了一些。

UHC滤镜：（4）比深空滤镜的反差有显著改善。

OIII滤镜：（3）视野内更暗但反差更大。比UHC滤镜稍暗。

Hβ滤镜：（0）几乎完全看不见了。

NGC6445观测推荐滤镜：UHC滤镜/OIII滤镜。Hβ滤镜不推荐。

NGC6537（弥漫星云，天蝎座）

深空滤镜：（2）不用滤镜时不易看到；使用深空滤镜后勉强可见。

UHC滤镜：（3）显著提高反差。显现出一些不规则结构和一小团星星周围的稍亮的区域。

OIII滤镜：（4）比UHC滤镜反差更大。小星团周围的亮斑被极大地增强了。

Hβ滤镜：（1）几乎使得星云消失。

NGC6537观测推荐滤镜：OIII滤镜/UHC滤镜。Hβ滤镜不推荐。

NGC6543猫眼星云（行星状星云，天龙座）

深空滤镜：（2）使得星云更突出一些。

UHC滤镜：（4）反差显著增强，可见外围暗淡的弥漫光晕。星云主体西边的光斑（IC4677）刚刚可以看见。

OIII滤镜：（4）确实降低了背景的亮度，提高了外围光晕的可见度。IC4677现在稍微容易看到一点。

Hβ滤镜：（1）亮度降低很多，但依然可见。

NGC6543观测推荐滤镜：OIII滤镜/UHC滤镜。Hβ滤镜不推荐。

NGC6559/IC4685（弥漫星云，人马座）

深空滤镜：（2）不用滤镜看不到。是一颗单星周围的微亮区域，隐约感觉向北边和西北延伸。

UHC滤镜：（4）显著增强，可见有明暗变化的结构。

OIII滤镜：（2）仍可看见但比UHC滤镜下暗很多。

Hβ滤镜：（2）只有些微细节可见。

NGC6559观测推荐滤镜：UHC滤镜。

NGC6781（行星状星云，天鹰座）

深空滤镜：（3）没有滤镜时亦很容易看到，但使用深空滤镜后反差增加，在低倍率下也能看出呈环状。

UHC滤镜：（4）显著增加了反差。可见明显的环形和内侧发亮的区域，沿着南侧边的地方明显亮一些。

OIII滤镜：（4）降低背景亮度，增强了环形的轮廓。

Hβ滤镜：（0）完全看不到了。

NGC6781观测推荐滤镜：OIII滤镜/UHC滤镜。Hβ滤镜不推荐。

NGC6804（行星状星云，天鹰座）

深空滤镜：（2）比无滤镜时容易看到一些。

UHC滤镜：（3）星云明显了许多。

OIII滤镜：（4）很好的高反差图像，比UHC滤镜好一点。

Hβ滤镜：（0）几乎看不见。

NGC6804观测推荐滤镜：OIII滤镜/UHC滤镜。Hβ滤镜不推荐。

NGC6888新月星云（弥漫星云，天鹅座）

深空滤镜：（2）比无滤镜时有一点改善。星云北端正穿过一颗恒星，这是星云上最亮的一段，较容易看到。

UHC滤镜：（4）看到星云容易得多了。显示出一个暗淡雾状的、很大的、几乎完整的椭圆环，亮度有起伏，内部有暗淡的微光。

OIII滤镜：（5）可见完整的椭圆环和微亮的内部。比UHC滤镜下反差稍高，但星云整体比UHC滤镜暗。

Hβ滤镜：（1）很暗，在黑暗的视场内只可见通过深空滤镜观察时看到的最亮的弧状部分。星云几乎看不出来。

NGC6888观测推荐滤镜：OIII滤镜/UHC滤镜（效果几乎相同）。Hβ滤镜不推荐。

NGC6960-95面行星云（超新星余迹，天鹅座）

深空滤镜：（3）星云比不用滤镜容易看到。环圈的两个侧边均可见，包括经过天鹅座52号星的部分。

UHC滤镜：（4）细节和反差改善极大！星云很突出，可见纤维状结构。环圈的内部可以感觉到其他的细线状特征。

OIII滤镜：（5）细节和反差有显著提高！甚至两个弧形主体之间的纤弱的丝网状细节都可以很好地看到。整个星云就像在照片上看到的那样。OIII滤镜毫无疑问是最佳选择。

Hβ滤镜：（1）很暗淡，但仍能看见。（忘掉这个滤镜！）

NGC6960-95观测推荐滤镜：OIII滤镜。UHC滤镜也有帮助，但比不上OIII滤镜。Hβ滤镜不推荐。

NGC7000北美洲星云（弥漫星云，天鹅座）

深空滤镜：（2）星云的总体形状比不用滤镜时容易看到，但改进有限。

UHC滤镜：（5）比深空滤镜的反差有很显著的改善。“佛罗里达”和“墨西哥”的形状很容易看出来。

OIII滤镜：（4）反差和细节有所改善。“墨西哥”西侧的隆起亮了一些，有的暗淡的模糊细节变得容易看到了。但星云比UHC滤镜要暗。

Hβ滤镜：（3）细节和OIII滤镜类似，但云气的感觉比OIII滤镜要弱。

NGC7000 观测推荐滤镜：UHC 滤镜/OIII 滤镜，但 Hβ滤镜/深空滤镜在观测时都有用处（UHC 滤镜亮一些，但 OIII 滤镜反差高）。

NGC7009 土星状星云（行星状星云，宝瓶座）

深空滤镜：（2）在星云的两端确实可以看出环脊的形状，像两个小泡一样。

UHC 滤镜：（4）环脊像钉子一样突出来，反差明显增加。

OIII 滤镜：（4）星云略暗了些，但反差提高，特别是在星云里侧。可见内侧的气壳细节。

Hβ滤镜：（1）显著变暗，只像一个小圆面。

NGC7009 观测推荐滤镜：不需要滤镜。但 OIII 滤镜/UHC 滤镜对暗淡的细节有帮助。Hβ滤镜不推荐。

NGC7023（发射/反射星云，仙王座）

深空滤镜：（3）明显提高反差，星云比没有滤镜时扩展了许多。在东侧和西侧可以注意到暗区。

UHC 滤镜：（2）比深空滤镜暗而且小一点，但星云效果仍然比没有滤镜好。

OIII 滤镜：（2）比 UHC 滤镜暗，但仍能看出某些细节的迹象。

Hβ滤镜：（1）比 UHC 滤镜和 OIII 滤镜都暗。只能看到恒星附近的星云中心区。

NGC7023 观测推荐滤镜：深空滤镜。

NGC7027（行星状星云，天鹅座）

深空滤镜：（2）不用滤镜也很容易看到，但深空滤镜使得星云更突出了一些，像一个蓝绿色的小椭圆面。

UHC 滤镜：（4）使得星云明亮了许多。可以感觉出有一个很大的暗淡的不规则气壳。使用高倍率可以看到一颗偏离中央位置的中心星和在它东南方向的一段圆弧。

OIII 滤镜：（4）核心区比 UHC 滤镜下的略暗，但是更容易看到气壳以及上面的一些细节。

Hβ滤镜：（0）使星云变得很暗。

NGC7027 观测推荐滤镜：OIII 滤镜/UHC 滤镜（效果几乎相同）。Hβ滤镜不推荐。

NGC7129-33（弥漫星云，仙王座）

深空滤镜：（2）反差稍有提高。中心区有一个由 4~6 颗星组成的小星群，可以感觉到围绕着它的暗淡云气。

UHC 滤镜：（3）星云的反差提高，容易看到但十分弥漫。北侧部分最亮，有些模糊的细节；离开一点还有两个暗斑可以看到。

OIII 滤镜：（3）显示出多一点的细节。其中一侧似乎包含一块暗斑。

Hβ滤镜：（1）尽管还能看到，但星云已经变得相当暗。

NGC7129-33 观测推荐滤镜：UHC 滤镜/OIII 滤镜。

NGC7293 螺旋星云（行星状星云，宝瓶座）

深空滤镜：（2）比不用滤镜时容易看到，但反差很低。是一个大而暗淡的几乎圆形的模糊光斑，中间稍微暗些。

UHC 滤镜：（4）显著地增加反差，现在星云很容易看到了。显示出一个清晰的稍微弥漫的宽圆环，有一个微亮的中心区和其他一些细节的迹象。

OIII 滤镜：（5）比 UHC 滤镜反差强了很多。可以看出螺旋迹象和外侧纤维状星云的特征。比 UHC 滤镜暗，但更加突出。在所有滤镜中表现最佳。

Hβ滤镜：（0）勉强看到（星云几乎消失了）。

NGC7293 观测推荐滤镜：OIII 滤镜/UHC 滤镜。Hβ滤镜不推荐。

NGC7538（弥漫星云，仙王座）

深空滤镜：（3）提高了反差，比没有滤镜时容易看到。

UHC 滤镜：（4）使背景变暗，星云比深空滤镜更突出了。

OIII 滤镜：（4）稍暗，但反差有所增加。

Hβ滤镜：（0）暗到几乎消失。

NGC7538观测推荐滤镜：UHC滤镜/OIII滤镜。Hβ滤镜不推荐。

NGC7635气泡星云（弥漫星云，仙后座）

深空滤镜：（2）可见围绕亮星的椭圆形模糊弥漫的区域。

UHC滤镜：（3）注意到恒星四周沿东西向的椭圆形的云气，在西北和东南方可见大片暗淡弥漫的延伸区。一个暗淡的Y形斑纹正好在中心星的北侧。

OIII滤镜：（4）反差提高。Y形条纹看得更真切。

Hβ滤镜：（1）非常暗，不如OIII滤镜，但星云依然可见。

NGC7635观测推荐滤镜：OIII滤镜/UHC滤镜。

NGC7662蓝雪球星云（行星状星云，仙女座）

深空滤镜：（2）在一定程度上降低了背景亮度。

UHC滤镜：（3）使背景明显变暗，但只增加了一点云气的感觉。

OIII滤镜：（3）星云略微暗淡。天空背景变得墨黑，中心部分反差稍微提高（但没有很多细节）。

Hβ滤镜：（1）比OIII滤镜明显的暗淡很多。

NGC7662观测推荐滤镜：实际上不需要滤镜即可观测。UHC滤镜/OIII滤镜可能对在低倍率下找到目标有帮助（需要旁视）。Hβ滤镜不推荐。

NGC7822（暗弥漫星云，仙王座）

深空滤镜：（2）很大的一片微弱亮光，在几颗星周围沿东西方向延伸。

UHC滤镜：（3）微光比深空滤镜中明显增强，显示出一些不规则结构。

OIII滤镜：（2）比UHC滤镜暗淡，但依然可见。

Hβ滤镜：（2）比UHC滤镜暗，但显示出和UHC滤镜同样多的细节。

NGC7822观测推荐滤镜：UHC滤镜（Hβ滤镜和OIII滤镜也有些用处）。

IC405烽火恒星云（弥漫发射/反射星云，御夫座）

深空滤镜：（3）可以在御夫座AE星的四周和东边看出一片很暗淡的弥漫微光，有些不规则的结构。不用滤镜看不清楚。

UHC滤镜：（2）反差稍有增加。在御夫座AE的东北侧显示出暗弱的弧形纤维状细节。背景亮度比深空滤镜下要暗。

OIII滤镜：（1）仅有星云的迹象。

Hβ滤镜：（2）隐约可见一条弧形和御夫座AE北侧暗弱的斑纹。星云比UHC滤镜和深空滤镜都暗。

IC405观测推荐滤镜：深空滤镜/UHC滤镜。（滤镜作用不大，而且这可能基本上是个反射星云）

IC410（和NGC1893毗连的星云，御夫座）

深空滤镜：（2）星云沿东西向横贯Y形的星团NGC1893，并在东端有一个向南的延展部分。

UHC滤镜：（4）复杂的弧状不规则星云，沿东西方向伸展然后向南弯曲。在西南侧内部包含一些暗黑的区域。

OIII滤镜：（4）在东侧和西侧显示出更多的暗细节，但星云变暗。很明显地看出星云和星团的形状相似。

Hβ滤镜：（0）星云几乎消失。

IC410观测推荐滤镜：OIII滤镜/UHC滤镜。不推荐Hβ滤镜。

IC434马头星云（弥漫星云，猎户座）

深空滤镜：（2）和不用滤镜观看的区别很小。当可以看到时，星云在东北向的暗淡背景星云衬托下像一个微小的黑缺口，形状很难看出来。除非在非常黑暗的环境和晴朗的天空下，否则很难看到。

UHC滤镜：（3）马头稍微明显了一点。在旁视时可以感觉出部分马头的形状，比无滤镜和深空滤镜时有实实在在的改进。

OIII滤镜：（0）看不见马头。IC434只剩下一点星云的迹象。

Hβ滤镜：(4) 星云仍然很暗，但马头形状相当容易看到，比UHC滤镜反差要强。在Hβ滤镜中，IC434的东侧看起来比星云其他部分要亮。

IC434观测推荐滤镜：Hβ滤镜（UHC滤镜也有帮助，但OIII滤镜不推荐）。

IC1318天鹅座γ星云（弥漫星云，天鹅座）

深空滤镜：(2) 位于天鹅座γ星东侧的很大的暗弥漫星云。有两块长条状的部分，中间被暗区所分隔。还可以看到在γ星西北的很大一片星云区域。

UHC滤镜：(3) 比深空滤镜明显增加反差，天鹅座γ星东边的条带之间的暗黑缺口现在显示较清晰。

OIII滤镜：(1) 星云几乎消失（很暗淡）。

Hβ滤镜：(3) 星云比UHC滤镜暗，但反差更高，星云周围的天空背景极黑。

IC1318观测推荐滤镜：Hβ滤镜/UHC滤镜（效果类似）。OIII滤镜不推荐。

IC1396（星云，仙王座μ星西南）

深空滤镜：(2) 在一个暗暗的疏散星团周围的弥漫云雾状天体。较大，亮度有模糊的不规则变化。在南侧似乎包含一片暗区(B161)。

UHC滤镜：(3) 星云更加明显，包围的暗区变得清晰很多，但星云还是较暗。可以注意到亮度的一些起伏，但目标很弥漫。

OIII滤镜：(0) 星云消失。

Hβ滤镜：(1) 星云可见，但在黑色背景上极为暗淡。

IC1396观测推荐滤镜：UHC滤镜/深空滤镜。OIII滤镜不推荐。

IC1848（弥漫星云，仙后座）

深空滤镜：(2) 反差有所提高，星云像一条拉伸的模糊云带穿过一团稀疏的星团。

UHC滤镜：(4) 容易看到得多，星云沿东西向伸展，北边较亮。

OIII滤镜：(4) 比UHC滤镜明显变暗，但反差稍高。

Hβ滤镜：(1) 很暗。

IC1848观测推荐滤镜：UHC滤镜。Hβ滤镜不推荐。

IC2177（弥漫星云，麒麟座）

深空滤镜：(2) 很长的不规则弥漫云状条带，很暗，不用滤镜不易看到。星云从疏散星团NGC2335向南延伸出来。

UHC滤镜：(3) 容易看到，反差有所提高。在接近2°宽的弥漫星云里可以看到窄窄的略微蜿蜒曲折的纤芯状结构。

OIII滤镜：(2) 勉强看到，外围的大多数星云消失了。

Hβ滤镜：(3) 核心的纤维状结构比UHC滤镜暗，但反差明显提高。

IC2177观测推荐滤镜：Hβ滤镜/UHC滤镜。

IC4628（弥漫星云，天蝎座）

深空滤镜：(2) 暗弱弥漫的不规则微亮区域，不用滤镜看不见。

UHC滤镜：(4) 明显改进，星云现在容易看到而且清楚。有些不规则的细缝状细节。

OIII滤镜：(2) 比UHC滤镜暗很多，但仍然可见。

Hβ滤镜：(3) 显示出一些有趣的丝状细节，但不像UHC滤镜里那么亮和细致。

IC4628观测推荐滤镜：UHC滤镜。

IC5067-70鹈鹕星云（弥漫星云，天鹅座）

深空滤镜：(2) 比不用滤镜时容易看出星云总体形状。隐约可见部分细节和外形。

UHC滤镜：(4) 比深空滤镜的反差有非常明显的改善。“鸟嘴”和“鸟身”形状都很容易看出来。

OIII滤镜：(4) 反差和细节都有改进，星云比在UHC滤镜中暗。

Hβ滤镜：(2) 星云可以看到但是很暗。

IC5067-70观测推荐滤镜：UHC滤镜/OIII滤镜，深空滤镜也有作用（UHC滤镜更亮，而OIII滤镜有更多细节）。

IC5146茧状星云（弥漫星云，天鹅座）

深空滤镜：(2) 比无滤镜时好一些。但不用滤镜也容易看出在一些恒星前面的几乎圆形的不规则暗淡光斑。

UHC滤镜：(3) 稍微提高一点反差，内部更多的不规则暗细节可见。

OIII滤镜：(1) 比UHC滤镜暗，而且显得略小，对图像观察不利。

Hβ滤镜：(3) 比UHC滤镜暗但是外围的大片星云区域显现出来。可以看到略微清晰一些的暗淡的不规则缝隙状特征。

IC5146观测推荐滤镜：Hβ滤镜/UHC滤镜（效果类似），OIII滤镜不推荐。

PK205+14.1水母星云（大型行星状星云，双子座）

深空滤镜：(2) 略微提高了反差，但星云也只是一片非常暗淡模糊的微亮区域。

UHC滤镜：(3) 显著提高反差。可见模糊的C形弧状特征。

OIII滤镜：(4) 比UHC滤镜暗，但反差略好。可以感觉到暗区里面看起来几乎是环形的纤维状特征。

Hβ滤镜：(0) 星云完全消失。

PK205+14.1观测推荐滤镜：OIII滤镜/UHC滤镜（效果类似）。Hβ滤镜不推荐。

PK164+31.1耳机星云（大型行星状星云，山猫座）

深空滤镜：(2) 比不用滤镜时的反差有很小一点的提高。

UHC滤镜：(3) 明显容易看出由一个模糊的环面连接起来的两个斑点。

OIII滤镜：(3) 斑点清晰度提高较大，但环面变得暗了些。

Hβ滤镜：(0) 星云完全消失。

PK164+31.1观测推荐滤镜：UHC滤镜/OIII滤镜（效果类似）。Hβ滤镜不推荐。

Sh-2-13（弥漫星云，天蝎座）

深空滤镜：(2) 很暗的模糊可见的微亮区域。不用滤镜看不出来。

UHC滤镜：(4) 提高了反差。变得非常斑驳但仍然很暗。

OIII滤镜：(2) 暗淡但可见。

Hβ滤镜：(2) 和OIII滤镜相似。

Sh-2-13观测推荐滤镜：UHC滤镜。

Sh-2-54（弥漫星云，巨蛇座）

深空滤镜：(2) 模糊的弥漫微亮区域，不用滤镜看不到。

UHC滤镜：(4) 显著提高反差，可见相当明显的明暗细节。

OIII滤镜：(2) 比UHC滤镜暗很多但仍可见。

Hβ滤镜：(3) 比OIII滤镜效果好，可见一些细节。

Sh-2-54观测推荐滤镜：UHC滤镜。

Sh-2-84（弥漫星云，天箭座）

深空滤镜：(1) 只有一点星云的迹象。

UHC滤镜：(3) 暗淡弥漫的L形亮斑，边缘不整齐。

OIII滤镜：(1) 视场很暗，有一点星云的迹象。

Hβ滤镜：(2) 比UHC滤镜所见的暗。

Sh-2-84观测推荐滤镜：UHC滤镜。

Sh-2-101（弥漫星云，天鹅座）

深空滤镜：(2) 非常暗弱的中等大小的弥漫星云，分成两部分围绕在3颗星的周围（2颗在西边，1颗在东边）。

UHC滤镜：(3) 反差提高但仍然很暗。可见两个清晰的斑块，以及朦胧的弧状延伸。在西边的一个斑块显得大些。

OIII滤镜：(2) 非常暗淡，但尚可见。

Hβ滤镜：(3) 看到的星云区域和UHC滤镜一样多，但略暗。

Sh-2-101观测推荐滤镜：UHC滤镜/Hβ滤镜。

Sh-2-112（弥漫星云，天津四西北，天鹅座）

深空滤镜：(3) 星云紧挨着一颗暗星的南边，是很暗很小的弥漫雾状斑点，使用滤镜才能搜索到。

UHC滤镜：(4) 从暗星向南边延伸的几乎扇形的弥漫斑块。比深空滤镜看到更多的星云区域，但还是有些小。

OIII 滤镜：(4) 比 UHC 滤镜暗，但现在星云把恒星包裹在弥漫的云雾里。东北部分包含的一个暗斑现在可见。

Hβ滤镜：(1) 星云变得很暗。

Sh-2-112 观测推荐滤镜：OIII 滤镜/UHC 滤镜。Hβ滤镜不推荐。

Sh-2-132（弥漫星云，仙王座）

深空滤镜：(2) 比没有滤镜时效果好。不用滤镜时星云只能隐约感觉到。但现在所见也仅是围绕几颗星的一片非常模糊弥漫的不规则微亮区域，大致沿东西方向延伸。

UHC 滤镜：(3) 在南边边缘的一个斑纹变得容易看到了。感觉到还有其他细节。

OIII 滤镜：(4) 提高了反差。跨过星云北侧的一段弧形和星云中间的一片斑纹现在可见。比 UHC 滤镜反差高而亮度低。

Hβ滤镜：(2) 与 OIII 滤镜相比减暗得厉害，但星云维持可见。

Sh-2-132 观测推荐滤镜：OIII 滤镜/UHC 滤镜。

Sh-2-155（弥漫星云，仙王座）

深空滤镜：(2) 在分得很开的两颗星周围可以看出很模糊的弥漫云雾状区域，比不用滤镜时的反差好些。

UHC 滤镜：(1) 只能感觉到星云的迹象。

OIII 滤镜：(1) 即使能感觉到星云的存在也仅是一点点蛛丝马迹。

Hβ滤镜：(0) 看不见星云。

Sh-2-155 观测推荐滤镜：深空滤镜（这可能是个反射星云）。

Sh-2-157“手指”星云（弥漫星云，仙后座）

深空滤镜：(2) 不容易看到。只是在很多恒星的背景之上，有一个模糊扁长的增亮区域。

UHC 滤镜：(3) 可见伸长的弥漫而暗淡的椭圆形特征，形体较大。有两道暗淡的指向北方的弧形结构。

OIII 滤镜：(3) 星云比 UHC 滤镜下暗淡，但仍可见。反差有所提高，特别是在像两只“手指”的斑纹处。

Hβ滤镜：(2) 比 OIII 滤镜要暗，但星云仍能看见。

Sh-2-157 观测推荐滤镜：UHC 滤镜/OIII 滤镜。

Sh-2-170（暗弱弥漫星云，仙王座）

深空滤镜：(2) 不用滤镜时不容易看到。圆形的非常暗淡和弥漫的云雾状斑块，围绕六七颗暗星。

UHC 滤镜：(3) 比深空滤镜稍微容易看到一些。反差稍高了点。

OIII 滤镜：(2) 仍然可见，但比 UHC 滤镜暗。

Hβ滤镜：(2) 仍然可见，但比 OIII 滤镜或 UHC 滤镜暗。

Sh-2-170 观测推荐滤镜：UHC 滤镜。

Sh-2-171（非常暗淡的大型弥漫星云，仙王座）

深空滤镜：(2) 比不用滤镜时看得清楚，但依然觉得暗淡和弥漫。

UHC 滤镜：(3) 星云图像比深空滤镜稍微增强。可以看到一些明暗变化的区域。

OIII 滤镜：(2) 暗了些，但是有几个黑色的窄线状结构可见。

Hβ滤镜：(2) 星云仍可见，但比 OIII 滤镜暗一些。

Sh-2-171 观测推荐滤镜：UHC 滤镜（深空滤镜和 OIII 滤镜也有帮助）。

Sh-2-261（弥漫星云，猎户座）

深空滤镜：(2) 反差稍微增加，星云隐约可见。比不用滤镜时容易看到。

UHC 滤镜：(3) 星云清晰可见，但仍比较暗。

OIII 滤镜：(3) 星云可见，比 UHC 滤镜下暗，反差稍高。

Hβ滤镜：(2) 星云仍可见，但不如 UHC 滤镜/OIII 滤镜好。

Sh-2-261 观测推荐滤镜：UHC 滤镜/OIII 滤镜（效果接近）。

Sh-2-276巴纳德环（弥漫星云，猎户座）

（通过滤镜直接用肉眼观测）

深空滤镜：（1）在望远镜中能感觉到有些发亮的迹象，肉眼直接通过滤镜观看看不到。

UHC滤镜：（2）在很好的环境条件下可见暗淡的圆弧状微亮区域，穿过“猎户腰带”，并从东边开始向南延伸。

OIII滤镜：（0）看不出星云迹象。

Hβ滤镜：（3）可以看出模糊的微亮带经过“猎户腰带”并沿着猎户的东南侧边弯向东南方向。很暗淡，但是比UHC滤镜明显容易看到。

Sh-2-276观测推荐滤镜：Hβ滤镜/UHC滤镜。OIII滤镜不推荐。

Sh-2-235（弥漫星云，御夫座）

深空滤镜：（3）弥漫的椭圆形暗弱模糊斑块，稍微向南延伸。

UHC滤镜：（3）比深空滤镜反差略高，但更暗了。

OIII滤镜：（2）比UHC滤镜或深空滤镜都暗。

Hβ滤镜：（4）暗淡，但可见两块斑纹，其中亮的一块在北边。比深空滤镜和UHC滤镜的反差大。

Sh-2-235观测推荐滤镜：Hβ滤镜/深空滤镜（UHC滤镜也有帮助）。

vdB93（Gum-1）（IC2177附近的弥漫星云，麒麟座）

深空滤镜：（2）反差稍微增加，比不用滤镜能看出更多的星云。

UHC滤镜：（3）反差更大。星云可见部分增加，但仍然很暗。

OIII滤镜：（1）比UHC滤镜时暗淡，只能感觉到中心星周围的一点微弱的亮光。

Hβ滤镜：（4）比其他滤镜都更清楚，有更多明暗变化的细节。比在UHC滤镜中看到的暗，但反差和细节更好。

vdB93观测推荐滤镜：Hβ滤镜/UHC滤镜。OIII滤镜不推荐。

↑电焊玻璃片，观测太阳的一种廉价方法。（作者摄）

太阳滤镜

目视用太阳滤镜

年复一年，曾有很多物品被用来作为太阳滤镜使用，以至于我们根本无法列出一个完整的清单。烟熏玻璃、各种过度曝光的胶卷、食品包装纸、软盘——诸如此类以及其他更古怪的东西，都被用来捕获我们这个白昼恒星的最佳影像。对于太阳滤镜有很多要求，其中最重要的就是安全性：一个合格的太阳滤镜能阻断有害的紫外和红外辐射。除此之外，我们也不想在观看太阳时一直眯着眼睛，所以它同时应把太阳的亮度起码降低到我们的眼睛能承受的程度。

用于望远镜目视观测的太阳滤镜非常普遍，可以选择很多品牌的产品。目视滤镜要

↑JMB Identiview太阳滤光膜，用在我的100毫米Unitron折射镜上。（作者摄）

么用镀膜玻璃要么用光学聚酯薄膜制成。透过聚酯薄膜的太阳影像呈淡蓝色，透过玻璃滤镜的太阳影像颜色从白色到黄色或橙色都有。玻璃滤镜更贵也更耐用。

所有的太阳滤镜都放置在望远镜的物镜端，所以它们有时被称作望远镜前置滤镜。有些能够遮挡整个物镜，称为全口径太阳滤镜；有些则是安放在偏离望远镜光轴中心位置的较小开孔中，称为离轴太阳滤镜——这样做是为了避开副镜支撑机构的遮挡。所有的太阳滤镜都应该是圆形的开孔，其他的形状将会造成明显的令人讨厌的衍射图像。

警告：绝对不要使用安装在目镜端的太阳滤镜。我们已经知道这样的滤镜会因为热量的累积而炸裂，造成灾难性后果。

最常见的前置太阳滤镜的密度是5，透过率对应为十万分之一（0.001%），还等效于12.5等的消光比。有些太阳滤镜的密度为4，即透过率万分之一（0.01%），等于10等的消光比。至少还有一种4.5密度的型号，能提供0.003%的透过率，即11.25等的消光比。摄影专用太阳滤镜（绝对不能用于目视）可以选择密度为3（0.1%透过率，7.5等消光比）和3.5（0.03%透过率，8.75等消光比）的。

很多厂家生产这类滤镜，而几乎所有大的天文器材经销商都销售这类产品。我自己的偏好是Baader太阳滤光膜，可从制造它的Baader Planetarium天文仪器公司直接购买。网址为：http://www.baader-planetarium.de/com/sofifolie/sofi-start-e.htm。

我第一次是从Bob Kuberek那里听说Baader的AstroSolar太阳滤光膜的，他住在洛杉矶，是我的一个朋友，也是一个很有建树的业余天文观测者。他订购了一些太阳滤光膜并被它的出色性能所震惊。他询问我是否曾经用过Baader AstroSolar太阳膜，在得到否定的回答后随即寄给我一些。（他已经把太阳膜安装在了框子里，正好能直接安放到我的望远镜前面！）因为我住在美国西南部的沙漠地带，几乎每天都会使用某类太阳滤镜，所以并不缺乏用来做一对一比较测试的条件。

透过Baader AstroSolar膜的太阳影像亮度比其他类似滤镜有所增加，这有些令人惊讶。光线透过率比想象的要高，但这并没有使图像变得模糊。事实上，我发现透过Baader AstroSolar膜的图像与其他滤镜相比反差是最高的。亮度高而反差也高？这似乎好得令人难以置信。在其他滤镜中只能隐约感觉到的细节在AstroSolar中看得很清楚。在另一种滤镜中只能在太阳边缘看到的白斑现在在靠近圆面中间的地方也可以分辨出来。太阳黑子的形状与其他滤镜中一样，但是更为精细的结构可以看见。在有些时候，其他任何滤镜都看不到的微小黑子透过Baader AstroSolar膜就可以看到。

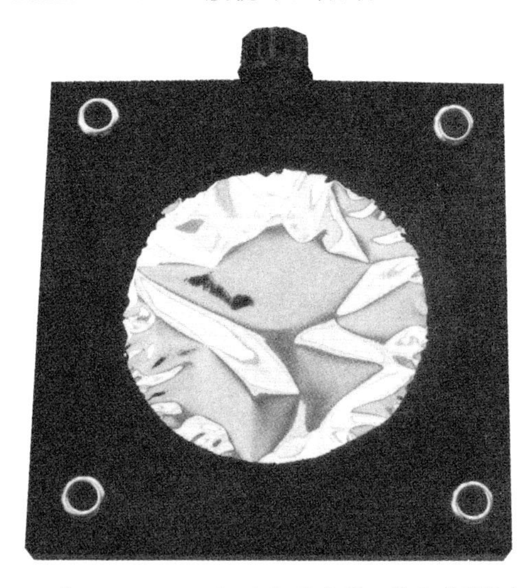

↑ Baader AstroSolar 太阳滤光膜。特此感谢 Bob Kuberek。（作者摄）

所以我毫不犹豫地向你推荐Baader AstroSolar滤光膜作为主要的太阳滤光膜。在把滤膜安置在框架中时必须小心，不要把膜绷得很紧，否则会使材料产生张力。而且，尽管在任何太阳滤镜、滤膜上微小的“针眼”都不可避免，你当然不希望它们中的一些是由你不小心亲自制造出来的。不过说到“针眼”，天体物理公司（Astro - Physics,

Inc.）的Roland Christen曾评价过这个问题。承蒙允许，我将他的答复抄录如下：

我想讨论一个经常被提及的问题，就是Baader滤光膜有多安全，以及上面的针眼会有什么影响。对该滤光膜从紫外到远红外波段的辐射透过率的测试表明，Baader膜满足太阳滤镜的所有安全标准。

然而，我们确实收到一些人退回的太阳膜，因为他们对太阳膜是否有效心存疑问。退回太阳膜主要有两个原因，一是太阳影像看起来太亮了，另一个是当他们把滤膜对着强光，或者在望远镜对准太阳的情况下，把目镜拿走直接从镜筒里向物镜方向看时，可以看到滤膜上的小孔洞（针眼）。

太阳影像显得过于明亮的原因是用户使用了一个很低的放大倍数，常常是太阳滤膜被用在一架倍数只有20倍~40倍短焦比的折射镜上。滤膜无法既能在这种倍率下产生较暗的图像，同时又适合于中到高倍率对太阳圆面的精细观测。解决办法是加上一块在大多数摄影器材商店都可以买到的ND1到ND1.8的中性密度滤镜。我们可以提供Baader出品的48毫米接口的密度滤镜，能拧在我们的Maxbright天顶镜上，或者安装在我们的2英寸到1.25英寸的转接口上。顺便提一下，使用Maxbright为太阳影像又增加了一种安全保证，因为里面的多层氧化膜不会反射波长长于750nm的辐射，所以实质上没有红外辐射进入眼睛。这样在Baader膜已经过滤红外线的基础上对眼睛又增加一道保险。

“针眼”是人们把滤膜退回的第二个原因。即便采取了最细致的措施来尽力生产没有针眼孔洞的滤膜，也不可能把所有的针眼都筛查出来。所有滤镜都存在这个问题，包括玻璃滤镜。

针眼有多危险？最近一位客户把他的滤膜退了回来，因为他已经有一只眼睛视网膜脱落，所以不敢让唯一的好眼睛冒使用一块可能存在缺陷的滤镜的危险。当望远镜指向太阳时他把目镜取下来，直接向天顶转向镜中看，这时他可以看到滤膜上的几个针眼。他的眼科医生检查了这块滤膜，认为上面的孔眼会不安全。事实上，如果你去问任何一位眼科医生这是不是一块安全的太阳滤膜，他们中的绝大多数都会断然否认。对这位特殊的客户，我们建议如果他对安全方面有特殊担心，那么就不要通过这块（以及其他的）滤镜去观察太阳。但是，我还是想解释一下穿过针眼的光线是如何到达眼睛的，以及针孔的影响究竟有多大。

在物镜侧的针孔本身不会使得眼睛中产生任何形式的图像。针眼会将光线散射到所有的方向上，而这些散射光中极少极少的一小部分才可能作为漫射光甚至背景光进入瞳孔。穿过针孔的绝大部分能量被散射到镜筒内壁、消光光阑、调焦筒等处，使得这些地方被均匀地极其微弱地照亮。如果你用什么办法把所有通过滤膜其他“完好的部分”直接投射到目镜里的光去除，只剩下穿过针孔的光，那么在目镜里根本看不到什么太阳像，只有一个非常暗淡的背景。所以针眼只会造成一片很暗的背景光，而不可能会有聚焦的太阳影像在你的视网膜上烧出一个洞。这些光线比滤镜其他部分所形成的实际的太阳影像要暗很多倍。它的最终影响是降低了图像的反差，因为太阳黑子的黑暗部分被这一点点微光所照亮。最后，针眼可以用一小点油漆涂敷，或者用黑笔涂上。要减低滤膜上产生针孔的概率，确保不要触及膜面，也不要把膜在框架上绷得太紧。

氢α谱线滤镜

我一直对在氢α谱线的波长上观测太阳持有莫大的热情。当我们说氢α或者Hα时指的是波长为656.28nm的红光。太阳的色球层和日珥都会发射这一波长的光，通常这些特征只能在日全食时才能看到（色球层只在日全食食既和生光时的短暂时间内可以看到）。而使用这种能够阻挡所有其他波长光线通过的滤镜，这些特征可以在任何一个晴天看到。

↑说明：和笔者所用的DayStar氢α滤镜相配套的阻能滤镜（ERF）。滤镜（中央玻璃部分）安装在为100毫米Unitron折射望远镜特制的插盒里。（作者摄）

太阳Hα滤镜由两部分组成：插到望远镜目镜端的滤镜组件和同样重要的阻能滤镜（energy rejection filter）。ERF是望远镜前置滤镜，看起来像一片玻璃镜面或者红色的反射镜，但它对于防止紫外线和红外线照射到Hα滤镜起到关键作用。因为Hα滤镜的镀膜可能在紫外光长时间照射下被损坏，而红外线造成的滤镜升温会使得滤镜的通带变宽到无法使用的地步。

大多数的前置滤镜比用来观测的望远镜口径小，这是有意做成的，因为一些Hα滤镜需要在特定的焦比（比如f/30）下工作。尽管缩小的口径限制了整个系统的分辨率，并使得图像不像其他望远镜-滤镜组合下的那么明亮，但工作在f/30的焦比状态下图像质量确实是很高的。

所有的Hα滤镜的中心波长都是656.3nm。但是，不同的Hα滤镜有不同的通带宽度。带宽可能是2A或是0.3A。带宽一般以埃（Å）为单位，1Å=0.1nm。我曾经通过1埃带宽的滤镜观察，日珥很容易看到，但是色球层的细节很少。换成0.5埃带宽的滤镜，可以看到极好的色球细节，但是日珥变少了。因此，有些Hα滤镜是可调的，即中心波长可以向两边微调。有些滤镜是通过略为倾斜滤镜组，有些则是通过调节温度来改变中心波长。

在Hα滤镜的指标中你经常可以看到半高全宽值（FWHM），这是用来衡量滤镜在50%最高透过率时的总带宽。如果一个滤镜的FWHM是1埃，那么意味着能以至少50%透过率通过的波长范围是1埃。低于50%的透过率的波长范围宽一些，而高于50%的透过率的波长范围窄一些。半高全宽值是衡量窄带滤光片特性的标准指标。

在写这本书时，Hα滤镜有两个主要的供应商。DayStar（网址：http://www.daystarfilters.com）和Coronado仪器公司（网址：http://www.coronadofilters.com）。天狼星光学公司是一家多种普及型天文滤光片的制造商，他们正在开发一种相对不太昂贵的可调带宽的Hα滤镜。这听上去很有前途，但我尚未有机会使用这种滤镜观测过。

我对DayStar和Coronado的滤镜评价甚高。我已经用过至少6台DayStar的和3台Coronado的Hα滤镜，发现它们全都异常出色。但请注意，这些滤镜并不便宜：我最近使用的一套专用的Hα观测装置花费了10000美元，但是它所提供的图像是多么美妙啊！

↑0.7Å带宽的DayStar Hα滤镜。（作者摄）

2.5 望远镜附件

在你仔细选择了望远镜、支架和目镜之后，购物清单上的下一项就是附件了。这使我回想起十多年前买敞篷轿车的情景：我选择了自己喜欢的品牌、型号和颜色，当天就开上了它。但当我打开收音机时发现，这么一辆酷车还应该有一套好的音响才行。望远镜也是这样。在本节中我将简略地讨论一下各种望远镜附件。像目镜滤光片那样的附件需要单独的详细论述，不在此列。有些附件我认为是最基本的，有些则是属于锦上添花的。

←Rigel QuikFinder瞄准具。很适合小望远镜使用。（作者摄）

●必备附件

- 单倍瞄准具
- 寻星镜
- 观测椅，或者观测架台/梯子
- 照明灯和放大镜
- 电池和电源适配器
- 储藏箱
- 望远镜保护罩
- 除露系统

●锦上添花的

- 风扇和SCT冷却器
- 钟表
- 地垫
- 调焦器
- 抗衍射屏
- 相机接口
- 配重
- 照明叉丝
- 偏轴导星装置
- 三脚架加固装置

单倍瞄准具

我觉得单倍瞄准具是一个必备的附件，能够真正地为你节约时间。它们的使用也非常方便：直接通过瞄准具观察星空然后转动望远镜，把望远镜的位置锁定后从目镜中观察。如果之前你花些时间校准了瞄准具，那么你会发现目标就在视场中。

我愿意推荐两个品牌的单倍瞄准具：Telrad和Rigel的QuikFinder。这两个都不是望远镜型的瞄准具，而是采用了一种叠加显示的方法。当你从瞄准具中看去，会发现有一个靶环图案被叠加到了星空背景上。Telrad的靶环直径分别是4°、2°和0.5°；QuikFinder的靶环大小为2°和0.5°。使用时，你只要一边通过瞄准具观察，一边转动望远镜直到目标移动到最小的靶环的中央。如果你的瞄准具和望远镜之间校准得很好，那么你想观测的天体就会出现在目镜视野中。

> **观测提示：**在瞄准时首先使用低倍率目镜，这样望远镜有较大的视野，容易发现目标。

Telrad瞄准具是由加利福尼亚州Huntington Beach的天文爱好者Steve Kufeld（1942—1999）于20世纪70年代末发明的。Steve是洛杉矶天文协会的老会员，他也利用俱乐部的活动来检验他的设计。从1982年起，Telrad的本体改成注塑制造。Telrad可以从很多有名的望远镜经销商处购得，比如可以从Lymax Astronomy公司购买（网址：http://

www.lymax.com，上有美国本土的免费电话号码）。Rigel QuikFinders 瞄准具可以从 Rigel Systems 公司订购，网址：http://members.home.net/rigelsys/rigelsys.html。

你选择哪种单倍瞄准具很大程度上取决于你的望远镜。Telrad 比 QuikFinder 要大很多，在望远镜上要占据相当的空间。这对于

↑Telrad是最常见的一种单倍瞄准具。可以在很多天文器材经销商处购得。(作者摄)

大多数施密特-卡塞格林望远镜和大的折射镜而言不是问题。但对我的一架100毫米折射镜来说Telrad就太大了。QuikFinder的底座大小是6×5.5厘米，从镜筒高出13厘米。我发现这特别适合我的小望远镜。还有，如果要考虑重量的话，Telrad差不多310克，而QuikFinder为95克。还有一个次要的因素，就是QuikFinder可以设成脉冲模式，这时红色的圆圈会以你设定的频率一下一下地闪亮。如果光环不是一直点亮的话，你就可以更容易地看到后面的背景和目标。这虽然属于用来说服自己购买QuikFiner的一个理由，但我承认我确实使用这个功能。我自己会把显示频率和亮度都调成最低。在撰写本书时，Telrad也已经可以提供附加的频闪功能。

观测提示：不管用哪种瞄准具，要带上一块备用电池是不错的选择。这些器材的发光功率很小，你可以将指示灯一直开着。

还有一种瞄准具是在星空背景上叠加一个红点图案，而不是靶环。多数这类瞄准具比上述的两种要小巧而且便宜，但我个人喜欢靶环图案的。

寻星镜

如果你不能找到目标，那么世界上最好的望远镜也没有用处。所以，我强烈推荐你购买一架优质的寻星望远镜。寻星镜有两种形式——直视型和直角转向型。

直视型寻星镜成像是倒立的，但好处是你的视线和主镜筒一致，这更符合多数观测者的习惯。直角转向型寻星镜成正立的像，但有些人抱怨说用这种寻星望远镜来发现目标很困难。这里需要对使用某些类型的直角寻星镜者提醒一下：如果里面没有一个正向棱镜的话，额外增加的光线反射会造成一个问题。这时，望远镜中的像在和星图比较时是呈镜像的。对于包括我在内的一些人来说，是懒得花费脑力来做这种图案变换的。

有些寻星镜可以为叉丝提供照明功能（基本上使用一个红色的LED），使之容易看到。要确保这个照明装置能够随意开关。

避免使用小寻星镜。要找一个前端口径至少有50毫米或者更大的望远镜。这样的寻星镜可以收集足够的光，使你在去试图寻找一个暗淡的目标时不会完全失败。你可以自行选择寻星镜的放大率。通过多方比较和测试直到你找到一个放大倍数、亮度、视场、目镜等几方面都中意的。我的选择是一架9×50的Celestron的产品，但还有很多可以选择的其他型号。这个直视型的寻星镜带有十字准星，但没有照明。它很紧凑，成像明亮锐利。简而言之，这正是我所需要的。

↑一架出色的寻星望远镜。物镜口径50毫米，放大8倍。(作者摄)

你可以从那些生产优质望远镜的同一个厂家买到优质的寻星镜。

提示：购买那种带有两个箍圈和六只调整螺丝基座的寻星镜，而不是只有一个箍筒和3只调整螺丝的类型。

在你购买了寻星镜之后，花些时间把它和你的望远镜光轴调整平行是很重要的。如果你需要出去观测，而不是简单地在你的后院架设望远镜，那么你可能需要在每一次观测前重新校准寻星镜。

提示：最好在白天校准寻星镜。

校准寻星镜的步骤是：首先在望远镜中安装低倍目镜；在白天或至迟在傍晚，把望远镜对准100米或更远的距离外的一个小目标，像发射塔顶的频闪灯就是一个很好的目标；把目标调整到目镜视场的中央，固定锁紧望远镜的方向；把寻星镜基座上的固定螺丝略为松开（有的还有锁紧用的滚花螺母也要松开），调整螺丝直到望远镜对准的目标位于寻星镜叉丝的中央；把螺丝重新拧紧，使得它们顶紧但不要过于用力；再检查一下望远镜和寻星镜是否都指向了同一个目标；如果愿意，你可以再换上一个高些倍率的目镜，重新校调一下；最后，把调整螺丝锁紧（如果还没有拧紧的话）。记住，望远镜和寻星镜准直得越好，你发现目标就越容易。花些时间来进行这种准直调整是值得的。

观测椅、观测架台/梯子

只有新手们才会高估天文观测的舒适度。如果你不得不在望远镜旁边保持一个很不舒服的姿势，那么你看到的东西会少很多，而观测可能无法圆满完成，得到的结果也可能不很精确。

说到这里，没有什么能像一把优质观测椅那样给你带来更多的舒适了。我对“优

↑一把可调的观测椅是很好的辅助装备。我用的StarBound观测椅，是妻子送给我的结婚周年纪念礼物。（作者摄）

↑Cosco梯子。一种必要的观测辅助装备。（作者摄）

质”的定义是：1）结构坚固；2）有椅垫；3）高度可调。我本人不喜欢“钢琴凳”一样的没有靠背的凳子，要知道在望远镜边度过一个长夜后观测者会多么渴望可以仰靠着休息一下。我所用过的最好的一把椅子是StarBound观测椅，可以从很多天文器材商那里买到。有人正计划制造比这便宜得多的类似的可调坐椅。由丹佛天文协会的会员设计的Denver观测椅就是这样的东西。它只需要StarBound花费的五分之一就可以做成。

对于较大的道布森式望远镜，上面介绍的这类观测椅就不适用了。因为它们太矮了，即便一个300毫米的道布森望远镜，在观测天顶附近时的目镜的位置也太高，坐在椅子上观测的人的眼睛很难够到。在这种情况下，就会需要一只脚凳或者一副梯子。

对于梯子，有些窍门可以使它使用起来更舒服。如果你的梯子或者脚架的框是金属的，剪下一些水管胶带缠绕在最上面的横梁上手握持的地方。然后，你可以在每一级阶梯上固定一块毛毡，这样站上去会舒服些。注意不要让毛毡从梯子外边悬垂下来，可以用强力胶带、地毯胶水或者小圆头螺栓加上垫圈把毛毡固定好。如果用螺栓，要放在阶梯的左右两端，而且尽量靠近边缘，免得在观测时站到这些突起上面。

照明灯和放大镜

当你周围都是些观测老手时，为了你的人身安全考虑，请不要使用只在灯头前蒙了一层红玻璃纸的手电筒！这虽然是开玩笑，但是一束亮光，即便是红光，也会招致周围人的反感。访问Rigel系统公司的网站http://members.home.net/rigelsys/rigelsys.html，并从上面订购一只Starlite手电。这只手电里只有两个红色的发光二极管。我强烈建议不要买那种Skylite型号的手电筒，它里面有2只红色的和两只白色的LED。想想在一夜观测之后的凌晨4点钟，当所有人的眼睛都已经充分适应了黑暗的时候，我不能确信我自己（说实话，可能也包括你）能在打开手电时还能选对红光和白光的开关。

Starlite手电的优点很简单：它的亮度是可调的。你会发现从事业余天文观测越久，你用来照亮星图和其他东西的光亮就越弱。因为亮光意味着你从望远镜里看到更少的东西，或至少你的眼睛要花更长的时间去重新适应黑暗。在这种情形下，灯光的颜色已经是次要的了。即便是一束纯红光，如果太亮的话也可以完全破坏你的暗视觉适应。

对于那些有多年经验的观测者（我也居于其中），在如此昏暗的照明下星图上的东西是很难辨认的。此时经验不足的观测者会

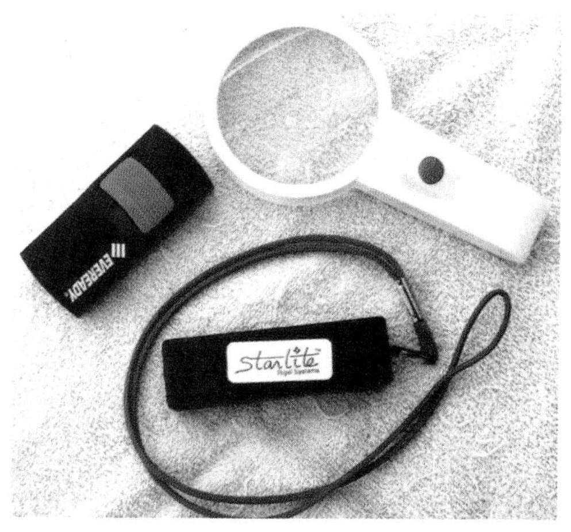

↑几种红色发光二极管手电筒，包括最好的Starlite手电筒。（作者摄）

改用亮一些的灯光去照明，而经验丰富的观测者则会使用一副放大镜。这使得他们能够把阅读灯的亮度保持在接近最低的水平上。我建议使用那种不自带照明的放大镜。我曾经从一个有名的天文器材经销商那里买了一只带照明的放大镜。它里面的光源不很红，也没法调节亮度，而且过亮。光线能够透过塑料把放大镜的手柄照亮。所以我想免费给这类放大镜的生产厂家提个建议：改用黑色塑料做这类东西，不要用白色的！

电池和电源适配器

如果你只在一个地点观测，而那里又有

交流电源的话，那你真是非常幸运。对99%的其他人来说，某种便携式的电源是必须的。有好几种选择，最常用的是直接把你的设备连到汽车的电瓶上。如果你在独自观测时这样做，那么在一晚上的时间里为你自己着想一定要发动几次汽车为电瓶充电。

华盛顿州Sammamish的Mark Beuttemeier在他的星空主人望远镜上使用高尔夫球推车上用的12V蓄电池。这样一块电池基本上能

↑如果你从事天体摄影或者使用自动指向装置，那么一个便携式电源转换器是必需的。(作者摄)

维持一个晚上，但他总是另备一块充好电的备用品。当Mark使用他的LX200时，他用一块船用深循环12V铅酸蓄电池（可以作为安全系统的备用电池）。加利福尼亚州Valencia的Robert Kuberek则使用两块DieHard牌船用深循环蓄电池。

储藏箱

有一位著名的业余天文学家，也是我的朋友（你们中的很多人都知道他的名字），总是把他的那些昂贵的目镜也不盖上目镜盖就放在车厢后面的纸盒子里。不管什么样的仪器受到这样的虐待都会影响性能的。不过他仍然是一位出色的观测者，拍出了好多精彩的天体照片。但我决不希望任何人学习他的作风。

优质的望远镜、目镜和滤光片必须要小心保管。要让灰尘、划痕、凹坑或更糟的东西远离它们。多数观测者最终购买了一只或者几只里面衬有泡沫塑料的储存箱。这些箱子有各式各样的设计和颜色，但都具备相同的一些特点。

一个好的储存箱应该坚固，用优质材料制成。在意外的撞击、脱手或者跌落时只有很小的损坏而保证里面的器材完好无损。这样的箱子一般还可以防尘甚至防水。如果将来你有可能乘飞机去观测，那么你需要买一个带锁的箱子。优质箱子的内部是用泡沫塑料填充的。很多厂家（尽管不全是这样）提供预先切割好的块状泡沫，你可以根据自己的器材所需要的形态和大小把相应的泡沫块取出来就行了。

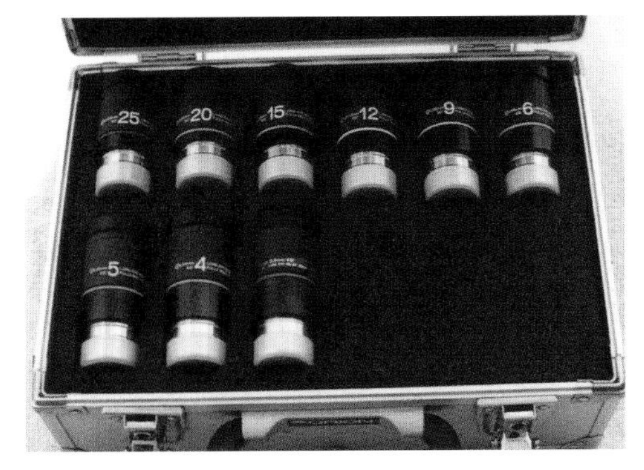

↑一只附件箱可以保护内部的器材免受灰尘和意外撞击的损害。(作者摄)

提示：很多爱好者发现至少对于较大的物体，拿出体积比所需要的空间稍小一点的泡沫块所形成的凹槽放置物体时会更紧固。

对于不是特别精密和贵重的附件，可考虑大型钓鱼工具箱。通常这样的工具箱可以分成几层，每层有许多小格子，在底部则有足够的空间放大些的物品。

提示：不管你的目镜是否存放在泡沫箱里，始终都要把塑料目镜盖盖上。

望远镜保护罩

如果你要去参加一个持续数天的星空聚会，而又决定不再每天拆装望远镜的话，就需要准备遮盖望远镜的东西。大自然有时可

是会抖起威风。在春夏季，美国西南的沙漠中可能发生严重的沙尘暴，而其他地方则可能会有雷雨天气。另外，太阳本身也会成为损害源，它能把望远镜烘烤得滚烫，让镜片热得无法成像，或者要在日落后几个小时才能呈现稳定的图像。

↑在2001年堪萨斯州Parker的大平原星空聚会上，用Cosmic Storm Shields保护罩遮盖的两架中型道布森望远镜。(作者摄)

当用橡皮筋或者松紧带把一个合适的保护罩固定好后，应该能够遮挡灰尘和雨水，并且能够把相当部分的阳光反射出去，使得打开保护罩后望远镜需要的冷却时间较短。我要再三强调最后这一点。在一个连续一周的星空聚会上，有一位朋友的18英寸望远镜每天清晨就用一块反光的望远镜罩包住。虽然白天的气温达到30℃以上，太阳也是像往常一样照耀，但当每天晚上把罩子取下来后，望远镜几乎已经就是凉的。选购一个和你的望远镜相配的保护罩或者定做一个。定做的保护罩，例如Lymax Astronomy公司（http://www.lymax.com）提供的Cosmic Storm Shields，比普通的聚酯薄膜罩布贵不了多少。

除露装置

我写这一章节时正在西得克萨斯的沙漠环境中，这里结露已经是很罕见的了。我也曾经在其他地方生活和观测过。但是即便在这里，我还是有几次因为结露而被迫缩短了观测的经历。

当望远镜的温度降到露点之下（空气中的水蒸气将开始在物体表面凝结的温度）时，镜头表面就会形成露水。发生这种现象的一个学术上的简短解释是因为你的望远镜在一个晴夜里相当于一个黑体辐射源，它会把自己的热量发射到天空，那里的温度比你望远镜周围的环境温度低。如果空气温度在露点附近，那么这额外的辐射已经足够让你的望远镜冷却而使露水开始凝结。我在这里提到露，但请记住，在合适的条件下雾气也会在镜头表面形成。

在各种结构的望远镜中，受结露影响最大的恐怕是施密特-卡塞格林望远镜，因为在镜筒的前面有一片很大的玻璃校正板。但是折射镜和反射镜同样不能幸免，还有目镜和寻星镜。为避免结露，需要把望远镜的温度升到高于露点的水平。这就像是一场平衡表演，因为你同时也不想让镜片过热，以免由于热流而使像质劣化。

如果你发现望远镜结露了，有好几种处理方法，同时有一个绝对禁止的动作：任何情况下不能直接手工擦除，因为你会把光学表面划伤的！安全的除露方法包括：1）把望远镜拿进屋子里边升温，我发现这经常不现实或者完全不可能。2）如果在野外，你可以打开汽车的加热器并把受影响的设备部分放到里面加温。在这些情形下保持镜头敞开，这样一来水汽可以直接蒸发到空气中。3）使用一个便携式电吹风，设置到最低风速档来加热光学元件。汽车配件商店经常销售这类直接使用汽车电源的工具。4）购买一套除露装置直接安装到望远镜上。有几种这样的设备，其中最有名的两个是Kendrick除露系统和Orion除露器（Orion Dew Zapper）。Orion除露器可在他们的网站http://www.telescope.com上看到，而Kendrick除露系统则在很多正规的望远镜经销商那里可以买到。

观测提示：在望远镜镜筒前安装防露罩是一个很好的主意，但在恶劣的条件下并不能完全阻止结露。

风扇和SCT冷却器

制作反射望远镜主镜的玻璃在白天常常会吸收很多的热量。热量在累积和在日落后的逐渐释放过程中会形成热气流，使得从望远镜中看到的图像严重扭曲。有些天文爱好者们为他们的望远镜装上了冷却风扇，这些风扇将周围的空气轻轻地从望远镜中吹过，从而消除热气流的影响。通常这是些低噪声低风量的型号，安装在主镜（主要的吸热源）下方。大多数风扇是直流低压型，携带很方便。

2000 年 12 月 19 日，我使用 Eugene

↑CosmicOne牌SCT冷却器。一种迅速、干净地冷却你的Meade300毫米望远镜或者其他施密特-卡塞格林望远镜的利器。（Robert Haler摄）

Lawson 的 C11 施密特-卡塞格林望远镜观测天狼星伴星。他把他的望远镜在我的屋子里放了一星期，在此期间我可没让它闲着。在那个晚上开始这场艰难的分辨观测之前，我用了5个小时等待望远镜完全冷却下来。因为在前几个晚上我已经用这架望远镜观测过，所以知道这是必须要做的一件事情。如果能找到加快这一进程的办法会怎样？如何才能使一架施密特-卡塞格林望远镜在30分钟内达到热平衡而不是5个小时呢？这个问题已经不成为一个问题，因为这样的装置现在已经已有了。它叫作SCT冷却器，是由堪萨斯城 Lymax Astronomy 公司的 Robert Haler 发明的。我从 Lymax 的网站引用了如下说明：

SCT冷却器是一种给折反射望远镜内部通风的装置，可以使得望远镜与周围环境更快地达到热平衡。使得影响像质的镜筒内的气流和热柱在10~20分钟内减低，而非原来的45分钟到2小时。你存放望远镜的地方与外面夜晚空气的温度差别越大，能够为你夺回的观测时间就越长。SCT冷却器的进风口是过滤的，和其他手段一起把灰尘进入的可能性降到最低，而且使得气流不会直接吹到镜片的表面。

使用时，把目镜座从 Meade 或 Celestron 的折反射望远镜后面拧下来，然后小心地把冷却器插进去。打开开关等待20~30分钟后，你就可以开始用冷却好的望远镜观测了。至少对我而言，这个装置最重要的一点就是非常好的过滤（在微米量级）功能，完全消除了对望远镜内部的污染。折反射望远镜是恶名远扬的热量收集器，因为使用的是封闭的镜筒。如果你拥有一架，那么访问一下介绍CosmicOne SCT冷却器的网站：http://www.lymax.com，定会有所收获。

钟表

在记录一项天文观测时，必须标注下正确的时间。一个最近校准过的手表可以完成这一任务，但也存在其他选择。

如果你拥有一个带交流电源的观测台，或者在你野外的观测点可以找到交流电源（或者从直流电源转换），那么最好使用一只带有较大红色数字显示的钟表。你可以按照自己的喜好把它设置成本地时间或者世界时，当你做自己的观测记录时要记得把这点进行说明。在撰写本书时我正在寻找电池供电的LED显示数字钟。虽然有很多LCD显示的电子钟，但没有用电池的红色LED钟。

在一些关键的观测阶段你的眼睛不能片刻离开目镜，此时如果有一台短波收音机调谐到标准时间发播台的频率上，就可以提供一个非常精确的时间源。在美国，国家标准和技术学会（National Institute of Standards and Technology）开通了一个无线电电台：

WWV。以下说明选自其网站：

WWV工作在无线电频谱的高频（HF）部分。在5、10和15Mz发射功率为10000W；在2.5和20MHz发射功率为2500W。每个频率使用独立的发射机进行广播。尽管每个频率都承载同样的信息，但是因为高频的接收效果受诸多因素的影响，比如地点、季节、一天中的时段、使用的频率以及大气和电离层的传播条件等，所以使用了多种频率。发送频率的多样性使得在任意时刻至少有一个频率能够使用。

除了短波电台，有些观测者使用"语音报时"钟表。较好的语音报时钟表可以在盲人用品商店里找到，它们比在普通商店中买到的报时手表发音更清晰，而且可以提供多种语言。这种表上有一个较大的按钮，一按就会发声报时。与短波电台不间断地持续报时相比，这种钟表的唯一缺点是观测者必须用手按动按钮才能听到时刻报告。

望远镜下的地面

不管相信与否,在观测时你来回走动的地面会直接影响你的体验结果。一个极端的例子发生在我和朋友们在新墨西哥州的Socorro参加"魔力星空"聚会时，当时黑暗的天空非常理想，但是地面密布的火山熔岩石块和仙人掌使得第一晚的观测充满惊险。经过一番体力劳动，我们在第二天清理出一块场地，只剩下一些很小的石头。此后的观测才恢复正常。

在星空聚会上，我曾经见识过各式各样的望远镜"地基"。有一位观测者喜欢在他的望远镜周围铺上3厘米左右厚度的稻草。当天气不很潮湿和没有什么风时这个效果很好。如果是在雨后，这样做的好处就是最上面的稻草会很快变干，从而你的鞋子可以相对干爽一点；而且稻草还能把鞋子和底下的泥泞隔开。但是如果刮起风来，你可以想象稻草将会怎样地漫天狂舞。另外，如果当时非常干燥，那么在稻草上来回走动会造成很多的碎屑尘灰。

还有其他办法。很多观测者把塑胶防水油布用帐篷桩或者很大的钉子固定在地面上。当使用油布时，我喜欢有索眼的那种。这种油布的质量好一些，因为它们的边缘是经过加固的。同时我更喜欢用大钉子，因为帐篷桩有时候是用塑料或者很细的金属制成，很容易坏。我还看到过用地板保护垫的，就像在办公室里放在椅子下面的那种，来充当临时的地垫。

地毯或塑料草皮也在星空聚会上出现过，如果你想用地毯，那么要选择人造混纺的。因为其他类型的地毯会吸收潮气，给你造成烦恼。

我在所有望远镜边看到过的最精致的"地面"是一块编织得很松的塑料草皮，大约1厘米厚，有良好的渗水功能而不是吸收水分。它最大的优点是走上去有弹性，就像软垫一样，在经过一夜的观测后，我的脚部感觉确实和站在坚硬的地面上有所不同。在观测结束时，人工草皮可以卷收起来，但体积还是较大，所以要留足运输和储存的空间。清洁它非常容易：把它平铺在水泥路面上或者院子里，用塑料浇花水管冲洗便是。那些使用这类地垫的观测者报告说最好在大百货商店的露营装备区购买这类东西。注意仔细挑选放在望远镜旁边或者下面的地垫的材料，它们必须有良好的防震功能，不能有任何振动传递到望远镜上。

调焦器

一个链条的强度是由最弱的一环决定的。对某些望远镜系统，最弱的环节是调焦器。在讨论它的功能和用途之前，我希望你知道优质的调焦器并不便宜。调焦器的选择不是随随便便的；它的安装虽然对大部分人比较容易，仍可能使某些人感到沮丧。曾经有过这种说法：一旦你使用过高档的调焦器就再也不会想改回去了。调焦器有两大类型：一是齿轮齿条型，通过一个小齿轮来带动安装目镜的镜筒；二是CrayFord结构，伸缩镜筒架在小轴承上。

当然，不管望远镜处在什么位置，调焦器都应能够安全地固定住你昂贵的目镜。固定压力可以直接由螺丝顶端产生，在一些设计中，压力由螺丝拉紧的附属机械机构产生。有些人认为螺钉尖端的直接接触会损坏目镜，所以后一种方法被他们所称道。其实我从来没有因为使用螺丝直接固定而出现过问题。

←Meade的电动调焦器，对精细调节焦点非常有帮助。(作者摄)

优质的调焦器还能消除空程。如果在调焦机构中存在空隙（游隙），那么当调焦的方向改变时就会出现空程。这是一个不特别严重但却着实令人烦恼的问题。

调焦器应当加工精细，没有尖利的边角，能够提供足够的前后移动行程以配合你所有的目镜。很多调焦器提供一个装置使你能够调节转动调焦器旋钮时的松紧度。一些新产品的一个很好的功能是双速调焦机构。转动粗调旋钮大致对焦，然后改用微调旋钮精细对焦。我非常推荐这个功能。

新的调焦器设计还包括电机控制，有些甚至还有数字显示，使你能够精确地返回上次校准好的焦点位置。如果你正在考虑购买顶级的电动调焦器，确保它的传动装置适合你的应用。有些电动调焦器是为CCD设计的，它的位置使你根本无法进行目视观测。

星光仪器公司（Starlight Instruments）生产的Feathertouch（意为调焦像触摸羽毛一样轻柔顺滑）调焦器和JMI公司生产的Next Generation调焦器是两款高档的调焦器产品。

提示：建议购买一架既能安装2英寸目镜又能安装1.25英寸目镜的调焦器（有一个可以插入的转接环）。

抗衍射屏

关于抗衍射屏（有时称为抗衍射掩模板）的话题在很久以前就有了，也存在很多种解释。有些人对此不屑一顾，有些人则对此深信不疑。抗衍射屏有时被几个畅言无忌的支持者吹捧为能够抵御衍射的设备，增加了反差，提供更稳定的图像和一个更亮的艾黑斑以及其他一些好处。我对此持怀疑态度。从一个简单的事实就可以看出来：如果声称的这些功用对大多数客观的观测者来说是确实存在的话，我保证所有的望远镜厂家都会在他们的望远镜中安装这种掩模板的。在写这篇文章时我注意到现在天文爱好者们真正使用的透射率调制屏都是由他们自己制作的。

一块抗衍射屏会减小实际进入望远镜的光量。所以包括它的支持者们也承认对于口径小于200毫米的望远镜作用不大。有些屏还会造成图像边缘的毛刺，另一些使得图像变成像彩虹般的样子，这都是令人不快的。而且，抗衍射屏对暗目标毫无作用。实际上，我唯一使用抗衍射屏观测过的天体是亮的行星和双星。

如果你想试验这种附件，那么介绍一下我见过的一种抗衍射屏。它是由3层窗纱制成，每层窗纱上开有一个中心圆孔，通常三个圆孔的大小分别是主镜直径的0.9，0.78和0.55倍。当把它们叠合在一起时，每层相对转动一个角度，一般是30°。要是你打算制作一个，请记住我提供的这些数字不是绝对的，而仅仅是一个起始的参考点。

2.6 双筒望远镜

很多天文爱好者认为双筒望远镜是一种附件，而我把它作为必不可少的装备。事实上多年来我一直在建议初学者们首先购买（或者最好先借用）一架双筒镜来观察天空。而后，如果他们对天文的兴趣持续下去，可以进一步升级成天文望远镜。反之如果他们失去了兴趣，双筒镜至少仍然可以用来观看地面上的景物。我认识的大多数经验丰富的天文爱好者都拥有几架双筒镜。以下的章节提供了在挑选双筒望远镜时需要考虑的要点。

注意：你可能听见有些人把双筒镜（英文：binoculars）叫作一对双筒镜（a pair of binoculars）。这种叫法很常见，但并不正确。binoculars就是“双筒镜”。从技术角度说，你可以把它称作一对单筒镜（a pair of monoculars），但你永远不会听到有人真这么说。

↑15×70的双筒望远镜。几乎是能够手持持续观测的最高倍数双筒望远镜。（作者摄）

规格数字

每一架双筒望远镜都有一个由两个数字构成的标志，比如7×50。前一个数字（这个例子里面是7）表示放大率（放大倍数）；第二个数字（50）是每只物镜的口径（以毫米为单位）。这个例子——7×50——是我推荐的作为天文使用的首选双筒镜。7倍的放大率处于中等范围内，但已足够看出一些细节来。如果倍数过高，那么：1）你手臂的颤动也被过度放大，当手持望远镜观测时，天体会不停地晃动；2）限制了视野大小，对于初学者来说，目标更难于发现。关于放大倍率的另一面是，多数老练的天文爱好者能够容易地在短时间内使用最高到16倍的放大率手持双筒镜观测，同时当双筒镜的倍数较高时（就像在望远镜中使用短焦距目镜）可以看到更暗的星星，因为增加了星像和天空背景的反差。

观测提示：在我们的例子里，每个物镜的口径是50毫米，这是一个很合适的尺寸。口径越大，双筒镜收集的光就越多，图像就会越亮。50毫米口径的双筒镜收集的光比35毫米口径的双筒镜多一倍。用天文学的术语来说，就是提高了3/4星等的亮度。大口径双筒镜的缺点是望远镜会：1）尺寸增加；2）更重；3）更贵。

光学元件

在双筒镜中，使得最终的图像显示成正像的光学元件是棱镜。双筒镜的棱镜主要有两种设计：屋脊棱镜和普罗棱镜。屋脊棱镜更加小巧轻便，但是不推荐用在天文观测上。普罗棱镜更好一点，由BK-7或者BAK-4玻璃制成。BAK-4棱镜（铬酸钡玻璃）是质量最高的一种。BK-7棱镜（硼硅酸盐玻璃）质量也很好，但是与使用BAK-4棱镜的图像相比，像场边缘的锐度稍微有些下降。

多数高档的双筒镜里面的所有光学表面都是多层镀膜的。我们已经在望远镜的章节里讨论过多层镀膜，所以不用说这是一个希望具备的特性。说到镀膜，永远不要购买那种有着红色物镜的双筒镜，这种

“红宝石”似的膜层不过是用来掩盖劣质光学元件的把戏。

机械结构

当我们谈论什么样的双筒镜不宜购置时，变倍望远镜位列其中，至少在天文观测上如此。可调放大倍数的望远镜是一个好主意，但是为此在像质上做出了过多的让步。当光线充足时，比如在白天观看地面上的景物，这种望远镜才物有所值。

↑双筒望远镜的工作方式。所有的光学元件需要安装在正确的位置上，以防止任何光线被遮挡。(霍莉·Y.白凯奇摄)

多数望远镜是两只镜筒同时调焦的，所以称作中心调焦型。另一种允许每个镜筒单独调焦。如果其他方面都相同，那么选择独立调焦的型号。中心调焦型增加了你不需要的额外的机械复杂性，而且独立调焦型的双筒镜会更坚固和防水。此外，所有的天体都位于距离望远镜无穷远的地方，所以一旦你对准夜空中的任何目标调整好焦距，对天空中的其他目标都不需要再重新聚焦了。另外我们的双眼并不完全一致，即便在中心调焦的双筒镜上其中一只目镜也必须是可以单独调节的。

出瞳

涉及双筒镜的最重要的参数之一是出瞳。出瞳就是从双筒望远镜的两个目镜射向你的眼睛的光束的直径。如果你把双筒镜前面对准一个明亮的表面，像天空，你就可以在目镜表面看到两个小光斑：这是物镜的像。双筒镜的两边都一样。出瞳直径等于双筒镜口径除以放大倍数。所以对于我们的7×50双筒镜，出瞳直径大约7毫米。对于天文观测，希望出瞳大一些，因为我们的瞳孔在黑暗中会扩张。光束越宽，光线进入我们的视野就越多，图像就越亮。这个粗略的规则只在一定范围内成立。问题在于如果双筒镜的出瞳比你的眼睛所需的大很多，那么部分望远镜收集的光就因无法进入你的视野而无谓地流失。

有些人在暗视觉适应下的瞳孔直径可达9毫米，另一些人则可能只有5毫米。瞳孔在我们年轻时最大，从30岁后开始缩小，最后的几十年变化缓慢。而且一般来说，女性的瞳孔比同年龄的男性的大。不幸的是，瞳孔和年龄的关系没法用简单的公式来确定。

你可以从某些望远镜经销商那里买到专用的仪器来测量自己瞳孔的大小。在市场上有很多种瞳孔测量仪（比如Holladay瞳孔测量仪，ASICO出品，地址：26 Plaza Drive，Westmont，Illinois 60559）。还可以从很多眼科设备或药剂公司处免费获得可以匹配瞳孔尺寸的带有半大或全大光瞳的近视卡片。

出瞳距离

出瞳距离是制造商推荐的获得最佳图像时眼睛到目镜的距离。出瞳距离通常随着倍数的增加而减小。小于10毫米的出瞳距离要求你的眼睛必须紧靠目镜。这对于老练的观测者没有问题，但是对于新手，大一点的出瞳距离可以让头部活动得自如一些。另外，必须配戴眼镜观测的人需要较大的出瞳距离。

选购指南

要听一下推荐建议吗？那就是Fujinon。

↑7×50的Fujinon双筒望远镜。笔者用过的最好的双筒镜。(作者摄)

它们是最好的，不管是7×50的还是16×70的，它们很贵，但还绝不是最昂贵的双筒镜。如果按照这个推荐购买了Fujinon的双筒镜，你一定会在今后的日子里感谢我的。还有，我知道你们中的一些人希望见到类似一个清单的如下内容：

●拿起一架双筒镜，先轻轻地晃动，再轻轻地扭动；然后反复调节几次焦距；把镜筒转到一起再分开。你在这里检查的是制作工艺。如果你听到有零件松动的响声或者双筒镜扭动调节的时候有间隙，不要购买。在此时需要考查的另一点是重量。如果你打算手持双筒镜观测的话，想象一下在一次观测结束后自己的手臂会是什么样的感觉。

●从双筒镜前面向里看，检查有没有灰尘或者污迹。除了在物镜外表面可能有一点灰尘外，镜头内部应该一尘不染。否则不要购买。

●把双筒镜举在面前，目镜对着自己。把它指向一片明亮的表面，你可以看到目镜上形成的光斑，这就是双筒镜的出瞳。它们

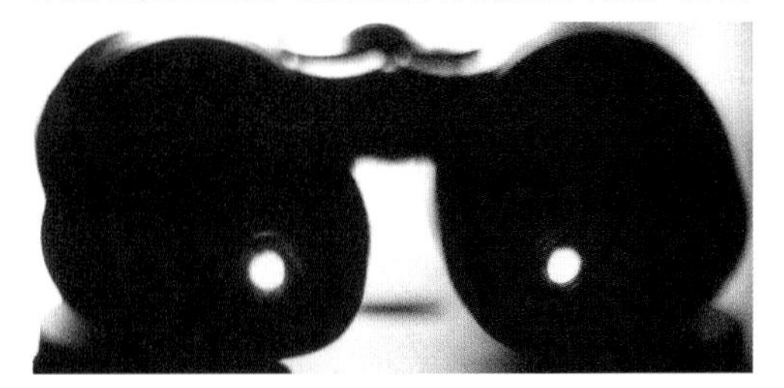

↑双筒镜后的两个亮斑就是出瞳。

应该是圆形的。如果不是圆的，说明望远镜的光轴校准得不好，棱镜没有把所有的光线都透射过来成像。

●当然你还需要通过双筒镜去看。争取在晚上和户外进行观察。没有什么目标比星像更能揭示出望远镜设计中的瑕疵。如果无法在晚上甚至在户外测试，那么尝试通过窗户或门口观看远处的目标。看看双筒镜聚焦得怎样、是不是清楚？如果存在两幅图像重叠在一起的任何迹象，说明两个镜筒没有准直到一起，不要购买。如果你戴眼镜，你的

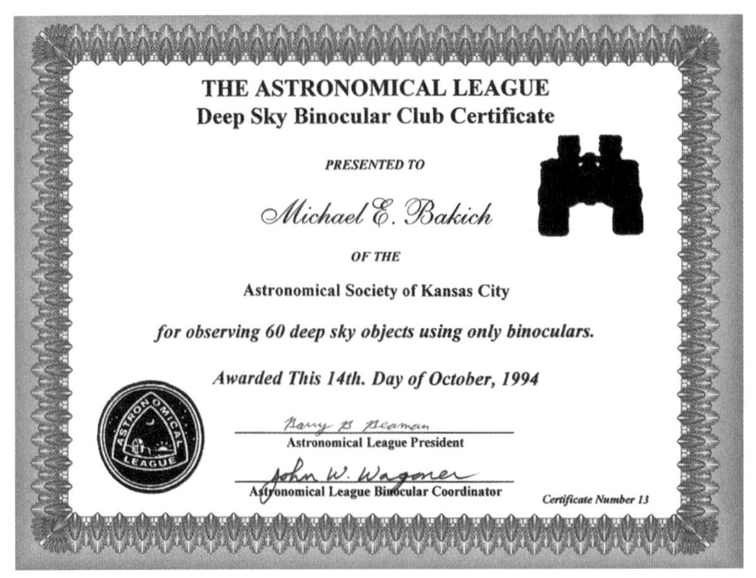

THE ASTRONOMICAL LEAGUE
Deep Sky Binocular Club Certificate

PRESENTED TO

Michael E. Bakich

OF THE

Astronomical Society of Kansas City

for observing 60 deep sky objects using only binoculars.

Awarded This 14th. Day of October, 1994

Astronomical League President

John W. Wagoner
Astronomical League Binocular Coordinator

Certificate Number 13

ASTRONOMICAL LEAGUE

←天文联盟颁发的“深空观测双筒镜俱乐部证书”。许多观测俱乐部都有这样的奖状。(作者摄)

眼睛能否足够靠近目镜以看清整个视场？如果可能，将双筒镜对准一条直线稍微晃动，比如电话线或地平线，看看在视场边缘直线是否变形（在非常靠近视场边缘的地方一点小的变形不是一个大问题）。

●分别对不同的双筒镜重复上面的检验。一旦你能熟练比较双筒镜，那么离买到一架出色的双筒镜就为期不远了。

进一步的一点说明：一种叫作场曲的像差在所有的双筒镜中都不同程度地存在着。这是因为透镜能够呈现锐利图像的焦面是一个曲面。当目镜对准的一部分图像位于焦点上时，比如中心部分，目镜的位置必须稍微移动才能使边缘上的图像变得清晰。双筒镜的档次直接取决于在多大程度上消除了这个问题。一架非常好的双筒镜只在视场的极边缘处可以看到这种现象。整个视场内都在焦点上的现象叫作平场。如果你使用过一架具备平坦视场的双筒镜，它会给你留下深刻印象。这样的器材是昂贵的，因为大部分视场内焦面都很平坦的双筒望远镜是很难设计的。

最后，关于保养双筒镜的一些建议。通常，双筒镜配有物镜盖、目镜盖和一个盒子。要记得使用它们，这样可以保护你的望远镜免于灰尘和潮气的侵袭。即便已经装到了盒子里也不要把你的双筒镜放在直射的阳光下。要记住这是一架光学仪器，所以要把所受的震动（特别是冲撞）减到最小。

双筒望远镜的极限星等

从极限星等的公式可以推导出50毫米双筒镜的极限星等约为12.2等，70毫米的为12.9等，而100毫米的是13.7等。这只能作为粗略的参考数据。在夜空很黑、视宁度中等和望远镜固定良好的典型观测条件下的极限星等会比上面的数字低一个星等。自然，有经验的观测者比初学者能够看到更多的暗天体。

自动稳像双筒望远镜

在前面的讨论中我们曾经说过，如果倍数过高那么在手持观测时手臂的颤动将被过分放大以至于望远镜中的天体会大幅晃动。那么有没有办法来解决这个问题呢？毕竟，天空中很多吸引人的目标需要使用尽可能高的放大率去研究。要想在手持观测的同时享受双筒镜所提供的大视野和中等高倍率，就要把两个方面的最佳选择结合起来。这是由自动稳像（image-stabilized，IS）双筒望远镜实现的。

稳像双筒镜使用不同的方法来保持图像的稳定。有些要用电池驱动一个回转机构，另一种不需要电源的设计依靠一个安装在万向节上的棱镜。观测效果颇富戏剧性。比如，在使用稳像双筒镜以前，我从未能在手持双筒镜的情况下稳定而长久仔细地观测过木星卫星。

稳像双筒镜的光学元件像普通双筒镜那样有不同的类型。如果你想购买一架稳像双筒镜的话，前面介绍的挑选方法完全适用。我将介绍一个高起点的产品：如果你有能力购买稳像双筒镜，那么首先考察一下Canon的产品线。我发现它们产品线上的所有型号都很容易使用，具备优质的光学元件和精良的机械加工。当然，这样高的技术水平不会是免费或者便宜的。在写本书时，口径能够使天文爱好者感兴趣的稳像望远镜，价格为500~1000英镑（1000~2000美元）。

双筒望远镜支架

自动稳像双筒镜是业余天文学的一大进步。但是要想得到最稳定的图像，没有什么比得上把你的双筒镜安在三脚架或者自制的双筒镜支架上。体型小、在支架上稳固安装、不是很高倍率的双筒镜在持续使用几分钟后，比手持的更大口径和更高倍数的双筒镜看到的要多得多。

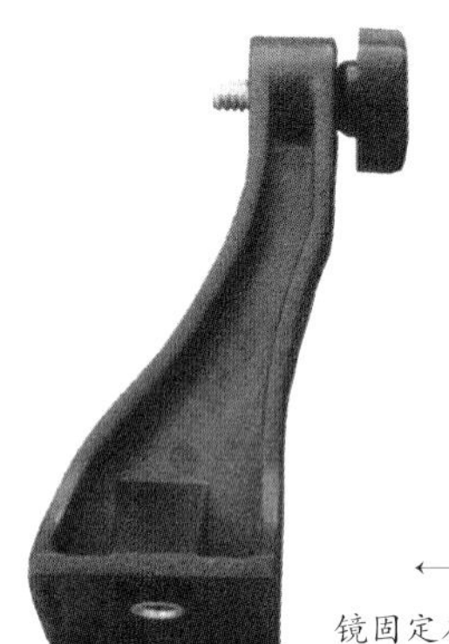

←L形转接支架可以把双筒镜固定在三脚架上。(作者摄)

最简单的双筒镜支架是一个L形的转接架。它可以连接到双筒镜中央的一个接孔上，该接孔的规格是1/4–20，和任意一部35毫米照相机底部的接孔尺寸相同。L形转接架固定臂的另一头可以安装到标准的照相机三脚架上。如果你观测的天体的高度角不是很大的话，这是一种合适的搭配。当天体接近天顶时，安装在三脚架上的双筒镜使用起来很不舒服，甚至没法使用。

另一种选择是自制一副专用的双筒镜支架。有现成的切实可行的支架制作方案。如果你对机械很在行而且有工具和材料齐全的车间，那么我建议你自己制作双筒镜支架。以下是一些网站（还有很多），上面有具体的方案。

http://home.wanadoo.nl/jhm.vangastel/Astronomy/binocs/binocs.htm

http://www.atmpage.com/binomnt.html

http://www.gcw.org.uk/bino/binonet.htm

http://www.home-dome.com/Astronomy/Projects/binocular_mount.htm

然而，多数天文爱好者会购买现成的支架，这也有多种选择。大多数是基于一种可调平行四边形悬臂的设计。这样的结构使得望远镜能在很大的范围内移动，同时保持对天体指向不变，因而不同身高的人都能使用。这对于观测活动和星空聚会很理想，因为在一段时间内有很多人要依次观测同一个天体。

提示：为你的双筒镜选择一个比你现在所需要的更结实一点的支架。这使你在将来的某个时候很方便地升级你的设备。

双筒镜支架的稳定性是指如果没有风的话，当你把天体置于视场中心后需要几秒钟后图像才能够稳定下来不再晃动。如果图像一直在晃动，那么你的双筒镜支架可能有问题。而这个问题也许是你缺乏另一部分装备造成的。

优良的双筒镜支架装置的另一个必需的部分是下面支撑的三脚架。多数照相机三脚架都不适用于这个目的。它们的强度——特别是当架腿全部伸展开时——都不足以支撑双筒镜加上可调底座的重量。其实你可以立即感觉出你的三脚架是否能够承担这个任务。除了单薄之外，三脚架还可能存在其他缺陷。比如它虽然稳固，但当观测天顶附近的目标时，三脚架即使伸展到顶格也不够高到能让你直起身来。

↑枫木制作的平行四边形结构的双筒镜支架和槐木制成的三脚架。安装上双筒镜后，支架有1.3米长。三脚架重5.9千克。(作者摄)

第三章　如何观测

3.1　观测绘图

首先我要声明两件事情：（1）你是个业余天文爱好者而不是要成为一名艺术家；（2）绘图可造就更好的观测者。绘图很有趣，并且是业余观测者可以确实看到进步的一个领域。

并非艺术家？

对于上面的第一点，越是喜欢所绘的内容和感到自信，越是能够提高。第一步，学会画一个圆。因为大多数你观测的天体都是圆形的（太阳、月亮和行星），而那些非圆形的天体则都在你的望远镜圆形的视场中。可以用圆规来画圆，而我常用计算机绘图软件来画，这样可打印出需要数量的圆。

圆的大小可变，但是我建议不要把圆画得太大。最初几次我绘制从望远镜里看到的物体，结果整张纸几乎都不能容纳，好像图可以无限制地画下去。经过几次这种马拉松

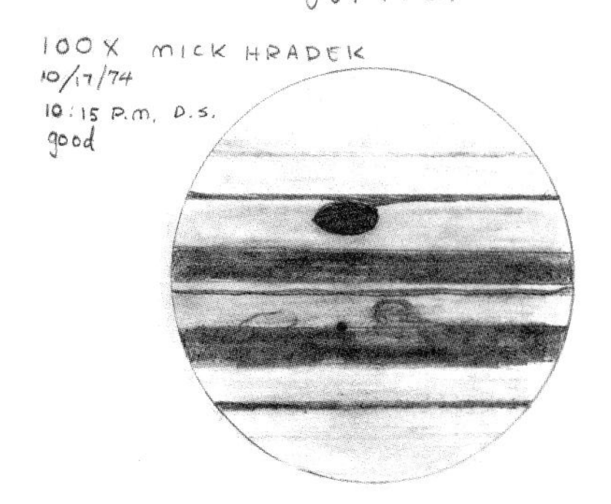

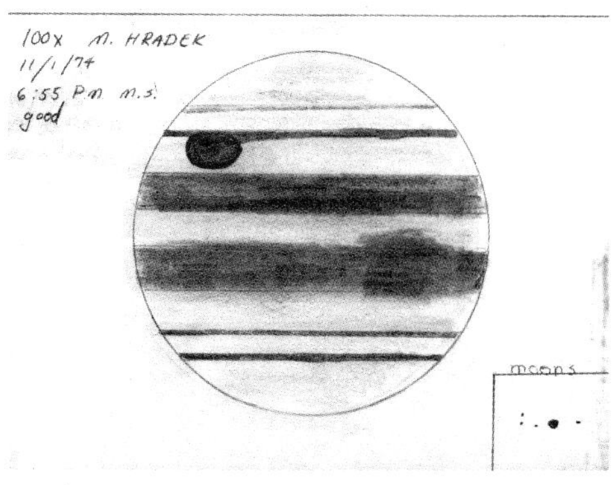

↑得克萨斯州Mick Hradek绘制的两幅木星图，1974年10月17日和11月1日。

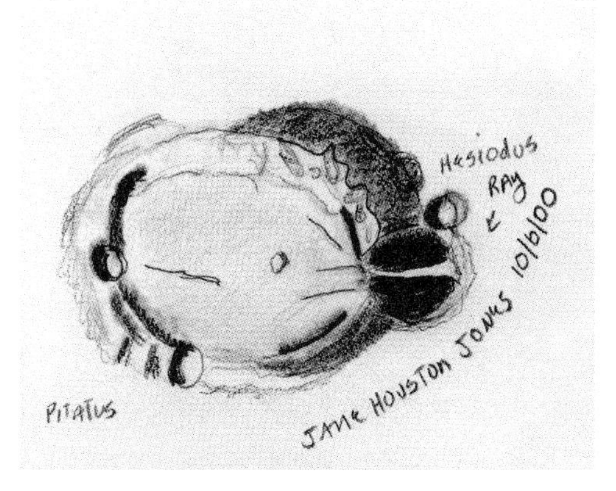

↑加州旧金山Jane Houstou Jones的一幅非常细致的月面环形山的描绘图，用“日出光芒”一词告诉我们这个环形山在描绘时，正处于靠近明暗交界处。

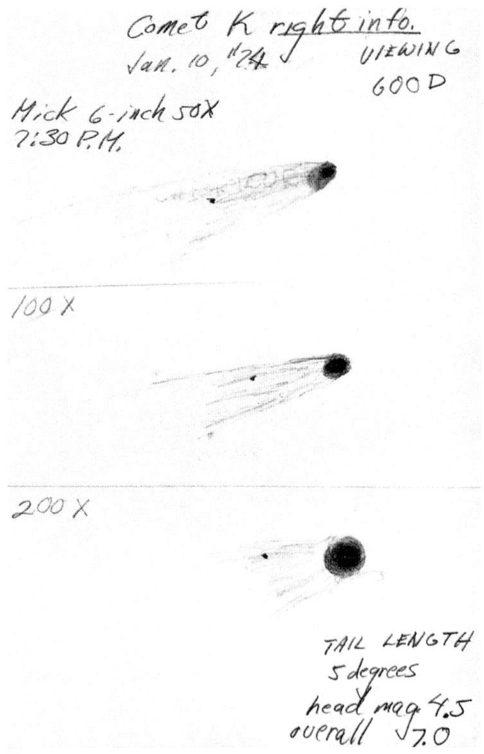

↑对柯胡特克彗星的描绘图，1974年1月10日，由得克萨斯州Mick Hradek绘制。

式的过程，我确定了一个10厘米直径的圆，7厘米或8厘米也许会更好，但由于我刚开始，对于在小一点的圆里绘制还不够有信心，因为小一点的圆会要求在记录细节上的表现更精细。所以我把圆定在10厘米。两个这样的圆很容易画在一张纸上，这样的圆留有足够的空间描画细节。对于可见的行星，英国天文学会和美国月球与行星观测协会提供了预先画好的表格。

训练你的眼睛

现在我们来讲讲第二点。当你第一次描绘天空物体时，你必然会花大量的时间观测目标，这本不是什么坏事，但对于绘图而言，你一定要记住小的细节区域，并将之转化为纸上的图案。你画的目标越多，细节的观察便越发重要，最终变成一种习惯。你因此会发现以前你从未观测到的物体。实际上，你的眼睛已经得到了很好的训练。

这种方法对于你眼睛的训练效果是千真万确的，可以来验证。首先，在夜空中选定一个目标，一个行星，一个星团，一片星云，无所谓，看你自己的喜好了。只要你能从自己的望远镜中看到它，并坚持用一个月的时间作几次观测就可以了。很简单，连续四周观测并勾画出你的目标天体，每周一次，每次都用同一台望远镜，同一个目镜，用相同的视场。每次15~20分钟观测并描绘。只要你坚持做完，你就会有四张观测绘制草图，比较一下它们，你会感觉到我好像就在你身后，目光越过你的肩膀，在你耳边轻声说："我告诉过你的，不是吗？"

我们都曾观测过天体，并且希望拥有更大口径的望远镜，可以看得更清楚。绘图可以帮助我们发挥手头现有设备的最大潜力，使我们用经过训练的眼睛看到更多的细节。

准备工作和工具

在夜间绘图时，你会需要一个红色的手电。最好是那种可以调光的。理想的情况是在目镜旁摆放一张短桌。事实上，在露天观测一般不具备这样的条件。你可以用一个夹纸板，或一个笔记本垫在图画纸下面。如果你准备的红色手电可以迅速地转移过来照亮，或者可以悬挂在绘图纸上方，那么你的绘制工作就轻松多了。

可以的话，最好坐着画图，舒适的观测是很重要的。尤其是你连续几分钟盯着一个天体看它的细节，并将其绘制在纸上。

在开始之前，你还要决定是绘制黑白图还是彩色图。我建议从绘制黑白图着手，随着你对细节的不断深入，可以试着添加彩色。刚开始时，你可以用2支普通铅笔和一块柔软的质量良好的橡皮，练习深与浅的绘画和填充。当你熟练后，可以买一些不同型号的铅笔，有硬的有软的，硬铅笔画出的颜色淡，软铅笔的颜色深。至少有12种不同型号的铅笔供你选择，不用去理会那些怪怪的特殊用笔，美术用品店里，能买到你想要的全部，不管你是只选几种还是买下一套绘图工具，还有很好的卷笔刀。

提示： 不要犹豫，想用橡皮时就用，不断地修改会使你的绘图更准确。

画在黑纸上还是白纸上

大多数通过望远镜观测描绘星图的爱好者会选择直接在白纸上用铅笔画。这当然是很直观的一种表现，但某些情况下，你必须习惯于反转你通过望远镜所看到的黑白色。当然，用今天的绘图程序，如Adobe公司的PhotoShop软件，你可以修改自己的初稿，还可以瞬间将你的图画反转颜色。

另外，一些观测者们喜欢用白色铅笔在黑色纸张上绘图，这用方法可以立即直观地进行。而且，当你以后再看这张图时，它会直观地告诉你当时从望远镜中看到了什么。

总之，选择权在你。

渲染

有些观测者喜欢用深色的铅笔来描绘星云或星系，先画出看到的轮廓，然后用一根手指将轮廓抹成一个晕染的斑点，用以代表所看到的星云。无数次实践表明，用这种方法时，粗糙的纸质，柔软的笔芯会使效果更好。只要你说出自己的要求，一般的美术用品商店都会为你提供合适的纸张和铅笔。

显然，我提到的这种渲染法是适用于描绘深空天体和彗星的。你可以自己决定是否先画出星云的外边缘轮廓或是视场中的一些恒星。

绘制彩色星图

就像不同硬度（深浅）的黑白铅笔一样，我们在美术用品店能买到各种档次品种的彩色铅笔。开始时，你只需要拥有一套包含普通常用色的一小盒彩色铅笔即可。

如果你想表现同一种色彩的明暗，一般只需要掌握落笔时的轻重。如果你想画出更暗的效果，可以先用黑色铅笔打底，然后再在上面用你选择的染色。同样地，如果想要更亮的效果，可以先用白色铅笔打底，然后再在其上用色，便可以使所用色彩更亮。到底先用多少黑或多少白，并选择其上的色彩得到你想要的效果，就要看你的经验了。用色不同，效果就不一样。对黑色而言，你也可在用色之后覆盖一层以使色彩变暗。如果这样达不到你想要的感觉，不妨试试调和其他颜色。

注意： 红色光源下，不适合做彩色绘图。另外，由于绝大多数“彩色”天体较我们记录下来的更亮（所以才能让你的眼睛感觉到色彩），而你记录这些色彩时却可能使用了暗一些的颜色。

↑M81。明尼苏达州的Craig Molstad绘制于2002年5月2日。

其他方法

使用铅笔绘制黑白或彩色星图，只是以图记录观测的一种方法，你可以动脑筋想一想，试一试其他方法。

用钢笔、墨水笔来画图，可以得到优雅精致的视觉效果，但是无法表现丰富的层次。也可以用彩色蜡笔。有些观测者使用炭笔和白色粉笔绘制棒状天体，他们可以用炭笔和白色粉笔调和出不同深浅的灰色来表现目标，还有些人则使用彩色粉笔。

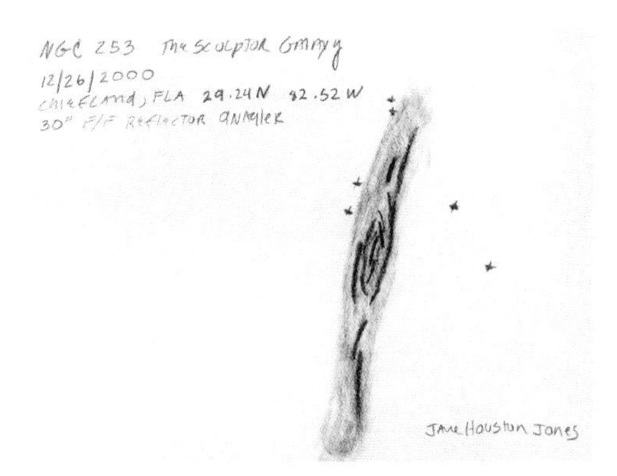

↑当望远镜中图像足够亮时，你甚至能描绘出深空天体的细部。Jane Houston是加州三藩市的爱好者，她用750mm口径的望远镜就可以在图纸上绘制NGC253的细节形态了。

在望远镜旁

现在开始将目视的天体画下来。首先，注意观察细节但不要被其困扰，尽量抓住对象的本质特征，如果你的观测对象是非太阳系天体，那么你观察它时可想象自己面向一个时钟，以便绘图时作为参照确定方位。注意对象特征部位的起末端点，尽力找出对象的中心。

如果你选择的对象是一个深空天体，可以从比较它与同视场内其他可视天体的尺寸着手。在绘图中，尽量准确地表现出其中的差别。若视场中只有单个可视星体，则先画出它们作为参照点，然后再开始描画深空天体的轮廓。当然，你的对象若是一个星团则例外。

总之，不管你的观测对象是太阳系内或是深空天体，你都要认真比较对象和对比所绘的特征，你可以拿两个特征点来比较下面几方面，以便绘出更准确的星图：

- ●看它们是否有同样的高度和宽度
- ●看它们在天空中的仰角是否相同
- ●看它们的明暗程度是否相同
- ●看它们的边缘特征
- ●看它们表面的光滑度是否相同
- ●色差
- ●看它们是否有伴星

绘制太阳系内天体星图与深空天体星图最大的区别在于，一张完成的深空天体星图，如果你满意的话，你就可以不必再次描绘，因为在你的一生中，深空天体可以说是恒定不变的。（当然，什么都有例外，星系中的超新星现象就是例外）。对于观测月球来说，由于月球上的细节数不胜数，在装备允许的条件下，你可以穷其一生无限深入下去，总会有更精准的绘制。对于太阳系各大行星和彗星，你要记住，自己观测描绘的是一个状态持续不断变化的对象。

你可能并不知道自己绘制的这些星空的作用。拿我作个例子吧。1999年夏天，在太阳黑子大爆发期时，我连续绘制太阳黑子60天，因为我使用的是同一台望远镜和目镜，且每次绘制的尺寸比例相同，利用这些素材，我做了一个太阳自转的动画，从中可以看到其对太阳黑子在太阳上的分布位置的影响。你可以登录网站http://www.geocities.com/uni7777777777/gosungo.html看我的作品，注意图中的标注不一定十分准确。太阳黑子的位置每天都在变化，你可以注意看我的绘图技巧，不管怎样，这种坚持不懈的观测绘图本身就是一次勇敢的实践，你也可以做到，甚至比我更好！

提示：在观测绘图之后，将所描绘的对象填充或添加色彩是可以的，只要你不

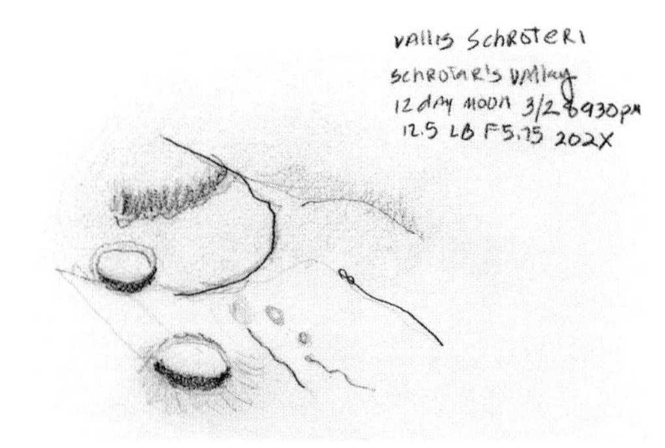

↑加州三藩市的爱好者Jane Houston绘于2000年。注意她的技巧，她先用线条勾画出整体特征的轮廓，然后用阴影衬出亮部和深度。

在画面上凭空添加望远镜中所没有看到的东西。

观测记录表

你坚持做观测记录（读完这本书后，你当然可以做到），这并不费时。只是在绘图表格中填上一些数据。好了，你只需检查一下绘图中是否加上了这些数据。完成后，就可以将你的大作好好保存了。

网上资源

在Yahoo上有庞大的网络资源。你可以在其中找到那些天体观测绘图的爱好者组织。他们很友好，愿意与朋友们分享技术经验。很多组织都有自己的网页。你上网，登录 http://groups.yahoo.com，进入天体绘画，然后按照所显示的网址来选择参照。

绘图技巧的示例

业余天文爱好者，星空观测绘图大师Jere Kahanpaa是芬兰人，他用自己的作图步骤生动地阐述了他的绘图技巧。

专业工具

绘图必备的工具非常简单：一枝铅笔和一些厚白纸。我大多数时候用HB这样中等硬度的铅笔。H2铅笔用来描绘细部比较好。我个人觉得B2或更软一些的铅笔不太适用，因为它们容易晕开使画面变脏。一块干净的切成棱角形的橡皮会非常有用，它可以营造晕染的效果，使线条柔和。

所用的纸张一定要厚（甚至可以用薄卡纸），因为薄的纸张容易受潮而变形（除非你的观测地点在撒哈拉沙漠或者类似的非常干燥的地方）。还需要一本硬皮书或另外什么有硬的平整表面的东西来垫底。

最后还要指出的是一个微弱红色的光源是必需的。这是因为红色较其他颜色对夜空观测的影响小。即便这样，它也是有影响的。所以红光要尽可能地暗些。由于光线太暗，绘图者对所绘天体在画面上的细节明暗表现会很难估计。

例子：NGC7013

（下面的数字小标题就是图中数字所表示的画面的说明）

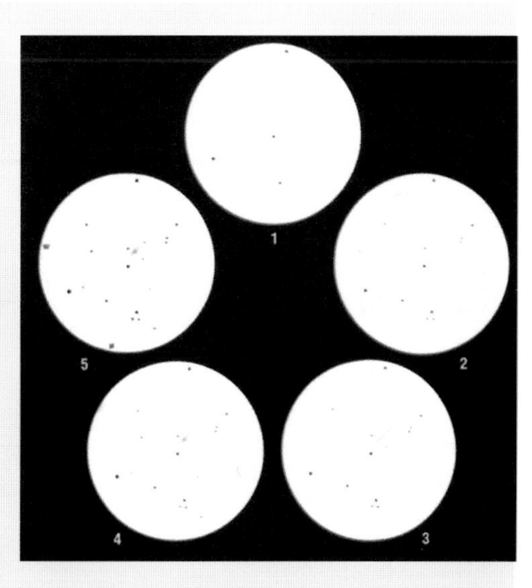

1. 标出绘图区内最明亮的星。这是最关键的一步，因为这些亮星组成的网可以作为接下来标注其他星星的参照。

2. 标注暗一些的星。我常先以小的暗点来表示天体的中心，这样再标注那些星旁的暗星便容易多了。

3. 粗绘出天体的轮廓，然后将轮廓形状和大小与图中所绘的星点比较。

4. 对比后，修改画面中的对象，直到它们的层次和细节精准为止。

5. 将对象周边的暗星标上并比较明暗、大小的表达是否确切。这幅画到此就基本完成了。还需要注明比例，对象的名称等。

后续操作

清洁画面。这个步骤可以在家中完成。用一支黑色钢笔来描绘圆圆的亮星，用你的指尖或一张纸小心地摩擦刚才的笔画，就可以得到一个漂亮的晕开的外轮廓线的效果了。最后，喷一层定型液在画面上，加上标注，注明天空状况等。上面作例子的这幅图是1993年9月9日23:50在犹他州通过一台205mm f/5牛顿望远镜配133倍目镜观测的。

3.2 天体摄影

如果你听过很多资深爱好者的讲述，你会得到以下结论，似乎没有一台价格昂贵的CCD照相机就不能拍出好的天体照片。但是这种想法当然是不对的。一个半世纪以来，天文工作者——包括业余爱好者和专业人士——用感光剂胶片拍出许多非常出色的照片，直到现在仍是这样。如果你渴望描绘美丽的天空，不要心疼胶卷啊！这一章的所有图片都是用一个35mm照相机拍摄的。

↑亚利桑那州的David Healy和他的巨大的Celestron 14。他支起望远镜，用固定在上面的300mm镜头相机来摄影。

照相机

如果你计划做天体摄影，挑选一台照相机是非常关键的。要用那种带B门的可以长时间曝光的相机。这方面，机械相机比电子快门相机或全自动相机要好得多。很多新的35mm相机都是电子快门，当它打开时，电池就开始不断地供电。这种相机里的小电池根本不能维持长时间的曝光，很快就用完了，快门就打不开了。所以天体摄影需要一台可以手动控制快门的相机，装配上快门线。把照相机的快门速度调到B门，这样就能一直保持快门开着了。

相机另一个重要特性是快门锁。当你把相机上的快门键按下时，马上会引发两件事情：第一，反光镜片组快速上抬以便光线投向胶片；第二，快门开着。镜片的运动和它的快速停顿会引起照相机的震动，从而导致拍摄照片的模糊。所以，用于天体摄影的相机，在快门启动前，最好是有镜片锁定功能。这样就可以在底片曝光前解决相机震动的问题。

选择相机的第三点要考虑的是它的镜头变焦范围以及对焦屏的清晰明亮度。很多新手竭力以一颗星为基准对焦，用的是普通对焦屏，这是非常困难的。对天体摄影而言，拥有一个清晰干净的对焦屏是必需的。

我认为最好的全天候天体摄影相机是奥林巴斯OM-1。它是一款带镜片锁功能的全手动机械相机。它还有配套的不同型号的对焦屏供应（至少曾经有过）。全手动的OM-1已经多年不生产了，但是还有大量的这种相机流散在民间。所以想找到一个并不困难。不妨到二手相机商店或典当行里看看。既然我推荐了这款相机，我就将我所知的一个eBay网上销售OM-1的地址告诉大家，那里有OM-1：http://www.ebay.com。

视野

为了测量出镜头所能看到的天空大小，就要知道一个镜头的视场。用以下的公式加上一份星图，就能知道在这个视场中什么星座或天体比较适合观测拍摄。

公式如下：

$X=(57.3/f)\times d$

这里X=视场高，单位度；f=焦距，单位毫米，d=视场直径，单位毫米。

记住，35mm胶片的每张尺寸是24毫米宽，36毫米长，运用公式计算的结果会得到一个矩形的面积。

焦距	高	宽	对角线	区域
28	49	74	88	3614
35	39	59	70	2315
50	27.5	41	49	1136
85	16	24	29	384
135	10	15	18	156
200	6.7	10.3	12	69
300	4.6	6.9	8	32

胶片

绝大多数天体摄影的胶片是专业胶片，也就是说，一般在较小城市可能买不到，而且它们的价格也远远高于普通胶片。况且也很难找到一家照相机用品店愿意将一卷专业胶片从盒子中拆散了零卖。

在我深入讨论胶片问题之前，先关注一下同一台相机用同一种胶卷做二次不同的曝光的实验。第一次是f/1.4下曝光1秒钟，第二次是f/16下曝光128秒，在理想情况下，二次曝光的胶片呈现结果应该是一样的。不幸的是，我们必须应对拍照所得的图像上称为互易律失效的问题。

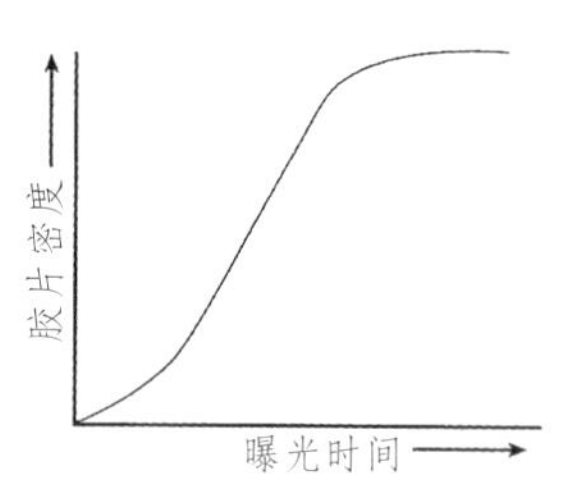

←互易律失效反映在这幅图中曲线的上方。曲线随着曝光时间的递增，胶片密度变化微小，不像短时间曝光的变化那样明显了。

由于互易律失效的影响，400度的胶片经过长时间的曝光，例如几分钟后，成像结果跟100度的胶片或更低的一样。这取决于所用胶片的种类。普通黑白胶片Tri-X是个很好的例子。短暂曝光时，胶片可以达到400度，如果你需要曝光1小时的话（对于天体摄影这并不算少见），它的感光度就要降低到10度了，由于大量的天体摄影都要经过长时间的曝光，这对业余天文爱好者来说确实是个问题。我们要正视曝光曲线的影响，并解决它。其中一个解决途径就是选择正确的胶片。另一个是使用专业的底片增强（增感）办法。

增感是针对互易律失效这一问题而采取的胶片处理过程。处理过程中，用一种加压气体焙制胶片，令其置换胶片中的湿气和杂质，这样胶片可以不受互易律失效的影响。这种加压的混合气体是由92%的氮和8%的氢组成的，称为反应气体。增感这一技术最初发现时，用的是纯氢气，易燃，非常危险。现在用的虽然是混合气体，在手工操作时仍要非常小心。

增感的操作过程就是，先将胶片放进一个密封罐中，将罐内气体抽出形成真空，再向罐中注入反应气体，摇动罐体二到三圈。此时罐中充满了被压缩到3~6psi的反应气体，并将气体温度烘焙至50℃，保持4~100个小时，具体时间要看烘焙压力、温度和胶片型号。

上述的整套器材市场有销售。不过老练

↑M11和星云。（Celestron施密特相机，8寸口径，f/1.5。用SO115胶片曝光12分钟。由亚利桑那州的大卫拍摄于1979年11月13日）

↑M16。（利用照明导星装置的Celestron 14拍摄，f/6，敏化的2415底片，40分钟曝光，亚利桑那州的大卫摄于1983年10月7—8日）

↑M8。（利用w照明导星装置的Celestron 14拍摄，f/7，敏化的2415底片，24分钟曝光，亚利桑那州的大卫摄于1981年9月27日）

的爱好者甚至自己组装它们。不管怎样，增感这种方法对于某些天体摄影底片的缺憾是一种重要的补救措施。

增感过的胶片只有短暂的使用期，如果你没在它的最佳使用期使用并立即冲洗出来，增感的作用就失效了。一些爱好者曾经尝试将增感的胶片密封在真空罐中，并冷冻起来直到用时再拿出来，即便如此，增感胶片的贮藏期也不超过一个星期。影响它的主要因素是热和湿 。依我看，正因为增感胶片的使用期短暂，所以不能采用预订的方式得到它。而冲洗这种胶片则没有什么特殊要求，只需将胶片送往照相馆，他们就会根据胶片型号来冲洗了。

黑白胶片

如果选用黑白胶片拍摄天体，对胶片的要求是互易律失效要降到尽可能低，并且对红色光有良好的敏感度等。因为胶片经过长时间的曝光，它的光敏感度降低，而且不幸的是，常常是对红光敏感度降低，而红光这一波段范围是记录星云最重要的。如果这部分光感损失，你拍出的天体照片效果会大大逊色于用红光敏感度高的胶片拍出的效果。从技术上说，黑白胶片对氢气发出的α射线敏感，那是波长处于656.3nm的射线。由于天体摄影的特殊要求，我们现在来研究一下黑白胶片上的乳化颗粒的性质。

我认为用于天体摄影最好的黑白胶片是柯达专业级的TP2415，尤其是增感过的。这种胶片有各种尺寸，包括35mm的。它对红光敏感度极高（事实上，它对690nm以上的光谱仍然极敏感），且有着较好的性价比。另一个原因是它细腻的表现力，TP2415胶片以每毫米320线成像，而Tri-X胶片则是每毫米80线，粗糙得多。

TP2415另一个显著特征是它的图像对比度的范围很广。如果你懂得以下数据就会明白，TP2415载DEKTOL冲洗达到的最低对比度为0.5。一般来说，业余天文摄影爱好者喜好高对比度的照片，所以这个底端数据对他们而言没什么价值。但这说明了TP2415引人注目的对比度的广阔范围。在TP2415低速拍摄时（大概ISO为15~25），许多爱好者宁愿将胶片增感。这种胶片，当然不适合拍摄较亮的天体，如太阳系的天体。

彩色胶片

正片还是负片

当然，这是你的选择。我见过用正片和负片拍出来的很好的作品。不过以我做了多年插图演讲的经验，我宁愿选择负片。如果能将负片放入浅盘中自己冲洗是很有帮助的。如果是我，我会用一个负片拷贝器拷贝一个底片副本在底片上，做这样的备份会比较保险，虽然看上去好像多做了很多额外的工作。如果你想将拍摄的图像展现到电脑上，你就需要配备一台带负片（或底片）扫描装置的扫描仪。扫描最原始的底片效果远比扫描冲洗后的正片好。

↑M46。（利用Celestron 14拍摄，f/11，敏化的柯达PPF400底片，45分钟曝光，亚利桑那州的大卫拍摄于1998年12月16—17日）

与选择某一种最适合的黑白胶片做天文摄影不同的是，用彩色胶片拍摄则有很多不错的选择。因为几乎所有的彩色胶片都有良好的全波段平衡性，对红光的敏感度也高。（还记得在656.3nm的h-α线么？）而且新的彩色胶卷的速度都很快。但有一个问题，新的感光乳剂一直不断出现，所以当这本书出版的时候，很可能又有了一些迄今还没有的新的彩色胶卷。如果你发现了一个你没有尝试过的胶卷，我的建议是：买一卷然后去试着拍摄。以下是迄今为止我的一些建议：

- 正片胶卷：柯达Ektachrome Elite II 100（具有很好的幼微粒，低互易律失效，并能够进行增感处理）；Scotchchrome 800或3200，柯达Ektachrome专业1600。（该胶卷感光度通常为400，但按其设计可以通过两步增感处理达到1600。有的爱好者甚至将其处理至3200得到了很好的效果。）
- 印片用胶卷：柯达Royal Gold 1000，富士Super G800，柯达Ektapress多速和许多其他的。

胶卷处理

简要地说，在家处理黑白胶卷，将彩色胶卷送到洗印车间。如果你在读完这一章之后就打算去拍黑白照片，建议你使用柯达Technical Pan 2415。对于天体摄影来说，它是迄今为止最好的黑白胶卷。几乎没有洗印车间配备有它的使用说明，你可以在柯达网站上阅读处理Technical Pan的相关资料：

http://www.kodak.com/global/en/professional/support/techPubs/p255/p255.jhtml

如果你不能，或者不愿意在家里建立一个暗室，那么你可以将胶卷放到带有照片转变袋的显影罐中来处理。

至于彩色胶卷（负片或者正片），我可以提供一个很重要的建议：在冲洗完正片之后，完整的拿回来而不要将其剪开。许多业

↑人马座M8和M20附近区域的广角照片。由罗马尼亚的布加勒斯特天文俱乐部成员艾琳·托利亚博士（Dr Alin Tolea）拍摄。

小议旅行携带胶卷

将胶卷放到手提包里面，而不要放到普通行李里面。机场安检点的用来检查手提袋的X射线设备相对于检查普通行李的X射线设备而言不易损坏没有冲洗的胶卷。一些人建议将胶卷放到铅袋里，然后放到托运的行李中，来防止可能的胶卷雾化。这个主意可能不错，但也可能出现这样一幕：有人会打开你的行李并打开那个胶卷袋，你自己作选择吧。在步行通过检查点时，你可能可以将胶卷拿在手中来进行检查，但不要对这种可能报太大希望。近来，世界各国都加大了对安全问题的重视，但是一定还是要随身带一些胶卷，以防托运的行李会迟到。

余天体摄影师都是在很痛苦的经历之后才学到这一点。自动正片装配机对于天体（特别是很暗的天体）照片的开始和结束很难做出正确的判断，于是许多很好的照片都因为胶卷在不应该剪切的位置被剪切而彻底毁掉。如果你手中有没有剪开的胶卷，你可以自己将其剪开并装到塑料或者玻璃的底片框中。

我想说的另一个建议是，如果需要，选择时间上具有弹性的能够进行增感处理的洗印车间。一些“一小时”车间将胶卷处理时间锁定在标准感光速度上。

影像处理

无论你使用的是负片还是正片，你都有可能将一些照片传输到电脑中，还可能将照片发布到互联网上。在这个传输过程中，你有机会来提高照片的质量，而且经常是显著地提高。在天体照片经过电脑处理之后，你会感觉前后的效果天差地别。

正如之前我所提到的，第一步是将照片扫描到电脑中，建议使用针对负片或者正片的底片扫描仪。很遗憾地说，扫描仪的质量存在着很大的差异。在购买之前，到处打听一下，并看看相关的评论。

当你将照片扫描到电脑中之后，就可以运用软件来提高照片质量了。在众多图像处理软件之中，最好的是Adobe PhotoShop，但是它可不便宜。另一个选择是JASC的大众软件Paint Shop Pro。我将在“CCD”一章中更详尽的介绍影像处理。

正片翻拍镜头的使用

在处理负片或者正片的时候，我们可以做些什么来生成正片或者加强暗弱图像呢？如果没有放大机，可以使用正片翻拍器从原始负片中生成反向的图像，来生成美妙的天体照片。利用非高速Technical Pan胶卷来复制黑白负片会得到极高质量的黑白正片。正片的对比度可以通过合理选择显影药和处理时间来调整。

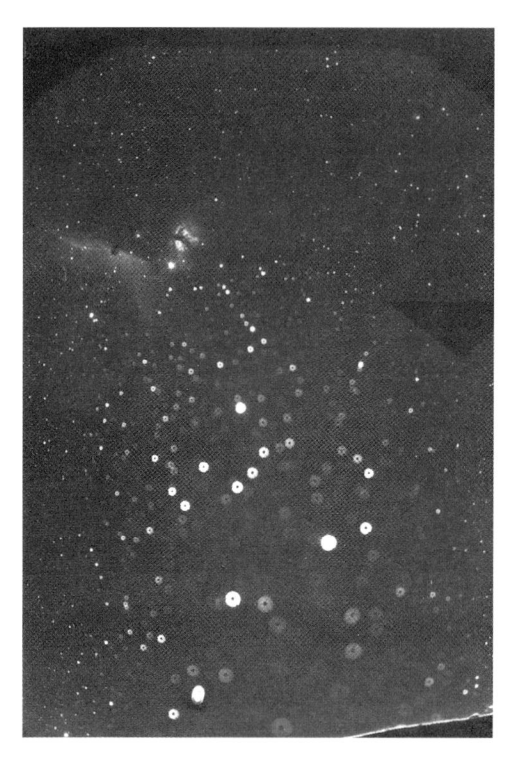

↑在天体摄影的过程中会出现什么样的错误呢？看一下这个由亚利桑那州Sierra Vista的大卫·希利（David Healy）拍摄的猎户的腰带的照片（Celestron施密特照相机，f/1.5，103a G胶卷，曝光5分钟，1978年10月30日，亚利桑那Naco）。列举一下其中的错误：（a）底片没有放平；（b）剪切底片的碎屑粘在底片上；（c）底片被剪得过小；（d）其中一颗“星”实际上是底片缺陷；（e）底片被擦伤；（f）底片上有灰尘；（g）RGM-喷射乳剂没有清除干净；（h）滤光片底片夹上没有使用滤光片。

同样的彩色负片复制过程是使用5072型反转胶片。这种胶片同样采用C41工艺而且能够通过原始负片产生高对比度的正片。使用CC滤光镜可以矫正色彩，通过曝光调整可以控制颗粒度。

原始正片的对比度和颜色也可以在翻拍处理的过程中进行调整，即对Kodachrome 25或者Ektachrome Elite Ⅱ 100胶卷使用滤光片和曝光纠正。切记，若想得到很暗的天体的细节，就要在翻拍过程中过度地曝光。

硬拷贝选项

极少的业余天文爱好者在自己家里有照片放大机。对于大多数人来说，必须依赖当地的照片冲洗店来获得照片，或者使用银漂法冲洗工艺来获得正片。正片可以让你预先知道最终的照片应该是什么样子的，但杂志上的一个例子可以告诉我们处理天体负片时我们需要些什么。

一些一小时照片冲洗店和购物中心现在都有了“柯达胶卷冲洗站（Create-a-Print）”。该数字扫描和染色升华设备允许业余人员自己用底片冲洗8×10的照片。可以在冲洗之前设定一些基本数字图像处理选项来实现很高程度的“优化调谐”，如：颜色、密度、对比度等。

一小时照片冲洗店还可以将你的天体摄影底片冲洗出照片。如果你先提供一些指导意见，这些店里用的自动照片冲洗机可以洗出令人惊讶的好照片出来。最好是在胶卷的前面先拍摄几张常见物体在普通的日光下或者用闪光灯时的照片，以利于机器操作人员作好颜色改正参考。如果存在这样的选项，你一定要指明你的照片的内容是黑暗的天空，如果可能的话，给操作人员看几张之前冲洗完成的例子，来表明所需要的天空密度。

家用电脑已经成为一个强大的工具，可以让业余人士对他们的天体照片进行硬拷贝。能够高分辨率扫描正片和负片的数字扫描仪现在仍然很昂贵，但我们可以通过使用柯达photo CD数字扫描仪来扫描35mm底片，经济上一般可以接受。柯达可以扫描100张35mm底片图像到一个CD中，分辨率达2048×3072像素，而扫描每张照片的成本只需2美元。在平面扫描的过程中不需要进行图像处理，之后用图像处理软件来完成照片质量的改善。使用彩色喷墨打印机就可以获得极好的照片。

↑美国新墨西哥州，梅黑尔的里克·托蒙德（Rick Thurmond）用180mm折射天文望远镜和中画幅Ektachrome 200胶卷拍摄的马头星云。

使用三脚架来摄影

利用三脚架来摄影所必需的设备几乎算最少的，你只需要一个照相机、镜头、三脚架、快门线（最好有锁）、有秒针的手表。将照相机聚焦到无穷远并锁定，然后按下快门。许多使用三脚架拍的照片中都摄入前方地面上的物体，如树、山等。实际上这真的随你自己掌控，如果你想，也可以摄入地平线。如果你想拍恒星轨迹，你想曝光多久都可以。切记，任何长时间曝光的天体摄影都

←英仙座下的闪电。当利用三脚架进行天体摄影的时候，作者拍到了这个击中亚利桑那州图森东部的里肯山的闪电。

要求天空背景非常暗。

关于三脚架的建议：如果是我，就一定买一个很好的。实际上，三脚架是所有摄影配件中最重要的一个，特别是在你的照片需要长时间曝光，或者，在某些时候，有可能想在三脚架上放一对目镜时。很令人惊奇的是，许多人努力在这一方面省钱，买一个颤抖的承重能力不足的三脚架，最终不得不换掉。好的三脚架必须可以同任何照相机进行匹配，所以，要买你能承受的最好最强的。

要确认你所选的三脚架能够很方便地操作，在冬天时可以戴手套操作。确认倾斜锁和机座运动锁很结实，能够承受前端很重的长镜头。结实的三脚架还可以通过使用安装棒或者安装盘来同时安装两个照相机。

↑拱极星轨迹。（柯达Elite Chrome 200胶卷，2小时曝光，增感1倍，尼康F2+50mm Nikkor镜头。由德国Kronberg的Ulrich Beinert拍摄）

↑英仙座。这张使用云台拍摄的照片显示了双星团（左）和昴星团（右）。（50mm镜头，f/2.5，亚利桑那州凤凰城的Steve Coe摄）

提示：确定你的三脚架能够指向天顶。

使用三脚架进行摄影的下一个必需品是一个高质量的快门线。它将避免用手按快门时引起的颤动，从而确保长时间曝光的结果不被破坏。快门线的长度应该至少为18英寸，来隔离操作者的动作对照相机的影响。快门线锁定的机制有几种类型。我有止付螺丝和摩擦型两种。可靠性并不是重要因素。这两种机制在戴手套的情况下都不好用。摩擦类型对于单手操作能稍微容易一些。

曝光时间

好，你已经将照相机安装在三脚架上并指向了天空。但是你不想在你最终的照片中看到“拖着轨迹”的恒星。有没有一个方法来指出曝光时间多长会没有轨迹呢？有，它可以按以下公式计算：

$X=1000/f\times(\cos d)$

其中X=曝光时间，单位是秒；f=焦距，单位为mm；d=天体的赤纬度，单位为度。

非跟踪最大曝光时间（单位秒）

赤　纬	相机镜头焦距（mm）			
（北或南）	28	35	50	135
75°	138	110.5	77	28.5
60°	71.5	57	40	15
45°	50.5	40.5	28	10.5
30°	41	33	23	8.5
15°	40	29.5	21	7.5
0°	36	28.5	20	7.5

赤纬度d也是一个因素，是因为距离天极越近的恒星，单位时间内的轨迹就越小，当照相机指向天赤道的时候，恒星的轨迹最大。上表是利用上面的公式算出来的一些最大曝光时间。

现在谈一下如何设置照相机镜头的光圈。就是四个字：开到最大。许多天体摄影师在镜头滴答一到两声之后就停止转动镜头了，因为照片边缘的恒星的像不再是很小的点（由镜片不规则造成的）。如果视场中有弥散天体（恒星是点状天体，不受光圈的影响），所有光线都是需要的，那么就将光圈开到最大来拍摄，然后或者对图像进行电裁切，或者用黑色的照相遮挡带来遮住底片，它可以在档次高一些的照相器材店买到。

云台背托式摄影

在该方法中，你仍然是利用照相机的镜头进行摄影，只不过是将照相机固定在望远镜上。有时该方法也被称为跟踪大视场天体摄影。我的做法是将整个望远镜筒拆掉，只用它的接口和驱动器。该方法使我们能够对恒星更长时间的曝光，而不用担心底片上会出现轨迹。

对于基本的云台摄影，你将需要三脚架摄影中所需要的所有东西，除了三脚架。此外，你还需要一个赤道仪驱动的望远镜（或者，依我的做法，只需要赤道仪驱动器）。再就是，你需要东西将照相机固定到望远镜上。该任务通常由所谓的照相机装配托架来完成。对于许多望远镜，都有对应的照相机接口可以买到。许多爱好者还自己动手制作常用的接口。对于接口的要求就是能够安全地支撑住照相机，使其不会相对于望远镜筒发生移动。

对于云台摄影很重要的一点是：在将照相机固定好并指向想拍摄的天区之后，一定要将望远镜平衡一下。在这个时候必须平衡

↑利用球状插槽照相机接口将带有135mm镜头的照相机固定到一个13英寸牛顿望远镜上。（亚利桑那州凤凰城的Steve Coe摄）

↑银河的心脏。人马座在左下方。红色的心宿二，天蝎座的心脏，在照片的右侧。（柯达Elite Chrome 200，曝光4分钟，增感1倍。尼康F2相机+50mm Nikkor镜头。德国Kronberg的Ulrich Beinert摄）

↑将氢α滤光片加到这个经典的Tamron镜头上。该镜头可以使用云台拍摄星云。（Robert Kuberek摄）

望远镜的原因是，望远镜只会在某几个点上完好地平衡（由于经常有一些额外的重量以奇怪的角度悬挂在望远镜上）。一些天体摄影师会让望远镜稍微偏离平衡点，使其便于向西移动。他们这样做是为了保证望远镜极轴的驱动齿轮会很好地啮合。如果达到“完美”的平衡，赤经驱动齿轮间的啮合间隙可能会引起一些问题。

云台摄影的曝光时间有很大的变化范围。天空的状况、胶卷的速度、极轴校正和驱动的精度等都会对曝光的时间产生影响。

↑另外一种天文摄影的装置，把照相机镜头装在寻星镜头筒环上（亚利桑那凤凰城Steve Coe摄）

此外，你还得考虑照相机镜头的焦距。如果它是个“短”镜头（50mm或更少），你可以大概曝光15~20分钟。长一些的镜头会放大由校正和驱动所引起的误差。先试着用选定的胶卷拍一卷是测试曝光时间的最好的办法。开始先曝光1分钟，一直试到30分钟左右。

利用望远镜进行天体摄影

主焦点摄影的含义是将照相机接到望远镜上，以望远镜作为照相机的镜头来进行拍摄。对于这种类型的摄影，你将需要（除以上列出的设备之外）一个T形转接器和T形转接环，一个导星镜或者偏轴导星装置，一个适度发光的标线目镜（带有十字形或类似形状的标线的目镜），和一个望远镜驱动马达用的驱动校正器。转接器是一个机械管，它的一端能恰好插入目镜固定器，另一端有螺纹，用来接转接环。T型接环的另一端是接不同类型35mm照相机的卡口。

↑转接器和转接环。该转接器是一个标准器件。该转接环是专门针对35mm照相机的。

最通常的导星方法是将一个单独的望远镜固定到主镜筒上。由于两个望远镜都由相同的装置驱动，在跟踪过程中，在一个镜筒中看到的变化，在另一个中也能看到。使用一个单独的导星镜的优势之一是：可以容易地找到合适的引导星，因为导星镜可以独立地（在一定限度之内）引导成像镜。另一个优势是：引导星在导星镜中成的像要比那些偏轴导星装置中的像要好一些。

导星镜的主焦距应该至少为主镜焦距的一半。可以通过使用巴洛透镜来增加焦距，从而更小更轻的导星镜也可以使用。而且，将导星镜安装到主镜的机械精度必须很高，这样，导星镜才能够与成像镜保持高度的同轴性。即使导星镜镜筒发生了极小一点的弯曲，或者安装时发生了很小的偏移都会导致

↑螺旋星云（NGC7293）。（Celestron 14相机，f/7，增强Technical Pan 2415胶卷曝光1小时。由美国亚利桑那州Sierra Vista的David Healy摄）

←玫瑰星云。（柯达Elite Chrome 200胶卷曝光22分钟。带有超级减薄剂[500mm]的125mm博格高消色差反射镜，f/4。德国Kronberg的Ulrich Beinert摄）

二者同轴性发生很大的偏差。所以，即使你坚信你的导星过程十分完美，最终的图像上也可能是一些拖着尾巴的星星。这个效应称为较差弯沉。

从导星镜的目镜端望进去会看到标线。两种基本类型的标线目镜是：发光的和不发光的。几乎我所见到每一个天体摄影师都使用发光的标线目镜。标线的光是由目镜内部的一个发光二极管发出来的。它由目镜内部的电池，或者更通常是，由从望远镜来的外部电源供电。

标线目镜的质量包含以下几个因素：亮度可变，闪烁的能力，屈光度调节和标线的图形。依我看来，亮度的可变性并不是一个可选项，而是一个必须具备的功能。没有减暗能力的发光标线目镜将会使你对引导星的选择仅限制在很亮的恒星中。标线发光的功能对因专注于交叉标线的天体摄影师的疲劳的眼睛来说是很重要的。一些标线目镜具有屈光度调节器，它允许标线图案聚焦。这对于戴眼镜的摄影师使用望远镜时是很适宜的。最后，选择一个适合你的标线图案。靶心形或者十字交叉形是最普遍的形状，特别是十字形标线，它在视场的中心形成一个正方形。当将引导星调整到正方形中后，其移动就可以很容易地探测出来。

↑NGC281，被称为“穿皮靴的人”（Pacman）星云。（Celestron 14相机装在高山设备MI-250上，并带有Graflex胶卷架/流密康大型方便导星镜。富士NPH胶卷。由美国新墨西哥州梅黑尔的Rick Thurmond摄）

如果使用偏轴导星装置，它将取代转接器。用转接环将照相机安装到偏轴导星装置带有螺纹的一侧，就像使用转接器一样。偏轴导星装置使用“传感棱镜”，它位于偏轴导星装置投影管的中央。偏轴导星装置的主体部分以垂直望远镜光轴的角度伸出一个目镜筒。该目镜筒就位于传感棱镜之上，所以通过望远镜的光的一小部分就可以被偏转至目镜筒。传感棱镜按照光路一直延伸至足够截取部分通过望远镜的光的位置，这对成像没有任何影响，因为该光线与望远镜光轴是偏离的，从而绝不会到达照相机的底片板。将标线目镜插入偏轴导星装置的目镜筒，通过它，当发现跟踪出现误差时，可以控制引导星的位置来做出适当的调整。

不像三脚架摄影和云台摄影，你不能简单地将望远镜的焦点调到无限远，你必须通过望远镜来调焦。最好的方法是使用接在望远镜上的照相机的聚焦屏，挑选一颗二等星，然后尽可能地把它调至一个很小的点。在旋转调焦旋钮的时候，在一定范围内，恒星会表现成一个很小的点。

↑NGC891。(b/w，Celestron 14相机，f/7，增强TP2415胶卷曝光1小时30分，使用ST-4 Sky Tracker进行导星。1995年10月21日，由亚利桑那州Sierra Vista的David Healy摄)

当将一个天体调整到探视器的中央之后，你就要选择一个附近的引导星。如果你使用偏轴导星装置，旋转它，同时通过标线目镜观察，直到一颗合适的引导星进入视野。如果目标天体附近没有合适的引导星存在，你可能应该将天体移出照相机视场的中心来帮助寻找引导星。导星是至关紧要的，它是一张好照片的关键。所有的主焦点摄影都是或者通过标线目镜手动导星，或者使用CCD自动导星装置进行自动导星。

目镜投影摄影

用目镜投影是指将图像通过望远镜的目镜投影到底片板上来进行摄影。它主要用来对高亮度的天体进行拍摄，如月亮和行星。其中至关紧要的设备是目镜投影支架。

←一个目镜投影单元。通过拇指螺栓将目镜插入并安全地支撑。一端旋入转接环中，另一端插入聚焦装置，就像一个目镜。(作者摄)

由于目镜投影法有很高的放大率，所以它是所有摄影类型中最具挑战性的一种。当使用CCD照相机的时候其难度会稍有改观，因为曝光时间可以很短，然后用电子方式叠加。光学镜片必须有很好的质量，而且望远镜必须可以自由地转动，并完美地聚焦，拍出出色的照片是最终的目标。由于存在出错的可能性，应该短时间曝光（不超过30秒）。

全天天体摄影

如果你经济上能承受，8mm或者6mm的照相机镜头能够提供一些非常壮观的整个天空的照片。你既可以使用三脚架法也可以使用云台法。但不幸的是，这样的镜头都非常昂贵。

←像这样的镜片（圣地亚哥火流星观测网）将允许你用35mm照相机对整个天空拍照。（得克萨斯州埃尔帕索城的Jim Gamble摄）

另一种选择是使用一个球面镜，在其上面悬挂一个照相机。直径是曲率半径1.4倍的球面镜就能够反射整个天空。如果球面弦稍小一点，反射到照相机里的天空将小于180°。

许多爱好者都搭建了全天照相机装置。最常用的方法是将照相机固定到带有3个或4个支柱的安装板上，然后悬挂到球面镜上。也有一些人使用单个支柱的照相机或者安装板，在这些情况下，支柱都由更厚一些的金属制成。

对于全天摄影装备，你需要考虑：照相机与镜片的正确距离，安装用的硬件都要漆成黑色，还有聚焦。大多数的爱好者都将安装板制成圆形，以使最终照片中心的由于遮挡而形成的暗斑的形状与整个图像的形状相同（圆形）。

如果在白天来给全天照相机对焦，那将变得简单许多。天空中布满了零碎的云，这样的天气对于对焦是最好的（而不是晴朗的天气）。在将照相机调好焦之后，将调焦环固定好，使其不能移动。在调焦时折中一下，因为球面镜表面上的点与镜头的距离是不同的，当调到大多数图像都足够尖锐时就可以了。还可以通过将照相机镜头光圈停在低一到两格的位置上来获得额外的尖锐程度。

提示：在进行全天摄影时要使用速度非常高的胶卷。

在使用这套系统进行全天摄影的时候要先试着拍一卷。令照相机正对球面镜，然后多次更改曝光时间和光圈进行拍照。切记要记录下来每张照片的曝光时间和光圈。

还可以将照相机固定到赤道仪上来实现跟踪全天摄影。最容易的办法是将照相机简单地固定到指向正上方的施密特-卡塞格林望远镜上。我所见过的一套该装置，有一个圆形的底座，用来与Celestron 8相机连接。对于半个小时的曝光时间来说，平衡并不是问题，因为该装置是一直指向正上方的。在望远镜指向天顶稍偏东一点时，曝光开始；在指向天顶稍偏西一点时，曝光结束。由于视场的角度非常大，在使用较好的极轴校准装置的情况下，就不需要手动跟踪了。

在进行全天摄影的时候要时刻记住两件事：镜头/镜片视野覆盖的范围（你也在视场之中）；胶卷上最终的图像是颠倒的。如果你拍摄的是正片，这没有关系，如果用的是照相底片，记住要反过来冲洗（或者，如果送到冲洗店来冲洗，记得要求将底片反过来冲洗）。

↑仙后座。并不完全是整个天空，但至少是整个星座。（柯达Elite Chrome 200，增感一次。尼康F2相机＋105mm Nikkor镜头由德国Kronberg的Ulrich Beinert拍摄）

3.3 数码和视频天文摄影

↑顶级的数码相机？佳能D60与300mm f/1.4IS（防抖动）镜头+2×增焦镜。

↑这张数码影像的例子怎么样？钻石环。2001年6月21日赞比亚的日全食。（加利福尼亚州Charles Manske用佳能D30拍摄）

数码天文摄影

注意：本节内容是针对消费级数码相机，有关天文专业CCD设备的内容写在“CCD”一节中。

作为拍摄与展示照片的提示，请允许我举个例子：查里·曼斯克是我在加利福尼亚州的一个朋友。他不仅是业余天文爱好者同时也是我所知道的最好的数码摄影与摄像师。我们能从他的技术中受益匪浅。其中一件事总是令我惊叹不已，查里拍摄大量的图片然后从中选出几张非常棒的拿出来与大家分享。其他的只有他自己看到过。我觉得这证实了一句古老的名言：“胶片是廉价的（数码图像更为廉价）。”作为一个初级的数码天文摄影者，在你成功之前要经历很多尝试。好了，想想查里，你就不会孤独了。

查里对他选择如此昂贵型号的数码相机有明确的意图。他说他曾经拍过很多胶卷，一天，他坐下来计算了仅100卷胶片的花费。真是个不小的数目！加上冲洗费用（几乎总是相当或比胶片的支出高一些）和扫描到电脑上的费用，你会发现使用数码是有价值的投资。你拥有最昂贵的仪器，但数码媒介是免费的。

第一代（相对于目前）数码相机在天文摄影方面有许多限制。在曝光方面最长的仅有几秒钟。最近，一些型号配备了更长的曝光时间，甚至有相当于老式“B门”的设置。另一个严重的缺点是早期数码相机没有可交换的镜头。新一代的相机可以通过像固定35mm单反相机的方法固定在望远镜终端，通常采用直接安装在相机镜头上的T型接环或适配的螺纹接口。相机噪声仍旧是个问题，它是因为影像传感器变热而在图像上生成的“雪花”噪点。这种现象在影像处理过程中可以去除。

如果你想拍的天体需要长于1/2秒的曝光，还想要拍到一个黑暗的画面。这是一个在长时间曝光中去掉照相机产生的热传感噪点的方法。任何暗画面必须在相同的曝光时间和相机设定中拍出来的。然后做前后一档的包围曝光。为了得到黑暗的图像，可以把望远镜的物镜遮挡住或把照相机从望远镜上移走并盖上镜头盖（如果没有镜头可以打开着）。无论使用哪种方法，确保没有杂光照射到感光器。不然，你得到的唯一收获就是相机噪声。

↑月球上惠更斯直壁（Arpad Kovacsy 用尼康 CoolPix950 接驳 AP155EDT 折射镜）

除了这些缺点，数码相机的优点十分显著。相对于胶片相机最大的优点就是“即拍即看”。拍完照片后可以立即查看结果，这是一个极大的优势。聚焦画面所存在的问题并能立刻解决。数码相机可以更容易地叠加图像，而负片或幻灯片还需扫描进个人电脑。最后，前面说过，如果你拍摄很多片子，数码图像的花费远比用胶卷低。

视频天文摄影

业余天文爱好者在使用摄像机方面有长足的进步。每天都有更暗的天体被记录在案。不过目前天文摄像还被限制在明亮的天体范围——太阳、月亮、亮行星以及一些双星。有些星空也被录下来了，但还不是很多。

我所见过的最好的录像作品是用来记录日食与月食的。在查理·曼斯克的作品集中你可以比较一下数码画面与数码录像的区别，网址是：http://www.jivamedia.com/SolarEclipse2001/Solar-eclipse2001.htm。

上面二幅图像就是从这个网址下载的。要先为你的网络选择合适的传输速度。

视频天文摄影大概有三种类型。第一种是“无望远镜”型视频。这种方法在拥有长焦镜头和对广角摄影有兴趣的爱好者中很流行。日食现象是这类爱好的完美目标。一般地，当瞄准太阳后，位于台架上的望远镜光学镜筒将被摄像机所取代。系统重新恢复平衡，拍摄准备好了！注意：（1）如果你是在拍日食，在系统的前端安放一块太阳滤光镜。Baader 天文胶片很适合。（2）因为台架对于望远镜是平衡的，所以必须小心地使系统恢复平衡。如果没有这一步，台架的驱动器会出现跟踪失误。

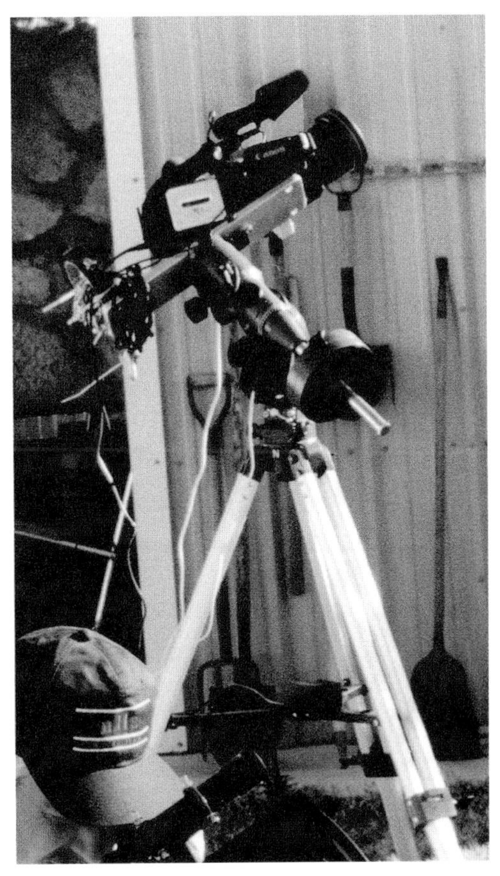

↑用来记录水星运动的视频摄像系统，1999 年 11 月 15 日。（作者摄）

第二种视频天文摄影涉及非焦距成像：用手拿相机到目镜面前。听起来很简单？我见到用这种技术拍的优秀作品。如果可能，选用可以手控曝光的摄像机。练习用不同的曝光去拍摄所有的天体，试着换用不同的目镜/倍率。几乎所有的摄像机都有变焦功能。试着从低倍率目镜与长焦端组合到高倍率目镜与广角端组合。如果你采用这种方式拍摄，最好的技术是手持摄像机。把摄像机固定在三脚架的方法有一个问题，就是地球在不停地转动。无论望远镜是自动跟踪还是你手动操作一个地平式台架，总是有必要移动摄像机。手持摄像机显得更容易些。

第三种类型的视频天文摄影是使用小型摄像器直接连接在望远镜上。我有一个和我的100㎜折射镜相配的设备。你能够想象到那么小的望远镜上的摄像机也一定相当小。我使用的是PC-23C黑白监视摄像机。在网上可以找到相关内容：http://www.super-circuits.com。

↑小型高素质的PC-23C数码摄像头。(作者摄)

对于这个设备我必须采用C转T接驳装置。就是我得把摄像机原来的C接口安上T型适配器以便安装在目镜上。我已经拍摄到很棒的太阳、月球、木星、土星和一些明亮双星影像。我必须把摄像机和望远镜操作线和后院的观测台延伸到休闲中心。现在，当我在外面安装好摄像机并指向一个天体后(比如月亮)，然后可以走进屋子并坐着一边看电视节目一边看看月球。远程操作可以使我观看月面不同的区域，因为这个仪器的视场比整个月球小。

请大家注意这种用于测试的摄像机不是那种一步到位的。有一天我会升级到百万像素的设备从而彻底地改进我的数码影像。

我把这一节叫作“视频天文摄影”没有任何意义，因为那是捕获影像的方式。一些爱好者练习使用视频去得到更好的静止影像。其理论是，视频摄影可以拍到大量的连续图像，其中的少量捕获到了精彩的镜头。

↑武仙座α双星，2001年7月24日。(Arpad Kovacsy 用尼康 CoolPix950 接驳 Celestron CR-150 HD6″折射镜)

这种技术很实用。但我必须提醒你们，从视频中寻找精彩的图像需要花费时间，所以你必须为这样的工作做好准备。一旦确认了精彩的图像，他们会被电脑软件如Photoshop等进行组合或叠加。

捕获视频影像的工作可以直接把摄像机连接到电脑上。这是最好的方法。你可以毫无困难地亲自处理它们，使用叠加法等。如果你想先录制到带子上，你就会需要一个视频捕捉板如Play公司的Snappy，Dazzle公司的Hollywood DV-Bridge，或者ATI公司的TV Wonder(也许当你读到这里时市场上已经很少见了)。

如果你选择去捕捉天体的图像，需要一些规则。因为你的望远镜相当于你的“镜头”，所以尽量使用或借用质量最好的望远镜。其次，使用你能够买到或借到的最灵敏的摄像机。摄像机的灵敏度越高，你所能拍到的星等就越暗。尽量录制到高质量的媒介上。这是最后的步骤。8mm和VHS应该是你最底线的选择。Hi-8和S-VHS要好一些，数码-8还会更好。数码捕捉最好直接连接电

↑尼康CoolPix950与天文摄影必需的转接环。(弗吉尼亚州的Arpad Kovacsy摄)

脑。如果你没有高端系统可以使用，把所有的资料都保留下来。事实上，有价值的经验直到你升级器材后才能得到。许多视频图像的业余天文爱好者至少使用VHS带，并使用最快的带速。

如果你使用的是黑白设备，试着用黄色、橙色甚至是红色的滤镜来减轻地球大气的影响。对于大多数CCD传感器的摄像机，这些滤镜可以增强影像而且没有明显的光损失。这是因为多数这类的传感器对红光十分敏感。为了得到更大的图像，尽量使用长焦比的镜头。如果必要还可以考虑高质量的巴洛透镜。许多视频天文摄影者使用f/30甚至更长的焦比。

3.4 CCD

革命性的元件在这里。当CCD元件在十多年前诞生时起就改变了业余天文学。这些元件以及相关联的软件帮助天文爱好者们从一个全新的摄影领域获取天体图像。关于CCD的内容实在是太多了，以至于我可以将此书写成几倍厚。因此这一节仅仅是一个概括。

↑ SBIG ST-10 XME CCD（左侧）是堪萨斯州Everstar天文台最新的附件，注意在导星镜上用于自动导星的CCD。（Mark Abraham摄）

CCD的工作原理

CCD的意思是电荷耦合器件图像传感器，是一块主要由硅组成的矩形固体薄片。在制作过程中，薄片被分割成许多独立的感光组件，整个图像就是由这些组件构成的。这些图像的构成单位就叫作像素。

我们来讨论更深一些的技术层次。每个像素的工作原理都是光电效应，因为传感器的材料被光子撞击后会产生电荷。在曝光时间里，当光持续照射感光单位时，传感器释放的电荷就越来越多。当曝光完成后，整个CCD上所有感光组件所产生的电信号会通过软件在处理器中构成一个完整的画面（用来观看或储存成文件格式）或变成新的数字（用来测光）。

↑ IC2188，波江座的巫师头星云。（300mm尼康镜头接SBIG ST10 CCD，康涅狄格州的Robert Gendler摄）

为了得到最好的解析度，天文用CCD相机一直是单色的（不过似乎就要有变化了）。单色传感器效果更好的原因是彩色CCD使用三个一组的感光组件（呈三角形的排列），每个感光点上分别加上红、绿、蓝三原色中一种色彩的滤镜（就是我们熟知的RGB色彩）用来为它们提供色彩信息。当曝光结束，从这些三色像素组生成的数据会自动消失。

爱好者使用的天文CCD照相机能提供彩色图像，尽管不是直接生成的。为了得到一张彩色的天体图像需要拍摄三幅一样的图像（通过红、绿、蓝三种滤镜），以便使CCD感应器作为一个整体去模仿彩色传感器。一旦得到了三张图像，使用电脑里的特定软件就会把它们合成生成彩图。

不仅是天文类的，现在有许多相机都在使用CCD。便携式摄像机和数码相机都是很好的例子。大多数便携式摄像机的CCD传感器一侧有几百个像素。而最好的数码相机在

↑剑鱼座的NGC1850。（Celestron 11加上ST-7E，澳大利亚的Steven Juchnowski等摄）

↑船底座的NGC3324。（Celestron 11加上ST-7E，澳大利亚的Steven Juchnowski等摄）

CCD传感器一侧大概有一千个像素。（大多数是矩形的传感器，比如640×480等）最近，数码相机制造商开始为百万像素的相机做广告。目前最高像素达到了600万。一个3000×2000像素的传感器可以达到这个标准。CCD传感器并不大，这意味着每个像素点的直径仅有6~30微米。

感光元件的类型

在CCD中心位置有两种类型的感光元件：前侧感光片和后侧感光片。它们也常被称为厚片与薄片。光要照射到前侧感光片（厚的）必须先通过CCD的一些层。后侧感光片则不一样。这样，感光片才会被“变薄”使得光可以直接照射像素点。后侧感光片通常对所有波长的光都更敏感一些，尤其是蓝光。

光量子效应率

这是衡量CCD敏感度的标准。不幸的是，不是每一个到达CCD表面的光子都会被记录下来。被感光片记录下来的光的百分率就称作光量子效应率（QE）。薄片的通常比厚片高。

暗场

因为CCD感光片是电子操作的，它能够产生热量。不幸的是，热量（还有光）会导致像素点产生电荷。大多数的CCD都配备生产商设计的降温装置，但无论它们怎样被降温，热量都会产生影响。这种现象就是所谓的暗流。可喜的是，目前已有解决的方法，就是拍摄暗场。

拍摄暗场就是不让光照射到CCD感光片。盖住CCD照相机或望远镜的目标通常会制造足够暗的环境。暗画面必须同曝光时间一样长，而且必须在完成曝光后立即进行，那时CCD的温度同曝光时一样高，因为曝光所产生的热量会使电荷的量加倍。最后，使用软件把暗流从图像中消除。

偏置场

CCD使用者需要的另一个矫正因素是所谓的偏置场。这是在拍摄暗场之前进行的（但通常被认为是在暗画面之后）。对于偏置图像，CCD是干净的，不打开快门就马上从CCD读出。实际上就是零时间暗场图像。它代表本地电子噪声，并非零值。由于噪声与偏置图像帧的读出有关，因此一般拍摄若干偏置图像，并求平均值，来降低读出噪声。

平场

我们拍到图像了吗？差不多了。还有一个矫正因素需要注意。因为CCD感光片是由数百万个单独的像素组成的，要求每一个像素点都一模一样是不现实的。一些也许对光（或热）更敏感一些，其他的差一点。我们必须为所有的像素点找到一个统一值，这个

↑天鹅座的NGC6960和52星。(Celestron Fastar 8，f/1.95，PixCel 237 CCD，300秒曝光，用AP900赤道仪跟踪，Chris Anderson摄)

步骤就是平场。

平场基本上是计算出所有像素敏感度的平均值。平场的进行是把望远镜指向照度平均的物体上。一些CCD使用者用黄昏的天空作为目标。其他的人则使用观测室内部的墙壁或大张的灰板。不管用什么，所有的缺憾在图像上一览无余——灰尘、光学系统的晕影、像素点不同的灵敏度等。图像软件接着投入工作，利用平场对比每个像素点然后制作出更好的图像。

首先去掉暗画面接着用平场调整的结合过程叫作图像检测。对于CCD使用者来说基本上是自动的并制作出高质量的画面。

CCD导星

我记得天文摄影的“旧时代”。望远镜驱动并不能完全抵消地球自转的影响。解决方法就是观测者坐在导星目镜前面时刻调整望远镜赤经、赤纬的偏差，也许要几个小时。在过去没有人认为这工作有趣并有所期待。

今天，观测者可以使用CCD导星系统，它属于导星镜光路的一部分。一旦导星进入视场并被锁定，CCD的控制软件会保证该星被固定在几个像素点上（取决于该星在传感器上的影像大小）。用于独立望远镜的CCD导星同样允许胶片天文摄影脱离观测者目视导星。

一些生产商采取一二种方法以避免被迫使用第二个CCD相机：（1）取传感器上的一小部分作为导星的CCD或（2）靠近第一个的相当小的CCD元件，被放置在照相机的接口处用做导星CCD。

以上的叙述的基础是假定望远镜是由计算机操作的，并且是由这台计算机接受导星CCD信息的。

↑M16和M17。(使用一台SBIG ST7e NABG相机和SBIG CLA尼康镜头转换圈，威信GP-DX EQ赤道仪。28mm尼康镜头，10分钟曝光。拍摄期间手动使用了2″RGB滤光镜，加利福尼亚州的Chris Woodruff摄)

叠加画面

由于CCD是根据累积光线和记录由光电效应释放出来的电流工作的，不是所有的光线都需要在同一次曝光中被收集。我们可以进行多次曝光并使用特定的软件进行叠加。软件同样会使图像一致——非常重要的特征。

业余天文爱好者叠加图像有两种原因。第一个是为了克服视宁度的影响。拍摄大量的短时间曝光照片，优秀的画面将被选出来并结合成一张更为优秀的单幅图片。

叠加图像的第二个原因是为了克服望远镜跟踪精度的影响。跟踪的偏差在50秒的

↑一张叠加的图像。这是船底座η大星云的一部分；钥匙孔星云就是船底座η星上的暗区域。这幅图像是使用H-α滤镜拍摄的。先拍摄28张曝光为1秒的照片，然后用最好的20张叠加成最终的图像。错误的颜色也被纠正了。（澳大利亚的Steven Juchnowski等摄）

曝光图像中比1秒的更为明显。拍50张1秒曝光的图像并叠加起来，则跟踪偏差对效果的影响仅为50秒曝光图像的2%。

像素比例

计算你的望远镜/CCD组合的像素比例的公式为

$x=(205\times s)/f$

这里s是微米单位的像素尺寸，f是毫米单位的焦距数，x就是像素比例。

如果你的望远镜焦距是英尺单位的，公式就是

$x=(8.2\times s)/f$

拼合

术语拼合指的是为了捕获更多的光线而进行的邻近像素点的结合。像素点以2×2或3×3的方式拼合起来。在第一种情况能够捕获到4倍的光线，第二种的为9倍。这种方式可以缩短曝光时间。不幸的是，拼合降低了望远镜/CCD系统的像素比例。例如，未拼合之前的比例是每像素3角秒，用2×2方式拼合之后会增加到每像素6弧秒。

拼合对于某些系统很有用。比如说你的像素比例是0.5角秒，典型的图像尺寸是2角秒，你就会通过拼合受益。拼合通常被用做大型天体的成像。不过同样也被用于小行星测量以调整正确的像素比例。

漂移检测

一个用于小行星测量的相当新的方法（相对于写作时）被叫作漂移检测。有时被称做时延积分模式。漂移检测使用固定的望远镜/CCD设备指向天空的一块特殊区域。用这种方法拍摄天体图像会导致图像模糊。但漂移检测却依靠星体的明显运动。

处于漂移检测模式的CCD将按地球旋转来运动，这样导致拍摄的星体只在CCD的竖直方向上运动。使用含有漂移检测功能的图像软件，竖直方向的像素点被编程以相同的速率去识别星点的移动，叫作恒星的速率。从天体发出来的光线照射在圆圈内的不同像素点上，但却被加起来形成单个的图像。结果是一个点光源仍是点状的细长图像，没有拉长线存在。许多小行星都是用这种方法发现的。

漂移检测的优点是设备的低投入和可用望远镜的种类。使用漂移检测，你只需要一只镜筒——不需要赤道仪！一些进行漂移检测的业余天文学家几乎脱离了望远镜的支架。大型的道布森望远镜第一次可能被用于小行星观测工作，因为赤道仪跟获取图像没有任何关系。确认你的CCD相机说明书中是

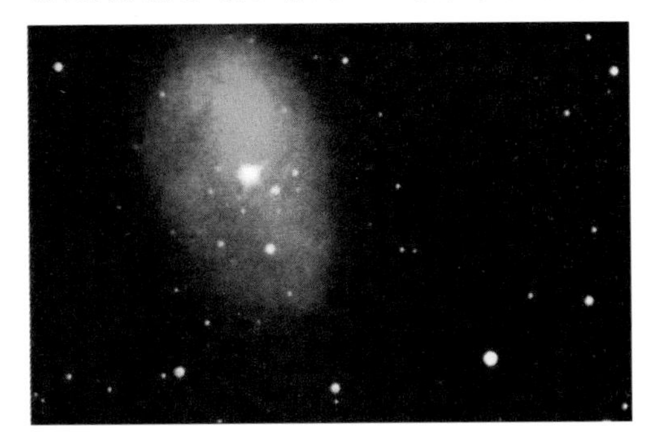

↑NGC1360，南天星座天炉座的行星状星云。（Celestron 11 加 ST-7 CCD，澳大利亚的Steven Juchnowski等摄）

否有关于漂移检测功能的软件。到目前为止，有些产品并不提供这项功能。

积分时间

星星的光累积通过整个漂移过程的时间总和就是所谓的积分时间。当然，积分时间越长产生的电荷越多，极限星等就越暗。影响积分时间的因素有三个：累积星光的像素数量；像素比例；视野中天赤道的距离。

在天赤道地区天空的移动速率是每秒钟15角秒。由你的视野偏差而影响到的速率偏差可以用赤纬度的余弦函数计算出来。这样，在南北纬30°的地区，天空的移动的速率大概是赤道地区的87%，或者是大约每秒钟13角秒。我们看一个例子。

假设一个每像素2角秒比例以及每排有700像素的感应器的望远镜/CCD系统。如果系统指向天赤道（纬度为0°），积分时间为

（（2″/像素）×700像素）/（15″/秒）/cos（0°）

或大约93秒。

如果同样的系统位于纬度为30°的地区（南或者北），平均值变为

（（2″/像素）×700像素）/（15″/秒）/cos（30°）

或者大约108秒。

资源

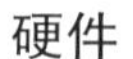

硬件

制造商	网　址
Apogee Instruments	http://www.apogee-ccd.com
Finger Lakes Instrumentation	http://www.fli-cam.com
Meade Instruments	http://www.meade.com
PixelVision	http://www.pv-inc.com
Santa Barbara Instruments Group	http://www.sbig.com
Starlight Xpress	http://www.starlightxpress-usa.com

软件

产　品	制造商	网　址
Maxim DL	Diffraction Limited	http://www.cyanogen.com
MIRA Pro & MiRA AP	Axiom Research	http://www.axres.com
PictorView	Meade Instruments	http://www.meade.com
QMiPS32	Christian Buil	http://www.astrosurf.com/qm32
Stella Image3	AstroArts	http://www.astroarts.co.jp/index.html
RegiStar	Auriga Imaging	http://aurigaimaging.com

更多的读物

《艺术与科学——CCD天文学》，David Ratledge著（Springer-Verlag，纽约，1997）

《CCD天文学手册》，Steve.B.Howell（剑桥大学出版社，2000）

《CCD天文学实用指南》，Patrick Martinez与Alain Klotz著（剑桥大学出版社，1997）

←木星的合成彩色CCD图像。（得克萨斯州的Ed Grafton拍摄并处理，2002年3月22日，Celestron 14加ST5c CCD）

3.5　光度测量

星体光度测量是测量和分析发自天体的光线。不同于光谱学的是它并不把光分解成构成的几个波长。有时候，光是被过滤的并且只收集通过了滤镜的那部分光线。

当我热情地从事光度测量工作时，（好多年以前的事了！）还没有CCD，没有自动导星，也没有个人电脑，尽管不久后它们都面世了。我们使用光电的光度计收集光线并机械地绘制在纸上。那是个缓慢的过程但确实很准确。

今天，情况完全不同了。CCD进入了这个领域，使过程变得简单。电脑的发展使测量快到秒级。但问题仍然存在：你有意愿进入这个（专为天文爱好者）相对新鲜的星体光度测定领域吗？

唯一的需要是你的软件必须有光度测量选项。这意味着在你获得一张图像后，软件会通过比较同一天区的标准星等以计算出该星的亮度。软件还应该能够测量和减去变星附近的天空亮度以保证星等数据的准确性。你所选择的软件应该能够指出星等随时间的变化，或者安装一个星图程序（如果数量点不是很多可以自己动手制作）。

小行星光度测量

绝大多数小行星都没有真正进行过光度测量。仅有的数据来自天体测量学家零散的星等报告。如果你是一个希望找到可以做出贡献领域的爱好者，可以考虑小行星光度测量工作。

星等光度测量

这个问题在其他章节提到过，这里我再重复一遍：通过目视观测测量变星亮度的时代几乎已经结束了。使用CCD更快更准确而且非常地轻松。对于那些选择了这一研究领域的爱好者来说有无数的天体等待你获得有价值的数据。更多这方面的信息请参考“变星”章节。

更多的读物

《星体光度测量》，A.A. Henden和R.H. Kaitchuck著（Willmann - Bell公司，Richmond，VA，1990）

《星体光度测量介绍》，Edwin Budding著（剑桥大学出版社，1993年）

《光电测量变星亮度》，Douglas S. Hall和Russell M. Genet 著（Willmann - Bell 公司，Richmond，VA，1988）

3.6 光谱学

曾经有一位天文学家用三棱镜分析来自天体的光线。大约在1666年，艾萨克·牛顿是第一个意识到当光通过棱镜出现的色彩就是白光的本源，而不是进入玻璃的某种物质。棱镜把白光分解成构成的色光，称作光谱。因此，对天体光线的研究就叫作光谱学。在20世纪，绕射栅，一个表面上有大量平行线的平镜子，取代了棱镜。用于目视观测的仪器是光谱望远镜，用来拍摄的仪器叫作光谱摄影仪。

英国化学家威廉·沃拉斯顿（William Wollaston，1766—1828）于1802年首先观测到了太阳光谱中的暗线。他认为那些是太阳色光的分界线。1817年，德国光学家约瑟夫·夫琅和费（Joseph Fraunhofer，1787—1826）独立发现了暗线并于1823年首次发现了其他恒星光谱中的暗线。

人们很快就意识到每条暗线对应着一种存在于太阳或其他恒星外层的元素，随后又弄清了暗线形成的过程。恒星大气吸收由内部产生的光的波长，暗线其实就是吸收线。特定波长的吸收取决于星体的温度。就我们的太阳来说，光谱研究表明存在有超过60种元素。

因此，恒星自然由温度进行分类了，而温度是由光谱中存在的暗线所决定的。今天我们使用的这个系统（或叫作光谱顺序）是在1943年由美国天文学家摩根（William W. Morgan，1906—1994）和基南（Pillip C. Keenan，1908—2000）发明的。后者是我在俄亥俄州大学读书时的教授。MK光谱顺序用字母O，B，A，F，G，K和M来区分恒星，如下表所示。

为了进一步定义恒星的类型，每个光谱类型被分成10级，其中0级是最热的，而9级是最冷的。这样，A0就在B9的后面而且温度稍微低一些。Morgan和Keenan还利用恒星类别定义了亮度级别，如下表所示。

恒星的亮度级别

亮度级别	恒星类型
Ⅰa	明亮的超巨星
Ⅰb	次亮的超巨星
Ⅱ	亮巨星
Ⅲ	巨星
Ⅳ	次巨星
Ⅴ	矮星（主序星）
Ⅵ	次矮星
Ⅶ	白矮星

这样，太阳被分类为MK型的G2V，天津四光谱型是A2I，造父一（仙后β）是F2Ⅲ型。

整个19世纪，直到天文学家大致知道恒

恒星分类

类别	温度（K）	吸收线	代表恒星
O	>28000	除了高度离子化原子外，很少的吸收线，弱氢线	船尾座ζ
B	10000~28000	中性氦和电离硅、氧、镁，氢线	参宿七
A	7500~10000	强氢线，单电离钙和镁，弱中性金属	天狼星
F	6000~7500	更弱的氢线，单电离钙、铬和铁，中性金属	老人星
G	5000~6000	电离钙最强，电离和中性金属和碳氢较强，弱氢线	太阳
K	3500~5000	中性金属线最强	角星
M	<3500	强的中性金属和诸如钛氧分子带	参宿四
特殊类型			
R	光谱基本同于K型星，除了含有碳和氰氧分子带，碳星		
N	光谱基本同于M型星，除了弱的钛氧化物，碳、氰氧、碳氢分子带比较强，碳星		
S	光谱基本同于M型星，此外，锌氧化物、钛氧化物或强或弱		

星的成分后暗线问题的解决才有进展。不过除了化学性质和温度，光谱学还让我们更深入地了解恒星。

我们从光谱学中学到了什么

光的位移

光的位移是由多普勒效应测量的，就是所谓的接近或是远离我们。多普勒（Christain Andreas Doppler，1803—1853）发现如果一束光线面向或背离我们运动，光谱线上的颜色或波长会依据速度大小而变化。蓝移意味着物体正在接近我们；红移则意味着正在远离。

旋转

如果光谱型表现为红移与蓝移交替出现，这颗星一定是在旋转。旋转的速率可以轻易地计算出来。

磁场

如果每一条恒星的吸收线裂开成两条或更多条线，那是由于分裂原子能量层的Zeeman效应造成的。

环绕恒星的气体壳

有时候在热恒星的光谱上可以看到亮线。这些线叫作发射线，是从星体喷射出来的物质并且释放出被星体吸收的射线。能够证明这种过程的恒星是Wolf-Rayet级。

业余天文爱好者的光谱学

做光谱学研究的业余天文爱好者的数量少之又少。这一部分要归咎于高昂的花费，另一部分则是由于难有机会做出突破，比如说像小行星测量。光谱学研究是有价值的研究，但要学习很多知识。这里有一些代表性的网站。

英国

http://www.astroman.fsnet.co.uk/spectro.htm

http://www.astroman.fsnet.co.uk/

法国

http://www.astrosurf.com/buil

http://valerie.desnoux.free.fr/vspec/

德国

http://pollmann.ernst.org/

美国

http://sunmil1.uml.edu/eyes/veio/index.html

http://members.cts.com/café/m/mais/

第四章　观测点滴

我相信本章的内容是帮助我们成为一名更优秀观测者的关键，这同样是本书的主要目的。由于大多数章节都包括许多观测建议与技巧，这里只对没有提到的问题做个总结。既有点滴经验，也有长篇阔论。只有少数几条建议针对初学者，其他的则相对有深度。

我衷心地对每位回复我“征集建议”请求的同仁们表示感谢。以下的每条都是他们直接的陈述。对于那些曾经为我提供建议的匿名和记不清名字的爱好者——无论是通过书信、录像、互联网或者个人——以及我记不清来源的材料，请接受我最深的谢意。

光阑

内布拉斯加州林肯市的David Knisely有个好主意：

有时我用为250mmf/5.6牛顿反射镜制作的可调式中心光阑去分辨双星。这个光阑可以有94mm、80mm、70mm、60mm和50mm的有效口径。这样我就可以精确测量分辨双星的口径下限。

散光

最小的散光校正设备似乎是隐形眼镜，因为它能够强迫角膜弯曲以配合接触的内表面。如果你能够忍受硬接触物，它可以帮你消除角膜变形的苦恼。不过有些人忍受不了硬接触物。软接触物根据所接触的角膜成形，除非采用压迫式环形设计以确保矫正的方向，它并不能校正散光。一双高质量的眼镜片的效果要接近或相当于硬接触物。

视线转移

加利福尼亚州波威市的Paul Alsing介绍说，当你转移视线将目标放在视场中10点钟或2点钟的位置时，效果非常棒！

在过去几年里，我已经向数百人重复这条建议了，通常人们排着队用我的500mm的Obsession反射镜看暗弱的天体，有许多是新手，如同你知道的一样，没有经验的人如果不转移视线的话很难看清楚这些，比方说马头星云或史蒂芬五重星系，不管他们的视力有多好。毫无疑问，这方法真的管用。亚利桑那州Flaystaff的Brian Skiff补充道：

最简单的技巧就是将目标放在鼻子与视线方向中间。人们对于视线是上移还是下移意见不统一。这可能是正常的差异，或者是你的习惯。在用左眼的时候，我经常向左下方转移视线，但我也试过左上方。

避免视力疲劳

你能够为保护眼睛做到的事情之一就是休息一会儿。每隔20分钟做一分钟简单的眼睛保健操会降低视力疲劳。看看望远镜旁边的事物以改变眼睛的聚焦。然后用手掌扣住双眼休息60秒钟。也可以把眼睛贴近目镜，上下左右移动大约20秒，然后闭目休息30秒以上。

电池

还能说什么呢？把所有需要和不需要的电池都带上！

电池寿命

华盛顿州萨马里市的Mark Beuttemeier给了如下建议：

如果你的电脑或其他器材可以使用交流电逆变器或12V直流电，那么使用平稳的直流电可以延长电池的寿命。这在很大程度上依赖于逆变器或交直流转换器的效率。同时，新旧电池不要混用，没必要为此节约金钱。另一条建议是使用仪器的节电功能。几分钟后先关闭显示背景灯，再关闭硬盘。有些笔记本计算机有低功率处理器设备并可以降低运行速度——你的指令会执行得稍慢但是却更省电。每一种办法都很有助于节电。另外，一些望远镜控制软件中的Standby功能会在跟踪的同时节电。

咖啡因与酒精

亚利桑那州Sierra Vista的Jeff Medkeff认为：

酒精的一个副作用是降低暗环境的视觉灵敏度，而咖啡因则是真正的夜视杀手。它对人类视觉极限以上的可见度影响很小，但是一杯含咖啡因的软饮料能降低观测者平均0.3~0.5个星等（望远镜星等）。咖啡因是值得注意的，因为越来越多的人开始在观测期间饮用它。

照相机的聚焦

这个建议是用于固定与跟踪摄影的。如果你拥有一只比较新的可以全时手动对焦的自动对焦镜头，白天应该把对焦环调到无限远处，然后用胶带将对焦环捆上一两圈以保证精确的焦点。手动对焦镜没有这类问题，但有些天体摄影者为确保万无一失也采取这种做法。要注意选用那些不会留下污物的胶带，如木工胶带。

冷空气与照相机

如果夜晚经常变得十分寒冷与干燥，短期间进出温暖的车内是不会给照相机带来结霜问题的。如果你的相机变得十分冰冷，你应该在它变暖之前用带拉链的塑料袋封存起来。这样水汽就会凝结在塑料袋外面而不是相机上。在寒冷的环境中千万不要试图去拍胶卷中的最后一个底片，尤其当你使用的是自动卷片相机。那样胶片可能会断裂，到时你会因排除故障而错失良机。

舒适

如何在目镜后面舒适地观测也是值得探讨的。我发现许多观测者用各种各样的扭曲和螺旋的姿势在观测。更特别的，有一种被Jeff Medkeff夫称为“猴子式蹲坐”的方法。那种姿势令背部负担很大，并且需要全省肌肉的力量以保证眼睛贴在目镜后面。我发现舒服地坐在目镜后面比我站立时能看到更多的细节。

反差

反差是望远镜图像中不同部分之间的亮度差异。由于某种原因视场里的灯光变暗了，这就缩小了图像中亮暗区域的差别。有这个公式可以计算出反差：

$$c=(b^2-b^1)/b^2$$

这里c为反差，b^1和b^2分别指物体两个区域的亮度，以烛光每平方米或其他单位为计量。

一个例子是土星光环的不同亮度。望远镜的反差十分重要，因为行星的表面或大气是由多种反光率不同的物质所构成的。

如果我们考虑火星上的两个特征，一个亮度为400烛光每平方米的亮区域和一个只有它一半亮度的暗区域：

$$c=(400-200)/400=0.5$$

这样，反差就是50%。但如果我们从亮区域中拿出10%的光放进暗区域，结果会怎样呢？

$$c=(360-240)/360=0.33$$

反差就会降低到仅33%！这样，一个相对不大的亮度变化就会大幅度地改变反差。

适应黑暗

适应黑暗是指人的双眼在低照环境下增加灵敏度的过程。Rhodopsin（通常称作视紫）是杆细胞中负责光敏感度的物质。适应黑暗的过程随着视紫通过生化反应在杆细胞中的增多而增长。每个人对黑暗的适应程度和速率都是不同的。在熄灭了灯光的剧院，眼睛很快就会适应低于普通程度的照明。这相对于无月的夜晚，这光线仍然很亮。

在最开始的30分钟内眼睛的灵敏度会增加10000倍，之后就不会有什么变化了。在最低照明条件下，人眼会在30~45分钟之后达到对黑暗适应的极限。如果双眼暴露在光亮下，灵敏度就会暂时被破坏，损害的程度取决于光强和持续时间。高强度急速的闪光对视力的影响很小。这是因为闪光的持续时间极短（毫秒级）。如果亮光的持续时间达到1秒以上就会严重影响夜视能力了。

杆细胞对蓝光很敏感，而波长较长的红光则对其影响最小。如果使用正确的方法，红光并不特别影响夜视力。为了减少红光对夜视力的影响，光强应该调整到够用的最低限度而且不能长时间直视光源。

眼睛杂谈

在夜间你的判断力和辨色力都大大减弱了。夜间判断力降低由以下原因造成：视网膜感光细胞的减少；颜色辨别不敏感导致眼睛聚焦能力的下降；色彩辨别力差;各种透明镜与眼球中的液体等。在昏暗的夜晚，杆细胞对光谱的敏感度可达到505nm，在亮光下锥细胞可达到560nm。锥细胞的数量只有在视网膜中央才比杆细胞多，那也是最敏感的区域。也是白天用得最多的区域，找方向，看东西。但杆细胞在白天也在工作，否则我们就没有余光了。在午夜之后开始你的“望远镜极限”观测，那时你双眼最灵敏。

眼罩

来自挪威奥斯陆市的Arild Moland提出了非常棒的建议：为了使适应黑暗的过程更加舒适，当你在安装仪器的时候为观测用的那只眼睛戴上眼罩。在观测开始前你应该尽可能长时间的戴着它，以便观测一开始你的眼睛就完全适应黑暗了。在观测时你还可以把眼罩戴在另一只眼睛上以保持双眼全开。这会使眼部肌肉放松并提高观测效果。

在亚里桑那州Sierra Vista的纯净天空下做目视观测的Jeff Medkeff补充道：

> 实践的数据表明，在我移居亚利桑那州之后我开始观测暗天体，我经常将眼罩盖住右眼（观测用）而用左眼察看星图。在使用眼罩之前我的右眼几乎没有记录过大于0.1等亮度的差异，而且半数时间里这种差异更加明显（对于更加暗的星星）。

观察暗弱天体

位于加利福尼亚州波威市的Paul Alsing提供这条建议（这是条广为人知的而且主要用于道布森级望远镜上的方法）：当你观测时“动一下望远镜”。用我的老Celestron 8时我曾经用“轻拍镜筒”的方法，而且我相信这至今依然管用，但对于500㎜口径的Obsession反射镜，我首先告诉人们的是“抓住镜筒并轻轻摇晃它”。越来越多的人如此做之后开始说“哦，我看到了”之类

↑防止眼疲劳的最好用品之一就是眼罩。(作者摄)

的话。

视场等分法

估计天体的大小时，Brain Skiff推荐使用视场等分法。视场等分法可以定义为被观测天体的宽度与整个视场的宽度的比例。用Brain的话来说：

我不想简单地用眼睛来估计天体相对的等分数，而是分步移动望远镜，从天体的一侧贴着视场边缘开始，然后按照天体的直径大小连续地移动望远镜直到你至少跨越了半个视场。既然大部分人都使用广角目镜，我发现简单地分段估计大小一般都要比一步步测量的值要大一些。一个直径看起来有1/4视场大小的星云，当你实际地进行等分测量后，发现它只有1/6甚至1/7视场直径大小。当你第一次进行这种实验时就会明白，你会说："哦，这真是太小了。"

瞄准太阳

你已经为你的望远镜装好了太阳滤光镜并且想指向太阳，但你并不确定如何才能在视野里找到它。加利福尼亚州瓦伦西亚的Robert Kuberek使用"最小投影法"。他装上最长焦距的目镜，然后将锁紧打开用手移动镜身直到它在地面上的投影度变得最小。"如果在视场中仍旧看不到太阳，通常向四周稍微移动镜筒就能找到。"

↙影像处理过程。左侧的是原始图像，右侧的则有显著提高。(作者摄，霍莉·Y.白凯奇做影像处理)

调焦

调焦！无论是不是你的望远镜，别害怕调焦。否则你就是在浪费时间。在亚利桑那州Flagstuff工作和观测的知名目视观测者Brain Skiff引用一个鲜为人知的事实：

在长时间的观测中，记得总是将望远镜在你眼睛允许的基础上调得尽量散焦一点以适当降低视疲劳。

鞋类

在你的观测点，记得穿结实的鞋或旅行长靴。在黑暗中摔倒的后果是痛苦的。除了摔倒，好的鞋子可以帮助你抵御锋利的石头、偶然出现的针状物和仙人掌所带来的伤害。

对日照

如果你的观测点极限星等可达6等或更好，你就有机会看到这难得的景色。只要那个星座升起距地平大约25°时就可以了。注意，如果银河在同一方向你就看不见对日照了。所以如果是双子座或是人马座对着太阳，你就必须再等大概一个月才行。

高海拔观测

Jeff Medkeff说适应新的环境是关键：

我读到一组研究报道说对大部分人，高海拔的视觉效果在大约高出所居住地点600米时才能显现。但那些住在海平线高度的人要走出2倍的高度才能有效果，所以这一问题上没有严格的线性关系。身体状态好的人比差一些的人能找到更高的高度以寻找更理想的视觉效果。

高海拔地区由于空气稀薄而导致一定程度的缺氧。更重要的是他对弱光环境下的辨色力有很大的负面影响。有关的优秀文章可以在W.M.Keck的网站里找到：http://www2.keck.hawaii.edu:3636/realpublic/observing/visi - tor/hyalt.html

有明确的证据说明，Viagra是一种对缺氧有效的药物而且对症缺氧的视觉症状。联邦药品机构最近将它认证为缺氧的一种疗法。

影像处理

当你以电子形式展示你的图片时，考虑一下用专业的影像处理软件调节一下各色彩的层次。其中一个软件就是Adobe Photoshop。即使是跟踪拍摄的星座照片也能被显著地改善。

醉酒

如果你认为观测是一件比较严肃的事情，不要饮酒。酒精会影响视力，也有其他的副作用。当然，如果观测是一种随意性的事情或者你想在找到一个难得的天体后喝酒庆祝一番，“干杯吧！”

以防万一

有一件我推荐和器材一起携带的物品就是毛毯。通常标有“救生毛毯”的就是你所需要的。包裹在身体上的毛毯可以保持你的体温，帮助你撑过大部分的恶劣天气环境。盖在睡袋上还可以起到保温作用，提供挡风作用和防止霜冻。这些毛毯亦是防水材料。你可以在任何信誉好的野营器材店买到它们。

熟悉你的望远镜

我的朋友兼观测伙伴，得克萨斯州的Mark Marcotte提供了这条很有价值的建议：

对于那些新购买的望远镜和望远镜附件，你应该在白天试用一次，这样白天操作时遇到的问题以后就不会困扰你了。第二步，在自己家后院安装器材并像在野外观测点一样的使用它。像这样的测试会让你真正熟悉器材。

激光眼病手术

2000年7月7日，一篇题目为“激光眼

病手术可能长期损害夜视能力的研究”出现在《加拿大新闻报》上。

文章报道说，研究显示手术数年后夜视能力的下降。一次研究警告说做过LASIK或PRK的病人中有58%没能通过夜视力的测试。研究对象是38位曾于2~7年前经过适度严格矫正的人。类似的研究发现1996—1998进行过PRK手术的病人中有60%的人在手术完成两年后夜视力降低了。早期的一项研究显示有30%左右的病人同样受到了影响。人们渴望建立一个专门的研究这种影响的国际机构。

并不是所有医生都承认问题的存在。一位医生说夜视能力问题在较大瞳孔的病人身上更加普遍存在。一项独立的研究显示1300人中50%在手术后第一个月中有夜视能力问题，一年后降低为5%。

我认识的人中有一位做过LASIK手术。开始时她必须回院为其中一只眼睛作调整，但现在已经无大碍了。遗憾的是，我曾经打算在她激光手术的当天进行一项夜天空的视力测验。

现在我未能完成这项测试。据所了解的，LASIK手术的关键是在角膜前端切下一块圆形的切片。无论愈合的多么好，手术后的角膜无疑不会像以前那样完整了。可能的后果是对低对比度感应力的降低和夜视力不同程度的改变。

闪电

如果附近出现闪电必然要躲进安全的地点。首先考虑自身与他人的安全，但也要记住闪电同样会破坏敏感的仪器。

保护手提电脑

堪萨斯州斯考特堡的Susan Carroll将自己为手提电脑所做的防护技术拿出来与大家共享：

我为自己的手提电脑制作了一个“防露箱”。我使用一直随处可见的塑料牛奶包装箱并且切下其中的一面，之后将箱子口朝下罩住手提电脑。我用一块剩余的挡风材料盖住牛奶箱。它有防露作用，然后用一块暗红色的树脂玻璃放在屏幕前面，在黑暗模式下

↑出现在基特峰国家天文台的强烈闪电。(Adam Block摄)

运行星空软件时，除非正对着屏幕，否则没有人能发现它。即使是屏幕也相当暗。这套系统对我来说非常实用。我只需在挡风材料后面剪一个洞用来接电线，非常廉价和方便。

极限星等

许多观测者通过确认在天顶附近所能见到的最暗星体来评估他们所在观测地点的目视极限星等，对那些熟悉星图的人来说这种方法是必需的，但需要花时间。其他观测者用数数的方法，通过对给定区域可见星数的简单计数，极限星等就可以计算出来。有关这方面的全天资料可以在SEDS网站中找到，具体的网址是：

http://www.seds.org/billa/lm/rjm.html

早晨注意事项

假如通夜观测，到天亮时，记住将望远镜指向西边，远离刚升起的太阳。如果你的望远镜未盖好，事情会变得更糟。即使盖好盖子，太阳的热量也会引起损坏。

蚊子

蚊子一定会叮咬任何在夜晚户外活动的人，成年女性比儿童和男子更容易受到攻击，尤其是孕妇。移动容易招蚊子，所以拍打并不是驱除蚊子的好方法。不同于人们所相信的，衣服的色彩对蚊子影响不大，因为其他因素的诱惑力实在太大了。

含香橼精的外用剂（含量在0.05%到0.1%）可以用来抵御蚊子。更有效的是一含有DEET，DEET含量不超过34%的产品（两岁以上的儿童使用DEET含量10%的产品），孕妇以及儿童的衣物和儿童床不宜使用DEET药品。

大多数人只注意裸露皮肤的抵抗性，专家提醒穿衣服的身体同样易受攻击。许多丝绸类衣服厚度仅有1毫米，而蚊子的吸针长达两毫米，并且能轻易穿透衣服，尤其是贴身的衣服。

如果你的户外活动区域较大，蚊虫给你造成困扰，可以考虑吸蚊器。它的工作原理是释放二氧化碳来吸引叮人的昆虫，然后将它们吸入一个网中进行脱水。它需要一罐丙烷来运作。一罐丙烷按每天24小时燃烧来计算可以维持三个星期，一罐丙烷可保证0.3公顷面积内有效。产品的网址是：http://www.mosquitomagnet.com。这种仪器可不便宜，每件卖800美元。

为保证自家后院的观测，蚊香、香薰蜡烛和香橼油灯可以有效驱蚊达数小时。确保自己不被这些东西发出的光直接照射就可以。

不重要吗？

以下列出一些我去观测时露营或待上一段时间所携带的非天文用品：

- 辅助桌台
- 绳子
- 压缩空气
- 钳子
- 电缆与电线
- 伸缩带（7.5米长，两根）
- 手扶雪橇
- 电源输出线
- 探棒
- 备用的零件
- 固定绳索
- 工具（尤其是螺丝刀）
- 垃圾袋
- 金属线（合金的）
- 束线器
- 万用表

独自观测

如果你必须独自去远处观测，把所有用品多检查几遍。在出发之前，千万要让其他人知道你去哪里和计划外出多长时间。这可不是随机挑选陌生地点的时候。你的生命可能就掌握在知道你的位置的人手里。

观测奖项

一些业余天文学家喜欢观测奖项，他们热情地追求着并期待着下一个获奖名单的出现。其他的爱好者则不太关心观测奖，他们不想自己的精力和热情被填写表格和完成记录项目所困扰，不管他们本身怎么看待获奖证明。

从个人角度来说，我喜欢竞争。因此我赞同观测奖，但只是在别人不把它视作授予观测者荣誉的情况下。从电子邮件中我可以看出，显然有一个观测奖项被观测者们看做是所有“伟大的”观测者所应取得的：Herschel 400。有关这方面的描述参见《深空天体目录》一章。这份清单在许多天文爱好者心中被视为完成梅西叶天体观测的“更高一层”目标，相当合理。但别认为观测者A拿到了Herschel 400证书，他就比观测者B更优秀。我的经验告诉我不是那样的。

我的朋友Jeff Medkeff对这些事情想了很多并提出了一些精彩的观点。

作为一名在业余天文方面很热心的观测者，我或许也会被诱惑，不过现在我还没有。我讲一件轶事。我几乎牢牢记住了“不朽的观测者”首次进入我的意识的日期。一位朋友在1985年去了Stellafane（我没有同去），在那里，John Bortle找到了哈雷彗星，比当时许多大的望远镜发现的都早。大家排队来观察，我的朋友也在里面。当他来到目镜前时，根本看不见彗星，并大声地说了出来。据他说，他当时被操作望远镜的人阻止了讲话，那个人正在鼓励大家观看哈雷彗星，而此时彗星已经跑出视野。

简单地说，当人们被强迫观看根本不存在的东西时，氛围形成了。诱惑人们撒谎，声称看到了彗星，或者被强迫掩盖望远镜操作者的恶劣。从那时起我开始注意到类似大学校园比赛者的观测文化的变化。自从我在各方面看到业余天文更像竞赛时，这没有使我过于惊讶。

业余天文中的大多数谎言烦得我几乎半死。以上的谎言只是其中一个。另一个我接受了很长时间的谎言是爱好到底有什么标准。我觉得核对清单和努力克服困难的观测是无可非议的，但是那些企图认证爱好地位的想法很愚蠢。

唯一认证爱好地位的标准是参与者是否从中得到了快乐。凡是符合的任何活动都是应该参加的。

现在让我强调一下观测奖项本身没什么

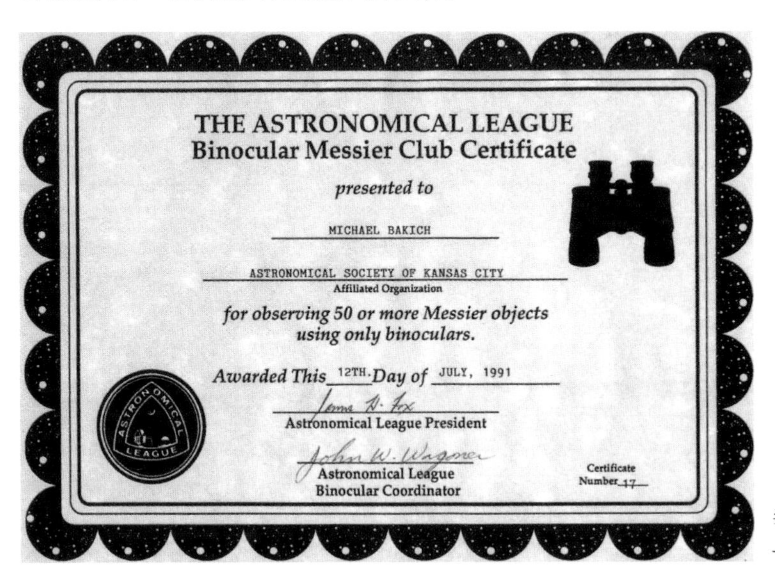
THE ASTRONOMICAL LEAGUE
Binocular Messier Club Certificate

presented to

MICHAEL BAKICH

ASTRONOMICAL SOCIETY OF KANSAS CITY
Affiliated Organization

for observing 50 or more Messier objects using only binoculars.

Awarded This 12TH *Day of* JULY, 1991

Astronomical League President

Astronomical League
Binocular Coordinator

Certificate Number 17

←天文联盟提供许多奖项。这里是其中简单的一项。（作者摄）

↑在2001年得克萨斯州星空大会上Coyladene McKean从John W.Wagoner手中接过徽章。在这个大会中获奖是很平常的事情。

问题。正好相反，许多观测者已经回到被认为有趣的正规观测方法之中。这样的奖项清单对于那些没有目标的初级观测者来说也许是无价的。但观测表彰证书和徽章的诱惑本身并没有错。显然，我不是唯一考虑这些问题的人。

John Wagoner，得克萨斯州星空大会的观测主席友善地为我提供了在TSP颁发的观测奖（这里是徽章）的数量：

在2000年的TSP中，我们一共给出了256个望远镜徽章和88个双筒望远镜徽章，总数为344个。在2001年的TSP中，颁发了218个望远镜徽章和70个双筒望远镜徽章，总数为288个（2000年的星空大会比2001年颁发的多因为有更多的晴天）。在1996—2001年间所颁发的总数达1593个。

观测清单

挪威奥斯陆的Arild Moland谈到了观测期间的准备：

一定要为你的观测准备一份观测清单。用你的星图、软件、互联网和其他资源去寻找天体。即使你使用的是自动导星系统，你也会因按自西向东的顺序整理观测天体清单而从中受益。观测期间你有可能会发现想添入清单中的有趣的东西。要确保开始的顺利，一开始不要去观测那些过暗的天体，否则你可能会被挫败感所困扰。如果天空条件看起来非常棒，无论是透明度还是视宁度，拿好你的挑战书并把握好难得的机会。最后，尽管把注意力集中在小范围天区里似乎会有收获，但当心云可能会整夜地停留在那里。所以多带几个可选择的清单！

亚利桑那州凤凰城的Steven R.Coe，一位严谨的观测者和《深空天体观测：天文导游》一书的作者附加了他的看法：

（1）加入天文俱乐部的一个最具强制性的原因是能够同其他观测者接触，有机会了解他人喜爱的天体并加入你的清单中。

（2）有许多优秀的书籍和杂志文章提供观测天体的准确信息。

（3）在我计划寻找一个著名的深空天体时弄错了位置。许多年前当我用双筒望远镜巡视的时候“发现”了NGC1528，一个位于英仙座的漂亮发射星云。

（4）几年前我把以前的观测记录重新读了一遍。读完后我就把自己感兴趣的天体记下来并重新观测了一遍，我想知道我还能不能看到那些以前记录到的细节。这是个很有趣的工作，我向所有人推荐它。再次见到老朋友真的很有趣。

（5）有几次我只翻到Uranometria星图中有子午线的那页并寻找那里的天体。这也是很有趣的。

作者注：我尤其喜欢第4条建议。

打开包裹

亚利桑那州凤凰城的A.J.Crayon告诫说：“在风力比较大的天气中要打开一张防水布时，应该背对着风抓住两端并凭借风力将布吹开，但别让风给吹走！”

作者注：我个人可以证明这一点。

处方止痛片

Jeff Medkeff指出，“大多数处方止痛片可以严重减少你至少两个星等的视力。”

向自己提问

就你正在观测的天体经常向自己提相关的问题。一些建议称观测者尤其是那些刚刚起步的人最好随身携带指导卡片。每张卡片上对应地写着一种天体的问题。例如，行星状星云的卡片上也许会有像“能否看见中心的星”，“星云的形状是对称的吗”，“星云是环形的吗”等问题。这会唤起观测者的记忆和提醒他们注意那些细节。我有一些朋友开始这么做了，他们发现这些卡片在遗忘或累了的时候帮助了他们。

↑磁带录音机和数码录音机。(作者摄)

记录观测内容

除非是只为消遣而做的观测，我经常记录下观测的内容。操作望远镜时，我使用一台录音机（现在是数码录音笔）。这种方法我已经用了20年，已经成为我的例行公事。其他的观测者有不同的观点，他们只是在记事本或星图上做简单的记录。

观测使用录音机

优 点	缺 点
录音机小巧轻便	电池可能耗尽
不需要照明	磁带会用完/存储器会存满
可以进行长时间录音	按错按键
不会有难辨认的笔迹	机械故障
不易受风或露水的影响	可能会滑落受损
可以一边观看一边描述天体	不能立即记录观测，建立不了备忘

卫星、航天器及其他

人造天体的坠毁可能很壮观。我把这些现象叫做“人造垃圾”，但我知道有很多人喜欢观看航天飞机和国际空间站穿越天空时的情景。使用新一代的GoTo望远镜系统，可以通过目镜跟踪这些物体，用中等口径的望远镜甚至可以分辨它们的外形。日落后或日出前的铱星闪光同样吸引了一部分人。

↑所谓的铱星闪光，这是人造卫星的反射光。(亚利桑那州凤凰城Steve Coe拍摄)

天空亮度

地球上最暗的天空并不是最好的。这是因为你看到的星星越多，天空就显得越亮。在这样的地点，银河甚至可以映出影子来。黄道光、对日照等现象进一步增加了天空亮度。极好的天空有三个特点：(1) 没有光污染；(2) 几乎没有雾状物存在（灰尘、空气污染、水蒸气）；(3) 在相对比较高的地区，海拔为1.5~2.5千米。

太阳光

暴露在明亮的阳光下对眼睛的暗适应有逐渐增加的不良影响。沙滩、雪地或水面等反射面会加重影响。在强烈的阳光下暴露2~5个小时会降低视觉灵敏度超过5小时。此外，适应黑暗的速度和暗视野敏锐度都会下降。这种现象会因人而异地持续数天时间不等。

帐篷

得克萨斯州El Paso的Mark Marcotte提供了下面很棒的建议：

当你在长时间观测或星空大会中使用帐篷时，最好为你的仪器另外准备一个帐篷。这样做能保持设备的干燥，防止尘埃侵入和太阳光的直射。同时会为你睡觉的帐篷节省空间。尽量不要使用普通的地钉，它很容易在插入硬地面时变弯曲。可以使用在五金商店买到的长钉子来代替它们。

作者注：马克推荐给我的是20厘米长、9毫米粗、头部直径达19毫米的大块头。

观测效率

花多长时间目视观测某个天体是你唯一能够决定的事情。一些人花一个小时或更长时间去观测一个天体，试着去捕捉每一个细节。素描同样会降低观测效率。其他的观测者大概每小时观测5~15个天体。这给他们提供了比较许多同类天体的机会，或者由东向西去观测不同类型的天体。还有一些人选择单个的星座去观测，记录下那里所有的天体。一个少见的例子是观测者们参加马拉松观测（梅西叶或其他天体），看看一个晚上能观测多少天体。

镜筒气流

因镜筒里的气流而致使观测效果降级是普遍现象。但你如何确定发生在自己身上了呢？检查一颗亮星的散焦像，这会让你真实地看到气流。如果图像非常稳定，说明视宁度很好。如果在图像中看到许多环状的运动，说明镜筒有严重的气流干扰。Jeff Medkeff补充道：

如果散焦的星像在边缘长出了“头发”或“火环”，而且这些图形在30秒到5分钟之内有细微的变化，那就说明镜筒里有破坏成像的气流，即使在星星本身上看不到任何东西。

解决方法是使用小型、低转速的风扇将筒内的热气流吹走，或是使镜筒内的温度和外界温度一致。

紫外线防护

我做过很多的太阳观测，白光和高波∂段的都有。当我在专心观测时，很容易忘记我吸收了多少紫外线（El Paso大概在北纬31°地区，别名“太阳城”）。在房子周围时我喜欢穿凉鞋，有一段时间我不穿袜子，于是当我发现自己的脚背已经被严重晒伤时感到非常的惊讶。现在我穿上了袜子并在门口准备了防晒用品。

世界时

有必要使用它，并在心里记下与你所在地区的时差。这并不难。在观测记录的首行使用它，在报告中使用它。这是令你的观测符合标准的一个重要方面。（我保证每一个在英国读到这条建议的人都会怀疑它到底有什么意义。）

维生素A

缺乏维生素A的饮食能够导致夜视力的下降。维生素A是杆细胞构成的重要元素。没有它，夜视力会严重下降。通过平衡的饮食包括鸡蛋、奶酪、动物肝脏、胡萝卜和大多数绿色蔬菜适当地摄取维生素A可以保证视觉的敏锐性。不过要提醒的是过量地摄取维生素A不会加强夜视力，反而会对身体有害。

天气与视宁度

冷气团（温度比地面低）可能会带来对流云团，如积云。这种空气总体来说很干净，但可能不稳定。最后的结果也许是：高透明度，不稳定的视宁度。暖气团（温度比地面高）可能会导致层积云，霭或大雾天气。这种空气可能携带有大量的灰尘，大气会变得更稳定但透明度很低。可能的结果：低透明度，稳定的视宁度。

在气流的锋（冷暖空气的交汇面）或槽（在低空或高空形成的狭长低压带）过境后，糟糕的视宁度几乎可以持续至少24小时。

当薄卷云出现时视宁度会非常好。不过，如果卷云是朝一个方向运动并且伴有低空交叉的风，视宁度就不会太好了。

冬季观测

极冷的天气对器材、车辆以及人都非常地不利。照相机出故障，电池供电不足，还伴有体温过低和冻伤的危险。但晴朗冬夜的景色仍是难以抗拒的。注意，我特别说是“冬天”，尽管我知道在其他季节的高海拔地区同样会出现这种情况。对于这样的情况，规则很简单：做十足的准备。

“准备十足”并不是携带足够的设备。它的意思是准备好对你有用的意料之外的用品。如果你要在冬季去很远的地方观测，为了你自己，请带上一切。我知道你很有可能不会用到所有携带的东西。但是，在极少数情况下，有些用品几乎可以决定生死。

不想去考虑这类事情？也好。忘掉恶劣天气的观测并翻到下一章。但是，如果你有兴趣的话，继续读下去。

经常被强调的一点是身体中最需要注意保暖的部位是头和脚。大部分在寒冷夜里过量散失的热量没有比通过头顶以及从鞋底散失的更快更多的了。

我个人的羊毛帽子是包括下拉头套的。除了我的眼睛以外面部的所有部位都被遮住了，但如果不是最糟糕的天气我常使鼻子和嘴露在头套外面。我有一顶“印第安纳·琼斯”的帽子。我不喜欢防水外套上面下坠式的帽子（即使穿上它很暖和），原因之一是当我戴上它时，材料的摩擦声音使我不能正常地交谈。

要注意靴子，我决定穿一双能买得起的最好的鞋子，并仍可以让我驾驶汽车。在观测地点我通常换上防寒靴，但你不知道将会发生什么。我选择的是Baffin牌的登山靴。它们穿着舒适，很轻而且脚掌部位有很厚的防止热量散失的隔离垫。可以在这个网址上找到它们http://www.jseigelfootwear.on.ca/baffin.html。

多带一些袖珍暖炉。它们使用起来尤其棒，但却达不到包装上注明的发热持续时间。为此多带一个全新的暖炉。经常把它们放进手套中暖一下手。如果你使用的是十指分开的手套，把手指缩回成握拳势有利于保温。如果你的脚感到寒冷，同样有用起来很不错的脚部暖炉，不过我还没有在我的新靴子中试过。重复一遍，在外露营要有相当充

←透镜状积云，也叫做“飞碟”云。

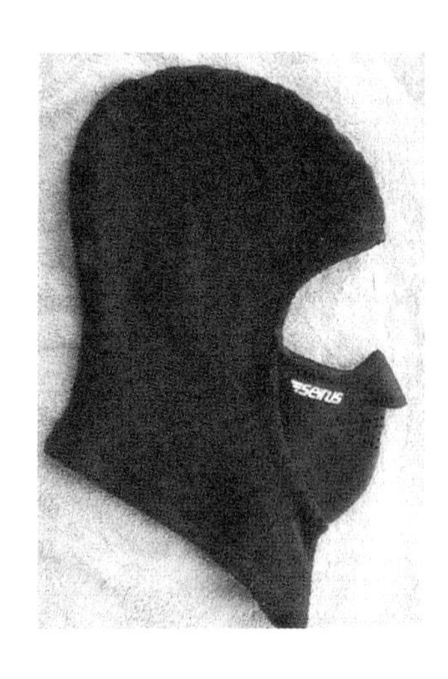

羊毛头套。(作者摄)

足的准备。

专家提醒要多穿几层衣服。我一般穿长的毛衣和毛裤，外面穿T恤衫，薄的长袖的法兰绒衬衫，羊毛头套和长夹克。我的太太比我更容易受寒冷的影响，她的外套是雪地营救外衣。当她全副武装时，只有极少部分裸露在寒冷的空气里。

根据你所在地区的温度范围选择一个合适的睡袋。在沙漠里跟在挪威或者威斯康辛的朋友们相比，需求大不一样。可能的话不要直接睡在地上。我们使用的是轻巧的折叠起来的床架，一个用电池供电的自动充气垫。它把我们脱离地面达75厘米，床垫不是很厚但感觉真的是大不相同。

Jeff Medkeff说道：

在露营者之间有一条一致的意见就是选择比最低适应温度低10℃的睡袋来保证夜间不会着凉。对于一些人，标准可能更低。

黄道光

亚利桑那州凤凰城的爱好者A.J.Crayon叙述了这个有趣的故事。

有一次我试着观测后发-室女座的星系团时，在我的200mm望远镜里并没有出现所期待的画面。快速地检查望远镜并没有解决问题。最后，我停下来观看西方的天空并发现了问题所在——黄道光。所以我的观测守则就是不要去观测位于黄道光的天体，尤其是使用中型望远镜的时候。我没有使用我的370mm望远镜做实验，但我怀疑效果一定会降级。

Jeff Medkeff补充道：

纬度为31°的一般天气比纬度为41°的晴好天气更容易见到黄道光，这是因为纬度越低，黄道光与地平线的夹角就越大，无论在什么时间。

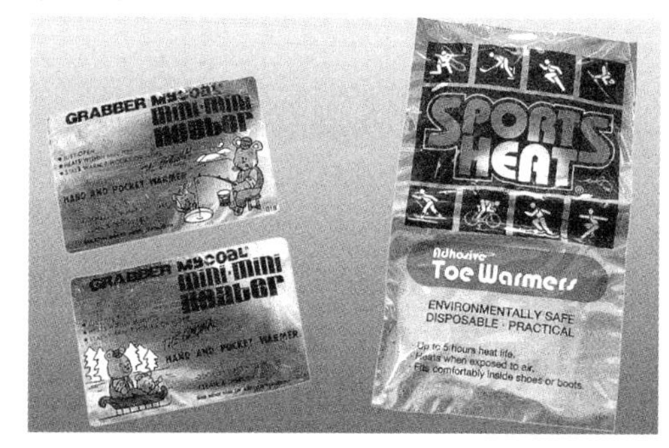

↑化学暖炉用于手和脚。它们用起来非常棒。(作者摄)

第五章　参考书目、更多的信息与要点

5.1　书籍和星图

我爱天文图书，我爱阅读也爱收藏而且也喜欢编写天文书。到此书为止我刚编写了三本书，这也仅仅是开始。我很注重收藏天文图书，特别爱藏初版书，19世纪在英国印刷出版的天文书（多巧，这也正是我的爱好——译注）。我一生的愿望是收藏500本，现在收藏的初版书已接近400本（也许我得降低我的收藏量），除了这些重点收藏之外，我也注意收藏20世纪的参考用书。下面是我请你们注意的书目。

必备书

《日月行星的天文历表》

Astronomical Tables of the Sun,Moon,and Planets（second edition）by Jean Meeus Willmann-Bell,Inc.,Richmond,VA,1995

←Meeus 的《天文历表》（作者摄）

这本书告诉你关于太阳系的情况。天文历表是关于过去、现在和将来天文现象的详细准确的记载。火星冲日从公元0年到3010年，太阳黑子数从1749到1985年，金星从公元0年到2500年的下合和上合，日食和月食一直到2050年，甚至太阳和12颗黄道上的亮星的合日也从公元前1000年到2399年的这部分数据也载入书中，我参考此书已近20年。（译者说明：中国读者想得到此书几乎是不大可能的，当然有关日月行星的天象数据可以从网上查找。由《天文爱好者》杂志社编印的每年的《天文普及年历》有当年天文现象的详细图表，足供参考。此外2006年由科学出版社出版的《一百六十年历表·附日月食典》是我国最权威和最科学的历表以及日食和月食的表，特别精确预告我国见食情况。本书由我国历算专家，紫金山天文台研究员刘宝琳编算。他也是世界知名的历算专家，他1992年在美国出版的*Canon Of Lunar Eclipses 1500 B.C.-A.D.3000*即《公元前1500年至公元3000年的月食典》，计算了4500年的月食，载誉全球。）

《布尔汉姆天体手册》（3卷集）

Burnham' s Celestial Handbook（three volumes）by Robert Burnham Jr（Dover Publications，New York，1978）

这是一套天文爱好者们值得放在书架上参考用的重要图书。生动的文笔和完美的版式设计，即使你不是为了参考而去翻阅也是十分有趣的。然而在出版以来的几十年中，

↑天文爱好者的圣经《布尔汉姆天体手册》。(作者摄)

有些事物已经有了变化。本书的有些部分已经过时。阅读本书就当做是一个起点吧，它会激发你观测天体的兴趣。

《高分辨率的天体摄影》

High Resolution Astrophotography by Jean Dragesco（Cambridge University Press，1995）

我认为这是一本编写得最好的天体摄影书。内容包括怎样用望远镜和照相机拍摄天体的最详尽说明。主要是拍摄太阳系天体，但是当你掌握了这些技术之后，你也可以去拍摄深空天体。

←Dragesco著《高分辨率的天体摄影》。(作者摄)

《天文学的历史》

A History of Astronomy by Antonin Pannekoek（George Allen & Unwin，London 1969）

它也是本内容非常丰富的好书，书中谈到的事情在别的天文史图书中是找不到的。著者把古老的天文学，伽利略-哥白尼-第谷世纪和望远镜时代的天文学编排得很适当。这本书虽然比较厚重而且有时也略感枯燥和技术性，但是它还是很有趣的，也充满了我

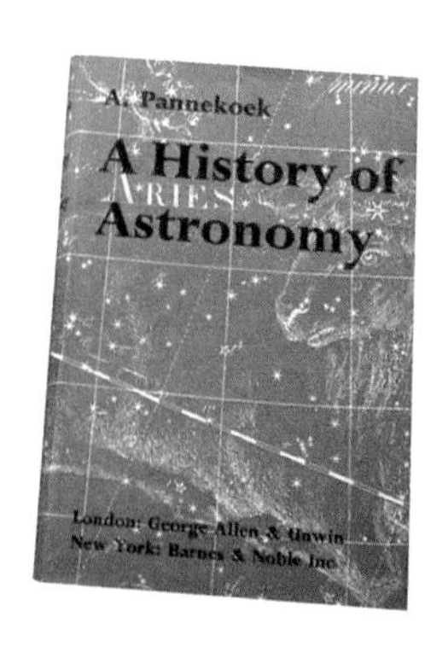

←《天文学的历史》，Pannekoek著。(作者摄)

们感兴趣的史料。（译注：汉译天文学史有：《剑桥插图天文学史》[英]米歇尔·霍斯金主编，江晓原、关增建、钮卫星译，山东画报社出版，2003年3月第一版。《天文学简史》[法]G.de伏古勒尔著，李晓舫译，上海科学技术出版社1959年初版，广西师范大学出版社2003年重印。）

《太阳天文学手册》

Solar Astronomy Handbook by Rainer Beck, Heinz Hilbrecht, Klaus Reinsch, Peter Volker（Willmann-Bell, Inc., Richmond, VA, 1995）

对单一天体有如此丰富的信息资料是罕见的。这是一本关于太阳方面的好书，从选择望远镜和滤光片到观测h-α光段。本书很注重编入许多图照和数学图表。如果你想观测太阳，就用这本书。

←《太阳天文学手册》。(作者摄)

《恒星的星名：星名的命名和来源》

Star Names: Their Lore and Meaning by Richard Hinckley Allen（Dover Publications, New York，1963）

这是一本针对这一主题的有趣和权威的著作。如果你对星座的名称和一些亮星的星名是怎样命名感兴趣的话，你就会在这本书中得到乐趣。部分的描述有时略显沉闷，但书中有同百科全书那样足够的事实依据。与一般书中只有一个索引不同，难得的是这本书还有阿拉伯和希腊事物的索引。

←恒星的星名
Allen著。(作者摄)

《用恒星检测天文望远镜》

Star Testing Astronomical Telescopes by Harold Richard Suiter（Willmann-Bell，Inc.，Richmond，VA，1994）

这本书让你真实地了解你的望远镜好坏程度。对于较高水平的天文爱好者来说，本书的叙述准确而明白，而且对于望远镜可能遇到的技术问题，都能得到解答。

《深空天体的目视天文学》

Visual Astronomy of the Deep Sky by Roger N.Clark（Cambridge University Press，1990）

如果你是一个较有经验的天文爱好者，同时你又能找到这本书，那就把它买下吧。这本书共有355页。本书的前六章有丰富的资料，特别有价值而且是有革命性的，使本书的确成为一本不平常的书。其次你所买到的更是一本常备用书——因为它开头的63页和若干附录。第7章（64~244页）为“深空天体观测星图”。

星图

《天文历》

Sky Calendar by Robert C.Victor （Abrams Planetarium）

它虽然只是一本星图，但对于刚起步的天文爱好者们却是特别有用的参考书。每季度一集的天文历告诉你肉眼可见的天文现象。还有如发生在早晨和晚间的每日天象如“合”，“接近”等。还附有北纬40°的活动星图。天历适用于美国和欧洲。（译注：中国读者可阅读北京天文馆编的《天文爱好者》月刊以及它的附刊《天文普及年历》。）

《月球图册》

Atlas of the Moon by Antonín Rükl（Kalmbach Books，Brookfield，Wl，1996）

这是一本大型月球图册。当我编写本书时，该书已经绝版，但我听说不久可能重印，我也希望是这样。这本图册绘制极好而且详细。图与图之间没有重叠。这种设计是很有用的，希望以后各个版本保留这一做法。书中有50幅月面有趣部分的照片而且有极好的说明。（译注：本图册的新版本已经出版，可向Sky and Telescope杂志社联系购买。其实中文版读者完全可以参考张元东著《美丽的月球》，中国青年出版社2006年1月初版，书中有大量图表足供观测月球时参考。）

←最好的月球参考书之一，现已脱销。(作者摄)

《天文图册》

Herald-Bobroff Astroatlas by David Herald and Peter Bobroff （HB2000 Publications,

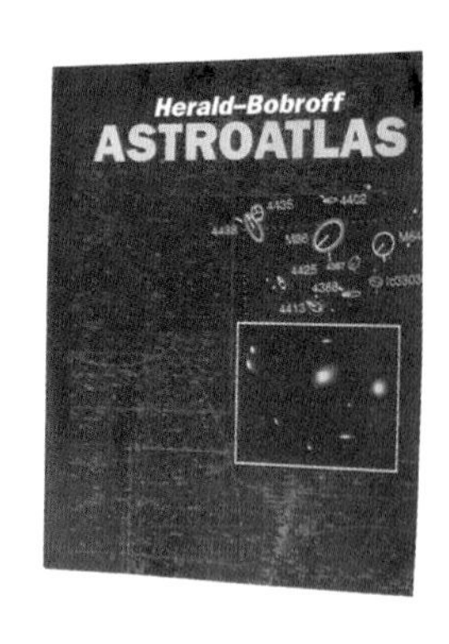

←《天文图册》。(作者摄)

Woden, Australia, 1994)

如果你已经超过刚入门的天文爱好者的水平，不论你在南半球还是在北半球，这本图册都是适用的。共有214幅星图，白底黑星，一直到9等星。图册的一大特点是图例的多样化，有六种以上的不同的图例。通过简单易懂的星图星表就能找到星座所在的位置，这是一个很有用的参考书。在美国经销此书的也不多，Lymax Astronomy有售。你可以从互联网上查到：http://www.lymax.com。

《诺顿星图》(或译作:《星图手册》)

Norton's Star Atlas by Arthur Philip Norton, edited by Ian Ridpath(Prentice-Hall, Englewood Cliffs, N1998)

(译注：最新版为2004年：20th edition, Publishecl by PiPress, New York)

初版于1910年，这是我向刚刚起步的天文爱好者们推荐的第一本星图。本书有非常好的星图和大量有用的资料。16幅白底黑星（还有绿色的银河区域）的星图，包括你在全黑夜空中所能看到的恒星，所有的8700颗6.5等星以上的恒星。此外还有600个深空天体（Deep Sky Object,DSO），每两页的星图之前都有两页有趣天体表，列有双星、变星和深空天体。图中有赤经赤纬线和星座界线。书中还有用4张图组合成的月面图。诺顿星图的装帧方式是可以把星图平放在桌上查阅，便于在观测时使用。

←《诺顿星图》。(作者摄)

提示：要用透明塑料薄膜片覆盖在星图上以防露水。

(译注：此图册的中译本《星图手册》由李珩、李元译，科学出版社1984年在北京出版；1995年在台北明文书局出修订版。大陆读者还可参考下列星图：《夜空》，辽宁教育出版社2001年出版中译本，袖珍版。《星座奥秘探索图典》浙江教育出版社2002年出中译本。此外还有李元编译的《新编全天星图》，北京天文馆2006年印制，可向天文爱好者编辑部函购：北京市西外大街138号，邮编100044，电子邮箱amater@bip.org.cn；网址http://www.bip.org.cn。)

《夜空观测者指南》(两卷集)

The Night Sky Observer's Guide(two volumes) by George Robert Kepple and Glen W. Sanner(Willmann-Bell, Inc., Richmond, VA, 1998)

对于熟练的观星人，NSOG（读作en'sog）是极好的参考书。所有的天体都以星座来区分。第1卷包括秋夜和冬夜星空，第2卷是春夏的星空。对住在南半球的人则相

↑《夜空观测者指南》，通称NSOG，极好的望远镜实用参考书。(作者摄)

反。星图的设计偏重于北方，至少赤道星座是这样。星图的说明是清楚的，而且更有趣的是，你使用望远镜观测时可以和本书作者所看到的情况相比较。每一天体都可以从不同口径的望远镜中得到四种观测图像、导星图和描绘。

《2000年历元星图》

Sky Atlas 2000 by wil Tirion （Sky Publishing，Cambridge，MA，1981）

这是非常好的一套26幅供中级天文爱好者使用的星图。包括8等星以上的43000颗恒星以及2500个深空天体。最大的优点是每幅星图有46cm×33cm大小，非常便于查找观测对象。2000年星图有5种版本。我推荐使用防潮的户外版。这是黑底白星的图，可以卷起来，方便在潮湿夜晚使用。另外有一册 *Sky Atlas 2000.0 Companion* （2000.0星图之友），记载了所有星图中的深空天体。（译注：本星图的第二版已经出版，星图记载了8.5等星在内的8万多颗恒星并且已普遍使用。可以向《天文爱好者》编辑部函购《世纪星图》。）

《2000.0星图图集》（2卷集）

Uranometria 2000.0 （two volumes） by Tirion，Rappaport and Lovi（Willmann-Bell，Inc，Richmond，VA，2000）

这套星图是专为高级天文爱好者编制的。你必须对星空非常熟悉而且在观测前要对观测的天体十分了解，以便选用其中的图页。这套星图共有473幅星图，包括9.5等星以上的332000颗恒星和10300个深空天体。星图按赤经的增加次序排列，用前要仔细阅读说明书并通过指引星图去帮助你找到观测区的确切星图。本星图也有一册副编——《2000.0星图图集深空观测指南》（*The Uranometria 2000.0 Deep Sky Field Guide*）。

*译注：我国从2006年起又新出版一本科普文化杂志《中国国家天文》。

5.2 深空天体目录

梅西耶天体表

查尔斯·梅西耶（Charles Messier，1730—1817）是个法国的彗星猎手。在巡彗的过程中他偶然发现过一些外表酷似彗星的天体，它们的外表在小望远镜中是朦胧的但并不在天空背景中移动。后一个特征将它们同彗星区分开来。今天的天文学家把这些天体叫作星云，这是个更加明确的定义。梅西耶最后完成的天体表中包括疏散与球状星团，星系，普通与行星状星云。

↑M83，梅西耶亮天体之一。（Adam Block 摄，0.4米口径Meade LX200望远镜）

↑三叶星云M20 。（使用Celestron 14望远镜，M1-250赤道仪，Fuji NPH胶片，新墨西哥Mayhill的Rick Thurmond摄）

在巡天过程中，他于1758年8月28日在金牛座发现了一个类似彗星的天体。这是第一个非移动天体并随后成为著名的彗星状天体表的第一个记录——M1。梅西耶出版了这个天体表的三个版本。1769年第一版，包含45个天体。第二版包含了68个天体，于1780年出版。第三版包含103个天体，于次年出版。这以后被梅西耶本人和其他人发现的天体将表中天体数量增加至110个，如今这个天体表已经被广泛承认。

梅西耶最终发现了13颗彗星并获得另外的7颗彗星的共同发现权。他自己发现了110个梅西耶星表中的41个天体，是所有发现者中最多的（皮尔·梅（1744—1804）发现27个，列第二）。有两座月球环形山以他的名字命名（梅西耶和梅西耶A）以及1996年1月16日发现的小行星7359。

我读过有关梅西耶和他的天体表的最好的书是由Kenneth Glyn Jones撰写的《梅西耶星云与星团》。（剑桥出版社，1968，1991年第二版）

梅西耶马拉松

我记得在70年代早期参加过梅西耶天体马拉松。1974年，在俄亥俄州大学，我和我的朋友使用他的150mm牛顿反射镜在一个晚上记录了106个梅西耶天体。首次公开提及梅西耶马拉松的文章是在1982年出版的《深空天体月刊》杂志上，作者是Brent Archinal（我也曾在俄亥俄州大学见过）。

↑大熊座的M101大视野区域。（Robert Kuberek摄）

适合马拉松的日期

住在亚利桑那州的Tom Polakis计算出了能够全部完成一次马拉松的日期时间段。观测时段的开始被定义为当M30的高度足够在夜里被看到的时候。前提是天体的地平高度必须在2°以上才能被看到，汤姆计算了当时的太阳高度以及距M30的距离。当夜晚结束时，最后的天体是M74，看见它就意味着观测时段的结束。

这些数据是依据北纬33°计算出来的，汤姆说越往南方去条件越好，尤其对于M30。那么开始的日期大概是3月17日。利用同样的标准来计算出结束日期大概是4月3日。

全部都能看见吗?

回答是肯定的。许多人在一个晚上看到了所有的梅西耶天体。挑战来自于使用小望远镜（或者双筒望远镜）去看尽可能多的天体。在天气晴好的黑暗观测点，用一架75 mm的望远镜就可以看到全部的梅西耶天体。上面提到的Brent Archinal在2000年由Saguaro天文俱乐部举办的全亚利桑那州梅西耶天体马拉松中，使用一架11×70的双筒望远镜看见了所有110个梅西耶天体。我曾经使用我的7×50富士能双筒镜进行马拉松观测。2000年3月4—5日，部分天空多云，视像7/10，透明度4/10。当时是一个糟糕的夜晚，在黑暗的观测点，我观测了75个梅西耶天体，我相信用高质量的7×50双筒望远镜观测90个是极有可能的。

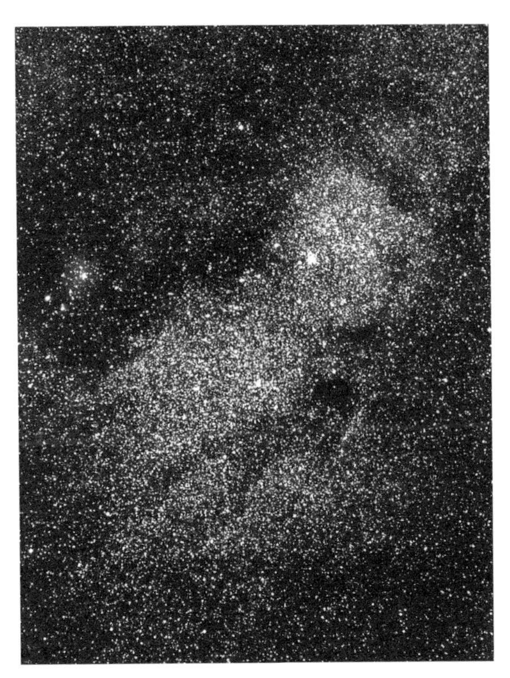

↑M24的天区 。（8″Celestron施米特望远镜，f/1.5，Tp2415胶片，15分钟曝光，David Healy摄于1979年4月25日）

肉眼观测梅西耶

亚利桑那州的Brain Skiff汇编了一份包含他自己和一些知名观测者用裸眼所看到的深空天体。据1999年1月29日的观测，以下的梅西耶天体可以肉眼看到：M2、3、4、5、6、7、8、11、13、15、16、17、20*、21*、22、23、24、25、31、33、34、35、36、37、38、39、41、42、44、45、46、47、48、50、55*、67、81、83*、92、93、101*。表中带*号的天体没有被Brain亲眼观测到。

←M88。（Adam Block摄，使用Meade LX200望远镜，口径0.4米）

马拉松寻找顺序

有许多资料介绍了在马拉松中寻找梅西耶天体的顺序（附录C中给出了例子）。这些顺序基本上是适合于北方地区的。如果你住在欧洲或美国北部，条件会十分好。不过，对于那些南方的朋友来说，顺序稍微有些变化。靠南方的梅西耶天体比列表中指出的升起的更早一些。最好的方法是使用天球运行模拟软件如“TheSky”去编辑一份适合你的地理位置的顺序表。

赫歇耳星表

威廉·赫歇耳（William Herschel）于1782年9月7日报告了自己在深空天体（DSO）方面的独立发现——土星状星云（NGC7009）。作为第一个发现DSO的土星状星云同他发现天王星（1781年3月13日）是多么的类似啊。在接下来的20年里，赫歇耳发现了（或重睹了）2478个DSO天体。

威廉的儿子约翰·赫歇耳同样是个天文学家和星云猎手。最终他于1864年出版了他的《星云星团表》，包含有5096个深空天

←赫歇耳天体之一板球棒，NGC4656。（Adam Block摄，使用Meade LX200望远镜，口径0.4米）

体（DSO）。

赫歇耳400

在1976年4月号的《天空与望远镜》杂志上，宾夕法尼亚州的James Mullaney（我的一个朋友，优秀的观测者）挑选了615个“最亮的”威廉·赫歇耳DSO天体，作为天文爱好者挑战梅西耶天体以后的第二阶梯。这是Mullaney省略了两个赫歇耳分类中最暗的天体类别后定下的这个数目。

佛罗里达州的天文俱乐部的几个会员们注意到了这个天体表并制作了赫歇耳400天体表。1980年天文联盟将它升为官方的“观测俱乐部”，并设有奖章和证书。表上所有的天体使用一架150mm口径的望远镜就可以看见，整个表中天体已经被55mm f/8的折射镜观测过。

1997年8月，俄勒冈州波特兰市的天文学家发布了第二份赫歇耳天体表——赫歇耳Ⅱ。它也同样被天文联盟改编成官方的观测奖规范。

↑剑鱼座塔蓝图拉星云是南天的NGC天体——NGC2070。最初被认为是一颗恒星，也被称为剑鱼座30星。（35分钟曝光，柯达EGP400胶卷增感，Celestron 11，f/6.3，Steven Juchnowski摄）

NGC天体表

丹麦天文学家约翰·路易斯（John Louis，1852—1926）在爱尔兰同罗斯和他的“列维亚森”望远镜一起工作。他于1878年发表了赫歇耳天体表的一份附录。10年之后，《皇家天文学会的实录》49期Ⅰ里出现了他的《新版星云星团表，约翰·赫歇耳天体表的目录，再版，修订与扩大》。由于它的出版，这份索引被定义为NGC。它列出了7840个天体。1895年，包含1520个天体的《第一版目录》作为增补物出版。最后，1908年《第二版星表》出现了，包含了3866个DSO天体。这几版里面夹杂着很多的错误。

1977年，Jack Sulentic和William Tifft出版了《新编天体目录》（RNGC）。它一开始

←船底座NGC2808。（RGB三色合成，使用SBIG ST-7E CCD，Celestron 11望远镜，Steven Juchnowski摄）

包含了7840个天体，虽进行了信息升级，许多错误依然存在。

最新的NGC和IC天体版本可以在互联网上找到。参见http://www.ngcic.com。这是一个很大的网站，受到了许多高手和观测者的赞誉。

凯德维尔天体表

我正要谈论前尘往事。如果你是一个资深的天文爱好者，你一定听说过英国著名的天文普及家Patrick Moore。在20世纪90年代末期，Moore发表了一份包含109个最亮的非梅西耶深空天体的列表。由于他的名字叫Caldwell-Moore，他把这份表取名为“凯德维尔天体表”，他不想把Moore放入列表名中，因为怕与梅西耶天体弄混。

当他的天体表面世时，一部分业余天文社区失去了理智：“他真胆大！”“真是个自大的家伙！”“这些天体有许多已经有名字了！”“看看那些错误啊！”我的反应有些不同：“为什么我没有想到呢？”Bakich天体表……不错的想法，不是吗？

事实证明这是个伟大的天体表。我不知道Moore先生怎么想，但我试着把个性和自我放在一边。凯德维尔天体是值得爱好者们观测的，许多天体都能够在中等望远镜里观测到。

你可以借一些理由推托，但你可以同样对待梅西耶天体表。梅西耶因为做出了贡献而得到了星表的命名！当然，对于古希腊人，Pleiades是个独立的星座。

在Moore做出他的天体表后，相继的书也出现了。由David Ratledge著的《凯德维尔天体的观测》是一份109个天体的逐个观测指南，每一个都配有CCD图像。我推荐这本书，同样推荐这份天体表。不要讨厌记忆它的编号，它很有用，当你得到一架带GoTo（五藤）功能的望远镜时，无论是美德牌还是Celestron牌的，它的数据库中都包含了凯德维尔天体表。

凯德维尔天体表在附录D中给出。

← 凯德维尔63，NGC7293。宝瓶座螺旋星云。（12.5″口径RC望远镜，f/7，三色合成，40分钟曝光，IMG1024 CCD。Robert Gendler摄）

5.3　软件

↑天文软件TheSky，可以认星、绘图，甚至控制望远镜。(作者摄)

David Bushard是威斯康星的一个资深业余天文爱好者，他说："我已经记不得没有互联网的生活了。"与天文有关的软件在过去20年里有了长足的发展。当时没有那么多种软件。不过，现存的可是高质量的。

特别说明

升级。对于软件用户，这是个有意义的词。作为作者可就不是了。我所写的这些软件是必然要改变的。一些我列出的软件包将会被改变。其他的可能已经绝迹了。

Planetarium"天象仪"软件

它也叫作星图软件，其中一个包对你来说是不可缺少的。软件的主要特征很相似。都可以导入数据，以显示很暗的星星。(使用USNO-SA2.0数据库，我曾见过半人马座ω附近的一颗20星等的暗星！)

所有这些软件从我知道它们开始都已经升级好多次了。"星空"的最新的版本被选作望远镜控制软件。访问它们的主页可以得到更详细的信息。

● Carte du Ciel　免费软件 http://www.stargazing.net/astropc/index.html

● Hallo Northen Sky　免费软件 http://www.hnsky.org/software.htm

● MegaStar　129.95美元 http://www.flash.net/~megastar/

● Star Map Pro　99美元 http://www.

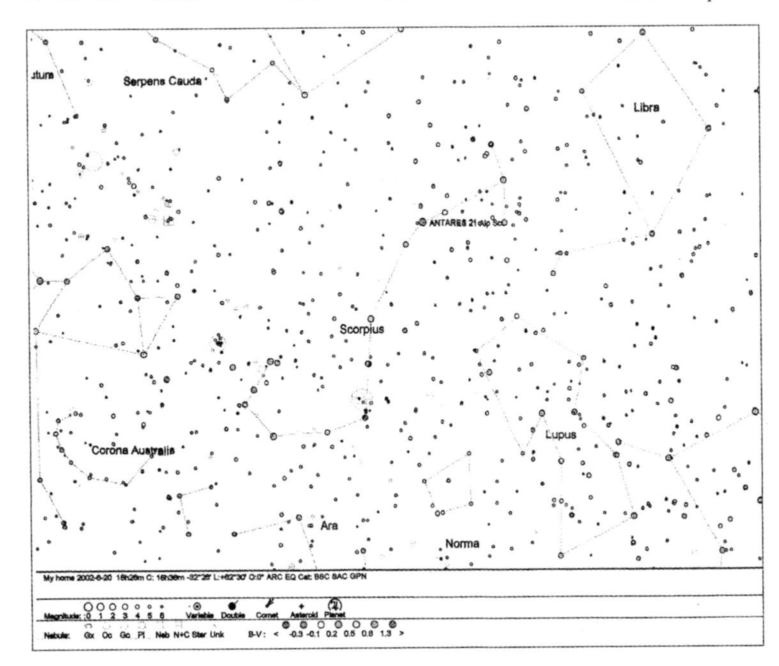

←星图软件Carte du Ciel，显示的是天蝎座星区。(作者扫描)

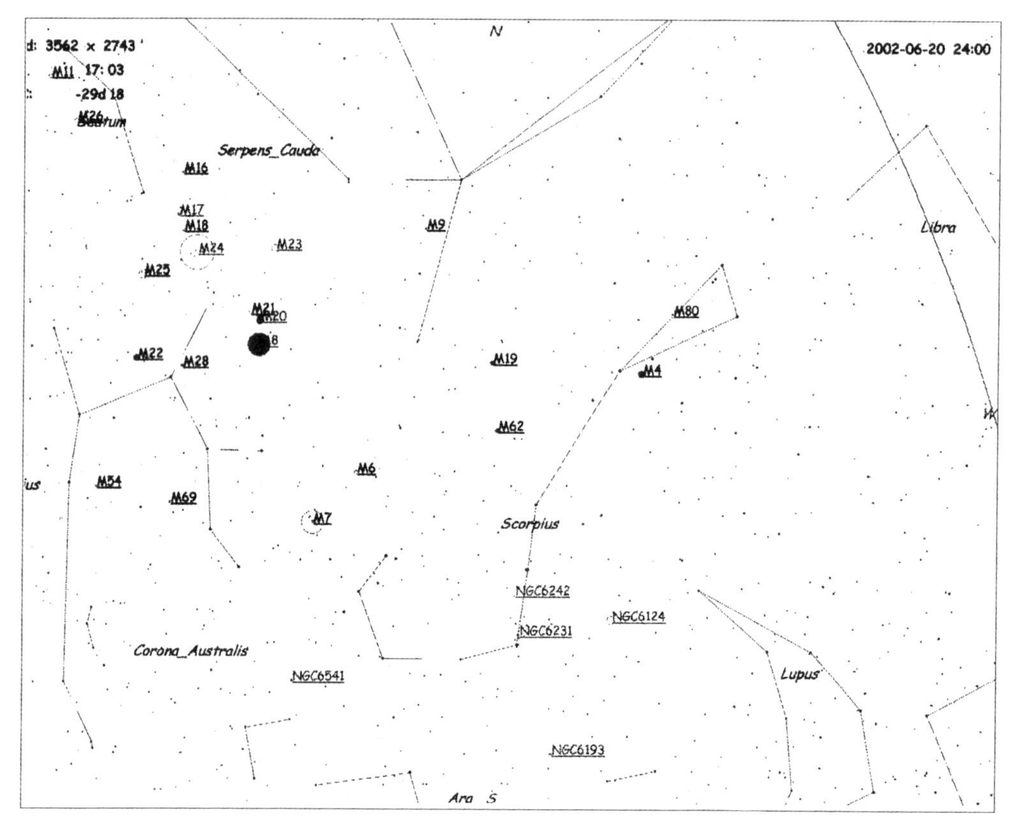

↑Hallo Northern Sky星图，显示的是天蝎座天区。(作者扫描)

skymap.com/index.htm

●TheSky 129~249美元 http://www.bisque.com/

↑太平洋天文协会的软件RealSky，在星图中显示真实的图像，开创了软件新的时代。(作者摄)

RealSky真实的星空

RealSky是由太平洋天文学会开发的一套CD。它是基于数字巡天计划DSS，来自帕洛玛施米特和英国施米特照相平台的一系列扫描摄影图像。未经压缩的版本占用不少于102张CD。

RealSky使用的是压缩版本数据。8张CD来自帕洛玛巡天，到南纬12°北天区。另外的8张CD包含从英国施米特望远镜到北纬3°的南天区。

当使用天象仪软件时，真实的天空图像衬托着画面，效果引人入胜。准备好花费一些时间检查不同的天区。使用电脑1.5GHz的处理器，我可以在10秒内打开一张3°×3°的天区。

用深空天体作为检测对象，可以检测出

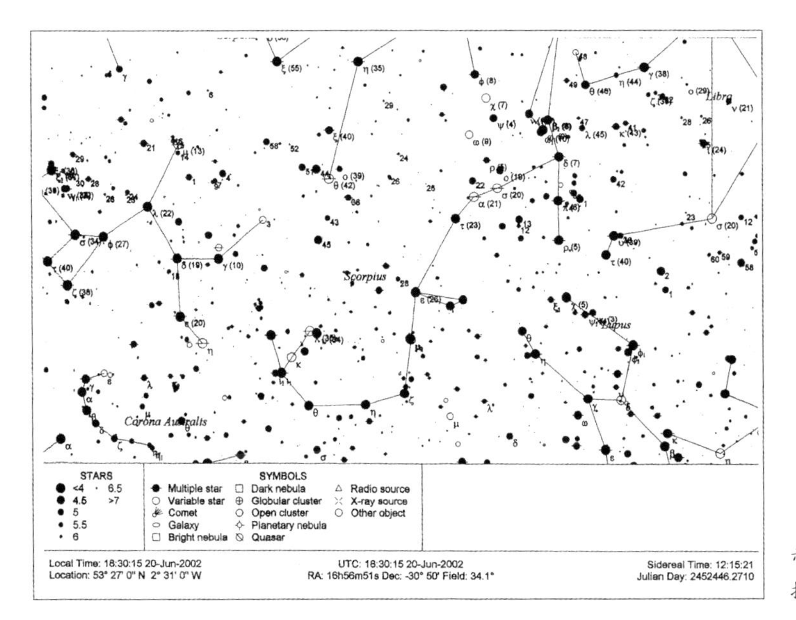

←Star MapPro 星图，显示的是天蝎座天区。（作者扫描）

星图软件的准确度。真实天空是WCS（世界坐标系统）设备产生的图像，在天体测量学上优于1.6角秒。最精确的天象软件好像是Sky Map Pro（目前来看）。

其他软件

除了天象程序，人们还编写了其他的天文软件。这里是我认为比较有用的一些。

●Aberrator

产生显示望远镜出现误差的效果图像，免费软件 http://aberrator.astronomy.net

●JupSat95

形象地显示了伽利略卫星的位置，免费软件 http://indigo.ie/~gnugent/JupSat95

●LunarPhase

提供实时月相信息，30美元 http://indigo.ie/~gnugent/LunarPhase/

●Mars Previewer

在指定的观测期间显示火星特征的优秀软件，免费软件 http://www.astronomysight.com/as/start/books.html

●Satellites of Saturn

泰坦很容易看到，但其他的小卫星呢？这个基于DOS系统的程序会告诉你，免费软件 http://www.physics.sfasu.edu/astro/dansoftware.html

●Tracker6

显示木星大气特征位置的优秀软件，免费软件 http://www.physics.sfasu.edu/astro.dansofeware.html

5.4 天文台

↑Grasslands天文台的拱极星迹。图中的亮星是北极星，实际上它也有运动。(Tim Hunter摄)

我的业余天文生涯里做得最好的一件事，就是在后院建造了一个小的天文台。如果我坐在电脑前并想去观测时，我可以在三分钟内来到目镜前。因为望远镜设置在户外，所以一直保持温度平衡。极轴同样也调整好了。最幸福的是我不用拖着镜筒、台架和平衡锤到处走动。事实上，从坐着开始，在我的眼睛适应黑暗之前就准备好观测了。继续吗？同样，所有应该配置的用品都在这个天文台里稳妥地放着或预备着。

一个朋友曾告诉过我他的设备基本上要花费三个小时才能搬运到观测地点。“三个小时花费在运输用具，组装，对极轴，然后做30~60分钟的仔细调整。在微调的最后阶段我借机会连接电脑和CCD。到这时，望远镜才到达或是非常接近热平衡了。现在检查调整一下寻星镜后终于可以工作了。”

在这一章里，我将介绍一些关于建造天文台的问题。

观测点的选择

第一个任务就是为天文台选择一个最好的地点。你可以选择10米远的自家后院或50千米远的黑暗地点。重点是它适合你，可以允许你晴天无论何时都可以进行观测。一般说越近的地点越好。这当然包括一些妥协：极限目视星等、建筑物和树木对天空的遮挡，甚至来自社区或公路的直接光线。

天文台的大小

↑Everstar天文台。在自家后院建的天文台，很实用的推拉式屋顶，尽管半个天空被遮挡了。

现在必须决定建造的小屋是单独放置望远镜的还是更大一些，可以容纳人。如果你对小行星的天体测量或光谱测量工作感兴趣，并且确定有CCD一直连接在望远镜上，就没有必要考虑一个大的。不过如果你是一个喜欢接待朋友的社团观测者，大的天文台可能是最好的。

当考虑你未来的天文台的实际尺寸时，有三个因素需要注意。第一是可用的空间大小。你能建造多大？这是私人天文台的限制因素。在用栅栏围起来的后院里，我已经不能把天文台建造得更大一些了。

望远镜的数量是第二个因素。如果你打算长久的放置一台以上的望远镜，或者你想长期有空间放置另一台可移动的望远镜，你就必须仔细斟酌大小。

第三个限制大小的因素是资金。它不是第一位的。因为没有前面的计划，你就不会知道将要花费多少。我下面将讨论个人的花费。但有一点是确定的，大天文台将花费更

↑Tim Hunter的三塔天文台（Tim Hunter摄）

多，花费与大小的比例是线性的。

顶棚

对于你的天文台来说，最个性化的因素或许是选择一个圆顶还是滑动式顶棚。其中一个主要的因素是审美观点。一般人会将圆顶与传统天文台联系起来。这有好有坏。圆顶的外观同周围的建筑不协调。圆顶同样会吸引一些人（主要是年轻人）不必要的注意和不好的意图。

圆顶能够有效减少反射光，只有一道豁口指向天空。滑动式屋顶的散热比较好。在刮风的夜晚，圆顶可以很好地保护你。滑动式屋顶可以为你提供一个更好的景色。两者基本上都是防雨的。

圆顶

许多选择圆顶建筑的爱好者都从制造商那儿购买成品。接下来是制造商安装还是自己安装的问题。选择是基于你的建造技术和对这项工程的信任度。

当然，你不能只订制一个圆顶并安装它。圆顶下面的建筑必须先建造好，先要列一个明确的清单，做到心中有数。

爱好者很少自己建造圆顶。当然如果你有技术制造一个单个"橘子瓣"的板子，制造出需要的数量，然后把它们拼合在一起形成一个圆顶。不过，选择合适的曲率去达到一个平滑的圆顶可不是一件容易的事情。

其他人用很薄的、弯曲的金属环作梁（通常是铝的）。在这上面你可以铺任何塑料或防水丝绸。如果是丝绸，材料可以封口然后加入树脂层以增加强度。

滑动式屋顶

如果你选择建造（或已经建成）一个滑动式屋顶，需要讨论几个问题。首先，要建造一个三角形的屋顶。这样的屋顶不会让雨水或者雪堆积在上面。三角形的梁可以购买或找到合适大小的。

下一步，你应该考虑让屋顶如何滑动。你可以找到很多种类的塑料或金属脚轮。一

↑Grasslands天文台。(Tim Hunter摄)

般说来这些是设计成在轨道或金属滑槽上滚动的。确定你所选择的滑轮可以承载屋顶的重量，甚至加上积雪的重量。对于我的观测站，我选择的是带V型槽的金属滑轮，放置在反转过来的L型托架上。在屋顶的两边各有四个滑轮。这比我需要的负担量多。但我发现八个轮子的屋顶比六个的滑动得更加容易。我只需要记得每年为滑轮上三四次油，屋顶的活动更加平滑。

仔细地设计你的屋顶使得风或雨水进得最少。房檐至少要达到30厘米。一些业余爱好者还在房檐四周安装了防止灰尘进入观测站的板子。

关闭时屋顶的安全是非常重要的。我使用两个钢制的套筒。在西南部的沙漠里，春天的风通常很强劲。我的屋顶在30米/秒的风速下没有任何问题。其他的观测站建造者使用钢扣，通常每个角一个。

一些爱好者，纯粹是因为审美观的原因，他们将屋顶设计成悬在轨道末端上方（大约1/3米）。这缩短了支架的长度，木质滑道上安装支撑了滑轮的角铁。其他人把支架做得比实际需要长一些来减少屋顶打开时所遮挡的天空视野。

地面

你有两种基本的选择——木头或水泥。铺水泥的地面主要是不用保养。确保使用质量好的水泥。我就曾因疏忽这一点而感遗憾。我的观测站唯一的苦恼就是铺水泥的工人加了过多的沙子。

如果你使用木头做地板材料，选择抗压的木材。垫高地板使地板下面有足够的空气流动以防止木材变形和发霉。使地板高出地面一些的另一个好处是老鼠一般不会在一个开放的空间里筑窝。保持6~8毫米的与顶层板的距离，使冷空气不能在观测室里停留。

木质地板比水泥的能够使脚更加舒服，尤其是在长时间观测火星冲日前的几个星期里。可以考虑站在一个合适的垫子上。额外的加厚可以使你的脚感觉更好一些。

墙壁

墙壁的主要问题是高度。当人们使用天文台时，你希望墙壁足够高以遮挡直接的光线但仍可以看见大部分的天空。两米（大约7英尺）是标准的高度。对于大型的天文台，需要稍高的墙壁来遮挡直接的光线。

天文台的墙壁，尤其是那些私人使用的，从薄的到相对厚的都有。天文台的墙壁可以用泥浆、砖块、混凝土砖、瓷砖、木瓦和塑料。我选择了塑料。较厚的墙可以保暖。在外层有反射大部分光和热量的涂料和保护覆盖物，但是在沙漠里涂层被破坏得很快。

对于天文台的外墙，我使用一种名叫PalRuf的防紫外线PVC镶板。这种镶板实在是太好了。它工作了20年。这种镶板是波纹状的，大概3毫米厚，0.66米×2.4米（26英寸×96英寸）大小。使用一般的剪刀就可以轻易地加工。墙壁的边缘覆盖一层电镀的盖子。这种镶板能够有效地降低太阳热量，在沙漠中热量是要认真考虑的问题。

提示：有些PVC材料只在一面是防紫外线的——把那面向外安装。

用于墙壁的PalRuf是白色的。我把天文台的内部粉刷成黑色。我使用的涂料是Krylon Ultra黑色平板漆。当我在天文台内待上一段时间后，由于黑色墙壁的缘故我增加了0.5~0.75等的目视极限星等。

PalRuf是用于木质框架结构上的，3.8厘

↑曝光期间旋转圆顶的裂口的三塔天文台全景图。(Tim Hunter摄)

↑Junk Bond天文台。Jeff Medkeff在计算机控制台前，利用这个天文台已经发现了60颗小行星。(作者摄)

米×8.9厘米大小。你可以决定是否在内部墙壁上使用贴图材料。如果你不使用（我个人的意见），你可以选择支撑或架子等。装点内部墙壁的唯一理由是为了好看。

门

天文台的门相当有用。我建议选择一个带链子的优质实心门，一个坚固的锁，顶部、底部和边缘都有良好的密封性。这同样可以增强安全性。

额外的房间

一些住在寒冷气候中的爱好者们为自己的天文台建造了一间额外的“暖房”。当天文台离家不是很近时这的确是个好主意。对于后院天文台的计算机控制的望远镜，这也比在房间和望远镜之间来回走动要好。

如果你建造暖房，一定要将热量隔离好。热量能够危害到视宁度，暖房的屋顶也会散发足够的热量，当使用暖房时，肯定会对房间上空的天区图像造成严重影响。

内部问题

内部最关键的问题就是电源。必须有交流电源进入天文台。不管是直接的电源还是从房间里接线，确保至少有两个15A以上的插座。如果你有暖房，至少再加两个插座，其中一个的最大安培量应该可以负载你所使用的任何加热器。

照明是另一个问题。暗的红色灯光是必须的，暗的白色灯是可有可无的。如果你致力于月球的观测，你可能会需要白色的灯。

还有一个就是通风问题。如果你的天文台密封太严，无论你的墙壁和屋顶的隔热多么好都会存在散热问题。一些爱好者使用通风管道，其他人使用安静、低速的风扇。

如果你有空间，为自己建造或购买一些储物用品，可以是书架或橱柜。如果空间有限，可以考虑抽屉。如果你的是滑动式屋顶，利用好房间的四角空间。给望远镜周围留下空间以放置观测椅。一个不占面积而获得储存空间的好方法是使用吊挂式袋子，在吊挂的袋子里可以储存相当惊人数量的物品。

最后，配置一个钟表。有大的数字显示和LED红光照明。

底台

许多爱好者建造了一个上方可以安置主望远镜的的底台。如果你要建造一个，立足点是很重要的。这是一个用强化混凝土铺设在地上的平面。任何突出于地面的混凝土（或者钢管）柱状台都叫作底台。望远镜底台的装配是使用深入混凝土的螺栓。一块厚的钢板可在混凝土上用来固定螺栓并连接底

↑Grasslands天文台的600mm f/5望远镜，正在进行夜间观测。（Tim Hunter摄）

座。螺栓不能太靠近底台的边缘。

一般的规则是立足点在宽度上应该是底台的两倍，在深度上应该一样。许多建筑遵照了这一规则。把立足点建成方形的，在硬度上同等尺度的方形截面比圆型截面强1.70倍。检查立足点合适的深度。

当圆型混凝土底台规划出来后，许多建造者在将要浇注混凝土的地方放上模子，是一个在美国把它称为Sonotube的厚空心管。管子的宽度在8~56英寸之间（20~140mm）长度达18英尺（5.5m）。管子可以根据需要移走或者留在原位。如果在立足点安装一个Sonotube底台，使用#4或#5的钢筋或相似的材料突出30cm左右固定住立足点的底台。

无论天文台的地板是木制还是水泥的，它应该完全同底台隔离。这对于任何类型的观测者来说尤其重要。2cm的间隙就足够了，但不是死规定。这样一来，即使在观测站里跳舞也不会影响画面。

有时底座不在天文台的中心点，这样可以使某一个方向的视野最大化，在北半球，这个方向通常是南方。

尽管这样不同于完全固定的底座，观测者还是会注意到当马达驱动时图像似乎在抖动。一个原因是，底座太刚性了，没能抵消和望远镜叉臂的自然共鸣。一些夹在底台与底座之间的橡胶化材料可以解决

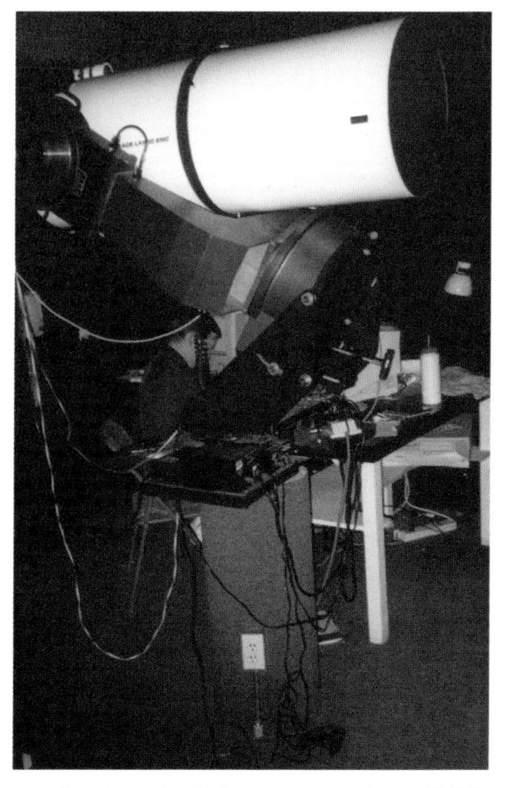

↑Junk Bond天文台，400mm Meade SCT望远镜是自动小行星发现计划的核心，由于运行自动化，Jeff Medkeff已不必亲手操作

这一问题。

在我的天文台里，我在安装底座前制作了一个在底台上滑动的板。它是方形的，周围有4cm的边，仅相对底台突出8cm。

花费

在考虑了以上的一切之后，最后的问题是你自己建造还是找人为你建造。这可能不是财力的问题。你可能比想象中富有但仍旧选择自己建造。不管你选择哪条路，都要达到以上的设计要求。选用质量好的材料，不能马虎。制订一个周详的计划，一个建设蓝图——至少列一个表格。祝你好运！

追逐暗夜

望远镜、观测点、交通工具，我总算都弄齐了。这是一架配备了赤道仪的16英寸经典牛顿式望远镜，靠近位于堪萨斯州乡下的家中。接下来要做的是把它搬到镇上去，那里有数不清的街灯、大树和邻居们。一架700磅重的望远镜确实有些不方便搬运。

当看到一辆旧的救护车要卖时，我意识到它将能帮我走出困境。2000年12月，我开始着手搬运，2001年8月17日，我的新移动天文台——“追星者”(StarTracker)开光了。

首先，我需要清理这辆救护车的所有设施和标识语。然后，我请本地的焊接铺用等离子体焰锯帮我在车的顶棚上开了一个6英尺的洞。这个焊接铺还帮着制作了一个环形的基座来支撑我购买的圆顶装置。我在底盘上安装了几个墩子，这样就可以在底盘上建造一个悬浮的观测平台。我把箱形梁焊接在底盘上，又在四角安装了四个螺旋千斤顶以便在观测点把车顶起。

所有控制望远镜的电子设备都在车内的一个面板上。我还将红外灯光移到车内方便夜间照明。一旦到达观测地点，只需花8~10分钟来稳定和调平望远镜即可进行观测。

由于受6英尺圆顶里的空间限制，我买了一个新的Celestron 11全球定位系统安装在基座上，这个全球定位系统的实际效果非常理想。

单单就移动性来说，所有这些改动是值得的。自从“开光”以来，我多次前往有着清澈夜空的地方，享受了很多小时的观测。在2001年10月，我参加了Great Plains星友会和Okie-Tex星友会；2002年5月，我参加了Texas星友会，并打算在不久的将来参加更多的星友会。

的确，我放弃了对口径大小的追求，然而我获得了极大的方便，观测地点不再成为问题。预想之外的最大收获是——有机会结识到更多的新朋友，而且与对天文会有同样热情的人建立了友谊。

5.5 社会天文学家

天文学在业余级别只是爱好，被定义为“在一个人的正规职业外追求的、为了放松的项目”。所以要放松，独自或在公司与其他人一起放松。这是本章后面的重点。我想最好是提供一些网址并鼓励你读他们自己的心声，而不是我来告诉你所有的一切。

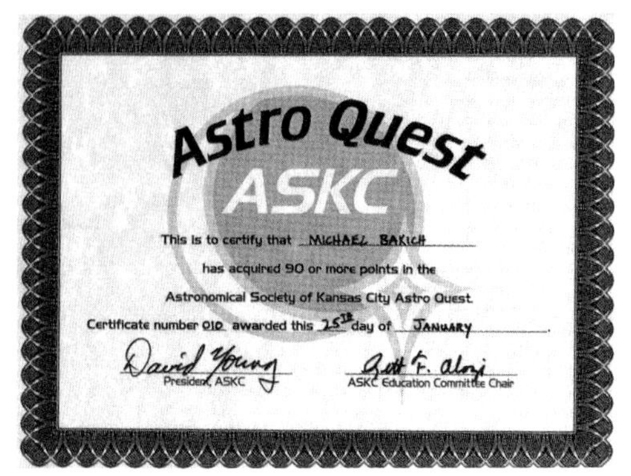

↑各地的协会可能会建立自己的观测奖项。堪萨斯天文协会有“Astro Quest”，它在会员中很流行。(作者摄)

↑Saguaro天文俱乐部的成员在Dawn Princess巡洋舰的甲板上观测1998年2月26日日全食的偏食阶段。(Steven Coe摄)

大型组织

- 美国变星协会（AAVSO）
  http://www.aavso.org/
- 月球与行星观测协会（ALPO）
  http://www.lpl.arizona.edu/alpol
- 天文联盟（AL）
  http://www.astroleague.org/
- 英国天文协会（BAA）
  http://www.britastro.org/index.html

天文俱乐部

不用问，最好的方法就是加入当地的天文俱乐部并且参加他们的研讨和星友会观测。这会将你放入一个热情的团体里，能够解决你的问题或帮助你找到答案。许多天文俱乐部有许多寻找分享共同爱好的机会。但不是所有的俱乐部都是理想的。

我记得在80年代中期的Tucson业余天文协会。会员们各自站在自己的立场上攻击其他人，试着说明他们的观点。这相当滑稽……悲观地说。

你的俱乐部不会像它那样。宽容博大是这个时代的潮流。一旦你加入了，你会看到各自的政见、党派、不同的意见等不会影响你经历和新朋友同享灿烂星空的快乐，你会听到许多方面的谈话。不久，你会被赐予最终的待遇——与同好共享天堂的奇迹。

电子邮件群/电子群体

相当数量的电邮群存在于互联网上，他们通过电子邮件向群体发送信息。个人认为，当我有问题时这就是巨大的资源。这样的组织里不乏在所有业余天文方面都有数年经验的资深会员。

加入群体的最常见方式是点击http://groups.yahoo.com。

从这个页面上，你可以找到自己感兴趣的主题。我提醒大家小心。一开始只加入一到两个群体，并从这里起步。在2001年，我平均每天收到136封邮件（没错，几乎每年5万份）。下面是最主要的电子群体：

●amastro

369名会员通过雅虎加入，706名通过订阅列表加入。高级群。

讨论业余天文的大型群体，并强调观测。是最初的也是最好的。1999年5月18日创立。在最初的三年里，邮件的总数达到了7679封。

●ap-ug

971个会员。中高级群。

“天文-物理成员群”的简称。一般的讨论话题包括天文-物理的天文器材——望远镜与附件。

●historiacoelestis

74名成员。高级群。

Historiacoelestis是一个讨论群，为所有对天文学历史、望远镜、天文台、书籍和天体知识感兴趣的人提供资料，无论是专业还是业余。

●meteorobs

73名成员。高级群。

Meteorobs是致力于通过网络讨论业余流星天文学的组织。

●Planetary-Nebulae

174名成员。高级群。

这是个面向任何喜欢行星状星云的爱好者的群体。

关于行星状星云的观测与讨论都可以在这里进行。这个群体可以为计划观测的人提供星体种类的数据库。

●折射镜

900名成员。初中级群。

这里是所有折射镜使用者的天堂。可以进行器材的讨论，观测也是鼓励的。所有口径的使用者都受到欢迎。

●SoftBisqUser

989名成员。初到高级群。

这个群体不是SoftBisqUser的官方网页，而是为了方便用户互相帮助自行建立起来的。可以向他们寻求Bisque软件的技术支持。其他用户可以用软件在线上帮助你。

↑2002年5月，Robert Kuberek和他的加装太阳滤镜的130mm AstroPhysics折射镜，站在作者的天文台前。（作者摄）

●Starmaster-scopes

710名成员。

一个为Starmaster望远镜用户提供的讨论空间。

互联网新闻组

像电子群一样，新闻组允许你发表评论。他们需要通过新闻组阅读器软件发表到一个特定的区域，用来下载或回复信息，而不是通过发电子邮件。其中一个最大的群是sci.astro.amateur。尽管有许多的错误与含糊不清的信息，但是也有许多有价值的信息。好处是有许多无私的人。如果你有问题，你极可能会得到回答。（或50个答复！）我建议对自己关注的电子群先沉默一阵子，在提出或回复问题之前先等一个月。那样，你心里就会对主题和群的水平有数了。

互联网聊天组

随着个人计算机数量的增长，聊天室开始风行。不过这些往往和非法、色情等等字眼相关。不过在庞杂的聊天室中，仍然有天文方面的，很值得常去光临。

为了进入聊天频道，你必须安装IRC（Internet Relay Chat）客户软件。在#sciastro聊天室常用的软件是mIRC和Prich，都是共享软件。你只要下载，并向开发者支付名义上的一点点费用，就可以使用了。安装后，加入相应的服务器即可。

天文假日

- Advanced Observing Pregrum
  Kitt Peak National Observatory
  http://www.noao.edu/outreach/aop

- Arizona Sky Village
  Portal， Arizona
  http://arizonaskyvillage.com/

- New Mexico Skies Guest Observatory
  50km east of Alamogordo, New Mexico
  http://www.nmskies.com

- Vega-Bray Observatory Bed & breakfast
  Benson, Arizona
  http://www.communiverse.com, skywatcher

星空大会

- Astrofest
  Just northwest of Kankakee, Illinois
  Elevation: 175m
  http://www.chicagoastro.org/aindex.html

- Chiefland Star Party
  10 km south of Chiefland, Florida
  Elevation: 16m（yes, 16!）
  http://www.c-av.com

- Enchanted Skies Star Party
  Socorro, New Mexico
  Elevation: 1400m
  http://www.socorro-nm.com/starparty

- Grand Canyon Star Party
  Grand Canyon National Park, Arizona
  Elevation: 2135m（South Rim）；2440m（North Rim）
  http://www.tucsonastronomy.org/gcsp.html

- Great Plains Star Party
  Scopeville, near the town of Parker, Kansas
  Elevation: 305m
  http://members.tripod.com/ciorg1/

- Nebraska Star Party
  25miles southwest of Valentine, Nebraska
  Elevation: 945m
  http://www.nebraskastarparty.org/

- Okie-Tex Star Party
  Black Mesa, Oklahoma
  Elevation: 1515m
  http://www.okie-tex.com/

- Oregon Star Party
  Indian Trail Spring, Oregon
  Elevation 1525m
  http://www.oregonstarparty.org/

- Riverside Telescope Makers Conference
  8 km south Big Bear City, California
  Elevation: 2315m
  http://www.rtmc-inc.org/

● Rocky Mountain Star Stare
15 km northwest of Lake George, Colorado
Elevation: 2690m
http://www.rmss.org/rmss2001.htm

● Table Mountain Star Party
32 km northwest of Ellensburg, Washington
Elevaiton: 1938m
http://www.tmspa.com/

● Texas Star Party
Fort Davis, Texas
Elevation: 1540m
http://feenix.metronet.com/~tsp/index1.html

星空大会的规则

●遵守所有公布的守则。许多星空大会提供一份详细的夜间规定清单。如果你是第一次参加星空大会，阅读并记住它。

●避免使用灯。注意我没有说“避免使用白色灯”。当然白色光对黑暗中的眼睛影响更大，同样大多数红光也显得太亮了。在大多数情况下，是光的亮度而不是颜色在影响你的眼睛。所以如果你的照明是大的红色点光源，留在满月时用。最后，在任何星空大会或观测阶段，小心处理车灯，尤其是在开门或开后箱时。最简单的方法是关掉灯。

●下一条很重要，我特地将它单独列出。它包括来自便携式电脑的光线。大多数爱好者（但不是全部）使用这种设备观看图像，而并不能与目视观测者相协调。当然，屏幕前都有红色的滤片，但是几乎我所见过的所有屏幕还是太亮。当我穿过一片观测场地时可以看到一个坐在椅子上的笼罩着暗红光的人，我知道屏幕光过度了。更好的便携电脑有一个盒子（漆成黑色）罩在上面，只有前面留出个口。

●在去之前与组织者核对一下休息室的设备。你可以为自己减少不少的麻烦和不必要的开支。

● 请保持卫生。不要在地上丢下任何垃圾，或许会被风刮走或被别人踩到。如果没有垃圾桶，自己带个垃圾袋。这在公众或私人场所做客时非常重要。在每一个观测阶段的尾声，大会会安排一段照明时间用来检查垃圾或不注意忘掉的某些物品。

● 使用别人的望远镜时多花点时间。匆匆一瞥对你没有好处，而且不会给望远镜的主人留下好印象。不仅可以而且还应该提问题。一个初级天文爱好者或许会问:“我看到的是木星表面的两条云带吗?”有一些经验的爱好者会问:“这只目镜的实际视场是多大?”而一个资深爱好者的问题可能会类似于“你知道小吃店什么时候关门吗?”高级的观测者总是技高一筹。

● 使用别人的望远镜时应该注意调焦！我已经对数千人说过这些，老的小的，初级的资深的，我在这里重复一遍。我们的眼睛并不完全一样。即使是一毫米的调焦距离都能够更清楚地展示土星光环的细节。如果你不熟悉正在使用的望远镜，可以问“打扰一下，如何使用您的望远镜?”

● 带着并管好你的孩子。星空大会是家庭事务，孩子是受欢迎的。不过要确保他们一直跟着你。许多孩子待得太久会变得任性（一些成人也会如此），喜欢在车里睡觉。记住他们的舒适和安全是你的首要任务。

● 如果你一定要听音乐，你或许来错地方了。要知道每个人对音乐口味有很大的不同，很难保证你旁边的人喜欢你所听的音乐。如果你一定要打棒球，则是完全不同的事情了！戴上耳机吧。

● 小心驾驶（甚至走路），尽量不要带起太多的尘土。许多的星空大会是在几乎没有植被的地点举行，尤其在干燥的气候。

● 除非你有移动的家，否则把宠物留在家里。业余天文爱好者相当不喜欢把设备安放在一堆废品当中。

● 带着你最喜欢的双筒望远镜。即使是有经验的爱好者也这样做。它可以方便地确定天区或者检查正在观测的天体能否被双筒望远镜捕捉到。它们同样适用于大角度的天象，例如火流星出现后留下的余迹。如果你的双筒望远镜倍数比较高，把它安放在三脚架或接口上，那样可以得到很棒的深空天体图像（仙女座大星云、猎户座星云、双星团等）。

● 带一个用来坐的椅子。别人或许有额外的椅子，但是不要有所指望。如果你参加观测或夜视活动，建议带着饮料（最好是水，但并不一定）和一点快餐。如果你参加连续数夜的星空大会，你或许想带很多东西。在温暖的季节，驱虫器是有必要的，自己准备一个。

● 没有得到允许的话，绝对不要移动他人的望远镜。如果天体几乎离开了视场，提醒望远镜的主人，他会告诉你如何调节，可以是手动或者是电动微调。

● 吸烟之前看看规则，或许有火灾警示。请注意风向和其他不喜欢被动吸烟的人。

● 小心如“拍摄中”或“天体摄影”之类的牌子。正在进行这种工作的人可不太友善，至少在操作中是这样的。在这里你不能使用照明，别在望远镜前徘徊甚至太靠近，仅限于谈论他们感到舒适的话题。一些居住在糟糕气候中的爱好者把星空大会提供的清新、黑暗、干燥地点视为拍摄新图像的好机会，而不是一个团体集会的机会。

● 尽量在天黑之前赶到地点。有两个原因。(1) 望远镜安装好之后，汽车的灯光是极不受欢迎的！(2) 在黑暗中你有可能找不到地点。星空大会通常在偏僻的地区举行，使它在天黑之后几乎不可能找到（即使有地址）！如果你对自己寻找的能力有所怀疑，最好是在白天就到达那里。

● 让其他人知道你打算离开。一些人可能正在拍摄中。多花一点时间就可以避免麻烦别人。在你离开或到达时要特别小心处理车灯。

● 最后和最重要的，一定要有礼貌！你所见到的人不是雇佣来的，更不是雇来为您服务的。许多人是天文俱乐部的会员或是他们的家属，剩下的人是像你一样的参观者。

↑Rick Singmaster在2001年得克萨斯星空大会上。

星空大会的衰落

下面是在2001年得克萨斯州星空大会之后出现在我们天文俱乐部的新闻版的一封信。TSP2001准备不充分。如果你为业余天文爱好者组织大会，你可能会读上几遍。我强调一下我没有说这是我参加的唯一有糟糕经理的星空大会，而是说这只是最近的一次。

↑堪萨斯的Kathy Machin和她的300mm反射望远镜，摄于2001年得克萨斯星空大会。

当我和Michael Bakich准备参加第23届得克萨斯年度星空大会时，我期待着一个星期的痛快观测。这是我第二次造访这齐集了世界各地天文学家的传

↑NGC1318。（尼康F2，105mm Nikkor镜头，德国Ulrich Beinert摄）

←堪萨斯的Steve Carroll，经常出现在美国中西部的星空大会上。他是个木匠大师，正在做一个500mm星空主人望远镜的部件。（作者摄）

奇聚会。Michael和我从去年就开始计划这一周的观测之旅。

当我们在观测场地高处扎营之后，天气多云，还有些冷，但我仍旧情绪高涨。如果帐篷没有扎在耀眼的阳光下我们至少能够在较冷的天气中睡觉，而且当黑暗降临时天气开始转晴了。Michael的几个朋友也参加了大会，他们来自全国各地。David带来了令人惊讶的设备。不幸的是，天空并不通透并且这一周几乎都是如此。我们仅有两个半夜晚是晴朗的，其他的根本算不上是所谓的好的视像。坏天气是不可避免的事情。糟糕的大会管理就不应该了。

肮脏的浴室，堆积如山的罐头瓶，散发霉味的柜子，还有漠不关心，甚至没有服务员成为每天的惯例。在星期五下午当我参加天文联盟的聚会时，以上的情况变得更加糟糕。大会的主席甚至没有出现。只是解释说她不舒服，代理主席说如果有人的确需要和她谈话，他可以联系到她。当代理主席问起浴室和服务情况是否满意时，我意识到肯定没有指望了。在几句关于服务不周的问题和抱怨后，他迅速地回答："抱歉，不过祝明年好运。"这样，他就可以继续吹牛他们为大会投入了多少钱！会议在我的一片迷茫中结束了，我得到的问题比答案更多了。诸如像"既然他们有那么多钱，为什么不叫人打扫浴室呢？""服务员在哪里，为什么他们不来巡视并修理出故障的设备？""如果我们的俱乐部也是大会组织的一员，为什么我们在大会上没有任何服务员呢？"

作为俱乐部的经理，我正打算同TSP的组织者讨论这些问题。希望我们能够找到答案并确保这个大会是正常运转进而吸引人而不是排斥他们。

作为建议，我不支持这个大会。我准备把我们遇到的问题发给组织者，但得到关注的可能性很小。许多同我谈论过这些问题的人都认为组织者把自己定位在一个封闭的区域，而且不希望接受外界人士的批评。有点像"命令与控制"。我想我们会明白的。

Mark Marcotte
EPAC 主席

5.6 光污染

我将会像一个业余天文爱好者一样不过多谈及夜间照明，现在普遍叫作光污染。在过去几十年里，夜间户外照明以极高的速率在增加。今天，业余天文爱好者通过卫星图像沮丧地发现我们的星球黑夜的一面并不是黑暗的。

↑暂时忘却天文。El Paso的街景，为了治安，灯火通明。（作者摄）

对于北美洲和欧洲的大部分人来说，夜天空不再是黑色，或者黑暗。取而代之的是从设计简陋的灯中发出的明亮的橘黄色，几乎看不见星星。对于那些出生于20世纪80年代以及后期的人，可能他们在天空中见到的唯一天体就是月球。在今天的世界，最岌岌可危的自然资源可能就是黑暗的夜天空。

只有很少人赞同取消户外照明。这种照明对于安全是必要的，并且方便人们工作或消遣活动。其他的照明如历史建筑、公园、购物中心或是广告或许不是很必要，但许多人也赞同。这就是我们今天的世界。

时常会有无意义的照明，即使照明有目的——重要的目的——也是缺乏好的设计并需要维修。拿安全照明来说。美国司法部门的一项研究指出在统计上没有表明路灯对犯罪率有明显的影响，但是强烈照明会减少对犯罪的恐惧。这是一份惊人的声明。事实上，微弱的照明使你在不安的状态下仅仅增

↑可怕的照明，很难说哪一个影响了天空。（作者摄）

强点安全感而已。

夜晚的丢失

在我写这本书的时候，世界新闻机构CNN报告了一项研究，报告说世界上2/3的人口看不到真正黑暗、灿烂的天空，99%的人在美国大陆和西欧。

调查第一次测量了在地球的特定区域光是如何降低星的视像的。报告描述了世界的一些地区从来没有真正的黑夜，因为被来自城镇的光淹没了。此外，研究总结了40%的美国人和1/10的世界人民生活在从来没有机会去适应黑暗的地方。

眼睛的需要

一旦你适应黑暗，低照度的光线是可以接受的。问题是眼睛必须从黑暗到光明，再从光明到黑暗——来回直到它不适应任何一种情况。

年龄较大的人遭遇的一个主要的问题，是眼睛功能的老化带来的麻烦，例如暗适应调整的速度的减慢。把你的车开进明亮的服务站然后驶入更暗的甚至没有灯光的高速公路时，对年长的人十分不利。年长人的眼睛同样对闪光更敏感，尤其是偏蓝的光。

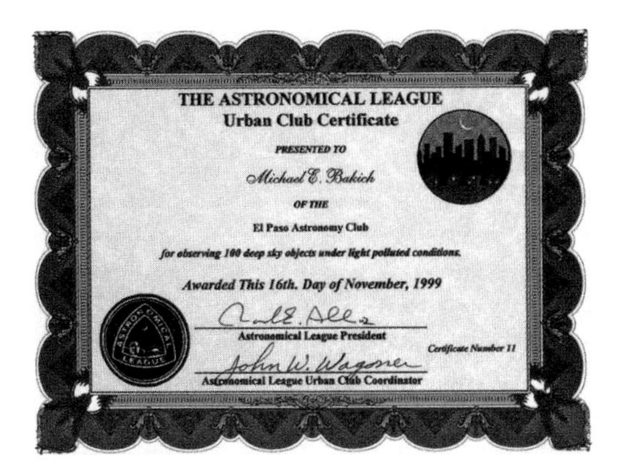

↑你以为在光污染严重的自家后院无法看到星空？不，有的协会正在致力于光污染下的业余天文观测，并设立了奖项。（作者摄）

蓝光用于夜间照明是低效率的，因为眼睛在夜晚，对蓝光不是很敏感。同样的水银蒸气光看上去同黄色光一样亮，例如钠蒸气光，它们消耗更多的电量。

强调钱袋

我们天文爱好者能做什么？我们如何鼓励执行官和社区的人们去改变？我最好的建议是把与天文有关系的争论都留在家里。强调每个人都明白的：金钱。

国际暗天空协会（IDA），一个领导反对光污染的组织估计每年都有超过数百万美元浪费在能源利用上。在互联网上IDA的网址是：http://www.darksky.org。

策略

从我个人试图在得克萨斯州建立有关照明的法规的经验来看，我可以提供四步策略。首先，向经济方面靠拢。你可以提到其他的好处如安全和夜天空问题，但是最清楚的声明还是经济因素。

第二，使问题对于政府部门更加容易。从其他城市拷贝照明法令，复制经济利益的统计报告，复制工程与安全报告等。然后起草一份最初的法令草稿。

第三，吸引许多人的注意并保持他们的兴趣。草稿可以寄到或电邮到政府机关的每个人手里，使他们清楚、没有疑问并确定你是一个选民。写信给你当地报纸的编辑，让天文事件反客为主，并给每一位参与者传播我们的光污染信息。

最后，选择一个机智、吸引人的、甜美的、不容易急躁的“热点人物”，他还应该能够参加政府讨论会议。不要选择大嗓门的激进分子，无论他有多大本事。

总结

最后，意识到光污染不仅对天文社区有

←还好，周围有山，否则El Paso的城市灯光会无限延伸下去！（作者摄）

危害。IDA的《照明手册》说得最好：

糟糕的照明伤害每一个人。它开始于小部分的负面影响——开始丢失我们的天空，接着降低安全和效用的等级人们的生存环境都受到伤害，无论是邻居还是野生动物都容易处于紧张而戒备的状态，干扰了许多重要自然系统的昼夜规律，破坏我们社区的美观，浪费金钱，制造无用光线，并增加空气污染和二氧化碳的排放等级。糟糕的照明没有任何好处。

↑一家餐馆的灯光，这是我所见过的一个光污染最严重的例子。（作者摄）

第六章　太阳系天体的观测

6.1 黄昏

黄昏

堪萨斯州斯科特堡Susan S.Carroll

我沐浴在黄昏里，仰望天空，静待夜幕降临到大地上。所有的准备工作都已做好，那台18英寸望远镜挺立在我身旁，期待着一显身手。目镜焦距已经调好，现在我所要做的就是等暗绿色的蒙蒙黄昏变成暗夜。

周围有几十个人和我期待着同样的事。空气中充盈着欢声笑语，偶尔还传来一阵爽朗的笑声。但是随着太阳沉没在地平线以下，笑语声安静了下来。当第一颗恒星出现的时候，喧闹声止，随即到处亮起了红光手电筒，红芒刺破了正在降临的黑暗。

我舒展了一下胳膊和腿，迎来一个新的长夜。我在头顶的星空中寻找两颗星，它们指示出了我计划中的第一个天体的路径。一找到它们，我立刻抓住赤道仪底部的销子并把18英寸望远镜转动到位，将寻星镜对准了目标。我把眼睛贴近目镜，仔细欣赏这个令我惊叹的星云，甚至此刻，依然正有恒星在其间诞生。我眯着眼睛凝视星云，测试自己能看到其中多少颗星。

随着星云在夜空中升高，我也跟着慢慢站起来，暗恨自己不够高大。星云升高、再升高，直到我站直、踮起脚尖，努力够上目镜继续观赏。终于，我不得不承认失败，只好爬上梯子以使眼睛和目镜的高度保持一致。

夜越来越深，身边的声音已成了低声细语。我打算从高处下来去看另一个目标。现在每个人都看不到脸，想要辨别身边的人只能依赖对其声音和体形的熟悉程度。

当我紧盯着望远镜中时，一个声音从我身下某处响起，又转到左边来："你在看什么呢？"几乎每次观测都能碰到这样的问话。"没什么，"我如实回答，"我还在找呢。"我既不熟悉这个声音也不认识这个体形，因此我的回答很随意地脱口而出，就跟条件反射似的。老实说，有时候与别人分享我的所见是我再乐意不过的事，可现在不是时候。

午夜临近了，我坐下来小憩了一会儿。丈夫走过来，钥匙和零钱在他口袋里叮当直响。"我要睡觉了，"他宣布。"晚安，"我回应着，往后站了站，然后又舒活了一下筋骨。他知道当我即将准备妥当时劝我睡觉是徒劳无功的，我还精神着呢，而且我苦等数月想要一睹丰姿的天体至少还有两小时才会升上地平。

终于，我所期待的南天深空天体中的第一部分星星溜出了地平，这下可不会让我久候了。我目不转睛地盯着它们，多希望自己的热望能使它们升得更高啊。当然那是不可能的，为了让自己安心些，我反复扫视地平看看有没有障碍物。如果云层飘过来挡住我的视野，南边的深空就会从我眼前消失。幸运的是，我没有发现这样的障碍。

现在，目标已经出现，紧贴在地平之上。我把18寸望远镜转到低处。这回受苦的将会是膝盖，梯子或椅子已经不再需要了。我在寻星镜里找到目标，迫不及待地跪屈起膝盖形成跪姿。草地的下面原来是锐利的珊瑚石，真庆幸自己的先见之明，把每只膝盖都套上了厚厚的护膝。可是，我没能在目镜视场中看到目标，看来只能再到寻星镜中搜寻一次了。我把18英寸望远镜往下轻推了仅仅1毫米，又回到目镜跟前，屏住呼吸。它在那儿！它占据了我所使用的中高放大倍率目镜的全部视场，不过我也看到了它的全貌。我目不转睛地紧紧盯着它，感觉自己的眼球好像快要跳出眼眶似的。让我看清你的秘密吧，我祈祷着。就跟心理暗示一样，目标天体仿佛听到了我的默默祈祷，它变得更加闪亮，我又一次屏住了呼吸。

我完全被眼前震撼人心的神奇景象陶醉了。那个瞬间赐给了我最可贵的东西——心智的启迪。关于宇宙之谜的又一个小小片段被植入我的大脑中，并会在今后的日子里被反复重温。随着目标天体依依惜别着沉入地平线之下，我拍了拍18英寸望远镜的镜筒，她和她那灵敏的主镜让我再次满怀感激与谦卑。

就好像狗吸嗅着清风一样，18英寸望远镜自动地略微仰起了一点，仿佛在说："下一个目标是什么？我们开始吧！"我有点不情愿地回归现实，继续观测下一个目标。现在，喧闹声大大减少了，只是偶尔还有手电筒的红光闪一下。当再次透过目镜凝视星空时，我摇了摇头惊奇于很多人已经睡着了。他们怎么可以错过这个（天体），我问自己。但我很快驱散了这个想法，毕竟，别人

↙加利福尼亚Valencia的RobertKuberek拍摄的黄昏美景，摄于1999年7月24日，加利福尼亚利昂娜山谷的肯尼迪农场。

观测时做些什么与我无关。

暗夜最终开始隐退了，一缕微弱的粉红色光芒在东方显现出来。我小心地安置18英寸望远镜休息，并把她那长长的银白色罩子罩在外面。她现在安静了下来，没有表示抗议。我关上目镜，再次把目光投向东方，绚丽迷人的日出刚刚开始。于是我来到海滩上，找了块合适的岩石坐下，欣赏起来。灿烂的朝阳之光更加明亮了，突然间我感觉到了虚脱的征兆：僵硬的膝盖、麻木的双脚还有酸痛的后背。不过我是唯一一个仍然醒着的人，因此我可以抱着僵硬的膝盖，在宁静中观赏日出。后来，尽管万般不情愿，我还是不得不走上拖车的路，因为我实在缺了太多睡眠。不管怎样，在这个日出之后就是另一个日落，将会有新的机会去向那些令人惊奇的天区进军。我躺在床上，进入梦乡，梦到在那个日落之后我将看到的奇观。

6.2 太阳

太阳的参数

中心温度	15 600 000K
表面温度	5 800K
与地球地距离	149 597 870km
大小（直径）	1 390 000km
质量	1.989×10^{30}千克 （333 000倍地球质量）
平均密度	1 400 kg/m³（水密度的1.4倍）
太阳照度 （到达地球的能量）	1 380 W/m²

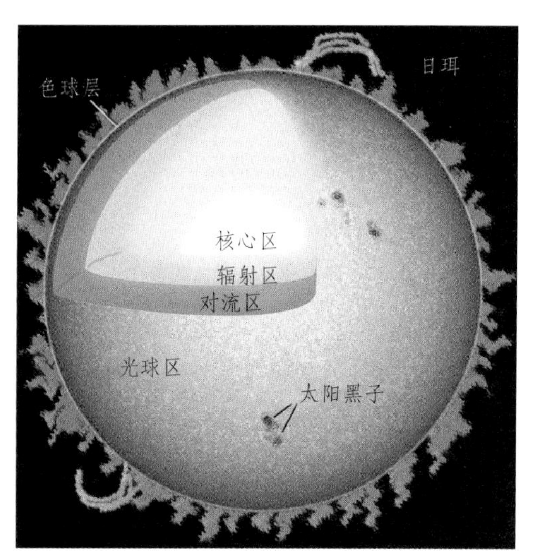

↑太阳的内部。（霍莉·Y·白凯奇绘）

太阳的内部结构

太阳核心区的半径为200 000千米，温度在15 600 000K左右。核心区是唯一产生能量的区域。紧接着核心区的外层区域称为辐射区，其范围从200 000千米延伸到500 000千米处，温度为7 000 000K。辐射区温度较低，不足以产生热核反应。从核心区释放的能量先被辐射区原子吸收，然后再被它们往外辐射出去。由于辐射区辐射能量的方向是随机的，因此能量要穿透这个区域需要约17万年左右。

在辐射区和太阳表面之间的区域是对流区（或称"对流层"——译者注），其范围延伸至半径696 000千米处。在邻近辐射区的地方，温度为2 000 000 K，但从这里到表面，温度迅速下降。太阳的可视表面——光球层，厚度只有500千米，温度为5800K。在光球层之外就是1500千米厚的色球层，温度变化范围大致在6000 K到20 000 K之间。

再往外的8000千米称为过渡层。邻近色球层处，过渡层的温度为8000K，但再往外随即迅猛上升。过渡层以外就是太阳的外层大气，称为日冕。日冕的温度超乎想像，高达2 000 000K。

能量的产生过程

太阳靠热核反应发光。在太阳核心区每秒大约有640 000 000 000千克氢聚变成635 000 000 000千克氦。那"过剩"的5 000 000 000千克并没有遗失，而是遵循爱因斯坦方程$E=mc^2$，转化成了能量。

从物理上讲，真正进行的过程是每秒钟发生数以万亿计的两个氢原子核相碰事件。氢原子是最简单的原子，由核心带正电的质子和围绕核心在量子轨道上运动的带负电的电子组成（不要把它和月亮绕地球运动相比，电子运动要复杂得多）。在太阳核心区的高温高压下，所有氢原子里的电子都被剥离了出去。

两个高速运动的质子相碰撞，如果条件合适（太阳核心总能满足这种条件），它们就会附着在一起，称为"聚合"，这就是"聚合"一词的来历。在这个过程中，会产生两种高能粒子——一个带正电的反电子和一个中微子。中微子与组成太阳的所有其他物质都没有相互作用，立刻就会逸散到太空中去。而反电子还会与电子碰撞，发生湮灭，并产生两个携带相应能量的光子。

↙在没有使用合适的太阳滤光片时，千万不要直接用望远镜观测太阳！你已听过不止一遍了。听好，这就是原因。得克萨斯的Ron Lamber的目镜盖子，偶然把望远镜对着太阳扫了一下，时间还不到一秒，可热量已经把目镜盖融化了。（作者摄）

聚合在一起的两个质子最终会与另一个单独的质子相碰，形成一个轻氦原子核，并以光子的形式释放出能量，同时，其中一个质子被转变成不带电荷的中子。

最后，两个轻氦原子核发生碰撞，生成一个普通的氦原子核（包含两个中子、两个质子），多余的两个质子被释放出去。由于整个产生能量的过程是从两个质子相碰撞开始，人们把它称为质子-质子反应。

太阳的化学组成

通过光谱分析，人们已在太阳中证认出67种元素。按质量来分，氢元素占了大约75%，氦元素约占25%，其余65种元素所占份额极少。按原子数多少来分，最多的几种元素如下表所列。

太阳最富含的几种元素

元　素	原子数百分比
氢	92.1
氦	7.8
氧	0.078
碳	0.043
氮	0.0088
硅	0.0045
镁	0.0038
氖	0.0035
铁	0.0030
硫	0.0015

太阳的自转

太阳存在“较差自转”，也就是说，在太阳上不同纬度的地方自转速度也不相同。在日面赤道上，自转周期是25.4天（平均自转回合周期是27.275天），而在两极附近，周期为36天。

在6月和12月初，我们可以看到太阳黑子径直地行经太阳表面，这是因为那个时候地球正好在太阳赤道面方向上。从1月到5月，黑子沿着一条弯曲的路径偏向北方，这表明太阳的南极向我们倾斜。从7月到11月情况正好相反，黑子蜿蜒着向南偏移。

太阳活动周期

每隔11年，太阳活动达到高峰，这时黑子数和耀斑次数明显增加并伴随着更剧烈的太阳磁场变化。实际上这个“11年周期”常常变化，短至9.5年，长至12.5年。正因为其周期长短不定，因此它的开始和持续时间只有等发生之后才能准确知道。太阳活动周期定义为从太阳活动极小时开始起算。太阳黑子周期由德国天文学家Heinrich Schwabe于1843年发现，当时他注意到每过10年左右太阳黑子数目就达到最小值。16年后（1858年），天文学家Wolf（沃尔夫）提出了计算每日太阳黑子数的公式：

$$R=k(10g+f)$$

其中g为黑子群数，f是每群中的黑子数，k是定标常数，随观测者不同而不同。

光球

我们所见到的太阳表面称为光球。显然，它并不是太阳的真正“表面”，而仅仅是离不透明的内部气体层很远的一个区域。光球（photosphere）的意思是“发光的球”，它是可观测的太阳大气的最底层，厚度大约500千米。观测光球非常容易，可以直接观测或用加装了太阳滤光镜的望远镜观测。

用望远镜观测太阳时，如果大气视宁度很好（在1~2角秒），就有可能看到日面上的米粒组织。如果视宁度不够好，米粒组织

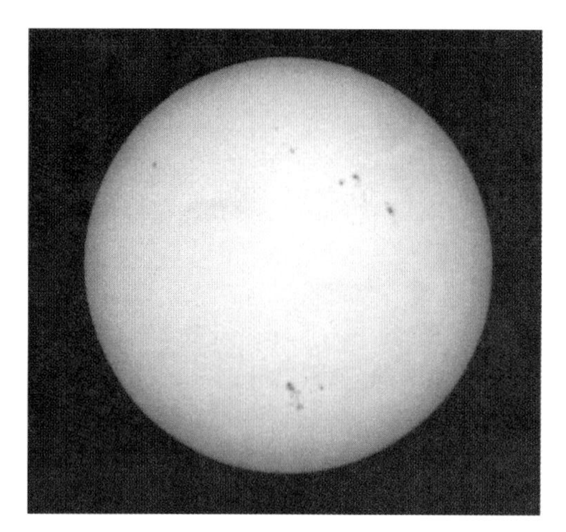

↑太阳。（Unitron100毫米，宾德ME超级35毫米相机，柯达Ektachrome100胶卷，作者摄）

经常会呈现为斑点状，这是大气中巨量中心上升而边缘下降的气团造成的。

光斑是在光球层上可见的明亮区域。“光斑（Facula）”是拉丁语“小火炬”的意思。用一款优质的太阳滤镜可以看到光斑遍布于整个日面，不过它们一般更常见于日面边缘附近，因为边缘区域相对较暗（译注：称为“临边昏暗效应”），与光斑的对比最显著。产生临边昏暗效应的原因是因为太阳是个球体，从同一层太阳大气发出的光到达地球时在日面边缘区域所经过的太阳大气要比中间区域厚，因此被吸收减弱得较多，看上去就要暗一些。光斑大约比光球上的其他地方亮10%。

太阳活动周期表

序　号	开始期(估计)
1	1755年2月
2	1766年6月
3	1775年6月
4	1784年8月
5	1798年3月
6	1810年7月
7	1823年3月
8	1833年12月
9	1843年6月
10	1856年1月
11	1867年2月
12	1878年12月
13	1889年7月
14	1901年8月
15	1913年7月
16	1923年7月
17	1933年10月
18	1944年2月
19	1954年3月
20	1964年12月
21	1976年6月
22	1986年9月
23	1996年5月

色球

色球位于光球层之上，这里的温度从约6000K（邻近光球层区域）变化至20 000K左右。由于温度更高，色球层里的氢原子能发出一种位于光谱红端的特殊波长的光，称为氢α（H-α）光。根据光谱分析，H-α光的波长是656.28纳米，只让这种波长的光线通过的滤镜称为H-α滤镜（请参见“滤镜”一章的“太阳滤镜”一节）。

用一个高质量H-α滤镜就可望看到太阳色球层上的许多特征。事实上，简直会让人为之着魔。我已经用了几年的光学滤镜，当我第一次透过H-α滤镜观测太阳时，不由惊叹，太不一样了！可以看到的日面现象多多了，很多时候你还会直接看到日面就在眼前

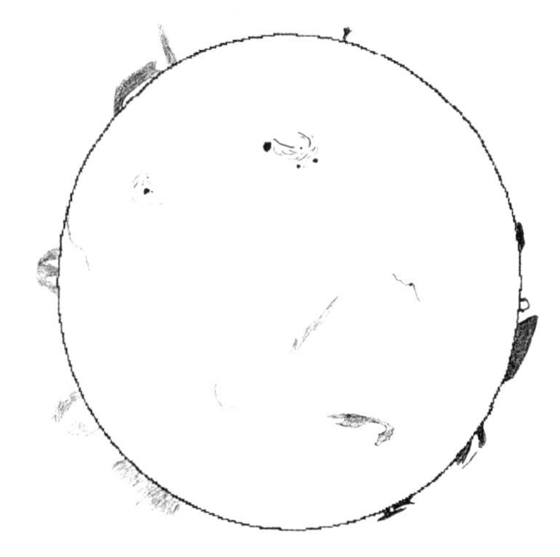

↑氢-α滤光片下看到的太阳。（2000年9月5日，100毫米光圈f/5，Unitron反射镜，作者绘）

实时发生变化。我现在每逢晴天都会用H-α滤镜看看太阳，另外，在本章我将会提到H-α滤镜对薄而高的云层要比光学滤镜敏感得多。

观测提示：长时间观测时，在做好望远镜的所有保护工作后，最好把你的眼睛也戴上墨镜。

通过H-α滤镜最经常看到的图像是日珥和明亮的并且被磁场定形的抛射气体云，日珥呈现出迥异的形状和大小，还能看到日芒、日浪、环状日珥以及分离的日珥等许多现象。同样也能轻易地在日面背景上看到日珥轮廓，不过这时它们看上去像是一道道暗色的条纹，因此也称作暗条。色球网络是宁静色球上呈网络状的一种明暗交替结构，很容易看到。围绕在黑子周围的明亮区域称为谱斑，有时也可能是耀斑。如果你慢慢欣赏，就能看到谱斑的实时变化。

耀斑（色球爆发）

↑在2001年得克萨斯观星会上，作者正在使用他的标准100毫米Unitron反射镜和0.7埃白昼H-α滤光片。(Susan Carroll摄)

太阳大气中集聚的磁能陡然释放时，就产生耀斑，其释放的巨大能量辐射覆盖了整个电磁波谱。耀斑是太阳系中最大的爆发事件。

耀斑过程通常有三个阶段。首先是爆发前期，在这一阶段磁能刚刚开始释放，地球上能探测到辐射出的低能X射线。然后是爆发期（impulsive stage），这期间质子和电子被加速到很高的能量，能探测到射电辐射、高能X射线和伽马射线。最后是衰减期，在此期间可以探测到逐渐聚集并衰减的低能X射线。每个阶段都可以从几秒钟持续到甚至一小时。

根据在H-α波段达到极亮时的面积来分，耀斑可以分为如下几类：

0级（S）≤2 平方度

1级：2.1~5.1 平方度

2级：5.2~12.4 平方度

3级：12.5~24.7 平方度

4级：≥24.8 平方度

[1平方度=（1.214×10^4千米）^{2}=百万分之48.5可视太阳球面积]

通常还把亮度级别附加在以上级别划分上，分别用F、N、B表示暗、中等、亮，例如4N。

天文学家也常用X射线的亮度来划分耀斑类别。这需要用专门的X射线探测器（和气象卫星工具包里用的差不多）在0.1~0.88纳米的波长范围内测量耀斑的强弱，用这种方法可以将其分为三类。X级耀斑最为猛烈，也是能引起地球上通信中断、导致长时间射电风暴的主要太阳活动事件。M级耀斑不如X级猛烈，能使高纬地区通信短期中断。C级耀斑有时能产生较小的射电风暴，但它们规模较小，很少对地球产生值得关注的影响。

日冕

日冕区温度极高，大约有2 000 000度，不过那里物质非常稀薄，因此“热量”其实很低。在日冕里，能看到闯进其间的日珥，

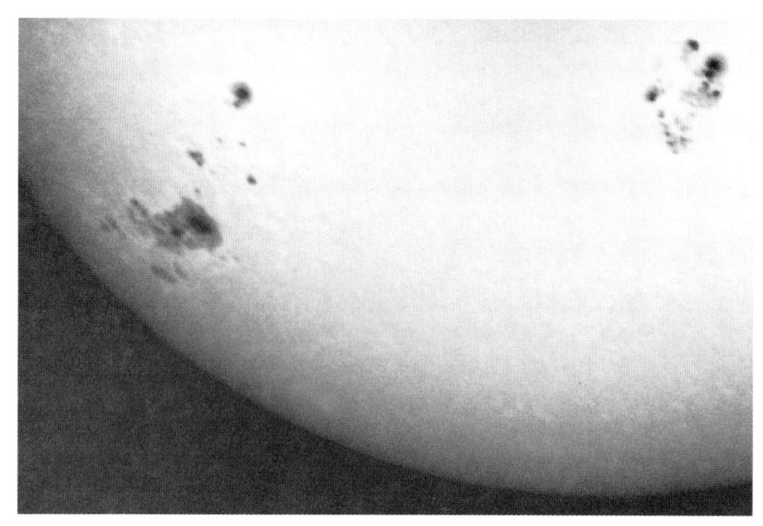

←巨大的太阳黑子。德国 Ulrich Beinert 摄于2000年9月19日，采用威信 R-114S 和目镜投影法（f=18毫米），在 f/27 时有效焦距为 F=3100毫米。柯达 Pan2145胶卷，曝光时间1/20秒。采用 Baader Astro-Solar 滤光片。

它们是来自色球层的巨大而炽热的氢气团。这些日珥或大或小，有的非常宁静，有的却极其猛烈，以极高的速度奔行至很远的空间。使用专门的仪器可以看到这些现象，我们将在后面详述。

黑子

黑子是光球上的活动现象，经常会随喜怒无常的太阳磁场而变幻出各种形状和大小。黑子里的气体因被磁场束缚而减慢了运动速度，因此要比周围区域温度低些。

黑子通常有个很暗的中心，称为本影，它被相对亮些的外层区域包围，称为半影。黑子看上去显得很暗是因为它们比光球上其他地方温度低，但这仅仅是个视觉效果。实际上，黑子里最暗的本影部分，亮度也有光球亮度的10%~12%，半影亮度则可达光球的50%~85%。半影温度一般比周围光球物质低1000度，本影要低1500~2000度。

观测表明，黑子刚开始形成时是些非常细小的黑点，称为小黑子（pores）。准确说来，小黑子是没有半影的黑子并且正处于迅速的变化中，它们成长，变大，然后开始收缩，持续的时间很不一样。有些黑子寿命只有一天，而有些可以持续存在一个月以上。黑子通常几个或成打组成复杂的黑子群，每个群中有一到两个主要黑子。

在观测黑子时，你可能会注意到当一个黑子位于日面边缘附近时，看上去有点凹陷变形。苏格兰天文学家亚历山大·威尔逊（Alexander Wilson，1714—1786）首先发现了这个现象，后来人们将其命名为“威尔逊效应”。威尔逊效应是指位于日面中心的对称黑子在运动到日面边缘时变得不对称的现象，而且，最靠近日面中心的半影在消失之前会变得越来越窄。

在光学波段观测太阳

观测太阳一定要非常小心，千万不要用肉眼或光学仪器直视太阳，并且在观测过程中要始终把寻星镜盖好。实际上，有很多种安全观测太阳的方法。（请参考“太阳滤镜”中的“滤镜”一章。）

太阳投影（投影法）

太阳投影像可以很简单地用小孔成像法得到，也可以通过在望远镜后面附加一个投影装置来获得。投影装置可以自己制作，有些观测者用的是一根带金属薄片、长度可调的杆子，并在金属片上贴上白纸用来显示投影，也有人用一个盒子把纸片罩起来。用盒子要好一点，因为这样可以减少周围的杂散

↑哪怕你一天中只有很少的空余时间，我也强烈推荐你加入天文学联盟的太阳黑子观测俱乐部。(作者摄)

光并能增加像的对比度，可以看到更小的细节。不管你选择哪种装置，都得把它固定在望远镜的目镜后面，这样它就能随望远镜一起转动了。在纸上画一个直径150毫米的圆(用来得到同样大小的太阳投影像)，这是全世界观测者所使用的标准尺寸。

标上四个主要的参考点（北、南、东、西），然后调焦得到清晰的太阳像，而且要让太阳像正好与纸上的圆圈等大。如果二者大小不等，可以调整纸片到目镜的距离或者更换一个不同焦距的目镜。调好后就可以观测太阳以及计算黑子数目了。有人喜欢追踪所见到的黑子的动态，也有些人干脆把太阳像拍下来，这取决于个人喜好。最后，别忘了把你观测的日期和时间记录下来，同时还要记录当时的天气情况以及所用的仪器/目镜型号等。如果按照以上所述的方法观测太阳，记住别使用胶合目镜，因为太阳的热量会令其受损。

未镀膜的太阳望远镜

有些观测者用不镀膜的牛顿式反射镜和welder镜片观测太阳。请注意：主镜和副镜都没有镀膜。每个不镀膜的镜片反射大约4%的太阳光，但即便如此，红外和紫外辐射仍然过于强烈，因此要在目镜处放置一个8号（#8）welder镜片来消除这种危害。有的爱好者走得更远，他们甚至用条纹滤镜取

↑小孔成像的原理。(作者摄)

代welder镜片。此外，为了减少杂散光，放置主镜和副镜的镜筒内侧都得涂成黑色。

直接观测

如前文所述，“滤镜”那一章讲解了直接观测太阳时所使用的各种滤镜。安装在物镜上的滤镜称为前置滤镜（pre-filter），使用前置滤镜时，一定要当心，不要被风吹掉或不小心碰掉。如果你吃不准，最稳妥的方法就是把滤镜的侧边缘粘在镜筒上。每次我做好一个滤镜衬垫后，都要用大螺钉把它和镜筒拧紧。

以前，我一直用软黄铜片作为螺钉的销子，但后来我改用橡胶了，我发现这种弹性材料不会在新罩子边上留下印迹。

白光耀斑

用光学滤镜观测（投影法不需要这些）

↑日柱，亚利桑那州图森市，1986年8月7日。(作者摄)

的观测者很少报告看到白光耀斑。它的持续时间非常短，为5~15分钟。蓝色滤光片或略微偏蓝的太阳滤镜是观测白光耀斑的最佳选择。

黑子的观测

除了好玩以外，黑子计数还是衡量太阳活动强弱的标准。从18世纪中叶开始，太阳黑子数几乎每日都有记录。太阳黑子计数的标准方法是计算沃尔夫数，本章前面已有介绍。不过一些认真的观测者会通过计算他们自己的k参数来获得更高的沃尔夫数精度。k参数是一个改正因子（或换算系数），用以平衡不同观测者的观测资料。因为望远镜（质量有别）、大气条件和观测者的个体特征互不相同，这些观测资料可能

→多次曝光的太阳日行迹。德国的Ultrich Beinert这样描述他的照片："首先，我定出了单张照片的曝光时间：在光圈f/22时为1/60秒。然后计划好太阳在照片上出现的次数。照片从11:10开始，20:40结束，我想每半小时曝光一次，因此在这张底片上一共要出现20个太阳像，这20次曝光的时间总和应该是1/60秒(f/22)。1/60除以20也就是每次曝光时间为1/1200秒。可是我没有1/1200秒的曝光设置，于是我曝光了1/1500秒。这就是说到最后我的总曝光时间会短1/300秒，1/300是所要求的1/60的1/5。由于底片曝光时间要非常精确，因此我在清晨用1/750秒和f/5.6的光圈曝光了一次。"（镜头：佳能EF15毫米鱼眼；曝光时间：光圈f/22时17×1/1500秒，光圈f/5.6时1×1/750秒；胶卷：柯达精选系列[Elite] Chrome100，滤光片：无）

会相差很远。

你的 k 参数可根据下面的简单公式算出来：

$k=r/n$

其中 r 是你计算的沃尔夫数，n 是同一时间的官方公布的数值。要想知道任一天的"官方"太阳黑子数，可以查阅"太阳黑子数据索引中心"（SIDC），网址为：http：//sidc.oma.be/index.php3。

要得到你的 k 参数的合理值，做10次观测实验后取其结果的平均值即可。你的 k 值具体是多少并不重要，重要的是它们要相互一致。如果你第一次观测得到的 k 是0.8，第二次是0.4，第三次是1.1，第四次是0.5，可能你会想等几个月后再去算它。但，不要停止你的观测，事实上，你可以试着把你看到的图像画下来。仔细观测黑子，记住它的样子，然后把它画在纸上，这是提高你观测稳定性的很好方法。对一个固定的望远镜和固定的观测地点，k 值只需算一次就够了。

黑子的分类

对黑子分类的方法有好几种。简单地说，我建议你用McIntosh分类系统。这是个可以描述任何黑子种类的三字母分类系统，如下所述。

第一个字母（群的总体特征）

A—黑子群或单个黑子，无半影或双极结构。

B—无半影的双极黑子群。

C—双极黑子群，主要黑子有半影。

D—双极黑子群，两个极性黑子均有半影，其中至少一个结构简单。群的长度一般在10°以内。

E—大双极黑子群，两个极性黑子均有半影，而且显示有复杂结构，在它们之间有许多小黑子，群的长度至少10°。

F—特大双极或复杂结构黑子群，长度在15°以上。

H—有半影的单极黑子群。

第二个字母（群中最大黑子的半影特征）

x —没有半影。

r —半影不完整，轮廓不规则，宽仅约2000千米（约3角秒）；比正常半影亮，有颗粒状微细结构，是光球米粒组织和纤维状半影之间的过渡状态。

s —对称并近于圆形的半影，有指向外部的典型纤维状结构，直径小于2°（30 000千米），本影密集于半影中央，对称的半影变化缓慢。（本类也包含单个本影外包围着

←两个太阳像，也称"幻日"。（NOAA提供）

椭圆形半影的类型。)

h—有类似s类的对称半影，但直径超过2.5°。

k—有不对称的和r类相似的半影，但直径超过2.5°，在N-S方向度量，这样可以避免被拉长了的正在衰减或已不活跃的前导黑子。(如果半影径向跨度超过5°，则可以肯定半影内有两种磁性，这个黑子群可以划分为Dkc、Ekc或Fkc型。)

第三个字母（群中黑子的分布特征）

x—单个黑子。

o—开放型分布，前导与后随黑子之间没有其他黑子，黑子群可以明显地分为磁性相反的两个区。(开放型分布暗示穿过极性反变线的磁场梯度较小。)

c—密集型分布，前导与后随黑子之间有很多黑子，其中至少一个有半影。密集型分布的极端情况是整群黑子处在一个大而连续的半影中。(密集型分布暗示穿过极性反变线的磁场梯度很大。)

i—处于o和c型之间的中间型分布，在主要黑子之间可以看到一些没有半影的黑子。

6.3 极光

南极光和北极光是在两极附近地区的夜空里出现的五彩缤纷、变幻莫测的炫目光芒。北极光的英文aurora borealis，本意其实是指“北方的破晓”。出现极光的地区跨度很广，称为“极光椭圆”，是一个以地磁南北极为圆心的椭圆。

↑2000年3月6日出现在阿拉斯加州Fairbanks西北方向的绚丽极光。（加利福尼亚州圣地亚哥Gene Dolphin摄，奥林巴斯OM-10，50毫米，f/1.8，柯达800底片，曝光时间5秒）

极光的产生

太阳释放出的高速带电粒子流（太阳风）是产生极光的主要原因。这些粒子冲向地球，被地磁场驱动而向南北磁极靠拢，并与那里高层大气中的各种分子相碰撞，从而发出五颜六色的光芒。太阳风产生的另一个常见现象就是彗星的彗尾，因为太阳风中的粒子总是背向着太阳，所以彗尾也总是指向和太阳相反的方向。在我们这个距离上，太阳风的平均密度是每立方厘米8个粒子，速度平均为400千米每秒。

极光的颜色和形状

在与来自太阳风的带电粒子相互作用的过程中，大气中的每种分子都会发出特定颜色的光。光的颜色取决于与带电粒子碰撞的大气原子或分子的类型，它们在吸收了带电粒子的能量后，很快再以不同的波长将能量辐射出去。

在这个吸收-再辐射过程中，高层氧原子（海拔350千米左右）发出的是深红色的光，低层氧原子（离地表100千米左右）发出的是绿色光芒，这也是最亮、最常见的极光。

极光的形状千姿百态、瞬息万变，最常见的是仿如帷幕和缎带的极光，块状和放射状极光也比较常见。极光什么时候出现、以什么形状出现，完全取决于太阳活动的强弱。

观测极光

在北欧、加拿大和阿拉斯加州，极光是很常见的自然现象，有些地方有极光的夜晚甚至比没有极光的还多！而在南半球，极光椭圆主要覆盖于南极洲上空，因此南极光难以看到。产生极光的高度最低是地表以上65千米，而最高达750千米以上，尽管这样的高度几乎已经达到真空了。

在两极至纬度30°的任何地方都有可能看到极光。在过去的4年里，我在得克萨斯

↑2000年3月6日出现在阿拉斯加州Fairbanks东方的极光。（奥林巴斯OM-10，50毫米，f/1.8，柯达800底片，曝光时间5秒。加利福尼亚州圣地亚哥Gene Dolphin摄）

↑2001年3月30日，Mark Cunnigham在科罗拉多州克雷德边境拍到了这次极光

的E1Paso（纬度31°45′N）就看到过两次极光。这里的极光相当“细小”，但是从我所看到的一些照片来看，在更北的地区，它们非常显著。

在北极光椭圆覆盖区域附近的居民，经常能在入夜后不久看到极光沿着北边的地平线闪耀。如果在太阳活动较强时，你身处极光椭圆南端，在晚上10点至凌晨3点之间观测极光，会看到极光逐渐向南移动，这是因为你的所在地随地球自转转到了极光椭圆更深处。

要想从网上预知极光的活动情况，可以查阅网站：http：//www.sec.noaa.gov/Aurora或者http：//www.sel.noaa.gov/today.html，其中的“3日太阳地球物理预报”链接特别有用。若想知道实时的极光椭圆详细视图，可查阅http：//www.sec.naoo.gov/pmap。

拍摄极光

我还没听说过有谁用CCD天文照相机拍摄极光，因此这里我们主要讨论胶片相机。至于数码相机，很多规律都和这里介绍的差不多。

采用最常见的摄影方式——固定三脚架摄影时，可选一个焦距小于50mm的广角镜头。这样能捕捉到更多的极光，而且拍到的恒星也不会严重拖尾。把底片和镜头放在最大的调控范围上（最小的焦比），如果你有个很快的镜头（快于f/2），曝光时间可从10秒开始，最多变到30秒。在无月的夜晚，曝光时间可以更长，如果碰上满月就别拍了，静静欣赏吧。

在拍摄极光时最好不要使用滤光片。因为绿色的氧原子发射线会在滤光片的两个平行表面产生干涉条纹，最后以一系列同心圆的形式反映在冲洗出的照片上。

一般说来，极光越亮运动得越快，需要用更快的快门和更快速的胶卷。大多数情况下ISO800–1600足以应付，如果还不够用，那就只有让你的显影师增强显影了。对一般的极光，用高质量的ISO200–400胶卷就行了。

←2000年3月6日出现在阿拉斯加州Fairbanks东方的极光的广角照片。（奥林巴斯OM–10，28毫米，f/2.2，柯达金400底片，曝光时间7秒。Gene Dolphin拍摄。）

6.4　月球（月亮）

我得承认，我是个“深空天体”发烧友，并不喜欢月亮。哦，我感谢它在过去的岁月中为我们做的事情，减慢地球自转速度并且产生潮汐力让大自然更加扑朔迷离。而且，是的，我承认月亮有些特征是值得观测者去探寻的，例如观察每天变化的月相、追踪在一个朔望月中循环移动的月球晨昏线等等，都是很令人着迷的事情。不过，以前每逢明月高悬的日子，我更喜欢和同好们一起吃晚饭而不是在野外与他们碰头。

月球的参数

大小	3476千米
质量	7.15×10^{22}千克
密度	3.340克/立方厘米
和地球的距离	3.844×10^{5}千米
偏心率	0.0549
轨道倾角	5.145°
轨道周期	27天7小时43.7分钟
会合周期	29天12小时44.1分钟

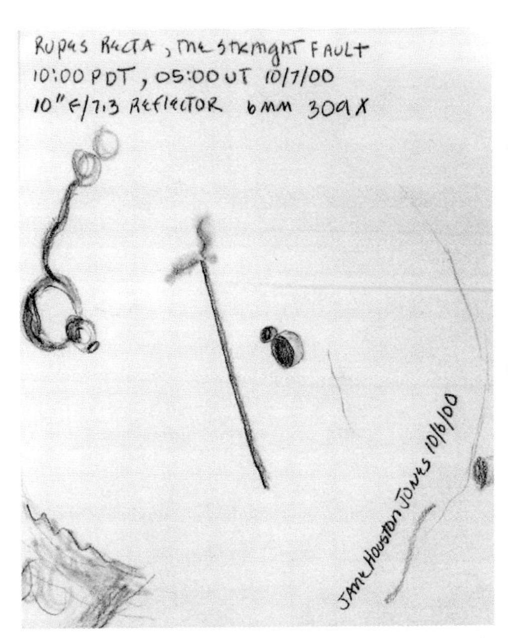

↑Rupes角，即所谓的“直壁”，是月亮观测者的最爱。（旧金山Houston Jones绘）

不幸的是，当月亮最亮、对天空背景影响最大时，即满月之日，也是最不利于观测月亮的时候。这时，太阳位于地球背后（我们正对着月亮），阳光径直投射到月球表面，所有阴影都被最小化了，只能看到极少的月面细节。

相反，观测月亮的最佳时机是从新月之后直到上弦月的前两天（前半夜出现）或从下弦月之后的第二天直至几乎新月（后半夜出现）。这时，阴影更长，月面细节会仿如浮雕般凸显出来。

在月亮的明暗交界线附近，上述效应尤其明显。这条界线称为月球的晨昏线，在满月之前它是发生日出的地方，满月之后则是发生日落的地方。

沿着晨昏线，有时能看到耸立在低暗的月陆之上、高到足以捕获阳光的山顶。在数百米高的大环形山的山脚，你可以看到它投下的围墙般的影子。所有这些特征看上去都是实时变化的，甚至在某些夜晚中的一段时间，变化都相当显著。

若逢娥眉月，你也可以看到月面上未被阳光照亮的部分发出“灰光”，这是射到地球上的太阳光被地面反射后又投射到月球所造成的。

月球的形成

在19世纪早期，人们认为月球的形成图景非常简单：当地球形成的时候，月球在旁边形成了。该理论被称之为“同源说”，有时也称“双胞胎”理论。它的主要困难是无法解释为何地球和月球的密度相差悬殊。地球的密度是5.515克/立方厘米而月球密度只有3.34克/立方厘米。如果月球在同一时间紧挨着地球形成，它们的密度应该几乎完全一样。

在1878年，英国天文学家乔治·霍华

↑Rupes角，即“直壁”。(Arpad Kovacsy摄，尼康Coolpix950相机，AP155EDT反射镜)

德·达尔文（George Howard Darwin，1845—1912）提出月球曾经是地球的一部分的假设。达尔文指出，这个时间是在地球形成后不久、仍处于熔融状态时。由于地球的快速旋转，一大团物质被抛离出去，最终形成了月球。该理论被称为“分裂说”。达尔文认为太平洋盆地就是月球被抛出的区域。遗憾的是，一直没人能提出令人满意的机制来解释这个事件。而且，如果月球是从旋转的地球上剥离出去的，它应该在地球赤道面上围绕地球旋转，而不是像现在这样有5.145°的倾角。

第三个理论，就是在20世纪之初提出来的“俘获说”。正如其名称所暗示的，该

↑月亮。(Unitron100毫米，宾德ME超级35毫米相机，柯达Ektachrome100胶卷。作者摄)

理论认为有一个独立的天体在很近的距离处与地球相遇并被地球引力所俘获。这听起来似乎很合理，但是从力学上看，要达成这种情况必须要有第三个天体存在：在偶然的相遇中，三个天体的相互作用使得其中一个（月球）减速至轨道速度。

在阿波罗计划1969—1972年的6次飞行中，美国宇航员带回了从月球上采集的岩石和土壤样本，为揭开这个难题带来了新的转机。这下子，不仅月球的密度被弄清楚了，而且它的化学组分也一并为人所知。研究发现，月球的成分与地壳相似。它们有着几乎相同的硅、镁、锰、铁元素含量。但月球上易挥发元素的含量远低于地球，而不易挥发元素例如铝、钛的含量则更高。在大多数天文学家看来，化学组分的差别和月球缺少一个铁核的事实排除了同源说和分裂说。

在20世纪70年代中叶，美国天文学家威廉·K·哈特曼和唐纳德·R·戴维斯提出了另一个月球形成理论。按照这个新假说，地球与一个火星大小的天体相撞后，抛射出的物质残尘凝聚形成了月球。月球岩石的年龄极高而且在地球上找不到撞击痕迹的事实表明，撞击事件发生在地球形成的初期，即大约45亿年之前。“俘获说”理论能够解释许多过去无法回答的难题。大碰撞将使熔点较低的元素蒸发并把它们驱散，由于只有地壳和地幔的外层部分被冲撞出去，地球的铁核并没有受到影响，这样也就解释了为什么月球物质密度较低并且铁元素含量也较低。地球和月球化学组分的不同则可以用来自撞击体的物质混合来解释。这一理论甚至还能解释为什么地球赤道会倾斜23.5°：它是在大碰撞中被撞斜的！

月球小知识

月球上有1940个已被命名的特征，其中1545个是环形山。

月球上最大的环形山，赫兹普龙环

形山，直径是591千米。它是太阳系中的第二大环形山（仅次于水星上的贝多芬环形山）和行星卫星上的最大环形山。

满月只有太阳亮度的1/400 000，如果整个天空都被满月铺满，我们也仅能接收到大约和五分之一个白昼太阳相当的辐射。

比利时数学家简·密斯（Jean Meeus）研究发现，地心和月心的最小距离是356 371千米，最大距离是406 720千米。密斯计算出了1500—2500年共10个世纪中的地月距离数据。

上弦和下弦月的亮度只有满月的10%。

1997年，Sigeru Ida等人提出了关于那次碰撞的具体数据。他们发现被撞击蒸发出去的岩石尘埃云仅需几个月的时间就可以凝聚成一个扁盘。根据他们的计算，大约2/3的撞击尘埃会回落到地球上，要想形成一个如月亮般大小的卫星，撞击体的质量至少是火星的2~3倍。不过他们也指出，在这样的撞击下产生的地-月系统的角动量应该是现在的2倍。他们还没有找到合理的机制来减少初始角动量。

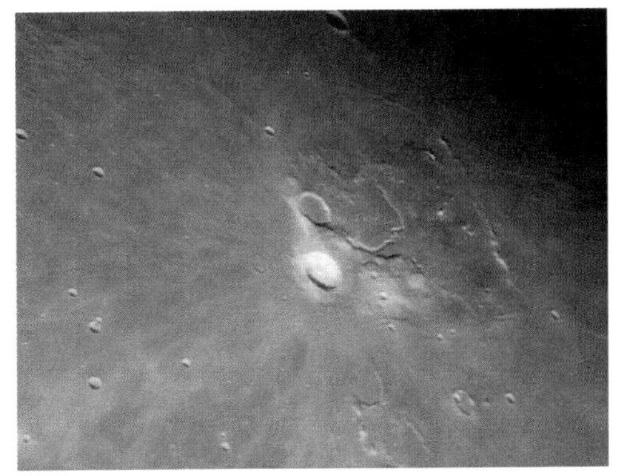

↑歇洛特（Schroter）谷，可见略带彩色的Wood's点。这个特征非常醒目，称为“眼镜蛇头”。极少有照片能照出这片区域上的若有若无的色彩。2002年2月24日。（Arpad Kovacsy摄，AP155EDT反射镜，索尼数码摄像机）

月相

月球大约每27.3天环绕地球一周。由于地球同时也在围绕太阳旋转，月球和太阳的相对位置大约每29.5天重现一次。月球相对于太阳的位置变化，在地球上看来就表现为一系列的月相变化。月相变化的一个完整周期称为朔望月。

按照古人习惯，朔望月从“新月”开始。古人认为朔望月之初是月亮开始重生的日子，“新月”也因此而得名。在地球上实际上看不到新月，因为此时月亮的迎光面与太阳在同一方向而且它们在天空中的位置非常接近。从新月到满月（月球迎光面正对着地球时），我们看到月亮的反光面积逐渐增大，但这仅仅是个视觉假象，其实月亮任何时候都是一半明亮一半黑暗的，只是它所处的位置决定了有多大的反光面积能被我们看到。

归纳起来，从新月开始，月相依次经历娥眉月、上弦月、渐盈凸月、满月、渐亏凸月、下弦月、残月，然后回到新月进入下一轮朔望月。“渐盈”表示月亮的明亮部分面

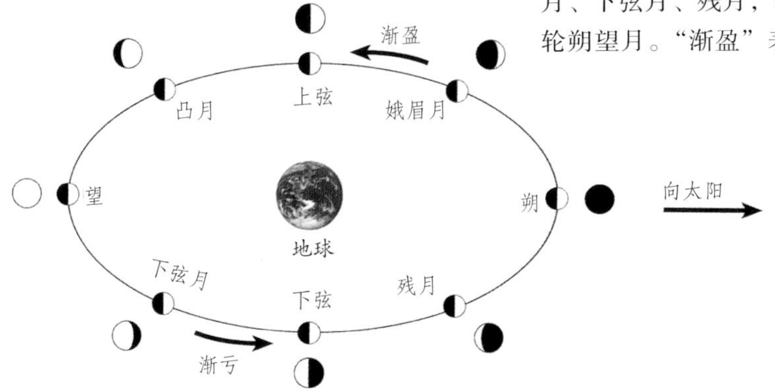

←月相成因示意图。月球在内环所示的轨道上运行，总是只有一半表面被太阳照亮，外环上的月亮是在地球上所见的不同月相。（霍莉·Y·白凯奇绘）

积逐渐增大，“渐亏”表示明亮部分面积逐渐减小。

月亮的观测

在望远镜中，月亮是个明亮刺眼的天体。观测者们经常使用无色高密滤光片或可调偏振片来减少月亮的强光。对这两种方法，我更偏向于后者，因为它是可调的。不过最近我学会了一种更好的方法。这是以前的观测者们为了更加舒适地观测月亮而曾经用过的一种很简单的方法：在观测弦月到满月时，打开白光灯。灯的照明抑制了眼睛对暗夜的适应性，而且还使眼睛达到了正常的微光视觉，这要比暗夜下的微光视觉灵敏得多。

通常，月球观测者几乎从来不使用彩色滤光片。不过现在有人注意到加上红色滤光片观测时，月岩变得更暗，而且红色滤光片除了可以减少入射光强度外，还有助于降低视宁度的影响。

还有两个可以减少月球亮度的方法，就是采用很高的放大倍数和使用有狭缝的遮光罩。前者使得望远镜的视场变小，只能看到月亮表面很小的区域并且减少了光通量，而后者使望远镜的功能和一个焦距相同但是口径小多了的望远镜一样。

熟悉月亮的最佳方法之一是进行有计划的循序渐进的观测，由天文学联盟组织的“月亮观测俱乐部”会给会员提供类似的指导性意见。不过要想获得会员资格，你必须先成为联盟的一员，你可以独自申请加入或者通过当地天文俱乐部申请入会。更多的信息请参见：http：//www.astroleague.org/al/obs-clubs/lunar/lunar1.html。

在英国，月亮观测由英国天文协会（British Astronomical Association）协调组织，更多相关信息请参见：http：//mysite.freeserve.com/lunar/index.html。

月球靠近地球的一面被分成两部分，明亮的区域称为“月陆”，较暗的区域称为“月海”（maria，拉丁语意为“海”）。月海的纬度比月陆低，充盈其中的较暗的物质是月球火山在以前的活动周期中喷发出来的固态玄武岩。月陆是没有被玄武岩覆盖的区域，它由远古时期的表面岩石、斜长岩和被陨石碰撞出的物质组成。就天文观测而言，汇集了高山、低谷、亮区和暗影的月陆是极有价值的观测目标。

在月球已被命名的1940个表面特征中，有1545个（将近80%）是环形山。月陆上的环形山要比月海上多得多。环形山的大小差别悬殊，很多人都用它们来考验自己的观测水平：（1）测测看自己能看到多小的环形山；（2）用指定的望远镜，在给定的区域内数数自己能看到多少个环形山。当然，这时必须要有一个详细的月面图。采用第二种方法时，大家常常选择底部大而平缓而且具有较大面积的月海或环形山，然后搜寻其中

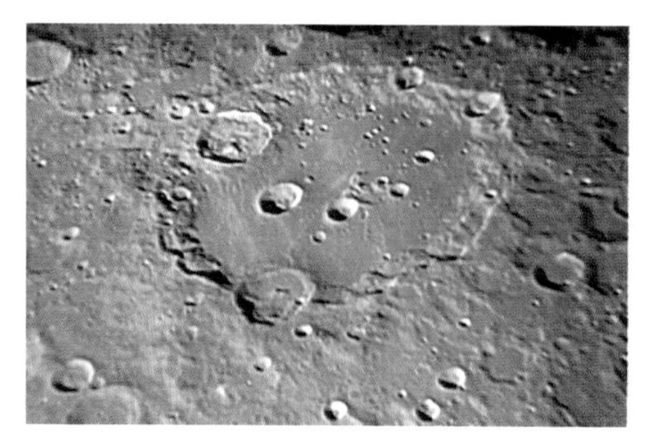

↑克拉维斯环形山。（Arpad Kovacsy 摄，AP155 EDT反射镜，尼康CoolPix950相机）

↑伽桑狄环形山。（Arpad Kovacsy 摄，AP155 EDT反射镜，尼康CoolPix950相机）

的小火山口。举个例子，如果你选定巨大的柏拉图环形山为测试区域，在它的底端就应该是四个小火山口，每个大约2千米。这种方法通常被用来测量中等口径望远镜的上限。

观测大环形山时，请留心你是否能看到从环形山发散出去的辐射纹。这些辐射纹是流星体撞击月球时，月表岩石碎片飞溅出来形成的。岩石碎片形成辐射状的条纹，并且可以距离环形山本体很远。哥白尼环形山就是个典型的例子。

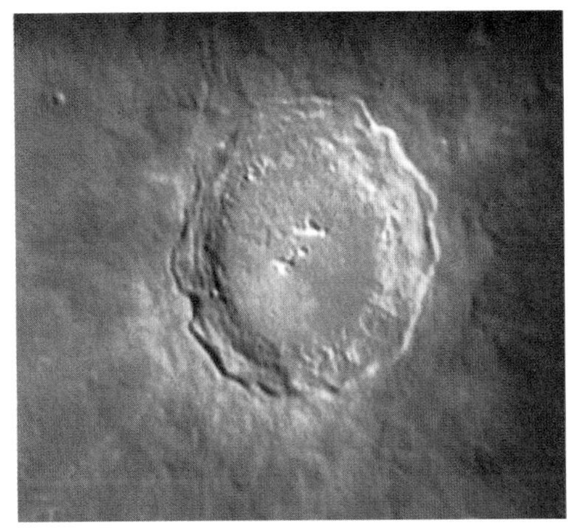

↑哥白尼环形山。（Arpad Kovacsy 摄，AP155 EDT反射镜，尼康CoolPix950相机）

月球摄影

月亮无疑是所有天体中最容易拍摄的，但又是很难拍好的。月亮大而明亮，基本上任何照相机（胶片相机、数码相机、CCD、摄像机）都可用来拍摄，因此说它容易。但是月亮上包含很多低对比度和低色差的区域，想要拍好还真不容易。

捕捉月亮的另一个方法（基本上只适用于胶片相机）是用常规镜头或接望远镜镜头拍摄低空的月亮，然后以远山、大树、城市夜景等作为前景。我觉得这种照片很适合在与月亮相关的讲座中作为开场图片。

用CCD拍摄月亮通常需要使用各种滤光片或狭缝遮光罩并采用很短的曝光时间，以减少其亮度。好的视宁度和正确的照片处理方法（使低对比度细节增强），是拍好CCD照片的关键。或者，短时间内拍摄大量照片，再从中挑出少数几张视宁度最佳的。

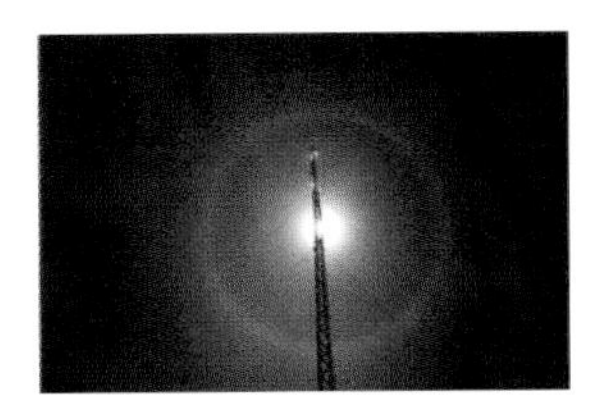

←月晕。（作者摄）

←西雅图专业摄影师Shay -Stephens摄于2001年12月30日，仪器为索尼F707数码相机。图中显示的是月行迹，每隔2分35秒对月亮曝光一次，为了得到城市的夜色全景，最后一次曝光时间较长，然后用Photoshop将这些照片叠加起来。注意月亮在不同地平高度处的大小基本上相同。照片右上角是木星。

6.5 “食”和“凌”

“食”和“凌”是为全球天文爱好者所钟爱的引人注目的天象。过去，甚至仅在一个世纪之前，人们曾从“食”和“凌”中获得大量信息。太阳外层大气的研究最早就是在日食时开展起来的，而凌日则是测定太阳系距离尺度的好机会。如今，这些天象已经没有多大科学价值了，但人们依然满怀热情地期待着它们的发生。日食给交通和旅游带来巨大商机；组织公众观测日食有助于提升天文机构的影响力并促进它们更好地为公众服务；日食的照片和影像资料是天文爱好者们创作得最多的作品之一。

↑2001年6月21日日全食时的完整日冕图像（摄于赞比亚的Chisamba，佳能D30相机，加利福尼亚Charles Manske摄）

如果要为本书的每位读者送上一个和天文相关的祝福，我将会衷心祝愿各位在生命中的某一天能亲眼目睹日全食在天空中上演。在写下这段话之前，我亲历过六次日全食，每次见证这庄严而壮观的天体运动，都令我激动万分。这一章的其余部分将会告诉大家日全食的细节，但是对于此时的感受，我引用Mabel Loomis Todd的《日冕与王冠》（剑桥大学出版社，1898年）中的一段来表达：

太阳无助地失去光泽的那一瞬间，日冕突现出来，闪烁着神秘的光辉。尽管透过微薄的云层看来，它显得朦胧而暗弱，却仍然美得不是任何笔墨所能形容，它是超乎人类所有想象的天堂之光。同时整个西北天空一直差不多到地平面上，都被染成了一片血红和嫩嫩的橘黄色，飘浮在其间的云彩变得有些黯淡了，仿佛流动的火焰上的斑点，又好似从巨大火山口喷发出来的片片烟幕。西方和西南方隐约闪现出柠檬般的黄色微光。

这和日落完全不同，它实在太阴沉可怕。苍白的日冕继续静静地闪烁，静寂得令人毛骨悚然，在这个威严得令人惊悸的惨淡场景中，大自然正为另一个演出而屏住了呼吸。或许这就是整个世界在忏悔中消失的前奏：令人战栗地预兆和让人心碎的美丽，天堂和地狱，出现在了同一片天空。

一片死寂笼罩着世界。没有人说话，没有鸟儿扇动翅膀。甚至连海浪的叹息也都归于绝对的宁静，再没有波纹敢打扰沉重的大海。个人看上去是那么渺小、那么无助，在这个陌生的、谜一般的天地中又是多么微不足道！上帝仿佛已经把手伸向了空间和世界，正在对这个让他不甚满意的作品投上短短的最后一瞥。

感觉似乎过了几个小时——时间被湮灭了，当一丝最微弱的阳光，薄如轻雾、细如针尖的阳光，重新出现时，在它变成甚至最纤细的弯弯弧光之前，整个日冕和天空中的所有颜色都褪去了，和平常一样有些杂乱的微弱曙光又出现了。然后，刚才两分半钟的记忆似乎只是几秒钟——一呼一吸之间，仿佛听到了一段最短的传说。

影子

地球和月球的影子包含两个部分。中心部分完全没有光线透过的阴影部分称为“本

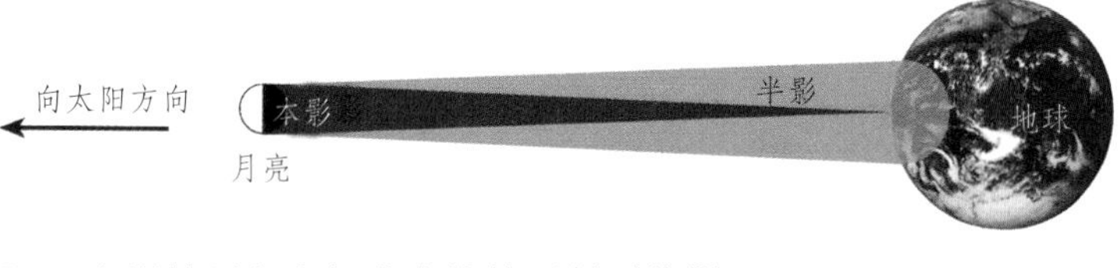

←日食示意图。在地球上被月球本影扫过的地区发生日全食，半影扫过的地区发生日偏食。如果月球本影影锥没有到达地表，将发生日环食。（霍莉·Y·白凯奇绘）

影”，本影外围仅有部分光线能照射到的阴影部分称为“半影”。之所以会有两种影子，是因为产生影子的发光体——太阳，不是一个点源。因此，有一部分从日面顶部发出的光线会进入到由日面底部阳光所产生的影子中，从而产生半影。

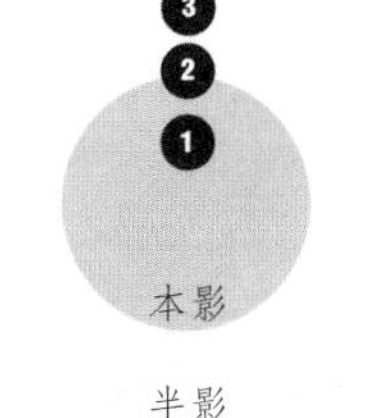

←月食示意图。(1) 月全食。月球整个穿过地球的本影。(2) 月偏食。月球的一部分穿过地球本影。(3) 半影月食。月球的一部分或全部穿过地球半影但是没有进入本影。（霍莉·Y·白凯奇绘）

月食

当月球经过地球的影子时就会发生月食，月食总是发生在满月之日。当发生月食时，地球上的观测者无论身处何方，只要能看到月亮（通常是在晚上）就能看到月食。这意味着，某段时间内，在一个固定地点，看到月食的次数要比看到日食的次数多得多。

满月大约每29.5天出现一次。但我们并不是每次满月都能看到月食（或每次新月都能看到日食），因为月球绕地旋转轨道面（白道）与地球绕日公转轨道面（黄道）有大约5°的夹角。白道和黄道的两个交点称为“黄白交点”，只有当月球运行至黄白交点附近才有可能发生月食（满月日发生月食，新月日发生日食）。

在发生月全食的过程中，月亮并不会完全消失不见，这是因为地球大气会把一部分太阳光散射到月球表面上。月全食时的月亮颜色变化范围很广，从暗黄白色到橙色、古铜色、红褐色到接近全黑色，具体颜色取决于当时地球大气中的尘埃、云量等因素。

可能发生的月食有三种：月全食、月偏食和半影月食。当月球的可见表面完全被地球本影笼罩时就发生月全食，明亮的月亮表面和地球影子的黑暗部分的对比使得满月的圆形表面逐渐改变，就仿佛月相变化一样。只有当月亮完全被遮挡（或完全被遮挡前后不久）时，月球被遮挡的表面才会变得可见并具有颜色。

顺便提一句，并不是太阳、地球、月亮的中心必须严格成一条直线才能发生月食。地球的本影在地-月距离处大约有9000千米宽，因此月球可以穿过其中心线也可以上下偏离中心线相当远。月球轨迹越接近地球本影的中心线，月食持续时间越长。另一个影响月食持续时间的因素是月食发生时地球和月球的距离（还有地球到太阳的距离，不过它的影响要小得多）。如果上述所有条件都达到最大化，月球完全被地球遮挡（全食

↑2000年1月21日月全食开始时的照片。（从加利福尼亚Charles Manske拍摄的录像中截得）

相，totalphase）的时间可以达到1小时45分钟。

当月亮表面只有一部分被地球本影遮挡时，发生月偏食。这也是个非常令人着迷的天象。尽管月亮颜色没有全食时深，但也同样变化显著。在月亮附近，地球半影直径大约有16000千米。

当月球只经过地球的半影区域时，发生半影月食。这时月亮的表面亮度逐渐降低，同样也会发生一些极为细微的颜色变化。月球表面进入地球半影区的比例越小，观测起来越困难。如果月球表面被地球半影遮挡的比例超过40%，那么大多数半影月食都可以被察觉到（因此值得观测），这得视当时的大气状况和月亮的地平高度角而定。

观测月食

观测月食既简单又安全，甚至完全不需要任何仪器。不过也有些爱好者更倾心于双筒镜和大视场（大到足以容纳整个月面）天文望远镜中的月亮。

在月全食过程中，天文爱好者们经常用丹戎月全食光度分级系统来估计月表的亮度。法国天文学家丹戎（Andre Danjon，1890—1967）将全食时月亮的颜色和亮度划分成了几个级别，并用一个参量来反映月球的光度（L）。

观测月食时，我们可以记下环形山进入地影所花费的时间。这么做可以粗略测量出悬浮的尘埃和火山灰数量，有助于确定地球大气的延伸范围。

丹戎数	总体颜色	月食的细节
L=0	极黑月食	月面黑到几乎不可见，尤其在食甚时刻
L=1	暗月食，灰色或褐色	月面细节难以区分
L=2	深红色或铁锈色月食	本影中心很黑，但外边缘相对较亮
L=3	砖红色月食	月面边缘呈亮白色或黄色，月面细节可见，但较模糊
L=4	亮铜红色或橘红色月食	有略带蓝色的明亮白边，可见大的月面细节

↑2000年1月21日月食照片，全食前不久。（从加利福尼亚Charles Manske拍摄的录像中截得）

照相观测

拍摄月食是业余人士也能做到的最简单的摄影之一。一般的照相底片就能胜任这种摄影，而且冲洗的时候也不一定非得用最快的感光乳剂。你有充足的时间拍照，可以接望远镜或用远距摄影镜头拍摄，或者固定在三脚架上或者用望远镜马达进行跟踪。我建议你接望远镜。如果你用35毫米相机拍摄，那么我建议你至少用300毫米的远距照相镜头，这种镜头能为你的照片提供合适的视场大小。300毫米镜头的视场宽度约为8°，因此满月大约占整个视场宽度的1/16或8.25%。当然，焦距更长的镜头效果更好，因此望远镜常常被爱好者们用来作为“长焦镜头”来使用。不管用什么方法，请用括弧注明你的曝光时间。

即将发生的月全食表见下页。

日食

日食发生在新月之日，但正如前文所述，并不是每逢新月就会发生日食。日食可

即将发生的月全食

（译注：本表所列时间是指食既时刻）

日　期	时间(UT)	全食持续时间
2003年5月16日	3点41分	52分钟
2003年11月9日	1点20分	22分钟
2004年5月4日	20点32分	1小时16分钟
2004年10月28日	3点05分	1小时20分钟
2007年3月3日	23点22分	1小时14分钟
2007年8月28日	10点38分	1小时30分钟
2008年2月21日	3点27分	50分钟
2010年12月21日	8点18分	1小时12分钟
2011年6月15日	20点13分	1小时40分钟
2011年12月10日	14点33分	50分钟
2014年4月15日	7点48分	1小时18分钟
2014年10月8日	10点55分	58分钟
2015年9月28日	2点48分	1小时12分钟
2018年1月31日	13点31分	1小时16分钟
2018年7月27日	20点23分	1小时42分钟
2019年1月21日	5点13分	1小时02分钟

↑2001年6月21日日全食时的壮观日冕。（摄于赞比亚的Chisamba，佳能D30相机，加利福尼亚州Charles Manske摄）

分为日全食、日偏食和日环食三种。当月球本影扫过地球时，发生日全食。月球投射到地球表面上的本影直径最大时仅273千米，因此虽然日全食时月球本影扫过地表的距离一般在15 000千米左右，但每次日全食地球上仍只有很小一部分地区能有幸目睹。月球本影在地表扫过的路径，称为“全食带”。（只有位于全食带内的居民才能看到日全食——译者注）

沙罗周期

某个地区发生日食或月食之后的54年零34天，会再次发生类似的食。这段时间等于三个沙罗周期的长度，一个沙罗周期约为18年零11天8小时左右。日食或月食之所以会这样周期性重现，是由月球轨道的三种不同周期（如下表所示）之间的关系决定的。

可以看出，一个沙罗周期的长度与239

月球轨道周期

周期名称	定义方式	长度（天）	一沙罗周期包含的月数
近点月	连续两次过近地点	27.55455	239
交点月	连续两次过升交点	27.21222	242
朔望月	从新月到新月	29.53059	223

个近点月、242个交点月、223个朔望月的长度非常吻合。

发生日食或月食后，每过一个沙罗周期就会再次发生类似的食。但由于沙罗周期不是整数天，还有约8小时的“余数”，因此一个沙罗周期后再次发生的食将比上次推迟约8小时，也就是说见食地点的经度差了120°左右。不过对某个地区而言，当发生日食或月食后，只要再过三个沙罗周期（54年零34天），太阳、月亮将再次运行到与这次发生食时几乎完全相同的位置，此时这个地区会再次看到类似的食。

日偏食和日环食

地球上能看到偏食的地区的范围要比全食广得多。日偏食发生在被月球半影扫过的地方，当然，发生日全食（或环食）时从初亏开始到食既的过程看上去也是日偏食。

地球到太阳的距离和月球到地球的距离并不是恒定不变的，环食也就因此而生。日-地距离的变化幅度为3%，地-月距离的变化幅度为12%，这导致月球的视直径可以从比太阳大7%变化至比太阳小10%。

↑1984年5月30日日环食刚开始时的观测照片。从左到右依次为：作者（使用Unitron 60毫米反射镜观测）、Bradley Unruh（用滤光片目视观测）和Raymond Shubinski（用的是Celestron 8望远镜）。注意左边远处作者家的小狗，随着“夜晚”的临近，正准备酣然入睡。（作者用相机定时自拍）

当月球视直径比太阳小时，在发生全食的食甚时刻太阳的明亮边缘露在月球之外，这就是日环食（annulus，拉丁语意为“环”）。这时月球的本影影锥太短，没能到达地球表面。发生日环食时太阳光仍然相当明亮，看不到日冕的踪影。月球“伪本影”（本影的倒向圆锥）直径最大时为313千米，环食最长可持续约12分钟的时间。

还有一种更为罕见的“全环食”。这时，地球表面正好位于月球本影的顶端附近，加之地表是球形的弯曲表面，因此月影扫过时，只有极小的一片区域见到极短暂的日全食，而在它前后的食带内只能见到日环食。

日食的程度可用食分或掩食度（obscuration）来表示。食分是日食程度最大时（月亮、太阳中心最靠近时）被月球遮挡的太阳直径所占的比例。掩食度是日食程度最大时被月球遮挡的太阳表面积的比例。

观测日全食

观测日食一定要像观测太阳那样做好防护工作，只有在食甚发生的时刻才可以撤掉防护设施。下文按时间顺序列出了日食时你能做的一些观测工作：

↑日偏食像。在2002年6月10日的日全食中，附近的树林（照片外的右侧）提供了不计其数的“小孔成相机”。此时太阳被食60%。（作者摄）

偏食相

日面开始被遮挡的那一瞬间称为“初亏”，然后暗黑的月轮开始渐渐遮盖日面。这一阶段可以用普通相机和数码相机从容拍摄。许多观测者把相机位置固定，每隔一段时间拍一张，然后串连成动画。

用小孔成像观测被食的太阳是一件很有趣的事情，如果同时在地面上呈现数百个太阳像，效果更佳。例如，阳光透过树叶缝隙在地面所成的像，可以用来观察日食的各个阶段。

很可能你留意到随着全食的接近，日影越来越锐利、越来越黑。这是由于太阳（通常像个大圆盘）变得越来越像个点源的缘故。日影变黑则是因为照在上面的杂散光越来越少了。

行星和亮恒星

日食开始后不久，天空依旧很明亮。不过随着全食的接近，天光迅速减弱，一些亮天体逐渐显现出来。时刻牢记行星和亮恒星在星空中的位置。在全食发生之前我曾用肉眼看到过0等星和更亮的天体，全食时我甚至能看到3等星。在望远镜中，像猎户座大星云这样亮的深空天体也可能在全食时看到，如果你选择去观测它们的话。（我是

↑贝利珠，2001年6月21日日全食时。（摄于赞比亚的Chisamba，佳能D30相机，加利福尼亚州Charles Manske摄）

说，如果你能把视线从太阳上移开的话。）

影带

当日面只剩窄窄的光弧时（全食前后一两分钟），很多观测者报道过长而直的影带在地面上扫过。这些和波纹一样明暗交替的条纹称为“影带”，是太阳光被大气中不同密度的气团折射而弯曲后形成的现象。影带的对比度非常低，很多观测者在面前铺上一块大白布来帮助他们观测这个现象。影带曾被拍摄下来过，但是数量极少。

月影飘临

当全食的时刻越来越近时，有时能看到月球的阴影从西边徐徐而来，如夜幕低垂，从天而降（如有薄云，更为明显），令人惊心动魄。平坦无遮挡的高地或朝向月影方向的大型水景旁边，是观测月影的最佳地点。1994年11月3日日全食时，我在秘鲁。高空有微薄的云层，就在全食即将发生时，我看到庞大的月影在我头顶掠过！那种景象让我毕生难忘。

贝利珠

1836年，英国天文学家弗朗西斯·贝利（1774—1844）注意到在全食即将来临的一刹那，月面边缘突然出现一串分布不规则的小亮点，像一串光辉夺目的珍珠高悬在漆黑的天空中。这种现象称为“贝利珠”，在全食来临之前和结束之后的几秒钟里很容易看

↑钻石环。2001年6月21日日全食时。（摄于赞比亚的Chisamba，佳能D30相机，加利福尼亚州Charles Manske摄）

到，非常醒目。贝利珠是由阳光从月球表面起伏不平的环形山缝隙中透射出来所致。

钻石环

全食发生之前的那一瞬间，就在最后一缕阳光消失的一刹那，日冕显露出来。环形的日冕和闪亮的贝利珠连成一片，看起来就像一只光彩夺目的钻戒，这就是钻石环。一旦目睹，终身难忘。

这时，除去所有罩在光学仪器上的滤镜（动作一定要快），可以安全地欣赏日食，直到再次出现钻石环为止。

色球

在钻石环消失的瞬间，你有可能看到发红的太阳色球。这是一个很困难的观测，因为它的持续时间只有一秒左右。随着色球消失在月球之后，食即开始。

从这时开始，整个全食过程中，你有机会看到许多大日珥。小一些的日珥用双筒望远镜或天文望远镜也能看到。所见的日珥数量和大小取决于当时太阳活动的强度。有过几次全食观测经验的观测者倾向于记下最大的日珥的大小和日冕的整体形状。珍惜这次机会吧（珍惜眼前的景色吧），平时想要看到这种景象只有使用H-α滤镜才有可能。

日冕

太阳最外层的稀疏大气——日冕，现在展露无遗。即便是最有经验的观测者也不会知道在全食来临之前，日冕会以一种什么形态呈现在月影周围。它总是会给人们一个惊喜。请注意你所见的日冕形状和大小，它和你上次看到的是否一样呢？

周围的自然景观

我明白——相信我，我真的明白——此时此刻你的感受。震撼人心的日食就在你头顶上演，你不由自主地屏住了呼吸。如果你有照相观测（后文将有介绍）的话，甚至还会紧张得手忙脚乱。身边的人情不自禁地欢呼雀跃，或许还会分散你一部分注意力。停！平静一下自己的情绪，把视野放开，看看更广阔的大自然吧。令人心醉的奇观不仅发生在天上，在你身处的这片大地上也在同时上演。看，夜幕好像已经降临，但似乎又有些不同。地平线附近依旧流光溢彩，影影绰绰、蔚为壮观。听，清风停止了低吟，鸟儿也不再欢唱，它们正匆匆返回自己的家园。多么怡人的平静啊！突然觉得一阵寒意涌来，难道连温度也变了吗？没错，这时气温往往要下降5~10℃。

随着全食结束，日食进入“生光”阶段。上面所述的景象反过来再重演一遍。现在你可以松一口气了。最后月球继续移离日面，缓缓往东而去，这就是复圆，也是日全食过程中的最后阶段。

即将到来的日全食

日 期	时间(世界时)	全食持续时间
2003年11月23日	23点	1分57秒
2005年4月8日	21点	42秒
2006年3月29日	10点	4分07秒
2008年8月1日	10点	2分28秒
2009年7月22日	3点	6分40秒
2010年7月11日	20点	5分20秒
2012年11月13日	22点	4分02秒
2013年11月3日	13点	1分40秒
2015年3月20日	10点	2分47秒
2016年3月9日	2点	4分10秒
2017年8月21日	18点	2分40秒
2019年7月2日	19点	4分32秒
2020年12月14日	16点	2分10秒

*2008年8月1日和2009年7月22日的日全食我国可见，特别是2009年7月22日的日全食我国许多地方都能看见。——译注

全食照相

很多天文爱好者都迫切希望能有机会用普通相机、数码相机或摄像机记录这美妙的时刻。不过就我个人而言，在欣赏日全食时我从不拍摄。在这让人心神俱醉的时刻，我希望尽我所能去欣赏每一个细节而不愿为曝光时间、快门速度、光圈大小等而花费精力。如果你下定决心非要拍到日全食不可，起码等到第二次观测时再拍，好好享受你的第一次日全食吧。相信我，如果你想要照片，专业人士已经拍了太多太多，什么格式都有。

凌日

从地球上看到水星或金星在太阳表面经过时，称为“凌日”。凌日只发生于行星“下合”时。不过正如不是每月都能看到月食一样，也并不是每次下合都有凌日现象发生。因为水星和金星的轨道相对于黄道面都有一个倾角，大多数下合日它们都从日面的上面和下面经过。如果下合发生在行星穿过黄道面的那一天附近时，就会发生凌日。水星凌日比较少见，金星凌日则非常罕见。

水星凌日都发生在5月8日或11月10日的前后几天，这是因为水星轨道与黄道有两个交点（黄经分别为48°和228°），如果当时水星正好处在下合的位置，就会发生水星凌日。11月发生凌日时，水星位于近日点附近，视直径只有10角秒左右。5月水星位于远日点附近，视直径约12角秒。然而在远日点附近水星运动更慢，这导致在5月发生凌日的概率只有11月的一半。11月的水星

←2001年6月21日日全食时的4张日冕照片（包括两张合成照）。(a) 曝光1/125秒，拍到了内冕。(b) 曝光1/2秒，拍到的是外冕，内冕完全被淹没了。(c) 9张照片叠加在一起，曝光总时间正好拍下日冕，但是没有拍到多少细节。(d) 和c类似，不过采用了“径向模糊遮罩”(radial unsharp mask)，显出的日冕细节多得多。（佳能D30相机，加利福尼亚州Charles Manske摄）

凌日每过7、13和33年就会重现一次，5月的凌日每13和33年重现一次。

基于同样的原因，金星凌日只在12月9日和6月8日附近发生（金星轨道与黄道面的交点的黄经分别为77°和257°）。在不同交点发生的金星凌日相隔8年，可以将这两次凌日看成一组，每过105.5年或121.5年，这组凌日就会重现一次。人类有记录的金星凌日只有6次：1639年、1761年、1769年、1874年、1882年和2004年。（译注：2004年金星凌日为译者所加。）

注意：1984年5月11日，在火星上看，地球从太阳表面经过（理论计算）。地球大约历经8小时才走完日面，月球比它晚6小时。因此当时在火星上，大约有2小时的时间会看到地球和月球两个黑点同时出现在日面上。

水星凌日

观测水星凌日需要借助于加装了太阳滤光片的小型望远镜。凌日时，水星看上去是个非常细小的小黑点，只有太阳视直径的0.5%左右。许多爱好者在水星凌日时拍摄照片和录像。

下表列出了未来的几次水星凌日从初亏到复圆的时间，即凌日的持续时间。“初亏

水星凌日预报表

日 期	时 间	持续时间	初亏方位角	复圆方位角
2006年11月8日	21点42分	4小时58分	141	269
2016年5月9日	15点0分	7小时30分	83	224
2019年11月11日	15点22分	5小时31分	110	299
2032年11月13日	8点58分	4小时28分	77	330
2039年11月7日	8点48分	2小时57分	174	237
2049年5月7日	14点31分	6小时42分	31	276
2052年11月9日	2点31分	5小时12分	134	275
2062年5月10日	21点41分	6小时41分	97	211
2065年11月11日	20点10分	5小时24分	103	305
2078年11月14日	13点45分	2小时57分	69	337

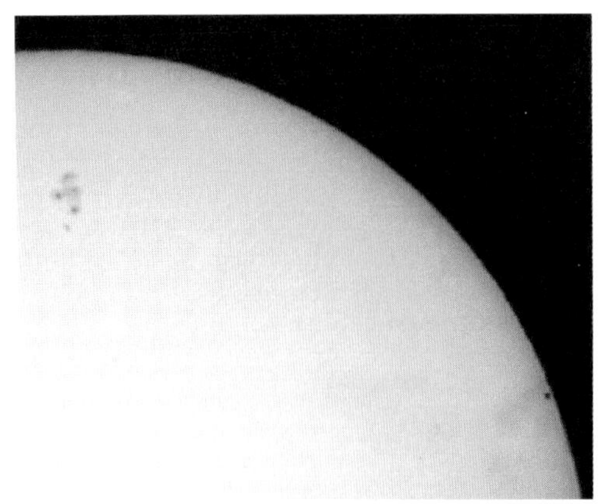

↑1999年11月15日水星凌日，水星位于日冕右边缘。(从加利福尼亚州Charles Manske拍摄的录像中截得)

方位角”和“复圆方位角”分别是初亏和复圆时从太阳圆面北点逆时针度量的水星所在位置的角度。

金星凌日

有关金星凌日的最早记录是在1639年。只有两个人目睹了那次凌日：英国天文学家Jeremiah Horrocks和他的朋友，William Crabtree。而据史料记载，此前8年发生在1631年的那次金星凌日没有被人们留意到。

金星凌日曾经被认为具有重大科学价值，这是因为通过观测金星凌日可以帮助人们确定出太阳系天体的距离尺度。

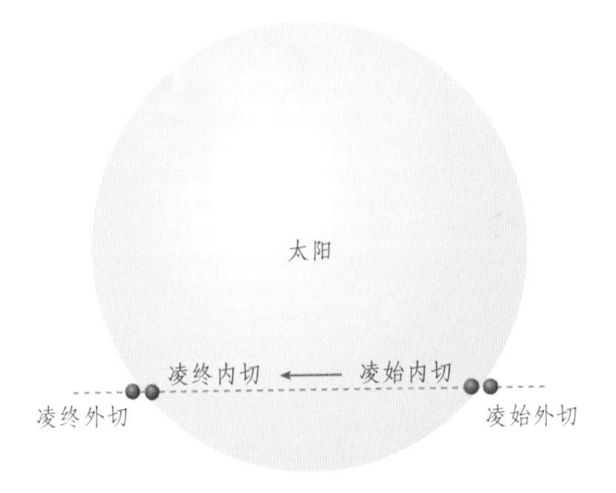

↑凌日时的四个过程。(霍莉·Y·白凯奇绘)

如果能知道各个行星到太阳的相对距离，甚至它们的相对大小，就能很容易地得出太阳系的整体形状。根据这个思路，天文学家们画出了太阳系的天体图，其中包含了行星的轨道，它们的卫星、小行星和彗星等。通过一些最基本的天文观测，这些天体之间的相对距离（译注：都以日地距离为单位。）也已经准确弄清。但是想要精确地为天体图标上比例尺却并不是一件轻而易举的事。

1716年，英国天文学家埃德蒙·哈雷（Edmund Halley）提出了一种能定出比例尺的方法。哈雷指出他的方法就是利用1761年的金星凌日来测量日地距离（或接着于1769年发生的金星凌日）。可惜尽管人们为观测这次金星凌日付出了辛勤的劳动，但观测未获成功。

1769年6月3日的金星凌日发生时，在塔希提岛，库克船长和他的随从们各自进行了细致的观测和测量。再结合在欧洲和北美获得的观测数据，人们第一次得到了比较合理的日地距离数值，但是却花费了相当长的时间。

直到1824年，德国天文学家约翰·弗朗兹·恩克（Johann Franz Encke）才从1769年的观测数据中计算出日地距离。他给出的最终结果是1.52×10^8千米，尽管并不正确。要想修正这个数值必须再进行一次金星凌日的观测。

19世纪发生的两次金星凌日的重要性超过了太阳系内所有其他的天象，并且得到了前所未有的关注。在这两次凌日中，世界各地的观测者不约而同地都把望远镜瞄向了太阳。遗憾的是，得到的结果仍然不够理想。

最主要的问题是，不同观测者记录的金星进入太阳圆面的时间很不一致（同样，金星移出日面的时间也不一致）。直觉上，金星是个小黑点而太阳是个亮圆盘，金星进入太阳日面的时间应该很容易确定。然而在实际观测中，金星看上去几乎是慢慢融进太阳边缘的，就像一滴水从水龙头滴落下来那样。然后，突然之间初亏就宣告结束，金星已经位于日面之内离边缘有一定距离了。当时的观测者称之为“黑滴现象”或“黑带现象”。因为这个缘故，许多有几十年经验的观测行家们给出的这个重要时间（初亏时刻）差别很大。

不过，19世纪的天文学家们还是把这些结果取了平均值，并改进了恩克的日地距离计算方法。根据那两次金星凌日，最终计算出的日地距离为149 182 110千米，获得了当时的公认。不难发现，这个结果和现在普遍采用的数值（149 597 892千米）非常接近，它的得出是精确确定太阳系比例尺的进程中的一个巨大进步。

金星凌日同样也让天文学家知道了关于我们这个“双胞胎”行星的两个重要事实。首先，他们可以非常肯定地断言：金星没有卫星。曾经有人提出，如果金星周围有一个小天体离它很近，而它的亮度又足以淹没任何卫星，这个天体就不会被我们看到。因此，在凌日时，仔细观察金星周围区域就比较重要了。如果存在一颗有一定尺度的卫星，它也将会在明亮的太阳背景中显现出来。

另一个首次在金星凌日时发现的事实是：金星存在大气。罗蒙诺索夫（M.V.Lomonosov）在1761年的金星凌日中首次发现了金星存在大气的证据。如果金星上没有大气，那么它在进入日面或移出日面时，应该立刻消失不见。但是观测结果与此相左。当金星慢慢离开日面时，人们发现它露在日面外的黑暗背景中的圆边被一圈弧光包围。有些观测条件极为优越的观测者甚至能一直追踪这个星球，直到它完全从明亮的太阳背景上消失。这时，一圈光环环绕于金星的表面，成为它的标志，尽管它本身并不可见。唯一可能的解释就是金星表面存在着大气。

除非人类的寿命在未来几十年能有飞越性增长，诸位读者朋友应该能有两次目睹金星凌日的机会，分别是2012年6月6日和2117年12月11日。

金星的视直径大约是太阳的1/32（3.125%），因此视力较好的朋友应该能用肉眼看到金星（当然，得用必要的滤光片）。

观测即将来临的金星凌日，所需要的仅仅是一张舒适的椅子和一个太阳滤光片。不过，如果你想记录下四个凌日阶段的准确时间的话，望远镜是不能缺少的。到时别忘了注意“黑滴”现象！

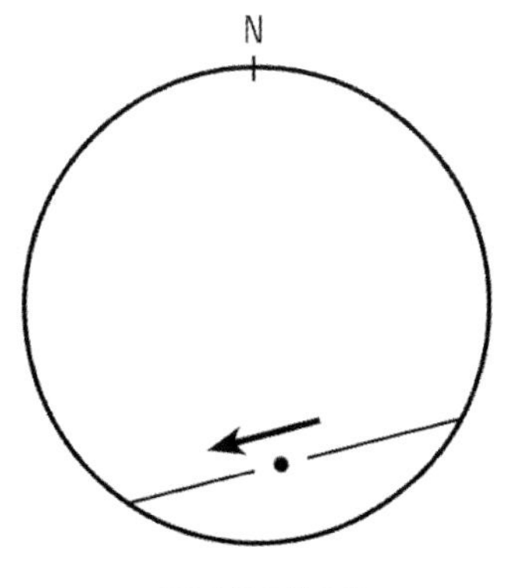

2004年6月8日

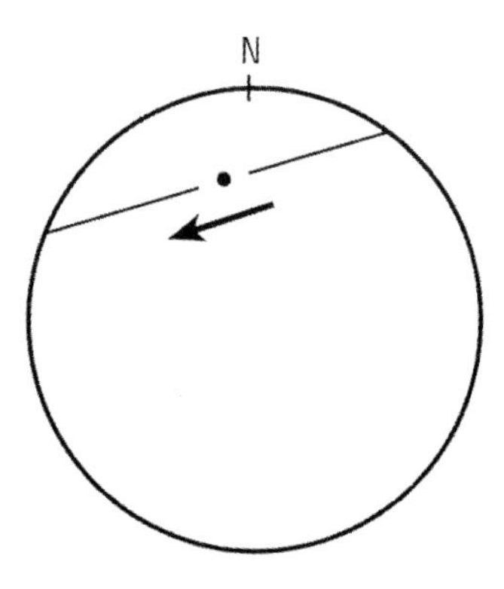

2012年6月6日

↑将要发生的金星凌日示意图，太阳和金星的大小按照比例绘制。（霍莉·Y.白凯奇绘制）

6.6 水星和金星

水星和金星的物理参数

	水　星	金　星
直径大小	4879.4千米	12104千米
质量	3.303×10^{23}千克	4.869×10^{24}千克
扁率	0	0
体积	6.084×10^{10}立方千米（地球体积的5.8%）	9.284×10^{11}立方千米（地球体积的85.4%）
反照率	0.10	0.65
密度	5.429克/立方厘米	5.25克/立方厘米
太阳辐照度	3566瓦/平方米	2660瓦/平方米

水星和金星的轨道参数

	水　星	金　星
自转周期	58天15小时30.5分	243天零36.5分
公转周期	87天23.3小时	224天16.8小时
会合周期	115天21小时7.2分	583天22小时05分
自转速率	47.88千米/秒	35.02千米/秒
到太阳的距离	0.3871天文单位 57 910 000千米	0.7233天文单位 108 200 000千米
离地球的最近距离	0.517天文单位 77 269 200千米	0.26天文单位 38 150 900千米
离地球的最远距离	1.483天文单位 221 920 200千米	1.75天文单位 261 039 880千米
赤道面与轨道面的夹角	0°	177.36°

水星和金星的观测数据

	水　星	金　星
离太阳的最大角距	28°	47°19′
最大视星等	−1.3等	−4.4等
最大视直径	10角秒	64角秒
最小视直径	4.9角秒	10角秒

水星

苏美尔人称水星为“Ubu-idim-gud-ud”，巴比伦人把它叫做“gu-ad”或“gu-utu”，这些先民们最早记录下了这颗行星的观测细节。考古发现的史料表明，苏美尔人对水星做过非常仔细的观测。他们记录下了水星运动周期中的六个重要日期：东大距、开始逆行、开始不可见、再次可见、停止逆行、西大距。

在很长时间里，水星一直显得神秘莫测。它是个很小的行星，而且因为离太阳太近常常被太阳的光辉所淹没，因此对它的目视观测难度较大。第一个宣称发现水星细节的人是德国业余天文学家约翰·H·歇洛特（1745—1816），他在位于不来梅附近的私人天文台上，观测到了弯月形的水星边缘有个成钝角的突起（他在金星上也看到了类似的现象）。他推断这个突出物为水星上的一座高约20千米的大山。当时赫赫有名的天文学家威廉·赫歇尔（1738—1822）也进行了观测，但是没能验证这个发现。根据歇洛特的观测资料，贝塞尔（1784—1846）算出水星的自转周期为24小时零53秒，他还算出水星的轨道倾角约为70°。

在19世纪，有许多观测者都声称看到了水星的表面细节。英国天文学家威廉·弗里德里克·丹宁（1848—1931）于1881年画出了一系列水星草图，并算出其自转周期为25小时。1892年，法国天文学家尼波尔德·邱维洛特（1827—1895）可能观测到了歇洛特所发现的水星特征，可是他的观测没有得到确认。

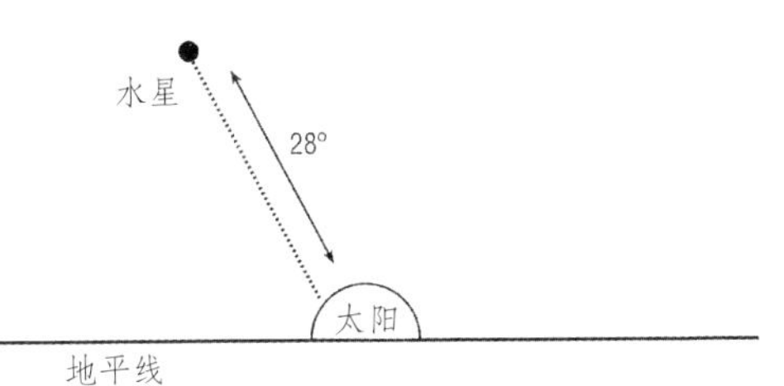

↑水星离太阳的最大角距离是28°，不过从这幅图示可以看出，水星的地平高度极少能达到28°。（霍莉·Y.白凯奇绘）

直到1889年，意大利天文学家吉瓦尼·弗吉尼奥·夏尔巴利（1835—1910）绘出了一张水星的详细地图，才终结了关于水星表面细节的种种论争。在水星高度角较大的白天，夏尔巴利用米兰布雷拉天文台上的22厘米和49厘米的反射镜进行观测，他总结出，在太阳潮汐力的作用下，水星总是以同一面对着太阳，就像月亮对地球那样。他发表的水星自转周期为88天，也就是说水星在自转一周的同时也绕太阳公转了一周。

1896年在洛维尔天文台，普赛乌·洛维尔（Pervival Lowell，1855—1916）开始用一个61厘米反射镜对水星进行了一系列观测。他的观测结果与夏尔巴利一致，同样也表明水星是同步自转的。洛厄尔绘制的水星地图上布满了暗条和斑点，他认为这些地貌是水星在冷却过程中形成的。不幸的是，和他的火星观测结果一样，别的观测者都没有看到他画出的这些细节。

水星小知识

根据开普勒（1571—1630）的预言，1631年11月7日，法国天文学家皮埃尔·伽桑狄（1593—1655）成为观测水星凌日的第一人。

水星表面共有299个被命名的特征，其中239个是环形山。

在水星上看太阳，要比地球上亮63倍。

水星上最大的环形山是贝多芬环形山（它其实也是整个太阳系中最大的环形山），它的直径为643千米。

美国天文学家塞缪尔·皮埃庞特·兰利是第一个在太阳日冕中看到水星的人。1878年，兰利在宾夕法尼亚州匹兹堡的阿里格利（Allegheny）天文台上，用33厘米反射镜在水星进入日面之前发现了它，它的视直径有15角秒。

太阳光到达水星的时间平均为3分13秒，水星在近日点时是2分33秒，远日点则为3分53秒。

在美国海军天文台66厘米望远镜的帮助下，T. J. J.西（See）声称发现了许多水星环形山。1901年，西描绘的水星图上有一个巨大的环形山矗立在一群环形山中。现在有天文学家认为，西当时看到的就是水星上最大的环形山——贝多芬环形山。不过也有人指出，当时水星只是一个视直径仅6角秒的小亮弧，他根本不可能看到这样的环形山。

法国籍希腊天文学家尤吉尼·马力·安东尼亚迪（Eugene Marie Antoniadi 1870—1944）或许称得上是20世纪最杰出的水星观测者了。和夏尔巴利一样，他在白天对水星进行了不计其数的观测。安东尼亚迪的《水星图谱》——这颗行星的详细图像，于1934年出版。这本书收录了安东尼亚迪宣称的他看到过的各种各样水星表面细节。但是，和西一样，他的观测结果也受到了当代天文学家的质疑。

1962年，射电天文学家通过研究水星的射电辐射，证实水星的背面要比完全同步自

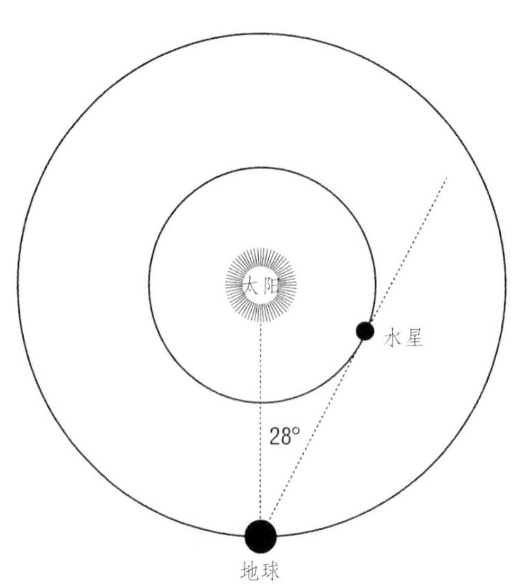

↑水星的大距。(霍莉·Y.白凯奇绘)

转时热很多，即如果它真的总是以一面对着太阳，那么背着太阳的那一面应该比现在冷得多。1965年，Gordon Pettengill和Rolf B. Dyce推翻了传统的同步自转理论。他们根据射电观测，定出水星自转周期为59±5天。这个结果与现在普遍接受的数值，即水手10号探测器测定的58.646±0.005天，非常吻合。

观测水星

从水星观测历史可以知道，即便借助望远镜，在水星上也看不到多少东西。不过由于水星位于太阳和地球之间，我们能看到它的位相。多数天文爱好者喜欢用肉眼直接观测，观测的最佳时机是在水星大距时。水星位于太阳西面最远时，称为"西大距"，不过这时水星是在黎明前的东方天空可见。同样，水星东大距时，应该于傍晚出现在西方天空。

水星是一颗地内行星（比地球更靠近太

水星大距

东大距(傍晚可见)	西大距(黎明可见)
	2003年6月3日
2003年8月14日	2003年9月27日
2003年12月9日	2004年1月17日
2004年3月29日	2004年5月14日
2004年7月27日	2004年9月9日
2004年11月21日	2004年12月29日
2005年3月12日	2005年4月26日
2005年7月9日	2005年8月23日
2005年11月3日	2005年12月12日
2006年2月24日	2006年4月9日
2006年6月20日	2006年8月7日
2006年10月17日	2006年11月26日
2007年2月7日	2007年3月21日
2007年6月2日	2007年7月20日
2007年9月30日	2007年11月9日
2008年1月22日	2008年3月4日
2008年5月13日	2008年7月1日
2008年9月10日	2008年10月22日
2009年1月4日	2009年2月14日
2009年4月26日	2009年6月13日
2009年8月25日	2009年10月6日
2009年12月18日	2010年1月27日
2010年4月9日	2010年5月26日
2010年8月6日	2010年9月20日
2010年12月2日	

水星合日

上　合	下　合
2003年1月11日	2003年7月5日
2003年5月7日(水星凌日)	2003年10月25日
2003年9月11日	2004年3月4日
2003年12月27日	2004年6月18日
2004年4月17日	2004年10月5日
2004年8月23日	2005年2月14日
2004年12月10日	2005年6月3日
2005年3月29日	2005年9月18日
2005年8月5日	2006年1月27日
2005年11月24日	2006年5月19日
2006年3月12日	2006年9月1日
2006年7月18日	2007年1月7日
2006年11月9日	2007年5月3日
2007年2月23日	2007年8月16日
2007年6月28日	2007年12月17日
2007年10月14日	2008年4月16日
2008年2月6日	2008年7月29日
2008年6月7日	2008年11月25日
2008年10月7日	2009年3月31日
2009年1月20日	2009年7月14日
2009年5月18日	2009年11月5日
2009年9月20日	2010年3月14日
2010年1月4日	2010年6月28日
2010年4月29日	2010年10月17日
2010年9月3日	2011年2月25日
2010年12月20日	2011年5月23日

6.7 火星

火星的物理参数

直径小大	6794.4千米
质量	6.421×10^{23}千克
扁率	0.00519
体积(地球的15.8%)	1.643×10^{11}立方千米
反照率	0.15
密度	3.94克/立方厘米
太阳辐照度	595瓦/平方米

在亚述，火星被称为“流血的星”，是死亡、不幸和灾难之神的化身。在挪威人眼中，火星是主宰战争的神，称为“Tyr”或“Tiu”，我们日常所说的星期二（英文为Tuesday）就来源于这个神灵的名字。古希腊人也把这颗行星视为战神，称其为“Ares”(阿瑞斯，战神)。古罗马人用赤铁矿和铁来祭祀这颗红色的战神之星，而且在战争中也用石头或金属作为护身符。

在伊特鲁里亚人眼中，火星并不是与战争相关的神。它最早的形象是丰收之神，Maris（玛利斯），被人们供奉在Latinum（现意大利中部区域）北部的神殿中。他和女神Marica（麦瑞卡）结合，并生下了Latinus（莱汀勒斯）——传说中所有拉丁部落族人的祖先。

早在2500多年以前，巴比伦人就对火星进行了有规律的观测，他们称之为Salbatani。据研究，创作于公元前553年1月的一段巴比伦文字记录下了火星的螺旋式运动，当时它位于在双子座的西部。火星在中国最早用于占卜，不过根据史料可以看出中国古人对火星的观测是极为仔细的：“火星退行于螣蛇，军士士气大振。”

亚里士多德认为地球是宇宙的中心，太阳、月亮、行星都围绕地球作完美的圆周运动。但是通过简单的观测就能发现事实与此相悖。行星的亮度变化就是一个例证，而且，每个行星相对于恒星背景的运动也并不均匀。而该理论面临的最大威胁是，行星运动的方向总是在有规律地变化着，这在火星上表现得尤其明显。这颗红色行星的退行向圆轨道理论提出了强烈的挑战。为了解释这些现象，亚里士多德和尤多西斯（Eudoxus，公元前408—353年）各自在火星和其他行星的运动轨道上嵌入了一些旋转着的圆轨道，这是个相当复杂的系统。尤多西斯用到了27个圆，而亚里士多德系统中的小圆轨道数目达到了55个之多，其中有22个是逆向旋转的。

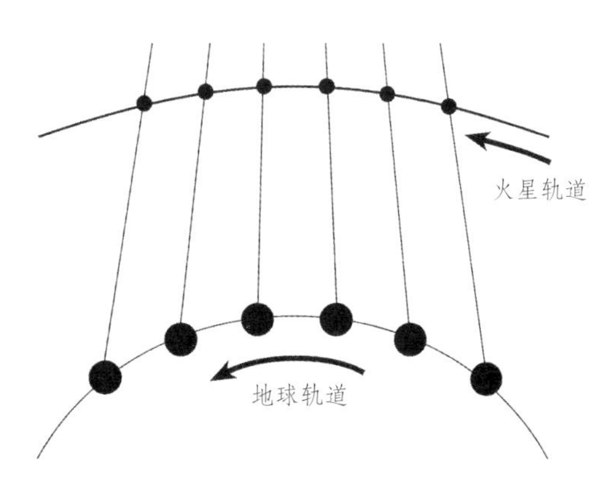

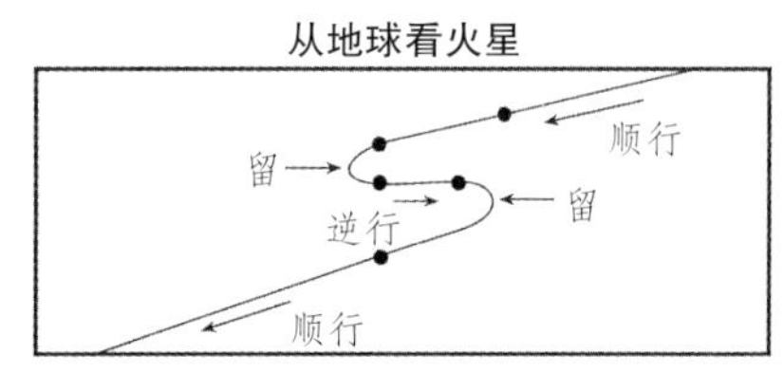

↑当地球绕日运动过程中超过火星（或其他外行星）时，地球上的观测者就会看到火星在逆行（往西运动）。当火星从顺行到逆行再到顺行的过程中，有两个转向点，称为“留”。(霍莉·Y.白凯奇绘)

两个世纪之后，依巴谷（Hipparchus）提出了一个更简单的系统，即所谓的均轮理论：取在以地球为中心的圆轨道（称为均轮）上的某些点为圆心，作出一些小圆（称为本轮），并认为行星在均轮和本轮联合起来的轨道上运动。值得注意的是，这个系统中的所有运动都是圆轨道。在很长的一段时间里，任何其他的说法都被认为是异端邪说。

又过了两个世纪，在亚历山大图书馆，克劳蒂斯·托勒玫（也称托勒密［Ptolemy］）对火星进行了大量观测，并修订了本轮理论。他在黄道和均轮以及均轮和本轮之间引入了倾角，而且在均轮上又添加了新的均轮，这样整个体系变得极其复杂。不过它能够大体准确地预言火星和其他行星的位置，比之前的任何理论精度都高。

火星的轨道参数

自转周期	24小时37.4分
公转周期	1年320天18.2小时
会合周期	779天22小时33.6分
公转速度	24.13千米/秒(86868千米/小时)
离太阳的距离	1.5237天文单位 （227 940 000千米）
离地球的最小距离	0.372天文单位 （55 650 200千米）
离地球的最远距离	2.68天文单位 （400 922 300千米）
赤道与轨道面夹角	25.19°

↑2001年世界时5月20日18：09-18：44，新加坡谭魏龙（音译）拍摄的火星序列图像。（Celestron C11望远镜和SBIG ST7E CCD相机）

火星是开普勒行星运动三定律的关键行星。开普勒为了使理论预言的火星轨道与观测相符，足足花费了五年多的时间。他曾经假设太阳能产生一种随距离变化的推力，可以造成火星的本轮轨道，可是这个假设仍然无法消除理论预言和观测结果之间的偏差。最后，开普勒终于认识到他所遭遇的困难源自于他不肯放弃圆轨道。一旦把椭圆轨道运用在火星上，这种偏差就再也不复存在了。

伽利略第一次观测火星是在1609年，在接下来的几年里，他记录自己所见的火星为一个有圆缺变化的圆盘，这表明火星是一个被太阳照亮了的球体。1659年10月13日，克里斯汀·惠更斯（Christiaan Huygens，1629—1695）首次描绘出了火星的草图。46天后，11月28日，惠更斯首次记录看见了火星上的一个表面特征（几乎可以肯定是大流沙）。通过对这个特征的后续观测，他推断火星的自转周期约为24小时。1666年，意大利天文学家卡西尼进一步精确了这个数值，他确定的火星自转周期为24小时40分钟。

火星小知识

火星的自转周期（约为24小时37分）被称为“火星日”。加利福尼亚州帕萨迪纳的喷气推进实验室的科学家们用这个数值来区别它和地球上的“天”。

火星表面共有1345个已命名的特征，其中845个是环形山。火星上最大的环形山——Schiaparelli，直径为461千米。

2003年8月27日，火星达到最大的亮度，视星等差不多达到了−3.0等。火星上一次最接近这个亮度是在1924年8月22日。在1956年9月7日和1971年8月12日，火星的亮度曾两次达到−2.9等。由于火星表面细节的变化（最明显的是极冠），它的实际亮度和理论亮度相差可达0.3等。

离火星最近的卫星是火卫一，它距离火星仅9377千米，只有地月距离的2.4%。

火星上的平均大气压为709帕斯卡，与地球表面以上30千米处的大气压相当。

唯一一次陨石砸死哺乳动物的事件发生在1911年，在埃及的Nakhla，陨石砸死了一条狗，它的主人目击了这次事件。研究表明这块陨石来自火星。

1672年，Jean Richer（1630—1696）在法国殖民地Cayenne观测火星，与此同时，卡西尼在巴黎天文台也进行类似的观测。他

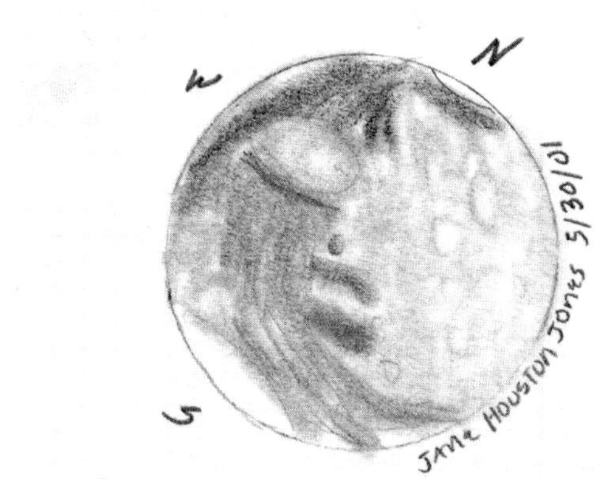

↑火星素描图。（加利福尼亚州旧金山的Lane Houston Jones绘）

们把观测结果相对照，首次获得了比较精确的火星视差值，从而定出了它的距离。在火星靠近近日点时，选择合适的地点同时对它进行观测是测定太阳系距离尺度的方法之一，另一种方法是利用金星凌日。

同样是在1672年，惠更斯在火星南极看到了一个白斑。1704年，卡西尼的侄子，意大利天文学家玛拉尔第（Glacomo Filippo Maraldi，1665—1729）在火星两极也观测到了白斑（称为极冠），不过当时他没想到它们是冰层，他还注意到南极极冠的中心不在自转轴上。1719年，玛拉尔第开始认为极冠很可能就是冰层，那一年的8月25日（火星大冲的前两天），火星距离地球最近，它那异乎寻常的亮度在当时曾引起了人们的恐慌。

1783年10月26—27日，威廉·赫歇耳勋爵连续两次看到暗弱的恒星从火星近旁穿过。他据此得出火星上存在大气的正确推断，因为在恒星靠近火星时，他就看不到它们发出的光芒了。在随后的几年里，赫歇耳辨认出火星轨道有30度的倾角，他还发现了极冠的季节变化，并据此推断它们由雪和冰组成。

1809年，在Viviers工作的法国业余天文学家Honore Flaugergues（1755—1830）觉察到了火星黄云的存在，这很可能是最早的火星尘埃云观测记录。4年后，Flaugergues注意到火星表面上有些变化无常的条纹，而且在火星的春季，极冠会迅速收缩。他猜想极冠由冰雪组成，而它们的快速融化则表明火星比地球要热。

1840年，Wilhelm Beer（1797—1850）和Johann Madler（1794—1874）绘制出了第一张火星全图，他们修正火星的自转周期为24小时37分22.6秒，与现在的测量结果只相差0.2秒。此后，荷兰天文学家Friedrich Kaiser（1808—1872）进一步修订了火星的自转周期值，他绘制的海量素描图甚至可以构成一个完整的火星球。他将自己所绘的火星细节图和1666年惠更斯以及1667年R·虎克的素描图相对比，得到的火星自转周期和现在普遍采用的公认值相差不到0.1秒。

火星观测数据

冲日时亮度	最大值	-2.9等
	最小值	-1.0等
视直径	最大值	25.11″
	最小值	13.82″

1868年，英国天文科普作家普诺克特（Richard Anthony Proctor，1837—1888）出版了《火星上的陆地和海洋，根据戴维斯先生的27幅素描》一书。这是根据William Rutter Dawes先生（1799—1868）在1852—1865年间的火星观测记录编制的。普诺克特选定的火星零经度线一直沿用到了今天。第二年，Father Secchi提到了火星河道（canali，意大利语为“河沟”的意思）。

在1877年那次罕见的火星冲日中，苏格兰天文学家吉尔（David Gill，1843—1914）专程赶往Ascension岛测量了火星的视差。吉尔尝试了一种较新的方法——在同一个晚上两次测量火星在相同恒星背景上的位置。第一次观测是在黄昏后不久，这时火星在东边，第二次测量在清晨，此时火星位于西边天空。这样，一个观测者就可以独立测出火星视差的东-西分量，消除了和另外一个远距离观测者同时观测时所产生的内禀误差。

还是1877年的那次火星冲日，意大利天文学家基亚帕雷利（1835—1910）在这次引人注目的天象中看到了火星河道。通过这次观测，基亚帕雷利还发展了一套火星表面细节命名系统。在这个“火星年”中最值得一提的发现是在8月份，美国天文学家霍尔（Asaph Hall，1829—1907）在8月11号发现了火卫二并在8月17号发现了火卫一。

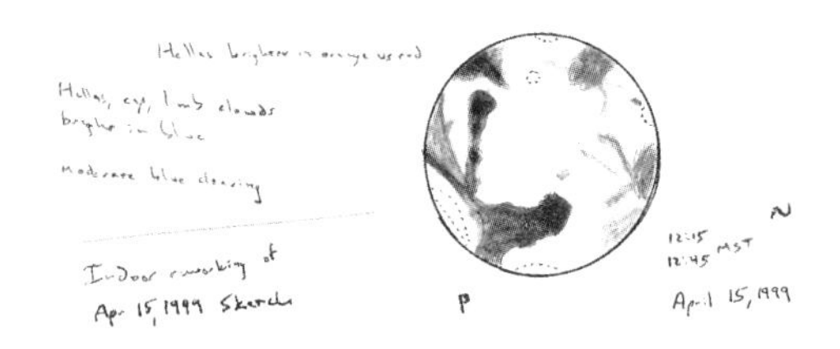

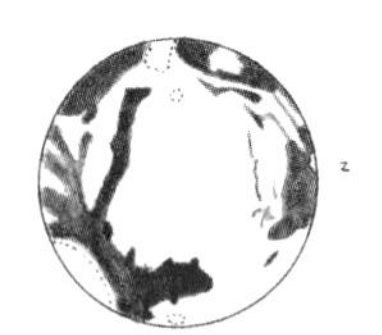

↑1999年3月19日的火星。（焦比F/4.6，250mm牛顿式反射镜，University 6毫米Abbe无畸变目镜，放大倍数190倍。橘、蓝两色叠加。亚利桑那Jeff Medkeff绘。）

1894年，美国人洛韦尔（Percival Lowell，1855—1916）在亚利桑那州建造了一座天文台。火星是他的首要观测目标，这也是他建立天文台的主要原因。第二年，《Lowell火星书》面世，这是他的第一本（也是最著名的一本）记述这颗红色行星的书。在书中，洛韦尔对火星给出了一些非常“粗放”的描述，声称自己看到火星河道（他误将canali翻译为canals）就是其中之一。但是在1909年，美国天文学家海耳（George Ellery-Hale，1868—1938）用威尔逊山上的152厘米反射镜观测火星后表示“没有看到河道存在的痕迹”。

在19世纪20年代，火星大气成为天文学研究热点。1925年，美国天文学家门泽尔（Donald H. Menzel，1901—1976）研究了不同波段的火星图像，并得出火星上的大气压强小于6687帕斯卡的结论。第二年美国天文学家亚当斯（Walter Sydney Adams，1876—1956）通过光谱研究发现火星是“极度贫瘠”的。接下来的一年，William Weber Coblentz（1873—1962）和Carl Otto Lampland（1873—1951）测量出了火星的昼夜温差，这被认为是存在一层薄大气的证据。20年后的1947年，利用红外光谱测量，荷兰裔美籍天文学家柯依帕（Gerard Peter Kuiper，1905—1973）在火星上测量到了二氧化碳，但是没有发现氧气。

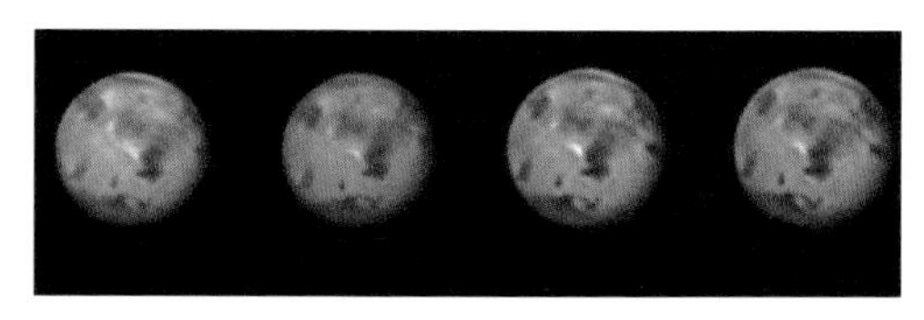

↑2001年世界时6月28日15:32～16:14，新加坡谭魏龙（音译）拍摄的火星序列图像。（Celestron C11望远镜和SBIG ST7E CCD相机）

截至到本书完稿时，关于火星的最新数据来自于NASA的火星探路者计划。该航天器于1996年12月4日发射，并于1997年7月4日抵达火星。1997年7月5日，NASA宣布将火星探路者着陆点更名为卡尔·萨根纪念站，以示对这位在1996年12月20日逝世的美国天文学家的怀念。1997年8月8日，火星探路者完成了其主要任务。科学家们认为它传回的火星表面图像提供了有力的地质学和地质化学证据，表明这个红色星球曾经存在过液态水。

在这次任务的头30天，火星探路者发回了9669张火星表面图像。这些照片看上

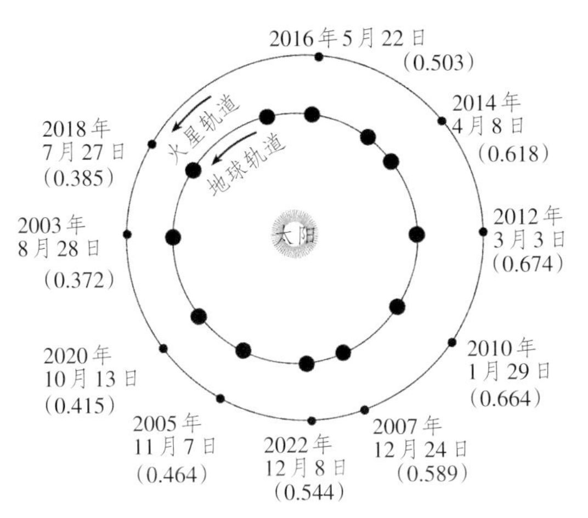

↑未来几年内火星冲日的时间。括号中的数字是冲日时火星和地球的距离。(霍莉·Y·白凯奇绘)

去仿佛是一场大洪水过后，残留的矿石、鹅卵石、大石块遍布在了阿瑞斯谷（火星探路者的登陆处）。再加上之前发现的水存在的迹象，科学家们确认火星土壤富含铁元素而且火星大气中混合了大量悬浮的富铁尘埃粒子。

火星河谷和河道被认为是远古时期留下的痕迹。研究人员相信火星表面活动的高峰是在35亿年前，然后形成了大量山谷。这段时期之后，只在局部地区偶尔会有洪水发生。在这段时期，地表的洪水形成了巨大的流水鸿沟。这些水现在已经渗透进了火星北半球的平原中。在现阶段，只观测到了极少的河流活动。科学家们确信现在火星上的水已被圈闭起来，很可能以永久冻结带和冰的形式储藏在火星地表之下。这些山谷并不是近期形成的，因为火星上面寒冷而干燥，但是火星的过去很可能和现在大不相同。

科学家们还发现了磁赤铁矿——一种磁性很强的铁氧化物的存在证据，进一步支持了液态水曾经存在的证据。在地球上，磁赤铁矿形成于水源充足的环境中，火星上很可能也是这样。火星探路者拍摄到的火星上的红色岩石则表明火星表面存在着十分广泛的氧化作用，而只有在水存在并且在这颗行星的地质和地质化学形成方面占主导作用的时候，这样的氧化现象才可能发生。进一步研究证实这些岩石在火星表面已经矗立了上十亿年，在这个位置，它们经历了无数次火星轻度沙尘暴。

当然，现在的火星表面已经没有液态水了。目前已有一些理论正试图揭示火星水消失的原因，例如，水被蒸发到太空、渗透到地表之下的蓄水层、储存到了火星两极等等假说。

火星探路者的照相机还让科学家了解到火星大气比想象中尘埃更多而且活动更剧烈。令人吃惊的是，科学家们发现了一些纤细的蓝色云块在火星橙红色的天空中四处飘荡，它们很可能由二氧化碳组成，还有冰晶组成的卷云也在火星薄薄的大气层中四处环行。在这么薄的大气层中，还能有这些活动，令人吃惊。

火星表面特征

火星大陆的表面积和地球上旱地的面积差不多。由于火星比地球小，大气较薄，而且风蚀作用很弱，因此火星表面的地貌一般比地球上更突出。

火星上最显著的表面特征是两极的极冠。每个极冠又可以分为“季节性”极冠和“残留”极冠。南极的残留极冠直径约为350千米，由干冰（冻结的二氧化碳）组成。北极残留极冠由水冰构成，直径约1000千米。两极的季节性极冠都由干冰组成，在温度低于零下123℃时直接从火星大气中凝华而成。北半球的冬季较为寒冷，季节性极冠的范围可以延伸至北纬45°处，而在南半球，季节性极冠不会超过南纬55°。

火星大气成分

CO_2(二氧化碳)	95.32%
N_2(氮)	2.7%
Ar(氩)	5.6%
O_2(氧)	0.13%
CO(一氧化碳)	0.07%
H_2O(水)	0.03%
Ne(氖)	0.00025%
气体含量<0.0001%	

火星上的所有类似云块的成团现象都是暂时性的。高而薄的云由水冰（可能形成于山区）组成，而在火星低地可能出现的大雾只在（火星）日出前的数小时有。还有，当高海拔处的干冰凝华时，就会形成二氧化碳云团，它们也不会长时间存在。

尽管火星云层和地球不同，但也经常发生沙尘暴。火星沙尘暴有时候极其猛烈，它们可以覆盖整个星球表面达数月之久。

观测提示：沙尘暴在火星经过近日点之后最活跃（此时火星气温最高）。在火星运行至近日点之前，尽可能多地做些目视和照相观测。观察一个沙尘暴的产生和演化是我们能做的最引人入胜的观测之一。

火星卫星观测史

第一位宣布火星存在卫星的天文学家是行星运动定律的发现者——开普勒，时间是1610年。在试图解开伽利略关于土星环（伽利略认为它是两颗靠近土星的卫星的残骸）的疑问时，开普勒相信伽利略已经发现了火星的卫星。

1643年，（天主教的）圣方济会托钵僧Anton Maria Shyrl声称他看到了两颗围绕火星旋转的卫星，但现在人们已经知道，用当时的望远镜他是不可能做出这样的发现的。最可能的解释是，Shyrl在视场中看到的是火星和一颗恒星。

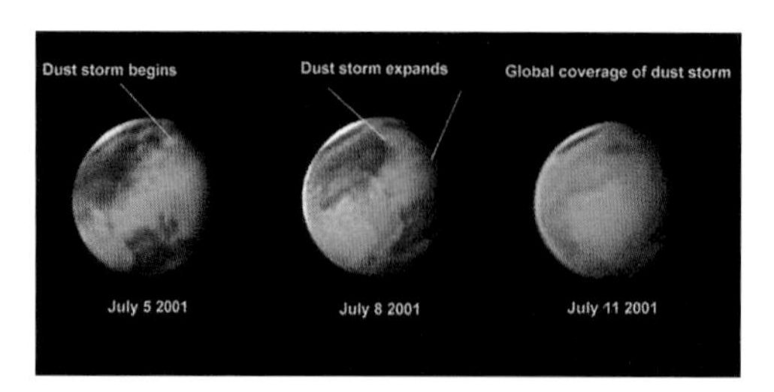

↑2001年7月5—11日，火星上一次沙尘暴的变化情况。（Celestron14望远镜，ST5c CCD相机，得克萨斯州Ed Grafton摄）

近几年内火星“合”与“冲”的时间

合	冲
2004年9月15日	2003年8月27日
2006年10月24日	2005年10月30日
2008年12月6日	2007年12月24日
2011年9月4日	2010年1月29日

在关于火星卫星的种种揣测中，最著名的当属发生在18世纪的故事了。在这两颗卫星真正被发现的150年之前，斯威夫特在《格列佛游记》（1727年）中提到了环绕火星的两个小卫星——小人国的天文学家们发现了这两颗卫星，而且还观测过好一阵子。（译注：《格列佛游记》是著名的科幻小说，20世纪五六十年代曾被译为《小人国与大人国》在我国出版。）斯威夫特给出它们的公转周期分别为21小时和10小时。斯威夫特想象出来的这两个月亮在1750年被伏尔泰在他的小说Micromegas（《小与大》）中再次提及，这是一本描述来自天狼星的巨人参观我们太阳系的科幻小说。

在《格列佛游记》出版后的20年，即1747年，一位名叫凯德曼（Kindermann）的德国陆军上尉宣称他在3年前（1744年7月10日）看到了火星的一颗卫星。他还计算出这颗“卫星”绕火星公转的周期是59小时50分6秒。

1877年，在美国海军天文台工作的天文学家霍尔最终发现了火星的两颗小卫星。他获得了命名这两颗卫星的荣誉，为了遵循和战神相关的神话，他将它们命名为福博斯（Phobos，战栗）和德莫斯（Deimos，恐惧）。有趣的是，这两个卫星的公转周期和150年前斯威夫特假想的周期惊人地一致。

观测火星

我的朋友曾经对我说，观测这颗“红色星球”就是“经过两年的漫长等待，然后迎来4~6周令人手忙脚乱的观测”。当你有机会看火星的时候，一句话可以说明一切：投入耐心，细致观察。我会对此做些解释。

首先，我向大家推荐一个很棒的免费Windows软件，它能帮助我们做好火星观测

木星轨道参数

自转周期	9小时55.5分钟
公转周期	11年315天1.1小时
会合周期	398天21小时7.2分钟
公转速率	12.572米/秒(45 259.5千米/小时)
离太阳的距离	5.2028天文单位,778 330 000千米
离地球的最近距离	3.934天文单位,588 518 000千米
离地球的最远距离	6.47天文单位,967 898 200千米
轨道倾角	3.13°

↑目视观测和CCD相机拍摄的木星图像，2000年11月28日。（得克萨斯州Ed Grafton摄，Carlos E.Hernandez绘。摄影器材为Celestron14望远镜，时间是在世界时5点12分，目视观测器材为Celestron8望远镜，绘于世界时5点30分）

出了木星自转周期。

1675年，在伽利略卫星被木星阴影依次遮挡时，荷兰天文学家罗默（Ole Romer，1644—1710）对此进行了大量观测。他注意到理论预言的遮挡时间和观测有些出入，并且正确推断出导致这一差别的原因是光的传播速度是有限的。他计算出的光速为225 300千米/秒，只比现在公认的299 793千米/秒略小。

在19世纪后半叶，通过光谱分析，人们知道了恒星内部的物理过程，后来又对恒星形成有了一定了解，于是人们提出了木星是否是一个“流产”了的恒星的疑问。这个疑问基于以下观测事实：木星和太阳的化学成分基本相同。然而，随着研究的深入，天文学家发现木星的质量太小，远不足以点燃核心的热核反应。要产生热核反应，星体的质量至少约为0.08个太阳质量。但是木星的质量只有约0.001个太阳质量。因此即便是质量最小的恒星，也需要80个木星“挤”在一起才能形成。

有关木星的小知识

太阳系中最大的独立结构是木星的磁层（magnetosphere）。如果在地球上能看到的话，它将比满月还大。

如果天气情况良好，木星的光芒能使所照射的物体产生影子。

在木星赤道上，自转速率为45 259.5千米/小时。比地球赤道自转速率快27倍多。

木星8颗外围卫星（J6–J13）的命名方式十分有趣。其中轨道为顺行的卫星最后一个字母是a（Elara,Himalia,Leda,Lysithea），轨道为逆行的卫星最后一个字母是e（Ananke,Carme,Pasiphae,Sinope）。

木星相对于恒星背景的平均视运动速度大约为每天5角分，因此每过6天多，木星就移动一个满月的距离。

除了月亮以外，在地球上能看到的最亮的行星卫星是木卫三，冲日时其视星等可达4.4等，其次是木卫一为4.7等，然后是木卫二为5.1等，木卫四为5.4等。

木星的四颗大卫星于1610年被人们发现。282年之后，巴纳德（Edward Emerson Barnard，1857—1923）发现了第五颗卫星（Amalthea），时间是1892年9月9日。这是用目视观测方法发现的最后一颗卫星。

1892年9月9日，美国天文学家巴纳德发现了第五颗木星卫星，称为Amalthea（木卫五）。他使用的是当时世界上最大的望远镜——利克天文台91厘米折射镜。即便如此，在明亮的木星光芒照耀下发现亮度如此微弱的卫星也堪称是个奇迹。它是人类用目视观测方法发现的最后一颗行星卫星，巴纳德因此而声名远扬。

迄今为止关于木星的最新数据来自于“伽利略号”航天器，它由一个轨道器和一个探测器组成。它于1995年7月12日与主

↑木星。新加坡谭魏龙摄于2002年2月19日世界时15：24。（Celestron C11望远镜和SBIG ST7E CCD相机）

飞行器分离并于1995年12月7日进入木星大气。探测器在经历了史上最惊险严酷的考验后终于进入木星大气，探测到了极为强劲的风暴和极其猛烈的湍流。这表明驱动木星环流的能量很可能来自这颗行星的核心深处。该探测器还在木星云层顶部约49 900千米处发现了一个很强的新辐射带。

随着探测器深入木星大气，仪器显示木星外层大气的密度和温度远高于预期。现有理论尚不能解释如此高的温度。很明显，木星外层大气发生着一种不明物理过程使得这里的温度比理论值高。随着降落伞打开，探测器在下降的途中开始搜集数据。这期间探测器经历了猛烈的狂风、狂暴的湍流以及忽而极冷忽而极热的恶劣气候，最终由于温度和压强过高而停止了发射信号。

由于木星体积庞大、自转迅速，科学家们预计伽利略号探测器将经历狂风的考验。但是与设想的最大300千米/小时的阵风不同，探测器记录到了高达530千米/小时的持续风暴。在探测器降落的过程中，风速没有明显变化，这意味着两极和赤道接收到的太阳辐射能量之差不是木星风的主要成因。木星风似乎起源于从木星核心深处辐射进入大气的内部能量。因为这个内部能源的驱动，木星大气的整体运动呈现为一种类似于喷流的风暴，而不是像地球上的飓风和龙卷风那样。

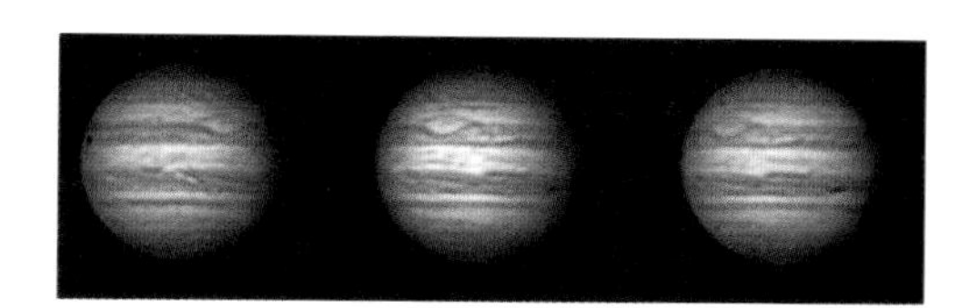

↑木星的自转。2002年3月25日新加坡谭魏龙摄。从左至右，时间依次为（世界时）：13：04，14：19，14：42。（Celestron C11望远镜和SBIG ST7E CCD相机）

木星的云团

从总体上看，木星是一颗由许多条平行于赤道并且颜色各异的带状条纹所覆盖的行星。这些条纹就是木星上的云带。浅色的云带称为“亮带”（zones），深色的称为“带纹”（belts）。亮带与带纹之间是产生暂现斑点或条纹的漩涡。

木星的大气（浓度大于百万分之一）

气体	浓度
氢气（H_2）	82%
氦气（He）	18%
甲烷（CH_4）	0.1%
氨气（NH_3）	0.02%
水蒸气（H_2O）	0.1%
乙烷（C_2H_6）	0.0002%

大红斑

人类观测木星大红斑（Giant Red Spot，GRS）已经有一个多世纪了。实际上，最早（1644年）看到它的极有可能是英国天文学家R·虎克。大红斑是木星上南纬22°处的一个高压反气旋，和地球上的飓风类似。由于它是木星南半球上的反气旋，因此它的自转方向是逆时针的，周期约为6天。相较而言，地球南半球飓风的自转方向是顺时针的，因为它是一个低压系统。尽管在我写下这段文字时，有观测表明大红斑正在收缩，

↑新年第一天的木星。新加坡谭魏龙摄于2002年1月1日世界时19：08。注意实际的大红斑比“红斑空洞”的面积略小，位于轮廓中。（Celestron C11望远镜和SBIG ST7E CCD相机）

但它仍相当巨大：它南北宽14 000千米，东西宽24 000~40 000千米。和大红斑相关的云团比周围的云层顶端高出约8千米。

地球上气旋和反气旋中的科里奥利效应在木星上被大大放大了。这一点可以从地球自转周期（24小时）和木星自转周期（约10小时）的差别来理解。自转周期的差别并不足以解释大红斑为什么如此巨大而且可以持续存在。在木星云层中，有些气团具有和大红斑类似的特征，但都没有它庞大。

总之，大红斑是位于木星南赤道带上的一个反气旋。它位于一片富含氨气的云层之下，由于该云层之上的木星外层大气的运动速度与该层中云团的速度不同，因此产生了不稳定性。而且，人们相信正是这些云团使得大红斑的颜色偏红。大红斑还沿着南赤道带漂移，不稳定性形成了所谓“红斑空洞”（Red Spot Hollow），这是一片延伸至南半球热带地区的略大的区域，即延伸到在大红斑的南半球区域的外围，或者粗略地说，就是大红斑外围的南赤道区域。大红斑的颜色时常发生变化（有些爱好者称之为“褪色”），因为在更高层常有不同组分的大气冷凝进入大红斑上空区域。

大红斑之所以能持续存在，可能与它从不在木星表面四处飘移（而地球上的飓风总是不停地在地表飘移）有关。因为它不飘移，所以不会受到摩擦力而使之消散。另一个使大红斑得以持续存在的因素是它的能量来源，其能源不是来自太阳辐射而是来自木星的内部热能。计算机模拟表明，这种大型的涡旋结构在木星表面是可以稳定存在的，而且较强的涡旋可以吸收较弱的涡旋，并最终形成像大红斑这样的巨大气旋。

不过大红斑能持续多久仍然是个未解之谜。在20世纪，它的大小已经有了明显变化。在我写下这段文字时，它大约只有100年前的一半大了。有些激进的观测者甚至建议给大红斑改名。想知道我的看法？噢，我更喜欢遵循历史，因此我的答案只有一个字：“不！”

伽利略卫星

意大利天文学家伽利略用他那支简陋的望远镜作出了许多天文发现。有人认为他最值得称道的天文发现是在1610年1月7日。那天晚上，伽利略把望远镜指向木星，并在它附近看到了三颗位于同一条直线上的“恒星”，其中有两个同在一侧，还有一颗位于木星的另一侧。第二天晚上，这几颗星星依

木星的伽利略卫星

	直径（千米）	质量（千克）	密度（克/立方厘米）	轨道周期	偏心率	倾角	到木星的距离(千米)
木卫一(Io)	3630	8.94×10^{22}	3.57	1天18小时27.6分钟	0.041	0.040°	4.216×10^{5}
木卫二(Europa)	3120	4.799×10^{22}	3.018	3天13小时14.6分钟	0.0101	0.470°	6.709×10^{5}
木卫三(Ganymede)	5268	1.482×10^{23}	1.936	7天3小时42.6分钟	0.0015	0.195°	1.07×10^{6}
木卫四(Callisto)	4806	1.076×10^{23}	1.851	16天16小时32.2分钟	0.007	0.281°	1.883×10^{6}

然可见，不过位置有些变动。1610年1月13日，伽利略发现了第四颗“恒星”。

经过几周的观测，伽利略得出了一个连他自己都几乎不敢相信的结论——这四颗“恒星”其实是围绕木星旋转的卫星，就好像月亮围绕地球旋转一样。这是人类首次发现用肉眼无法看到的太阳系天体，这个伟大的发现也曾帮助过哥白尼建立起了真实的太阳系模型。

SL9号彗星的观测回忆

一回想起苏梅克-列维9（SL9）号彗星，我就忍不住心潮澎湃。1993年3月，Eugene、Carolyn Shoemaker 和 David Levy 发现了这颗彗星。两个月后，人们发现它正运行在和木星相撞的轨道上，撞击事件将于1994年7月中旬发生。

1994年7月7日，SL9在离木星1.3个木星半径处经过。那时彗星被撕裂成21块，分裂过程刚刚结束，就观测到大量尘埃。但是随着时间推移，尘埃逐渐消失了。在撞击之前，天文爱好者即使用最大的望远镜也看不到这些彗星碎片了。

据估计，彗核的原始大小在4~5千米之间。根据撞击时产生的能量来看，估计最小的碎片直径约为350米，最大的碎片直径为1~2千米。

在地球上并不能直接看到撞击点。但是大约30分钟后，撞击产生的火球变成了黑色的云团，呈黑斑或羽毛状，在各个波段都明显可见，用小型望远镜都能看到。这种类似“烙饼”的结构在木星同温层中产生，直径都在10 000千米以上。其中主要的斑状结构在9月底仍然清晰可见。

东西方向的高速喷流将碰撞的黑斑变成显著的卷曲结构，用中等口径望远镜可见。虽然上部云层的切变运动很频繁，但几个月后，这些撞击痕迹仍然可见。之后它们开始变淡，一年以后，再也没有留下任何痕迹。

我关于SL9的最美好的记忆与堪萨斯城天文协会密切相连。连续10天，俱乐部成员都把他们的望远镜带到鲍威尔天文台，那里一向都欢迎公众团体。我做了40多场演示报告，在报告间隙，我有幸试用了一些极好的望远镜。在Kathy Machin的那台超一流的250mm牛顿式反射镜中看到的黑斑令我毕生难忘。回想起来，几乎每次Kathy从她的镜筒向天空看的时候，我都在旁边欣羡不已！

木星的观测数据

冲日时的亮度	最大	−2.9等
	最小	−2.0等
视直径	最大	50.11角秒
	最小	30.47角秒

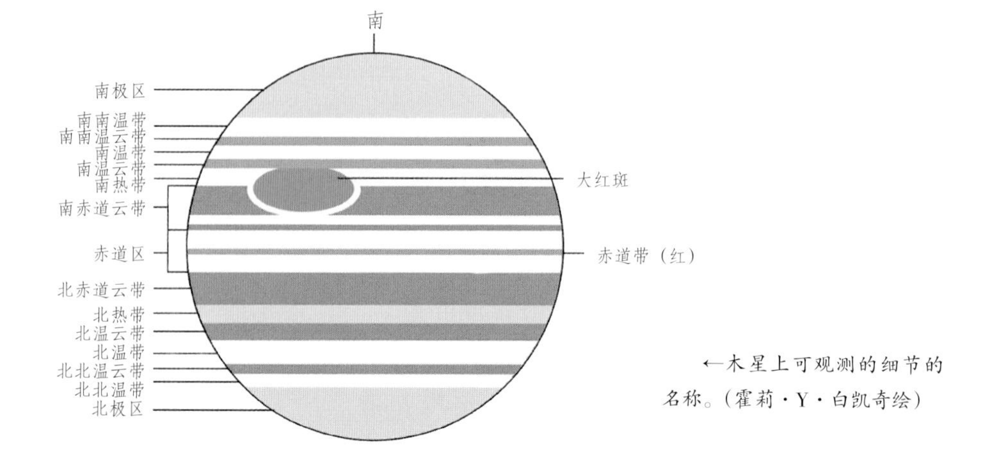

←木星上可观测的细节的名称。（霍莉·Y·白凯奇绘）

观测木星

除了太阳和月亮，可观测细节最丰富的天体就数木星了。甚至用小望远镜也能轻易看到四颗伽利略卫星。它们好似明亮的恒星，分布在木星的两侧，而且通常位于同一条直线上（有时也呈三角形或其他形状）。

除了卫星，在这颗行星上还能很容易地看到一些暗条。这些位于赤道两侧的条纹称为南（北）赤道带纹。用较大的望远镜和较高的放大倍数可以看到更多带纹和条斑。

使用高放大倍数能发现木星原来呈扁盘状，这是因为它自转很快而且不是固体球。它的赤道直径比两极长9000千米左右。即使夜复一夜地观测木星，你也不会觉得单调，因为这的确是一项值得一试的观测。除了不断变换位置的带纹和条斑外，在木星冲日前后，一个夜晚就能看到几乎所有的可观测细节（因为木星自转很快）。也有时候带纹和条斑不太显著，有的甚至曾在很长一段时间里消失不见。

经常听说观测木星用不着像观测火星和土星那样的高放大倍数望远镜。这可能是因为木星可观测细节太多，用高放大倍数反而会适得其反。实际上，这个经验对中心遮挡物较大的望远镜更适用。若主镜光学质量很高或是像牛顿式望远镜那样中心遮挡物很小，那么决定观测效果的因素就不在于木星细节的多少，而是取决于大气情况的好坏了。

自转规律

木星，这颗巨大的液态行星，其自转在不同纬度具有不同的周期。在赤道附近区域（约从南纬10°到北纬10°之间），自转周期为9小时50分30.00秒（第Ⅰ组）。赤道以外区域，自转周期为9小时55分40.632秒（第Ⅱ组）。还有一个周期（第Ⅲ组），对应于木星核心的自转，为9小时55分29.711秒。这个周期是射电天文学家测量出来的，我们无法检测到。

滤光片可以显示在白光下难以看清的细节，观测木星时必不可少。蓝色滤光片（如Wratten38A）可以增强显示木星上的暗红褐色带纹。红色滤光片（如Wratten23A）将使木星赤道区域与南北极区域的蓝色界线更加醒目。

描绘木星

动作一定要快！木星自转相当迅速，如果你的绘图时间超过约20分钟，有些细节就从你眼前消失了。首先从描绘赤道带和极区的位置开始。仔细估计它们的宽度和广度，并记下它们的起止纬度值。然后，把不太显著的带纹和亮带添加上去（如果它们可见的话），每次画一个半球。接下来，绘出带纹和亮带里的细节，可用木星中央子午线（一条从顶端到底端的假想直线）来确定其距离。最后根据你的所见，将素描图涂上深浅色。

木星是如此明亮，以至于有些观测者使用微弱的白光手电来帮助绘画。我不赞同这种方法，因为它对我不合适。被白光照过后，我就看不清木星上大量对比度不强的细节了。不过在描绘月亮时，这种方法却很适合我。

即将来临的木星上合与冲日

上　合	冲　日
2003年8月22日	2003年2月2日
2004年9月21日	2004年3月4日
2005年10月22日	2005年4月3日
2006年11月22日	2006年5月4日
2007年12月23日	2007年6月6日
2009年1月24日	2008年7月9日
2010年2月28日	2010年9月21日

有些同好说有个技巧非常有助于观测到额外的木星细节，就是把视线放在赤道带和极区正中间的某一点上，但不要凝视这一点，而是集中注意力观测并描绘极区的细节。对另一个半球重复这种方法。有些追求逼真的同好甚至能画出略带椭圆形而不是标准圆的木星。

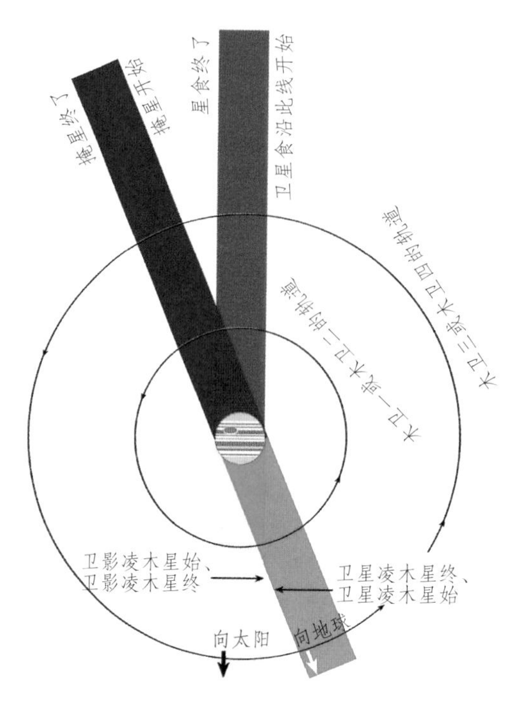

↑冲日前木星卫星的掩食现象，详细解释请参见正文。（霍莉·Y·白凯奇绘）

卫星现象

木星及其四颗大卫星能产生四种可观测的现象。当卫星从木星影子中经过时，发生“卫星食”（eclipse of a satellite）。当卫星从木星背后经过时，被木星遮挡，在地球上能看到木星掩卫星，这时卫星从木星西侧消失然后在东侧复现。当卫星从木星前面经过时，从地球上能看到卫星凌木星，此时卫星从东至西经过木星表面，在黯淡的带斑上，卫星呈现为白色的亮点，而在亮带上，卫星几乎淹没不见，除非你从凌星开始就一直跟踪其位置。当卫星的影子扫过木星表面时，发生卫影凌木星，卫星投在木星上的影子是一个小黑点，在任何望远镜里都能看到。卫星影子也是从东向西经过木星表面。

食比掩星更易观测，因为食通常在离木星边缘一定距离处发生，而掩星发生在这颗极为明亮的行星的边缘。

冲日前，从地球上看，木星的影子在它的西侧。因此，在木星掩卫星之前，卫星要先经历卫星食。卫星进入木星影子后便逐渐变暗。（译注：此处应理解为当卫星进入木星半影时，颜色变暗，而当卫星开始进入木星本影后，就完全变黑而看不见了。）因为木卫一和木卫二离木星较近，当它们脱离木星阴影时（卫星食结束）已被木星本体遮挡（掩星已开始），所以我们无法看到它们。同样，它们被木星掩食之初我们也是看不到的。木卫三和木卫四离木星更远，一般在卫星食结束之后，它们还没有被木星本体遮掩，所以我们在掩星发生之前能再次看到它们。木星冲日时，它的影子正好背对着我们。在冲日之后，掩星发生在“木星食”之前，对木卫一和木卫二而言，我们只能看到掩星开始和卫星食结束。

若在木星冲日之前发生卫星凌木星和卫影凌木星，我们能观测到在卫星凌木星开始

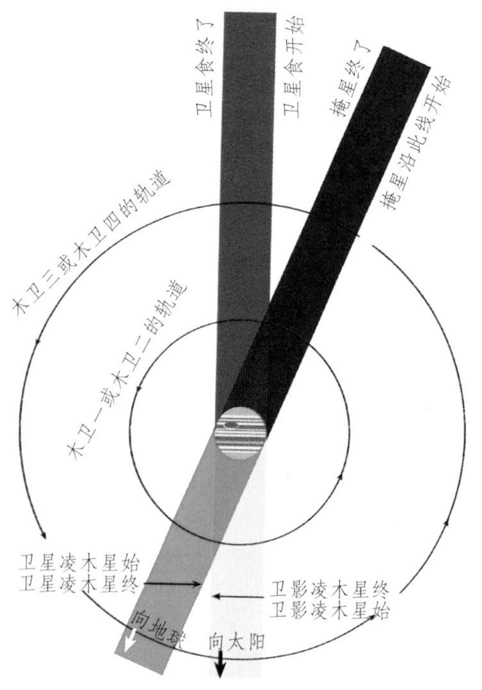

↑冲日后木星卫星的掩食现象，详细解释请参见正文。（霍莉·Y·白凯奇绘）

之前，卫星的影子已经先投射到木星上了。在冲日之后，卫星凌木星开始之后，它的影子才出现在木星表面，当卫星离开木星表面之后，卫影仍然在一段时间内可见。

在冲日前10周，太阳-木星-地球所成的角度开始变小。随着角度的变小，卫星食和木星掩卫星之间的时间间隔变短，卫影凌木星和卫星凌木星之间的时间间隔也变短。在冲日时，它们同时发生。冲日之后大约三个月的时间里，太阳-木星-地球的角度逐渐增大，然后开始减小。

观测卫星

有了中等口径的望远镜，加上好的视宁度，就可以观测伽利略卫星了。用高放大倍数（350倍以上）能看到清晰的卫星圆面，尤其在卫星凌木星期间，这时较亮的木星背

↑木星和木卫一（细节可见）。（Celestron14望远镜，ST5c CCD相机，得克萨斯州Ed Grafton摄）

景减小了卫星的闪烁。木卫三是开展这种观测的最佳天体，你可以看到它两极略带阴影的霜。用更大的望远镜甚至还能看到这些卫星的颜色。

观测挑战：喜马拉雅（木卫六）

巴纳德在1892年发现了木卫五，这是用目视方法发现的最后一颗卫星。12年后，人们用照相方法发现了木卫六。观测木卫六其实比木卫五容易得多，尽管它的视星等比木卫五要暗0.7等，为14.8等。这是因为木卫六和木星的角距最大可达木卫五的60多倍。木卫六绕木星一周需要250天，它位于远木点时和木星的角距近1°。现已确认有人最小用250mm的望远镜看到了它。你或许就能刷新纪录！

滤光片和木星

对于像木星这样明亮耀眼而且变化多端的天体，爱好者们尝试了许多奇怪的技巧，远不止于使用标准彩色滤光片。来自亚利桑那州SierraVista的Jeff Medkeff提出了以下方法：“在窄波段滤光片中，LPR滤光片能使木星呈现出梦幻般的色彩，但是如果你再加上一个蓝色滤光片来去掉它的红端，它会更加迷人。”

在写这本书的时候，我刚刚收到一套来自华盛顿可可兰德天狼光学公司的可调滤光片系统。可惜木星在西边天空很低，但我仍然看到了这套滤光片的潜力。转动可调的控制轮，可以让不同波长的光通过。结果令人震惊！就好像快速连续地轮换着用每个滤光片看木星一样。有时我太兴奋，将转轮转的飞快，仿佛它没有多少摩擦力一样，而且我从一种颜色变换到下一种颜色的速度有点过快，但是我想一旦使用这套滤光片的新鲜劲儿过去之后，它的实用性就会增加。这真是个了不起的配件。

许多滤光片都对观测木星有所助益。蓝色滤光片能显示出明亮的亮带和锐利的亮云之间的对比度。绿色和蓝色滤光片可以加深带纹颜色，还可能让你看到更迷人的细节。黄色滤光片能加深一些蓝色的特征，例如在赤道区时隐时现的花纹。红色滤光片将增亮并加强显示南温带亮带和带纹中的白斑和卵形体。

6.9 土星

土星的物理参数

大小	120 536千米(两极直径107 566千米)
质量	5.688×10^{26}千克
扁率	0.1076
体积	8.183×10^{14}立方千米(地球的785倍)
反照率	0.47
密度	0.69克/立方厘米
太阳辐照度	15瓦/平方米

土星轨道数据

自转周期	10小时14分钟
公转周期	29年167天6.7分
会合周期	378天2小时9.6分
公转速率	9.67千米/秒(34 812千米/小时)
离太阳的距离	9.5388天文单位,1 429 400 000千米
离地球的最小距离	8.01天文单位,1 198 279 000千米
离地球的最大距离	11.09天文单位,1 659 040 000千米
轨道倾角	25.33°

中国古代称Saturn为“土星”。在巴比伦，它是Genna或Ninib神的星。Ninib原本是农神，掌管着四季的变迁。巴比伦人并没有把行星直接和神灵等同起来。相反，他们认为行星是代表诸神力量和意志的天宫法宝。因此，行星的位置和运动是神灵旨意的体现，具有特殊的重要性。

通过仔细的观测，美索不达米亚人发现土星公转一周需要大约30年的时间，是肉眼可见的行星中公转最缓慢的。他们据此正确地推断出火星是五大行星中最远的一个。

古希腊人最早称土星为“Kronos之星”。Kronos是一个被废黜了的皇帝，他曾经像太阳主宰昼夜一样主宰着世界。基于这个原因，他们称土星为“夜间的太阳”，并在某种程度上将它视为太阳的对立物。此外，尽管在我们看来有些奇怪，古希腊人有时也把土星叫做Saturn，Phainon（耀眼的明星）。虽然土星不是最亮的行星，但如果周围天区没有亮星，它在黑暗的穹幕上也显得异常耀眼。

一周的最后一天也是以土星命名的。罗马人称之为“土星消逝”，后来被翻译成了“土星日”。在古罗马，关于土星的7日盛宴称为“农神节”，从12月17日开始一直持续到冬至日——北半球一年中白天最短的那一天。

从伽利略把望远镜指向土星开始，围绕着它那壮观环系的种种故事也随之展开。最早关于“土星环究竟是什么”的疑问是由惠更斯回答的，不过许多其他先辈帮助我们了解了它的更多细节。

土星环

观测年表

第一个观测到土星环的人是伽利略，时间是1610年。他认为土星环是分布在土星两侧的“手柄”或卫星。他说：“我看到这颗最高的行星（指土星）是三合星。就是说，令我感到万分惊讶的是，我看到的土星不是一个单独的星，而是三颗，它们几乎挨在一起。”在1612年，伽利略看到自己两年前发现的土星环竟然消失了，这使他极为震惊。他是最早观测并记录土星环横截面的人。

直到1655年，土星环的真面目才为世人所识。那年，荷兰天文学家惠更斯宣称土星被“一层薄而平坦，游离于土星本体之外，并倾斜于黄道面”的环所围绕。1655年3月25日，惠更斯用一个放大倍数达50倍的反射镜（由他自己制造）发现了土星的第一颗卫星——Titan（土卫六）。

4年后的1659年，惠更斯出版了“土星系统”一书，在书中他揭示出每过14~15年，地球就经过土星的环平面。在同一年，英国物理学家J·C·麦克斯韦设想土星环由不计其数的类似流星体的小物体组成，它们环绕土星自由运动，并进一步指出土星环可能会被张

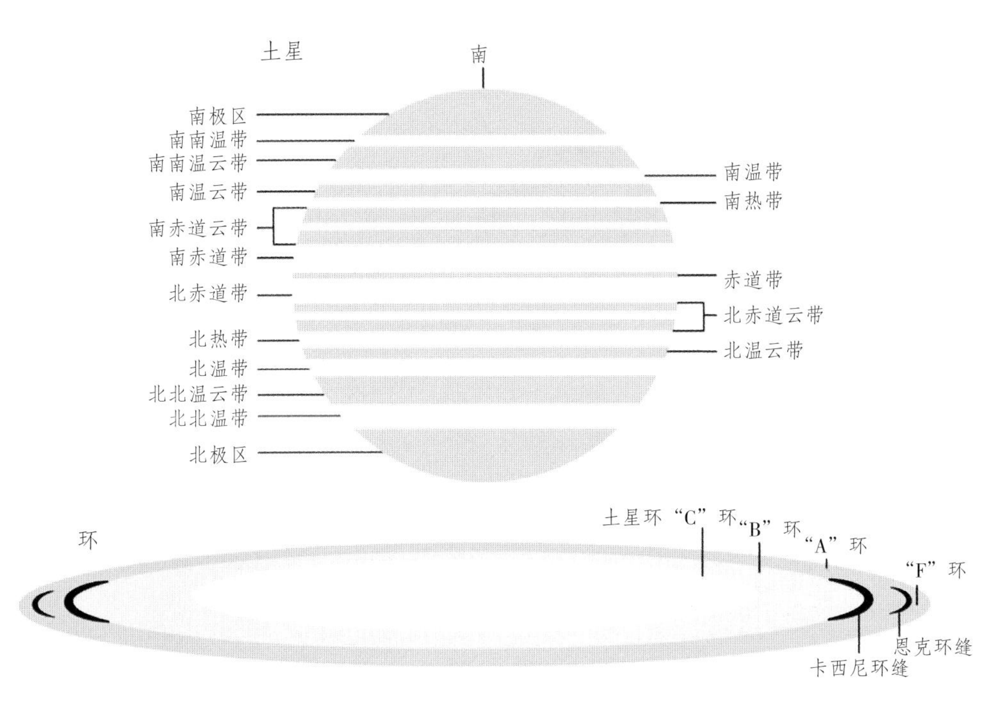

↑土星上可观测的细节的名称。(霍莉·Y·白凯奇绘)

力和向心力撕碎。1660年，法国天文学家卡西尼提出土星环可能由大量小卫星组成。

1676年，法国天文学家卡西尼1625—1712在土星外环（A）和内环（B）之间发现了一道缝隙。该缝隙很快被命名为“卡西尼环缝”，天文爱好者们用小型望远镜就能看到。1684年，卡西尼在土卫三（Tethys）和土卫四（Dione）恰要穿过土星环面之前发现了它们。100多年后，人们才发现别的土星卫星。

1789年，威廉·赫歇耳勋爵发现了两颗新的土星卫星——土卫二（Enceladus）和土卫一（Mimas），当时它们正要穿过土星环面（1789—1790年）。赫歇耳还证实了他从1776年起就一直猜想的事实：土星的赤道较扁。此外，他还是最早估计出土星环厚度（他的估计值为483千米）和观测到土星食（土卫从土星阴影中经过）的人之一。接下来的几年，赫歇耳测量出土星的自转周期为10小时32分钟。

1837年，德国天文学家恩克（Johann Encke）在A环中间注意到了一条暗带——后来被命名为“恩克环缝”。对爱好者而言，这是个难得多的观测目标，要求（1）有中等口径的望远镜和极好的视宁度，或者，（2）有大口径望远镜和较好的视宁度。顺便提一句，1888年，美国天文学家基勒尔（James Edward Keeler，1857—1900）成为清晰地观测到恩克缝的第一人。1849年，洛西（Edouard Roche，1820—1883）提出了一个环形成理论，他认为一颗行星太靠近土星而被潮汐力撕碎并形成了土星环。

19世纪中叶，越来越多的证据表明土星环不是一个整体，而是由许多微粒组成的。1872年，柯克伍德（Daniel Kirkwood）发现卡西尼缝、恩克缝和当时已知的四颗近土卫星（土卫一、土卫二、土卫三和土卫四）之间有种微妙的关系。1883年，科蒙（A.A. Common）最先拍摄到了土星环。19世纪晚期，人们测量出土星内环比外环旋转更快，它为土星环不是固体提供了有力的证据。

土星小知识

从土星上看，太阳的亮度只有在地球上看到的1%。

太阳系里反射率最高的物体非土卫二莫属，它的几何反光率达到了1.0。这意味着土卫二会把照射到它上面的光线100%地反射回太空中去。

土星的北极指向赤经02h34m、赤纬+83.3°（历元1950.0）处，该点位于仙王座内。有趣的是，土星北极的指向点和地球北极指向点相隔只有6°。

有13颗土星卫星是在穿越土星环面时被人们发现的。

土星相对于背景恒星的平均视运动约为2角分/天，所以大约经过15天后，土星会移动一个满月的宽度。（译注：满月的大小约为30角分。）

冲日时，土星环的朝向会显著影响土星的亮度。土星环的张角最大时和地球正好位于土星环面上时，所看到的土星亮度之差可达0.9之多。

环的形成理论

随着对土星环的观测越来越仔细，关于它的形成理论也接连被提出。现在的主流理论有三种。不过，在我们讨论这几种理论之前，对洛西极限做个简短回顾是有益的。

洛西极限是卫星到行星中心的最小距离，在此距离之外卫星才能保持平衡而不被行星潮汐力拉碎。如果行星和卫星具有相同的密度，洛西极限为行星半径的2.44倍。在洛西极限内任何有一定大小的卫星都将被撕碎。地球的洛西极限是18 470千米，如果月亮“不慎”落入这个距离之内，它将被潮汐力撕碎而成为围绕地球的环。四颗类木行星的环都位于它们各自的洛西极限之内，下表列出了大致数值。

洛西极限

行星	洛西极限(千米)
木星	173 800
土星	148 000
天王星	62 800
海王星	59 500

第一种土星环形成立论假设环微粒是在太阳系形成之初留下的物质。这些物质不能形成卫星，因为它们位于土星的洛西极限之内。最终，碰撞和相互作用形成了我们今天所见的土星环。

另一种理论认为，在过去的某个时期，土星的一颗卫星偶然落入洛西极限内并被潮汐力撕碎，在一段时间后就形成了土星环。

第三种理论可称为“致命的邂逅”。在土星和卫星形成的早期，它的一颗卫星在一次猛烈撞击中分崩离析，那个撞击体或者是流星体或者是其他卫星。天文学家认为这三种理论具有相同的可能性。

牧羊卫星

天文学家们对土星环的起源有了一些认识之后，他们的下一个问题是：“是什么使它们聚而不散？”大多数理论计算表明，这样的环系要么会由于土星的引力作用而被土星吞噬，要么会由于环物质之间的碰撞而逸散到外太空中。

对土星环的聚而不散作出解释的前沿理论是“牧羊卫星”理论，即是土星卫星的引力才使得环上的微粒能稳定地围绕土星旋转。牧羊卫星是在环系附近运行的卫星，它们的引力作用使环的边缘保持锐利明晰。如果没有牧羊卫星，环物质就会有扩散的趋势。当环的两边各有一颗卫星时，它就能被束缚在一片窄小的区域内。

牧羊卫星的概念最早由Peter Goldreich和Scott Tremaine在1979年提出，用来解释天王星的环为什么这么窄。1981年，旅行者一号在狭窄的F环附近发现了土星的第一对牧羊卫星。后来旅行者二号在1986年发现了天王星的牧羊卫星。在1995年5月22日卫星穿过土星环平面时，哈勃空间望远镜发现了在F环附近运转的第三颗牧羊卫星。

环的结构

环的厚度最大不超过0.8千米，但实际很可能薄得多。来自旅行者二号的数据表明，环的平均厚度还不到200米。空间探测器发现大环实际上由一系列小环组成。旅行者号飞行器还发现了环的波状结构。

近红外观测表明环物质的表面主要是水冰，还有些硅物质杂质混杂其中。大多数环物质的大小在1厘米至5米之间，很可能还有少量是千米级的。土星的一个卫星——Pan，位于恩克缝中，直径为20千米。在别的环的间隙可能还有些小卫星。

在B环中还发现了长达20 000千米并且运动图像令人费解的奇怪暗黑辐纹。这些辐纹在环面的两侧都存在，很可能是从环面上逃逸出来的带电细小微粒。由于辐纹的旋转速度和土星磁场相同，因此电磁力很可能也是原因之一。

卡西尼环缝是环系中最大的空洞。旅行者2号揭示这片区域并不是真空，但是在这里，环上的主要物质都被吸离轨道。科学家们相信土卫一是产生这种结果的原因。卡西尼缝和土卫一之间存在2∶1的谐振，并因此而持续存在。根据开普勒第三定律，在卡西尼缝所在的距离，任何环绕土星的微粒的运动速度都是土卫一的两倍。因此每当这个微粒绕土星一周，就会被土卫一的引力牵引一次。最后，土卫一把该微粒拽离轨道，从而在原轨道处留下一个缝隙。

土星环参数

名　称	环心到土星的距离(千米)	宽度(千米)
D环	71 000	7500
C环	83 500	17 500
麦克斯韦带	88 000	270
B环	105 200	25 500
卡西尼环缝	120 000	4200
A环	129 500	14 600
恩克环缝	133 500	325
基勒尔带	137 000	35
F环	140 600	30~500
G环	170 500	8000
E环	250 000	300 000

↑土星。(Celestron14望远镜，ST5c CCD相机，得克萨斯州Ed Grafton摄)

环面穿越

土星每29.5年左右绕太阳运动一周。在这段时间，土星环相对于太阳的倾角变化27.3°，这也就是土星环与土星轨道平面的夹角。土星公转一周的过程中，它的环有两次正好是侧面对着太阳。因此，从土星上看，地球离太阳的距离不超过6°，它穿过环面的时间也大致相同。和到地球的距离相比，土星环的厚度实在是微乎其微，故而当它们侧向对着地球时，除非使用大型望远镜，否则我们会看到土星环完全消失不见。

在土星公转的半个周期内，地球会穿越土星环面一次或三次（总是奇数次）。如果只发生一次，那么此时地球和火星必定几乎正好位于太阳的两侧，这时观测火星很困难。如果发生三次环面穿越，则中间那次是在土星冲日前后发生，而另两次发生在方照时。“三次穿越”发生的概率为53%，“一次穿越”发生的概率为47%。还有一种特殊情况是地球恰好位于土星环平面内，而不是立刻从它的上下方穿过。

当土星环差不多正好侧向对着地球时，环的反光大大减弱，适于观测靠近土星的暗天体。在环面穿越的前后几个月，在地球上能同时看到土星、环及其卫星，这种景象在别的时候是无缘一见的。共有13颗土星卫星（本书出版后这个数字可能还在增加）是在环面穿越期间发现的。

2009年9月4日世界时10点19分将发生下一次环面穿越，这是次难以观测的“一次穿越”。再下一次“一次穿越”将于2025年3月23日世界时14点38分发生。

土星观测数据

冲日时的亮度	最大	-0.3等
	最小	0.9等
视直径	最大	20.75角秒
	最小	18.44角秒

近年土星下合与冲日时间表

下　合	冲　日
2003年6月24日	2003年12月31日
2004年7月8日	2005年1月13日
2005年7月23日	2006年1月28日
2006年8月7日	2007年2月10日
2007年8月22日	2008年2月24日
2008年9月4日	2009年3月8日
2009年9月17日	2010年3月22日
2010年10月1日	

2038年10月15日世界时13点41分将发生一组“三次穿越”中的第一次。那时地球黄经为22°，土星黄经为170°。第二次将于2039年4月1日世界时23点17分发生（地球黄经为191°，土星黄经为175°），最后一次将于2039年7月9日世界时12点43分发生（地球黄经为286°，土星黄经为179°）。

土星的大气

土星大气与木星大气非常相似。尽管土星云带不如木星显著，但用来区别它们的术语是一样的。浅色的云带称为“亮带”（zones），暗一些的称为“带纹”（belts）。云带的颜色变化相当细微，从黄色、茶色到浅褐色不等，这取决于观测者本身。有时在土星大气上能看到白色的斑点，持续时间平均为几个月。旅行者2号观测到的土星上最大的风速为每小时2294千米。

如前文所述，土星的大气组成和木星类似，但是氢的含量更高。氢分子的数目占土星大气总分子数的94%，氢气质量占总大气质量的75%。氦原子所占的数目比为6%，质量比约为25%。分子数超过0.0001%的其他气体只有甲烷、氨气和水蒸气。

观测土星

该从哪里开始呢？或者，毋宁说，该在哪里结束呢？对我而言是个难题。因为关于观测这颗灿烂的行星，可说的东西实在太多，完全可以另写一章。在开始之前，我给大家一个建议：观测土星需要很高的放大倍数。当大气视宁度较好时，就可以观测土星了。在我所在的地方，经常能碰到视宁度极佳的天气。当土星高悬于夜空的时候，我经常用100毫米反射镜加上250倍以上的放大倍数来观测。

10颗土星卫星的参数

卫　星	大小(千米)	质量(千克)	密度(克/立方厘米)	轨道周期	偏心率	倾　角	距离(千米)
普罗米修斯	1528	1.4×10^{17}	0.27	14小时42.7分	0.0042	0.0°	139 350
epimetheus	138×110×110	5.05×10^{17}	0.63	16小时40.2分	0.009	0.34°	151 422
土卫一	397.6	3.75×10^{19}	1.14	22小时37.1分	0.0202	1.53°	185 520
土卫二	498.2	7.3×10^{19}	1.12	1天8小时53.1分	0.0045	0.02°	238 020
土卫三	1059.8	6.22×10^{20}	1.00	1天21小时18.4分	0	1.09°	294 660
土卫四	1120	1.052×10^{21}	1.44	2天17小时41.2分	0.0022	0.02°	377 400
土卫五	1530	2.31×10^{21}	1.24	4天12小时25.2分	0.001	0.35°	527 040
土卫六	5150	1.3455×10^{23}	1.88	21天6小时38.3分	0.0292	0.33°	1 221 850
土卫七	199×191×151	4.98×10^{18}	0.65	16小时40.2分	0.007	0.14°	1 514 720
土卫八	1436	1.59×10^{21}	1.02	79天7小时55.5分	0.0283	7.52°	3 561 300

↑土星照片，黑纱环都清晰可见。（Celestron14望远镜，ST5c CCD相机，得克萨斯州Ed Grafton摄）

观测土星环

第一步，从环开始（想要错过它真的很难）。你能看到卡西尼环缝吗？这个特征在50毫米的望远镜中都能见到。看过这个显而易见的目标后，可以试着区分各个环的相对亮度。能否看到环的细节呢？使用大口径望远镜，你或许能察觉出环上的颜色变化。这种观测带点主观色彩，和个体的颜色敏感度有关，但仍需非常仔细才可能注意到。

然后可以开始观测土星环的明晰轮廓。你会经常看到关于土星环脊（ansa，从地球看到的土星光环的两端）的参考资料。环脊是行星环的最外端部分。这个词来自于拉丁语中的“柄”，这是因为土星环最早被认为是从土星两侧伸出的“手柄”。环脊可以用“东”和“西”来标记或根据土星自转来标记：“先导”和“后随”，经常简写为“p.”和“f.”。

用高得多的放大倍数，可以观测难以捉摸的“黑纱环”（Crepe ring）。我用100毫米的望远镜能看到它，但是只有在视宁度最好的夜晚才能看到Crepe环的细节。一旦碰到这样的机会，我就盯着它看上几个小时。如果土星环完全舒展开的时候，即环的倾角最大时，在天气不错的夜晚，在200毫米以上的望远镜中，Crepe环是土星上最迷人的风景。

如果能看到Crepe环，尝试一下能否看到恩克缝，它位于A环外边缘附近（从卡西尼缝到此边缘约4/5距离处）。这是一条极为窄小的狭缝，需要至少200毫米口径的望远镜和很高的放大倍数才能观测到。使用较小的望远镜时，有些观测者能看到一片不反光的区域，通常称为“恩克极小区”，它其实位于A环上，因为越靠近A环外边缘，环的亮度越小。区分它和恩克缝的方法是看其距离的远近。恩克极小区（在环的两端都能看到）从A环的中央开始，而真正的恩克缝离外边缘要近得多。

将上述不反光的环区称为“恩克极小区”要比称它们为“不反光环区”方便得多，而且它正逐渐成为常用称谓。当视宁度较好时，用我的100毫米反射镜配上300倍或更高的放大倍数，我能看到恩克极小区。但是用这台望远镜我看不到恩克缝。

用更大的望远镜，你甚至有可能捕捉到土星环的某些细节。1977年，Stephen James O’Meara最先在土星环上看到了黑暗的辐纹结构（后来被命名为“辐纹”）并将它们画了出来。旅行者1号探测器在1980年证实了辐纹的存在。

观测土星盘面

土星圆面上的大部分细节都相当细微。亮带和带纹在外表上的变化通常都比较缓慢。看到亮斑或暗斑时，仔细记住它们的位置和相对于周围亮带或带纹的亮度。在随后的夜晚，监测它们的变化。辨认出这些细节的唯一方法是花费大量时间观测并使你自己熟悉这些特征。

观测土星投射在环上的影子比观测环投射在土星上的影子要容易得多。每次冲日之前，土星在环上的投影出现在先导环脊上。在冲日前的几周，观测影子的尺寸收缩。冲日之后，土星影子投在后随环脊上，并且开始增长。如果在环的内侧看到土星的影子，不要把它和叠加在土星盘面上的Crepe环弄混。

描绘土星

月亮和行星观测者协会（ALPO）提供

了土星环不同朝向的模板和完整的观测表格。在以下网址可以找到这些表格（标志为“Report Form 1…6”）：http：//www.lpl.arizona.edu/~rhill/alpo/satstuff/satfrms.html。

土星上的一般特征不难描绘。除这些之外，土星上没有像木星那样的大量细节。不过，正是由于土星上的大多数特征都很细微而且对比度较低，从而使得描绘这颗行星比看上去更难。

滤光片

土星圆面上的颜色不如木星明亮，而且对比度更低。你或许能看到环上的颜色变化。例如，用红色滤光片观测时，一个环脊可能比另一个亮。如果看到这种情况，请换上蓝色滤光片再试试，你会发现亮暗情况正好相反。

对于有颜色的细节本身，亮带有时呈现出乳白色、瓦灰色和微黄色。土星的带纹呈蓝灰色、褐色和微红色，用红色、橙色或黄色滤光片很容易看到。有时在土星上能看到亮斑，用绿色滤光片观测效果最佳。用浅绿色（#56）或蓝色（#80A）滤光片能增强显示土星环。

拍摄土星

和绝大多数天体比起来，土星显得非常明亮。不过，要想拍到土星的细节，你需要至少中等口径的望远镜、固定的观测地点、极为准确的极轴、良好的大气视宁度以及能拍到高放大倍数的照片的方法（详情请参考有关“天体摄影”和“CCD”的章节）。用胶片拍摄土星和其他任何天体，我强烈推荐大家参考Jean Dragesco的《高分辨率天体摄影》一书（剑桥大学出版社，1995年）。

观测土星的卫星

土星的卫星虽然不如四颗伽利略木星卫星那么明亮，但用中等口径望远镜很容易观测到。我用我的100毫米反射镜看到了六颗土星卫星。除非卫星正好紧靠土星盘面，土星本体不会挡住卫星。

在网上有一个基于dos的非常好用的软件可以显示土星卫星的位置，下载网址为http：//www.ibiblio.org/ais/space.htm。点击“软件”，然后找到“土星卫星的位置”，该软件名叫Satsat。

观测土星卫星不需使用滤光片。实际上，任何滤光片都会有负面作用，例如它将减少从土卫上反射的太阳光。观测土星卫星聚集在一起以及卫星之间互相掩食是非常有意思的。1921年，L.Comrie和A.Levin最先看到了土卫之间的掩食，当时是土卫六食土卫五。

八颗最亮的土星卫星

卫星名称	视星等
土卫六	8.4
土卫五	9.8
土卫四	10.2
土卫三	10.3
土卫八	11.2
土卫二	11.8
土卫一	13.0
土卫七	14.3

6.10　外行星

天王星

在几千年的时间里，人类只知道有五大行星在不停地穿梭于恒星背景之间。而自1738年11月15日，弗里德里希·威廉·赫歇耳在德国汉诺威诞生后的42年118天——1781年3月13日——赫歇耳改变了人类的世界观：

3月13号，星期二。在晚上10点到11点之间，当我观测双子座H星附近的小恒星时，我注意到有一颗看上去比其他的都大，它不同寻常的亮度让我深感吃惊。我把它和双子座H星以及御夫座和双子座边线上的小恒星相比较，我发现它比它们大得多，我怀疑这是一颗彗星。”

——摘自1781年3月28日，威廉·赫歇耳在Bath哲学学会上宣读的论文

不久之后，人们就意识到，赫歇耳发现的不是一颗彗星，而是自远古以来人类发现的第一颗新行星！整个天文界都沸腾了，赫歇耳的这个发现把太阳系的广度翻了一番。

赫歇耳最初以为那个天体是彗星，因为当他增加放大倍数时，天体的视直径也随之而增加。他一开始使用的目镜的放大倍数是227倍，为了看清它究竟是不是彗星，他把放大倍数增加到460倍，然后又加到932倍。当时，新彗星极为罕见，但也不是少到一辈子只发现一次的程度。

德国天文学家巴德（Johann Elert Bode，1747—1826）是最早建议将它命名为天王星的人。他的理由来自神话故事——土星（Saturn）是木星（Jupiter）的父亲，因此下一颗外面的行星应该是土星的父亲。但是，这颗新行星的命名权很自然的应该属于赫歇耳（这比行星命名委员会成立早了100多年）。为了纪念英格兰国王乔治三世，赫歇耳提出以Georgium Sidus（“乔治”之星）作为其名称。

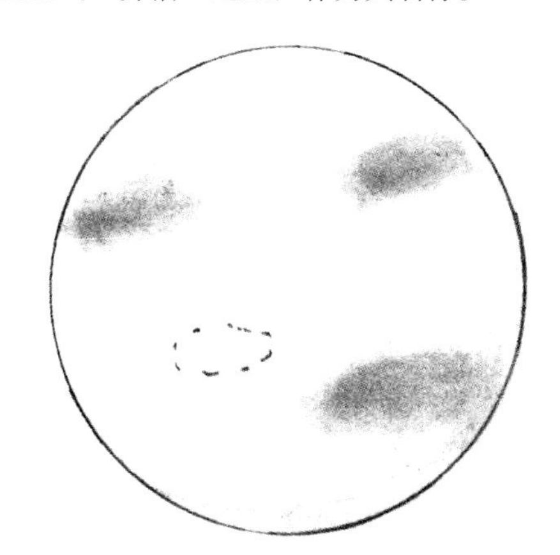

↑1998年7月10日世界时09：44，天王星素描图。（焦比f/4.6，250mm牛顿式反射镜，通用6毫米Abbe无畸变目镜，放大倍数354倍。亚利桑那州Jeff Medkeff绘）

外行星的物理参数

	天王星	海王星	冥王星
赤道直径（千米）	51118	49572	2320
两极直径（千米）	49584	48283	2320
质量（千克）	5.688×10^{26}	1.024×10^{26}	1.29×10^{22}
扁率	0.030	0.026	0
体积（立方千米）	6.995×10^{13}（地球的67.1倍）	6.379×10^{13}（地球的58.7倍）	6.545×10^{9}（地球的15.8%）
反照率	0.51	0.41	0.30
密度（克/立方厘米）	1.29	1.64	2.05
太阳辐照度（瓦/平方米）	3.8	1.5	0.9
最大风速（千米/小时）	720	2400	无

天王星的主要卫星

	大小(千米)	质量(千克)	密度(克/立方厘米)	轨道周期	偏心率	轨道倾角	到行星的距离(千米)
天卫五	470	6.59×10^{19}	1.15	1天9小时54.7分	0.0027	4.22°	1.298×10^{5}
天卫一	1160	1.353×10^{21}	1.56	2天12小时28.8分	0.0034	0.31°	1.912×10^{5}
天卫二	1169.4	1.172×10^{21}	1.52	4天3小时27.4分	0.0050	0.36°	2.66×10^{5}
天卫三	1577.8	3.527×10^{21}	1.70	8天16小时56.6分	0.0022	0.10°	4.358×10^{5}
天卫四	1522.8	3.014×10^{21}	1.64	13天11小时6.7分	0.0008	0.10°	5.826×10^{5}

可以想象，以一位英国君主的名字来命名太阳系的成员之一，很难获得英格兰之外的科学家的赞同，他们更倾向于把这颗新行星命名为“赫歇耳”。在1822年赫歇耳逝世几年后，Bode提出的名称——“天王星”在天文委员会上获得的一致通过。

卫星

上表列出了天文爱好者们可以直接观测和拍摄的天王星卫星数据。

观测天王星

天王星的大气通常看起来是没什么细节的模糊一团。不过，在整个天王星观测史中，许多观测者都看见过细节。最早的一位是英国天文学家布福汉姆（William Buffham，1801—1871），他在1870年看到了两块圆圆的亮斑以及一条亮带。1883年，美国天文学家（Charles Augustus Young，1834—1908）记录到沿两极和赤道带上的斑纹。当然，所有这些细节都十分暗弱。

↑天王星和它的四颗最大的卫星。(Celestron14望远镜，ST5c CCD相机，得克萨斯州Ed Grafton摄)

1891年4月，美国天文家霍顿（Edward Singleton Holden，1846—1914）、基勒尔和德国天文学家John Martin Schaeberle（1853—1924）使用利克天文台上的91厘米反射镜都看到了天王星带纹。1924年，一位法国天文学家观测到了浅灰色的极冠和两个暗弱的赤道带纹。

飞往天王星的旅行者2号探测器在1986年的观测也显示出天王星是一个几乎没有任何明显特征的球体。近来能显示出较多天王星细节的最好的照片拍摄于1993年5月30日，是亚利桑那州霍普金斯山附近的拼接镜面望远镜在近红外波段拍摄的。照片显示出了沿着天王星中部区域附近一片明亮区域的一个暗斑和极点附近的一个微弱而不规则的暗纹。

在望远镜中，天王星看上去是个不超过六等的绿色星体，由于快速自转而略呈椭圆形。由于它实在太小，再加上地球大气湍流的干扰，我们很难进一步看到其细节。观测这样的外行星比较困难，用中等以上望远镜（口径在300~600毫米）观测时，它那蓝绿色的外表看上去成了亮蓝色。

天王星的轨道倾角不到1°,因此它总是相当靠近黄道面。天王星的平均视运动速度

近年天王星下合和冲日时间表

下 合	冲 日
2003年2月17日	2003年8月24日
2004年2月22日	2004年8月27日
2005年2月25日	2005年9月1日
2006年3月1日	2006年9月5日
2007年3月5日	2007年9月9日
2008年3月9日	2008年9月13日
2009年3月13日	2009年9月17日
2010年3月17日	2010年9月21日

为每天42角秒，每过大约44天移动一个满月的距离。

海王星

1820年，法国天文学家布瓦尔（Alexis ouvard，1767—1843）接受了编制天王星位置表的任务。他开始着手用自1781年以来发现天王星将近40年的观测资料来确定它的完整轨道。

布瓦尔发现，在赫歇耳发现天王星之前，它至少被观测过15次。事实上，在1690年和1771年，它曾被当作恒星而列入了星表。这个发现让布瓦尔兴奋不已，因为这些观测数据对确定天王星的轨道非常有用。然而，令人困惑的是，当他完成计算之后，却发现它的轨道是一个十分怪异的圆。他得到的轨道与天王星发现前后的观测结果都不相符，而且偏离得相当厉害。

当时，在巴黎天文台工作的勒威耶（Urbain Jean Joseph Leverrier，1811—1877）是一名享有盛名的天文学家。为了解释水星的不规则轨道，他曾在1860年提出在水星轨道之内存在一颗尚未被发现的行星，并将它命名为“火神星”（Vulcan）。现在他的想法转到了天王星上。勒威耶很快就把问题简化为：“天王星轨道的不规则性是否可能是在它之外尚未被发现的天体造成的?”

经过冗长复杂的计算，勒威耶最终算出了这个天体的位置，并把结果发给了世界各地的许多天文台。在柏林天文台，伽勒（Johann Gottfried Galle，1812—1910）在接到勒威耶信件的当晚就根据他提供的位置发现了这颗行星。下面是他给勒威耶的回信：

> 柏林，1846年9月25日
>
> 先生，您指出了位置的那颗行星真的存在。在接到您的信的当天，我发现了一颗8等星，它不在Bremiker博士编制的那个卓越的星表中（包括21小时的数据，由德国皇家科学院出版）。随后一天的观测表明，它就是我们正在寻找的行星……
>
> ——J.G.伽勒

伽勒称，发现时这颗新行星的经度与勒威耶预言的位置相差不到1°。这确实是勒威耶和天体力学的骄傲，是牛顿和他的万有引力定律、加勒和柏林天文台的骄傲，也是另一个谦虚的人的骄傲，他就是英格兰康尔沃郡的亚当斯（John Couch Adams，1819—1892）。

几年前，亚当斯就开始从数学上寻找可能导致天王星轨道异常的那颗行星。1843年10月，他完成了大部分研究工作，并在1845年首先计算出了这个天体的大致位置。

在邮戳为1845年9月22日剑桥大学天文学教授James Challis写给皇家天文学家艾里（George Biddel Airy，1801—1892）的信中，对自己以前的学生——亚当斯的计算结果给予了高度重视。信中他提到亚当斯将会亲自给艾里打电话。亚当斯9月22日打了电话，但是艾里当时在法国。亚当斯在10月21日又给艾里打了电话。他还两次拜访了艾里的府邸。第一次艾里不在家，第二次艾里一家正在吃晚饭，男管家拒绝了亚当斯的造访。亚当斯给艾里留下一封信介绍了他的计算结果，然后就离开了。

在落款日期为1845年11月5日的一封信中，艾里向身在剑桥的亚当斯索取关于那颗假想行星的半径向量的更多信息。但亚当斯没有回复，他认为这对整个问题无关紧要。亚当斯和艾里的下一次通信是在1846年9月，信中亚当斯给出了他的详细研究结果。但这已经是伽勒和勒威耶发现那颗行星一周以后了。

一场风暴随之而来。艾里受到了公众和专业人士的严厉指责。天文学家们在1846年后半年间的通信是科学史上最激烈的事件之一。随着愤怒逐渐平息，事情真相大白之后，勒威耶和亚当斯共同分享了这个天文学史上最令人惊奇的理论发现。

观测海王星

对有中等口径以上望远镜的天文爱好者而言，要看到海王星不是什么难事。它的视星等为7.7等（冲日时），呈蓝色的圆盘状。如果你只有小型望远镜或双筒镜，就必须借助于高精度的星图而且等到海王星冲日时才能一睹其丰姿。

海王星离我们太远而且过于黯淡，肉眼无法看到它。借助于望远镜，你或许能看到它最大的卫星——海卫一，但却很难捕捉到这颗暗弱行星的多少表面细节。事实上，天文爱好者们仅限于能在背景恒星中把它辨认出来，无法更进一步观测。观测海王星的乐趣在于：在望远镜中找到它那蓝色的身影，因为在这么远的距离上，几乎所有的望远镜都无法看到更多明显的细节。

未来几年海王星下合与冲日时间表

下　合	冲　日
2003年1月30日	2003年8月4日
2004年2月2日	2004年8月6日
2005年2月3日	2005年8月8日
2006年2月6日	2006年8月11日
2007年2月8日	2007年8月13日
2008年2月11日	2008年8月15日
2009年2月12日	2009年8月18日
2010年2月15日	2010年8月20日

海王星的平均视运动速度（相对于背景恒星）仅为每天22角秒，大约要85天才能移动一个满月的距离。

在发现时，海王星位于宝瓶座的边线上。从发现之日到现在，它还没能绕太阳转完一周。到2011年6月8日（星期三），海王星将终于完成一个公转周期。对我而言，那将是“重新发现”这颗行星的大好时机。

海卫一

海卫一是海王星最大的卫星。1846年，在发现海王星一个月后，英国天文学家拉塞尔（William Lassell，1799—1880）发现了它。

海卫一的轨道面与海王星赤道面的夹角非常大（156.8°），而且绕行方向为逆行，在行星卫星中显得非常特殊。它也是太阳系中唯一绕行星逆行的大卫星。基于这些事实，天文学家猜测它可能独立形成于海王星系统之外，只是后来被海王星的引力所俘获。如果事实果真如此，它被俘获时，潮汐力产生的热能会将其融化，而且在被俘获后长达10亿年的时间里它将一直保持液态。海卫一是距离海王星第二远的卫星，它们之间的距离大约为355 000千米。海卫一的直径为2705千米。

海卫一的表面覆盖着一层薄薄的固氮和甲烷冰。其表面的绝大部分地质结构很有可能由水冰构成，因为固氮和甲烷冰太软，难以支撑起它们自身的重量。

海卫一表面有一层极其稀薄的大气，延伸尺度约为800千米。在地表以上数千米处，飘荡着由固氮粒子形成的薄云。海卫一非常明亮，表面反照率为0.60~0.95（视地表组分而定）。

海卫一的表面大气压强约为1.4 Pa，仅为地球海平面处大气压强的1/70000。它的表面温度只有38 K，是太阳系中所有已发现的天体中最冷的。在地表以上800千米处，温度为95 K。

观测海卫一

只有满足一定的几何条件时，才能看到海卫一。最主要的一条是，海卫一必须距离海王星足够远。海卫一的轨道半长径等于14.15个海王星半径，它对应的角距离约为16角秒。

冥王星*

冥王星是由汤博(Clyde William Tombaugh，1906—1997）在亚利桑那州Flagstaff的洛韦尔天文台发现的。第三次寻找未知行星（Planet X）的计划开始于1927年。为了更好地完成搜寻工作，科学家们做了详细的规划，而且资金也得到了有力保障。1929年4月6日，洛韦尔天文台的33厘米天体照相望远镜为寻找海王星之外的行星进行了第一次尝试。这次照相的曝光时间长达1小时，望远镜指向巨蟹座δ星附近，而进行操作的人就是汤博。

汤博从1928年开始和洛韦尔天文台台长斯里弗（Vesto Melvin Slipher，1870—1963）通信。1929年年初，斯里弗给汤博提供了一个职位，使用33厘米天体照相望远镜进行工作。汤博从堪萨斯州的Burdette前往亚利桑那州的Flagstaff，并于1929年1月15日抵达洛韦尔天文台。当时他完全不知道自己将担当起搜寻新行星的重任。

在1930年1月23日和29日的那两次被载入史册的照相观测之前，汤博已拍摄了150多张照片。照相观测完成之后，并不是立刻就能发现新行星。汤博得使用天文台里的闪光比较仪来检查照相底片，先照亮第一张底片，然后照亮第二张，再看看二者有无区别。而每张底片上的小块区域则要用比较仪上的显微镜仔细检察。由于要处理以前拍摄的那些底片，因此在这对激动人心的底片拍摄了几周之后，汤博才有时间仔细查看它们。终于，1930年2月18日下午4点，新行星在比较仪下现出了真身。

斯里弗是一位非常谨慎的人，他希望确认汤博发现的那个天体就是珀西瓦尔·洛韦尔期待了许久的新行星。他将天文台上的所有望远镜都用来进行照相观测，拍到了更多照片，并把天体的轨道定了出来。

最后，在1930年3月13日，洛韦尔天文台创始人珀西瓦尔·洛韦尔75岁生日那天，新行星宣告发现。有趣的是，这一天也是远古以来人类发现第一颗新行星的日子，149年前的这一天，威廉·赫歇耳爵士发现了天王星。洛韦尔天文台声名大噪，而汤博，这个一年多以前还是堪萨斯州平原上的农家子弟的年轻人，在天文学史上为自己赢得了一席之地。

*2006年8月24日，经国际天文学联合会投票通过：冥王星从九大行星中下降为矮行星（译注）。

海王星的主要卫星

	大小（千米）	质量（千克）	密度（克/立方厘米）	轨道周期	偏心率	轨道倾角	到行星的距离
海卫一	2705.2	2.147×10^{22}	2.054	5天21小时2.7分（逆行）	0.00	156.834°	3.548×10^{5}
海卫二	340	未知	未知	360天3小时16.11分	0.7512	7.23°	5.513×10^{6}

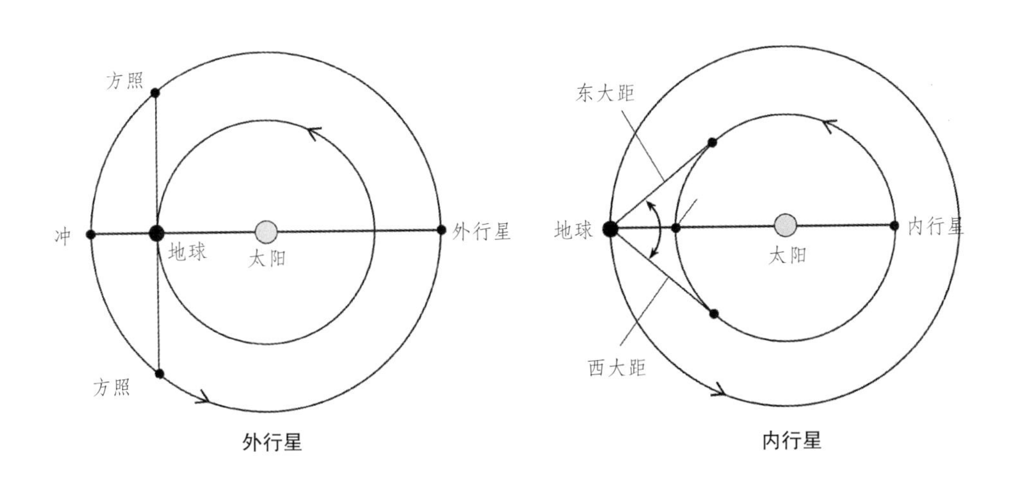

↑行星运动轨道示意图。（霍莉·Y·白凯奇绘）

外行星的观测数据

		天王星	海王星	冥王星
冲日时的亮度	最大	+5.65	+7.66	+13.6
	最小	+6.06	+7.70	+15.95
视直径	最大	3.96角秒	2.52角秒	0.11角秒
	最小	3.60角秒	2.49角秒	0.065角秒

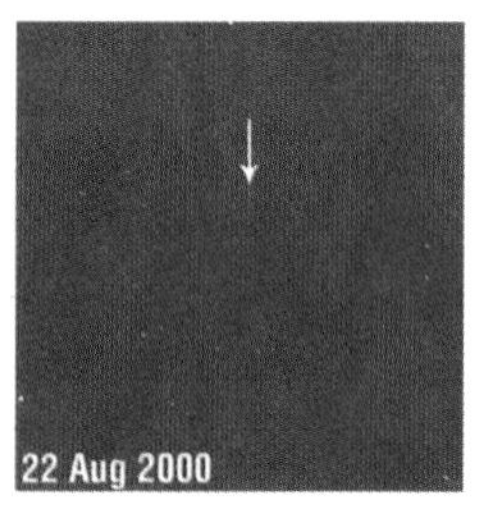

↑冥王星相对于背景恒星的移动是非常缓慢的，这两张照片显示了它在近3周的时间里的位置变化。（堪萨斯州Larry Robinson摄）

冥王星的卫星（Charon）

大小（千米）	质量（千克）	密度（克/立方厘米）	轨道周期	偏心率	轨道倾角	到行星的距离（千米）
1172	1.7×10^{21}	1.800	6天9小时17.3分	0.00	96.56°	1.9405×10^{4}

冥王星小知识

从发现之日起至2000年1月1日，冥王星运行了其轨道的28.14%。直到2178年8月8日，它才会完成运行一个周期。

尽管冥王星绕太阳一周要花248年以上，但它的平均运动速度却高得惊人，达17 064千米/小时。

冥王星和海王星永远都不会撞到一起。它们之间的距离永远不会小于3.86亿千米。

平均说来，冥王星上看到的太阳要比地球上暗1905倍。

冥王星能在41个星座的分界线处出现。

冥王星的表面重力加速度只有地球的4.1%。

我们经常说天王星是“躺着自转的行星”（它的赤道面与轨道面倾角差不多是90°），其实，冥王星的轨道倾角比天王星还大24°以上。

平均而言，太阳光到达冥王星要5.5小时。由于冥王星到太阳的距离时远时近，它位于近日点时，这个时间是4小时6分钟，位于远日点时，这个时间是6小时58分钟。

冥王星的卫星（Charon）

观测冥王星

从地球上看，冥王星的运动非常缓慢。它的平均视运动速度（相对于背景恒星）每天只有14角秒。也就是说，冥王星要130天才能移动一个满月的距离。

如果天空背景相当理想，在高精度星图的帮助下，你就能用200毫米望远镜找到冥王星。在洛韦尔天文台的安德森平顶山观测站，布赖恩·斯哥福（Brian Skiff）用一台70毫米反射镜看到了冥王星。这可能是观测到冥王星的“最小口径望远镜”纪录了。我还没听说过有人能用更小的望远镜看到冥王星。我倒是曾经用75毫米和100毫米反射镜看到过它。

观测冥王星的最好方法是连续几晚持续监测。根据高精度星图（极限星等v=15等左右），打印一张冥王星附近天区的星图，注意打印出的星图要和你望远镜视场中的星空相匹配。参照这个星图，仔细辨认在冥王星位置上的天体。接下来的晚上（或接下来的晴夜）将望远镜对准同一天区，继续寻找冥王星。根据两次观测的时间间隔，估计出那个天体的位置，在星图上标出来。最后，查出冥王星的新位置，与之相比。如果查到的位置和你在星图上标出的位置重合，那么恭喜你，你看到了冥王星。

关于冥王星位置的实时参考资料在以下网址可以找到：http：//www.pietro.org/Astro_C5/Articles/PlutoCurrent.htm。

冥卫一

哈勃空间望远镜在20世纪90年代后期拍摄的照片显示冥卫一比冥王星更蓝。行星科学家认为这是因为它们具有不同的化学成分和结构。冥王星颜色浅一些，这表明它可能有一个光滑的表面反射层。通过仔细分析，人们发现了一片平行于赤道带的亮区，但是还需要后续观测的确认。那张照片是在冥卫一与冥王星距离最远时拍摄的，不过从地球上看，它们当时的角距离也只有0.9角秒。

0.9角秒对100毫米望远镜来说无法企及，但600毫米镜却不在话下。冥卫一的星等为15.7等，在远冥点（约每3天4小时38分钟发生一次）时勉强能见。

近年冥王星下合与冲日表

下　合	冲　日
2003年12月12日	2003年6月9日
2004年12月13日	2004年6月11日
2005年12月16日	2005年6月14日
2006年12月18日	2006年6月17日
2007年12月21日	2007年6月19日
2008年12月22日	2008年6月21日
2009年12月24日	2009年6月23日
2010年12月27日	2010年6月25日

6.11 小行星

小行星在20世纪90年代曾风靡一时。尽管每个人都想发现彗星，但幸运总是只眷顾少数人。多数爱好者看到的是小行星，有些人发现的小行星数量还不在少数。

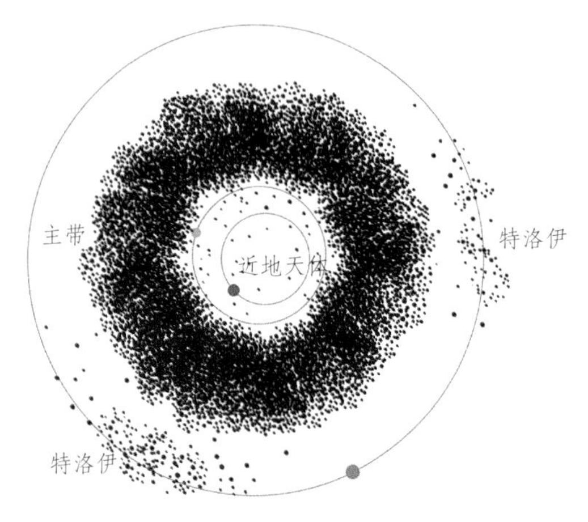

↑绝大多数小行星都位于火星和木星轨道之间。近地天体（NEOs）则可运行至离地球非常近的地方。特洛伊群小行星位于木星轨道的两个拉格朗日点上。本图未按真实比例绘制。（霍莉·Y·白凯奇绘）

小行星是围绕太阳运行的小岩质体。第一颗小行星——谷神星，由意大利天文学家吉赛匹·皮亚兹（Giuseppe Piazzi，1746—1826）于1801年1月1日发现。谷神星是最大的小行星。顺便提一句，“谷神星”的名字是约翰·赫歇耳提出的。到本书出版时，人们已经发现了150 000多颗已编号的小行星，（截至2007年4月的数据。——译者注）另外有大约两倍的小行星还没有永久命名。

小行星的分类

小行星的主带在离太阳1.8~4.0天文单位处，位于火星和木星之间。人们通常把这片区域称为“小行星带”。带内有些地方小行星数目很少，称为“柯克伍德空隙”。木星的引力作用是这些空隙的成因。

主带小行星分为几个群：Cybeles（西布莉）、Eos（依欧斯）、Floras（佛罗拉）、Hildas（希尔达）、Hungarias（汉盖瑞斯）、Hygiea（健神星）、Koronis（柯若尼斯）、Phocaea（佛克依）、Themis（泰米斯）和Veritas（怀瑞塔斯）。这些群被柯克伍德空隙隔开。有理论认为每个群在很早以前都是一个整体，后来散了开来并继续在原来的轨道上运行。群的名称以其中的主要小行星名称命名。

近地小行星亚群

名　称	半长径(天文单位)	近日点距(天文单位)
Aten(埃坦)	<1.0	>0.983
Apollo(阿波罗)	>1.0	<1.017
Amor(阿莫)	>1.0	$1.017 \leq \chi \leq 1.3$

近地小行星（Near-Ear th、asteroids，NEAs）或近地天体（Near-earth Objects，NEOs）是指在靠近地球的区域发现的小行星。它们的近日距为1.3天文单位或更小。近地小行星有三个亚群，如上表所列。

现在已经知道，埃坦和阿波罗小行星能穿越地球轨道，而阿莫小行星则不会到达地球，但能穿过火星轨道。特洛伊群小行星沿着木星轨道公转，位于稳定的拉格朗日点上。法国数学家约瑟夫·路易丝·拉格朗日（Joseph Louis Lagrange，1736—1813）指出如果两个天体在同一轨道面内绕太阳旋转，并且三者构成一个等边三角形，那么它们可以在同一轨道上运动而不会追逐碰撞。最大的两个小行星群位于木星轨道的L4和L5拉格朗日点上，与太阳和木星间的角距都为60°。L4在木星之前，L5在木星之后，都是稳定点。

在海王星轨道之外的天体称为海王星外天体。它们基本上也是小行星群，但却是些细小的冰状体，更类似于彗星。它们离太阳

小行星的化学成分分类（三种主要类别）

类 别	所占的比例	反照率	颜 色	性 质
C	75%	0.03~0.06	浅灰色	富含碳
S	17%	0.10~0.22	绿色到红色	硅酸盐含量高，比C型更亮
M	8%	0.10~0.18	红色	亮度最高，主要成分是铁、镍

的距离为30~50天文单位。观测表明绝大多数海王外天体都集中在黄道面周围，形成一条很厚的带，通常称为“柯伊伯带”，位于其中的天体称为“柯伊伯带天体”。

半人马群是轨道界于土星和天王星之间的小行星群。实际上，这些天体可能与彗星或柯伊伯带天体更加类似。只不过它们距离太阳较远，还没有被蒸发成彗星的样子。

根据小行星的亮度、颜色以及光谱特征，可以将它们分为约12类，用相应的字母加以标志。（译注：在行星科学专业研究中采用较多，在天文爱好者中不常用注。）

小行星的命名

一旦发现一颗新的小行星，先要给它一个临时编号，由6个字符组成。前四个字符是发现的年份，第五个字符表示它是在哪个半月发现的（不用I和Z），最后一个字符（可以是除了I以外的任何一个英文字母）表示在这个半月中发现的第几颗小行星。例如，2000MB号小行星就是在2000年7月前半月发现的第二颗小行星。如果某个半月发现的小行星数量超过了25颗，则最后一个字符再次从A开始，但要加上一个数字。经过一段时间的研究定出轨道之后，小行星才能获得正式编号。这时，发现者可以给小行星命名并将名字提交给小行星中心。

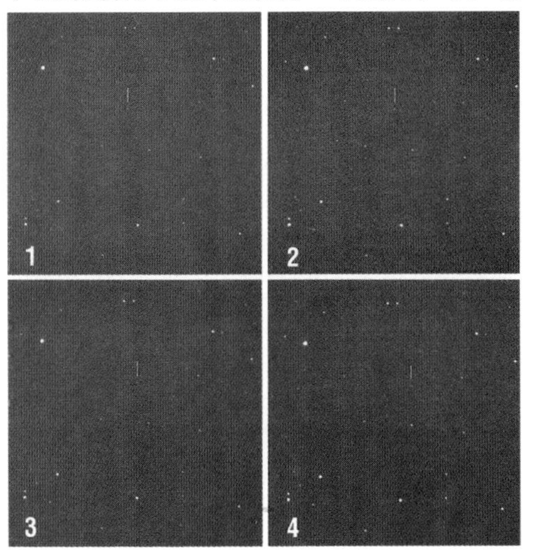

↑这四张图片显示了一颗小行星相对于背景恒星的位置变化情况。（堪萨斯州Larry Robinson摄）

小行星从获得临时编号到被命名期间，将获得一个永久编号。这个编号就是小行星发现时的次序数。如果它已被命名，就把编号添加在名称之后。例如“谷神星1”，“张钰哲2051”等。

观测小行星

虽然小行星是点源而且在爱好者的望远镜中看起来和恒星差不多，但有很多都相当明亮，甚至用笔者的100毫米f/15小反射镜也能看到。目视辨认小行星的关键是多次观测。方法之一是对两次不同时间的观测画出视场内星空的素描图。第二种方法是打印一张星图，在上面标出可能的小行星位置，然后过至少一小时再观测同一天区。小行星的最佳观测时机是在冲日时，这时它们的亮度最大而且相对运动速度最大。

天文联盟为他们的小行星观测俱乐部提供了两种证书。可以在以下网址找到关于这个俱乐部的信息：http://www.astroleague.org/al/obsclubs/asteroid/astrclub.html。

小行星天体测量

天体测量就是测量天体的位置，在确定彗星、小行星甚至行星轨道时都是不可或缺的。要确定一个轨道至少需要三个位置数据。关于小行星位置的数据越多、越精确，它的轨道就定得越准确。已有越来越多的天文爱好者开始为确定小行星的位置而努力，他们已提交了上百万份数据。而作为这些努力的“副产品”，他们发现了数以千计的小行星。

天体测量入门

如果你也想为测量小行星的位置出一分力，这里有一些建议供你参考。

●选择高质量的仪器。追求最大、最好当然没有必要，但你的望远镜和CCD必须能有高质量的成像。配备赤道仪的200毫米口径望远镜一般就够用了，但多数情况下更大更好。这种口径的望远镜接上合适的CCD后极限星等可到18等左右。

●根据望远镜的焦比选择合适的CCD，使所成像的尺度大约为每像素2角秒。这样的像尺度为你的系统提供了较好的极限星等和指向精度。

●观测地点的经度、纬度和海拔高度等参数必须精确至1角分以上。任一GPS接收器都能提供这些信息。此外，还必须记录下所有你拍摄的照片的（中间）时间，而且要精确至秒。许多CCD能根据计算机上的时间记录下曝光时间。确认你记录的是曝光的中心时间而不是开始时间，否则，就需要加上改正因子。

刚开始，你可以试着寻找较亮的已知编号的小行星。这也是一件很重要的工作，并且对你的望远镜系统、软件、闪烁信号（blinking）以及操作程序等都是很好的测试。

●刚开始时，对同一片天区拍摄三张时间间隔相等的照片。有经验的天体测量人员只需拍摄两张，但对初学者，三张照片有助于你辨认出由于CCD热点而产生的“伪小行星”像。两次曝光的时间间隔一般为15~20分钟。

●熟悉小行星中心（MPC）以及他们的小行星证认数据库和需要优先观测的小行星列表。MPC的工作人员虽然高效，但人手有限，他们不可能回答这样的基础问题。

●尽可能提高自动化的程度。刚开始时，闪烁照片（blinking images）让人兴味盎然。但随着观测次数的增加，你很快就会觉得把观测时间花在别的地方会更好。选择能够叠加照片、证认可能的小行星、测量位置甚至生成正规MPC报表的智能软件能节省大量时间。

●要对观测结果提交程序了如指掌。如果你能连上互联网，请参考http：//cfa-www.harvard.edu/iau/info/TechInfo.html。

●要有协作精神。我们的主要目的是搜集数据促进小行星科学的发展，当别人问起时，应该乐于和他们共享你的所有观测细节，而且不要羞于开口请教别人，天体测量可不是什么竞赛。

●加入小行星邮件列表（MPML，请见后文）。

小行星测光

许多天文爱好者乐于进行天体测量观测（他们沉醉于发现未知所带来的乐趣），但很少有人进行测光观测。这也是一件非常重要而且对爱好者而言也能轻松完成的工作。观测小行星的光变曲线可以推知其自转速率，并且还有助于确定其化学成分。

测定小行星的光变曲线需要花费大量时间，对爱好者而言，一旦完成就是一项了不起的成就。天文学家们需要我们提供简单、清晰而且足够充分的数据。我以自己做小行星测光的亲身经历告诉大家（当时还是光电倍增管的时代，CCD还没有大量应用），观测一个一个的数据点并连接成为光变曲线简直是一项可以让人上瘾的工作。

小行星巡天

专业天文台巡天的目的是在一个相对较小的尺寸下限之上，找到太阳系内的所有小行星。天文学家希望能证认出可能威胁地球

小行星巡天

巡天项目	每晚可观测的天区大小	照相次数
洛韦尔天文台近地天体巡天	600平方度	3
Catalina（凯特利那）巡天	417平方度	3
林肯近地小行星研究项目	1200平方度	5
星空观测（Spacewatch）	24.6平方度	3

生命的近地小行星。这种巡天所用的望远镜比一般爱好者的大，CCD灵敏度更高，价格也昂贵得多。自动巡天观测一般是每晚分几次巡视一大片天区，然后根据不同时间所拍摄的照片找出那些运动较快的天体。最后，天文学家们再判断它们是主带小行星还是别的什么天体（例如近地小行星）。

对上表的补充说明："星空观测"的项目思想与其他几个不同。他们每晚观测的天区较小，但极限星等要暗得多。

这些巡天比天文爱好者们能发现的天体数目多得多。原因有四：（1）专业天文台台址都经过严格挑选，晴夜天数更多；（2）这些巡天都是全自动化的，因此能使照相时间最大化；（3）他们的光学系统集光能力强、效率高；（4）他们的软件更专业更高级。

邮件列表资源：MPML

小行星邮件列表（Minor Planet Mailing List）是为对小行星感兴趣的专业和业余天文学家们提供的一项电子邮件服务。

这项服务始于1998年6月，当时是为了促进小行星团体内部更好地沟通。这个列表的主要目标是帮助全球小行星观测者更好地工作，不过在其他相关的分支领域也享有盛名。这是一个大众化的列表，其中的许多帖子都是技术性的。要加入列表，请访问http：//groups.yahoo.com。在"搜索"栏输入"MPML"，然后按照屏幕向导进行操作。

6.12 彗星

彗星世界异常精彩。大多数彗星在出现之前毫无征兆，它们可能突现在天空的任何一点。有些能变得光彩夺目，还有少数能成为夜空中蔚为壮观的天象奇景。业余天文学家的一生就好像彗星那样，我们将在后文略举数例。在几个世纪之前，彗星被认为是上帝指向地球的手指，警告人们即将有灾难降临。而今天，我们对这些“长着尾巴的星星”有了更多了解。

彗星是由尘埃微粒和凝固的气体混合而成的小而不规则的天体。大多数彗星轨道非常扁，这使得它们在靠近太阳之后会再次运行到比冥王星还远得多的远方。

↑壮观的百武彗星，摄于1996年3月23日世界时07：30。（150毫米口径望远镜，焦比f/2.5，曝光20分钟，Scotchchrome400胶卷。亚利桑那州David Healy摄）

彗星在外观上形貌各异而且变化很快，但它们都有一个薄薄的物质包层，称为“彗发”，靠近太阳时，彗发的大小和亮度都会增加。在彗发的包裹下能看到一个较小的核心（通常直径小于10千米），称为“彗核”。彗发与彗核合称为“彗头”。

彗星离太阳很远时，彗核温度极低，其中的物质都凝结成固态。在20世纪50年代，美国天文学家Fred L.Whipple，最先给了彗星一个非常形象的描述——“脏雪球”。当彗星距离太阳只有几个天文单位时，彗核表面变热，冰物质开始汽化。蒸发出去的气体分子携带着固体微粒在彗核表面形成彗发。

彗核呈冻结状态时，彗星非常黯淡，仅靠反射太阳光发光。但是当彗发形成之后，释放出的尘埃微粒能反射更多太阳光，彗发中的气体也因吸收了大量紫外辐射而发出荧光。离太阳约5个天文单位时，荧光对彗星亮度的贡献比反射太阳光更大。同时，彗星吸收紫外光后产生化学反应，使氢原子被释放出来并在彗发周围形成一个很大的包层。包层发出的光被地球大气所吸收，因此在地球上看不到它。但是空间探测器探测到了它的存在。

随着彗星越来越接近太阳，明亮的彗尾开始从彗头延伸出来。有些彗尾极其庞大，跨度可达数千万千米。太阳风的压力将部分物质加速剥离彗尾，它们脱离彗尾的速度与其大小和质量有关。这一过程形成两种形态的彗尾，分别称为“尘埃彗尾”和“离子彗尾”。尘埃彗尾包含的质量较大，因此加速度较小而且往往呈弧线。离子彗尾的质量要小得多，因此它们几乎成一条直线，而且延伸方向正好背对着太阳。

观测彗星

对有耐心的观测者，彗星总会有所回

←1976年3月3日黎明，出现于密歇根州兰辛东部上空的美丽彗星。（肯塔基州 Raymond Shubinski 摄）

报。事实上，一些大彗星甚至对不太耐心的观测者也能有所回报。观测亮彗星，可以从肉眼观测开始（当然你得找一个较好的观测地点）。你需要得到诸如它的地平高度是多少、位于哪个星座、能否在银河背景中看到它等问题的答案，此外，还应估计出彗发的大小。接下来，试着定出彗尾的整体长度。这一步应该多花些时间。（靠近彗发处和彗尾末端的彗尾各有多宽？你是否能同时看到尘埃彗尾和离子彗尾？它们有什么不同？）然后，试着估计彗星的总体亮度（参见本节后文）以及彗星的凝结度（参见后文）。最后，仔细观测彗星各部分尤其是彗尾的颜色。如果你想要描绘彗星，请一定注意在图上标明哪里是北方。

肉眼观测得到较满意的结果后，接下来应该用双筒镜继续观测。对大多数亮彗星，使用双筒镜能得到最佳的视觉效果，因为双筒镜不仅有一定的放大倍数和极限星等，而且视场也相当广阔。试着用双筒镜进一步观

1950年以来最亮的25颗彗星

名　称	编　号	视星等
Ikeya-Seki	C/1965S1	-7
West	C/1975V1	-3
Hale-Bopp	C/1995O1	-0.8
Arend-Roland	C/1956R1	-0.5
Hyakutake	C/1996B2	0
Bennett	C/1969Y1	0
SOHO	C/1998J1	0.5
Mrkos	C/1957P1	1
Seki-Lines	C/1962C1	1
IRAS-Araki-Alcock	C/1983H1	1.7
Halley	1P/1982U1	2.4
Kohoutek	C/1973E1	2.5
Ikeya	C/1964N1	2.7
Aarseth-Brewington	C/1989W1	2.8
Ikeya	C/1963A1	2.8
Ikeya-Zhang（池谷-张）	C/2002C1	2.9
LINEAR	C/2001A2	3.0
Burnham	C/1959Y1	3.5
Tago-Sato-Kosaka	C/1969T1	3.5
Bradfield	C/1980Y1	3.5
Wilson-Hubbard	C/1961O1	3.5
Mrkos	C/1955L1	3.5
Levy	C/1990K1	3.6
Kobayashi-Berger-Milon	C/1975N1	3.7
Bradfield	C/1974C1	3.9

↑海尔-波普彗星。（AdamBlock摄/NOAO/AURA/NSF）

测彗尾的延展度。从彗头到你能看到的彗尾最暗弱处有多远？同样，确定出此处彗星（尤其是彗尾）的宽度。如果尘埃彗尾和离子彗尾同时可见，注意它们的清晰度增加了多少以及是否能看到它们的颜色。同时，还应留意这两条彗尾的间隔和它们各自的形状。

最后，使用天文望远镜继续观测。即便是对最亮的彗星，望远镜观测也是不可或缺的。它能使你对彗发进行详细审查。准备好不同放大倍数的目镜，而且一定要做到从容仔细、一丝不苟。留心彗发的任何形状或亮度上的变化，它在所有的放大倍数下都是椭圆形吗？扁到何种程度？彗核一般太小而无法分辨，但经常能看到高度凝聚或恒星状的区域，这其实是伪彗核。仔细审视伪彗核，注意彗发的亮度是否随距离变化？如何变化？很多时候使用中等口径望远镜的观测者也能出乎意料地看到彗发中的碎块，如果你有幸能看到这种景象，就会发现这时彗星看上去有好几个伪彗核。如果你的望远镜威力更大，可以留意一下看能否看到喷流。喷流看上去呈直线或有角的射线状，通常在迎向太阳的方向上（这是因为喷流是彗星面向太阳的一侧中的气体被加热后产生的）。

彗发凝结度

彗发凝结度（degree of condensation，DC）是一个细心的观测者应该留意的彗星参数之一。它是表征彗发表面亮度从外围到中心变化情况的一个参量。通常 *DC*=0 表示完全弥散，*DC*=9 意味着“和恒星一样致密”。一般随着 *DC* 值的增加，彗发大小减小而且边缘更加明晰。对完全弥散而没有中心变亮趋势的彗星，*DC* 记为 0；当 *DC* 为 3~5 时，中心亮度有明显增加的趋势；*DC*=7 时，亮度变化很快，而 *DC*=8 时，彗发细小而紧密并且边缘清晰可见；*DC*=9 时，彗星看上去像是一颗由于视宁度欠佳而略微有点散焦的恒星或行星。

彗星星等估计

我是一个超级 19 世纪天文迷，然而，那个世纪在确定彗星亮度方面做得不是最好的，当时对同一时间观测的彗星估计出的星等相差很远。估计彗星的亮度不是一件简单的事。天文爱好者们最容易犯的错误之一是对彗发的总体亮度估计不足。他们往往对醒目的彗发中心区域太过关注，而忽视了彗发的外层部分（在市区这样光污染比较严重的地方，外层彗发更是常常被“视”而“不见”）。

估计彗星视星等的方法有很多。最简单且精度最低的方法是直接拿它和周围恒星相比较。找到一个略暗于彗星的恒星和一颗略亮于彗星的恒星（注意这两颗星的地平高度应该与彗星大致相等，这样才能消除大气消光的影响），它们的平均视星等就是彗星的视星等。这是肉眼观测时唯一可用的方法，用双筒镜和天文望远镜观测较暗的彗星时也经常采用。

另一个精度较高的方法是，在焦平面外找一个与彗发大小相当的恒星并散焦成像，然后比较二者的亮度。这种方法对弥散度较高的彗星效果更好。对 DC 值较大的彗星，

↑林尼尔（LINEAR）2001A2 彗星。（加利福尼亚州 Robert Kuberek 摄于 2001 年 7 月 13 日）

它们的外层彗发和中心彗发亮度往往相差很大，而恒星散焦成像的亮度则要均匀得多，因此比较起来很困难而且误差较大。

还有一种方法，就是对彗星和它周围的恒星都散焦成像，直到焦平面外的圆圈能直接比较为止。有的观测者进一步发展了这种方法，他们持续散焦直到彗星和周边恒星几乎消失在星空背景之中，然后把这些消失天体的亮度记录下来，尤其是那些紧接着彗星之前和之后消失的恒星的亮度。

大气消光

按照前面的方法定出彗星星等后，还要进行大气消光改正才能真正大功告成。在下文所附的大气消光表中，z为天顶距（90°-z即为地平高度）。例如，如果你所在地的海拔是1千米，彗星的地平高度为10°，那么消光星等为1.16等。也就是说如果没有大气，彗星要比你看到的亮1.16等。

拍摄彗星

不同海拔处的大气消光表

z	海平面	500米	1千米	2千米	3千米
1	0.28	0.24	0.21	0.16	0.13
10	0.29	0.24	0.21	0.16	0.13
20	0.30	0.25	0.22	0.17	0.14
30	0.32	0.28	0.24	0.19	0.15
40	0.37	0.31	0.27	0.21	0.17
45	0.40	0.34	0.29	0.23	0.19
50	0.44	0.37	0.32	0.25	0.21
55	0.49	0.42	0.36	0.28	0.23
60	0.56	0.48	0.41	0.32	0.26
65	0.64	0.54	0.47	0.37	0.30
70	0.82	0.70	0.60	0.47	0.39
75	1.08	0.92	0.79	0.62	0.51
80	1.59	1.34	1.16	0.91	0.74
85	2.91	2.46	2.13	1.66	1.36
89	7.38	6.26	5.40	4.22	3.46

如果天上出现一颗亮彗星，切莫错失良机，拿出你的35毫米相机赶紧拍吧！哪怕你是个天体摄影新手，拍到的照片也很可能令自己大吃一惊。在前文我说过，我对19世纪的天文学成就极其欣赏。在那个世纪，

↑百武彗星，当时它的彗尾扫过大熊座北斗七星的斗柄。（50毫米口径望远镜，焦比f/2.5，曝光3分钟。亚利桑那州Steve Coe摄）

最棒的彗星照片（只有极少数例外）是那些长期甚至一生都在天文台专门从事天体照相的专家们拍摄的。而今天，你的照片或许不那么富于技巧，却能轻易与它们相媲美。你要这么想：你已经有了决定性优势，你的照片起码是彩色的！

↑池谷-张彗星。（曝光5分钟，光圈f/2.5，柯达Elite Chrome200胶卷，尼康F2相机，105毫米尼康镜头。德国Ulrich Beinert摄）

拍摄彗星的技巧

●对固定三脚架摄影，采用快速胶卷并选择合适的曝光时间。将镜头的光圈打开并使用快门线。

●很多令人赏心悦目的彗星照片都有前景物体，例如楼宇，用双筒镜或望远镜观星的人甚至包含彗星倒影的水景等。如果彗星位于低空（亮彗星离太阳都不会太远），你可以考虑将照片拍得更“艺术化”一些。

●用傻瓜相机摄影时，试着采用略微慢速且颗粒细小而均匀的胶卷，这样能拍到更多彗星细节。把镜头向下能获得更好的恒星图像。使用快门线。

●不要害怕在相机镜头前罩上彩色滤光片。浅蓝色滤光片能增强蓝色的离子彗尾。浅色或深黄色滤光片甚至橙色滤光片（如果彗星很亮的话）能拍摄出尘埃彗尾中我们看不见的细节。

●拍摄出的彗尾总是比你肉眼所见的更多，对此要有所准备。让拍下的彗星基本充满底片。

●记住彗星是有一定延展度的天体而不是点源。你拍摄的照片上的极限星将和镜头的焦比有关，而不是仅仅取决于镜头的大小（适于恒星摄影）。

发现新彗星

星空知识、对星图或天文软件的稔熟、毅力以及在望远镜前花费无数的时间与汗水……这些都是对彗星猎手的基本要求。不可否认，大多数彗星的发现都是大型巡天项目的功劳，但爱好者们有能力也确实发现了许多彗星，这是不争的事实。多年以来，最令我心驰神往的彗星，Hyakutake（百武）彗星，就是日本天文爱好者百武裕司用双筒镜发现的。不幸的是，百武裕司先生在我动笔写下本章之前不久与世长辞了。他是一位谦虚的人，人们会记着他的。

来自亚利桑那州Palominos的D.Snyder这样讲述他发现彗星的过程。

为这次发现打下基础的是我那架可靠的20英寸f/5望远镜，主要使用149倍（Nagler Ⅳ型17毫米目镜），而且只花了大约70小时的搜寻时间！是的，这是一项间歇性地搜寻工作，然后是善后事宜，但是我最后抓住了它。在搜寻的历程上，我捕获了大量不按恒星运行规律运动的天体，它们也值得我的格外注意。在星期日的晚上（2002年3月11日）直到星期一早晨，我主要在南方搜索（比这里的星空靠近南方得多），事后证明，当天的大气视宁度和透明度都非常好，但并不是最好的。我本来计划凌晨3点就回房的，可实在是欲罢不能，我不停地从东向西扫视，仔细检查那些在最新版星表中都没有收录的天体。

一看到夏季的银河升起，（真是亮得过分！）我就意识到是巡视初夏的星空区域时候了，因为这里一旦刮起夏季的季风，就会有几个月难以观测。我用望远镜在天鹅座看了一会儿，没有发现任何特殊天体。尽管我对这个星座中大量迷人的天体非常着迷，但我还是得继续寻彗之旅，接着我把望远镜指向天琴座，然后是天鹰座。我扫视着天鹰座附近的银河区域，不久就看到了那个以前从未见过的斑点。但我必须进行验证——没有任何资料给出那个位置上的天体信息，尽管那里有些很小很暗的行星状星云和一些知之不详的疏散星团。我的望远镜系统使用的是Sky Commander DSCs（星空指挥官软件）系统，它能帮助我证认出许许多多天体（当然不是全部），而且还能让我一直跟踪目标。

在比较候选天体并用望远镜监测它们的变化时，我注意到这个斑点在移动。当我第一次看到它时，它位于两颗相距几角分的黯淡恒星中间，而现在它正靠近其中一颗星。这就是那个激动人心的时刻，当时我的CD机里正响起《一个迷人的夜晚》（*Some Enchanted Evening*）的乐曲声（我知道，我有点怀旧)。再过不久天就要亮了，我尽量抓紧时间，一边尽可能准确地确定它的位置，一边将其与已知彗星（它们绝大多数太远太暗，肉眼不可见）的位置相对比。最后我在屋里犹疑着给CBAT（天文电报中心局）发了一封电子邮件，之所以有些迟疑是因为我还不是百分之百地有把握，而且这也是我第一次递交报告。当然，这些都是过去式了，不过对这颗彗星还有许多值得做的，我只是碰巧在恰当的时间恰当的天区偶然发现了我的这颗“幸运星”而已。

在我提交的原始报告中闹了个笑话，知道吗，他们（CBAT）常常收到大量虚假但是却相当老练的报告。听我说，当填写电子邮件的“Subject”（主体）一栏时，我的脑子里想的是“天鹰座”可是手指却敲出了“宝瓶座”的字样。幸运的是，我在正文里正确写出了天鹰座的坐标。我想CBAT里第一位读到我的报告的先生很可能会想：“噢，又一份虚构的报告！说的是宝瓶座却给的是天鹰座的坐标。”所幸我在引起严重后果之前就很快就纠正了我的错误，并且在收到CBAT回信之前重新提交了一份报告。

我在前面提到了《一个迷人的夜晚》，我对这首歌曲真的满怀感激，以下是它的第一段：一个迷人的夜晚，你或许能看到一个陌生女郎，一个陌生女郎经过拥挤的房间，不知为何，你知道，即使在那时你也知道，在某处你将数次与她重逢。

在洛韦尔天文台工作的Brian Skiff的彗星发现历程与此不同。他的最新战果是P/2001R6彗星。我觉得这只是遵循寻彗基本准则的又一个例子：1）不出去观测、记录数据，你就永远不可能发现彗星；2）集中注意力。尽管实际上是Bruce Koehn的软件发现了这颗彗星，但是自动化操作流程还没能达到使准则2失效的地步。

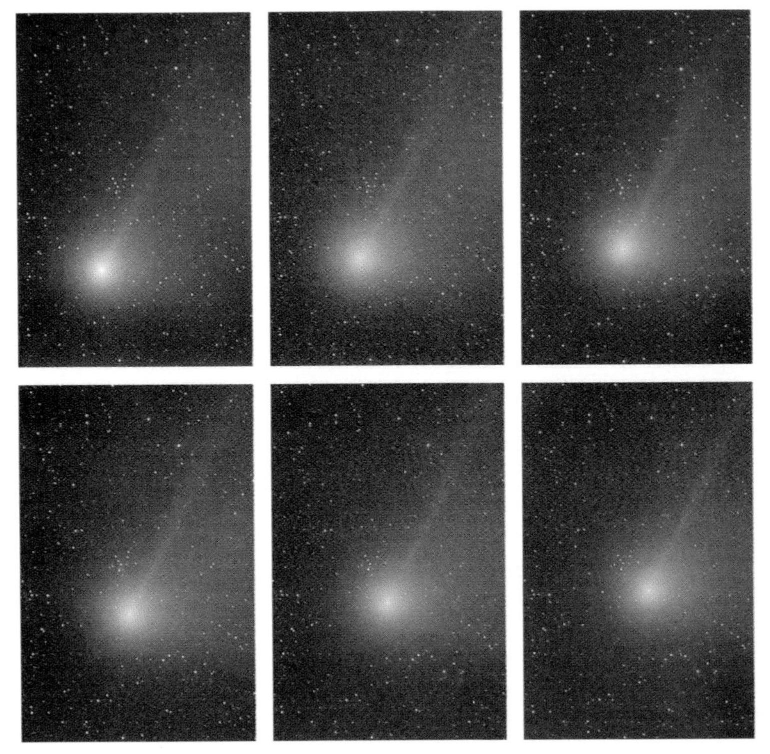

←一组难得的池谷-张彗星的运动动画分解图，六张照片对应于同一片天区，可清楚地看到彗星的运行轨迹。加利福尼亚州Robert Kuberek制作。

洛韦尔天文台近地天体搜寻项目（LONEOS）通过在同一视场拍摄四组照片来分辨“运动着的天体”，一旦找到这样的“可疑分子”，计算机就对它当前到地球的距离给出一系列假设值，然后据此算出20多个轨道数据。如果其中包含主带轨道，我们就将这个天体做上标志，一般就不再去管它。如果得到的不是主带轨道，计算机程序就停止搜寻并提示观测者仔细检查这个天体是否就是我们所要寻找的。

R6目前在冲日点附近，但偏离黄道面很远。绝大多数非主带天体是散游小天体和火星岩尘，发现这个天体时，根据它的运动特征分析，它也有可能是在木星第五拉格朗日点上的天体，这些天体的运动速度大约是主带天体的一半。但是当计算机算出了非主带彗星轨道后，我立刻意识到它的速度与主带天体不同，而且和木星第五拉格朗日点上的天体相比又太大了。

Bruce的软件有一个选项可以把天体的日期和位置数据发送到小行星中心的检验系统上，来查阅该天体是否已被发现。我并不是第一次碰到这样的情况，因此很快就发送了检验请求。“这是颗彗星，”我在心里嘀咕着，然后开始在软件窗口中调出它的照片，照片也显示出它明显是个彗星状天体。接着我要做的主要就是等待检索结果告诉我它是哪颗NEAT彗星，当时我还在想，它是最近发现的四颗南天NEAT彗星中的哪一颗呢？当然，结论是否定的，而且它也不在NEOCP（近地天体证认网页）的列表上，看来我的报告是最先的。我测出了彗星的大小和方位，根据它的位置和周日运动，我把它归结为“又一个暗弱的木星家族彗星”，当然这只是我从统计上作出的猜测，不过这回猜对了。或许下一个会亮一些。

←靓丽的百武彗星。科罗拉多州Mark Cunningham摄。

怎样报告你的发现

CBAT（天文电报中心局）是负责接受新彗星信息（发现时的位置以及分布情况等）报告的机构，他们给出了如何报告可能的新彗星的准则。下面这段文字摘自他们的网站（http：//cfa- www.harvard.edu/iau/cbat.html）：

发现一颗彗星，根据报告人的不同而有不同的含义，这取决于他是个非常有经验的观测者还是仅仅是个新手。每次真的有新彗星发现，CBAT都要收到大约5份无效的“发现”报告。在绝大多数诸如此类的发现报告中，观测者们所宣称的“新彗星”或“发现彗星”都是未经证实的或错误的，他们可能仅仅看到过一次有点可疑的天体（而且还没有明显的运动）或是只在某个晚上照到了一张外表可疑的天体照片。

如果你觉得自己可能看到了一颗新彗星，在进一步动作之前，你应该浏览一下检验列表。

您是否能绝对确信你的照片是真实的？这是个值得认真对待的问题，常常有目视和照相观测者们发现了由附近的亮天体（恒星、行星等）所造成的“鬼像”，然后他们把它当成彗星候选体报了上来。要知道，即便是非常有经验的专业天文学家有时也会被鬼像愚弄！

这个天体是运动着的吗？如果是，请确定它在某段时间间隔内移动了多少。如果它没有明显的可测量的运动趋势，你就应该对它保持怀疑。请确认在它的位置没有很靠近的星芒（这对目视观测而言是个大问题）或星系。许多观测者报告的“发现”的确没有收录在高精度的星表或星图中，但是却没有留意到他们所谓的“彗星”其实是远在我们太阳系之外的天体！不要单纯地依赖Atlas 2000.0或Skalnate Pleso Atlas这样的星图，其实照相星图和用计算机制成的星图要可取得多（它们往往忽略掉过于明亮的天体）。

如果你仍然坚信自己看到的是彗星，就应该尽可能精确地测出它的位置。借助于多数常用的带网格的星图，达到在赤纬上精确至1角分、赤经上精确至0.1时分并不十分困难。这样的经度对于帮助观测者避免在已知的天体上浪费太多时间往往是非常必要的。

给出位置的同时还应该标出历元(2000.0和1950.0是用得最广泛的)。

观测时间和位置信息同样重要，而且应该给出世界时而不是地方时。如果你拍摄了照片或（尤其是）使用了CCD照相，请务必给出所有照片的精确位置，在赤经上精确至0.01时秒，赤纬上精确至0.1角秒。

对该天体的合理描述也是很有用的信息，这包括总星等、大小、扩散的范围、彗尾信息以及中心凝结度等。

提交报告时，写出你的全名、通信地址和能找到你的电话号码。同时还要给出诸如你的观测位置和观测时所用的仪器（包括望远镜的口径和型号以及照相观测时用的底片型号和曝光时间）等信息。要特别注明你依据的是什么资料来确认你看到的天体不是已知的彗星或深空天体。

记住，在将它上报给专业机构之前，最好在第二天晚上再观测一次以确认观测结果。至少，如果有可能的话，在同一天晚上间隔尽可能长的时间后再用不同的仪器观测一下，而且尽量采用不同的CCD或照相底片，然后将所有这些观测结果和照片一起上报。这是著名的澳大利亚彗星猎手威廉·布拉德菲尔德（William Bradfield）的标准寻彗程序，他发现了17颗以他的名字独立命名的彗星，没有其他观测者共享。专业天文台的望远镜时间非常宝贵，因为错误或虚假的彗星情报而浪费太多时间已成为一个不容忽视的问题。

你可以在国际彗星季刊的彗星信息网站上查阅本网页中提到的专业术语或概念的解释。

现在，如果你仍然坚信自己发现的确实是颗彗星，在一些及时更新的已知彗星公开列表上核查一下是很有必要的。在任一给定的时间，用一台8英寸反射镜通常都能在夜空中看到两到三颗（有时甚至更多）彗星。在提供了已知彗星位置信息的资源中，较好的有：国际天文联合会通告（IAU Circulars）、小行星通告、国际彗星季刊年度彗星手册和英国天文协会年度手册。CBAT（天文电报中心局）也提供了网上服务，可以在此留言、检索星历表（查阅彗星是否已知）以及浏览国际天文联合会通告等。

在上报到CBAT之前，私下（非公开地）联系附近的天文台或别的有经验的天文爱好者请求证认，是一个很好的想法。但是不要把发现信息贴到任何网页上（不管是讨论组还是网站），因为你的信息可能会被很多缺乏经验的人看到并（有些疯狂地）趋之若鹜，甚至有可能会丧失用你的名字命名该彗星的机会（如果你发现了一颗彗星，你必须最先上报给CBAT才能获得发现权）。提交发现报告的正确途径有以下几种：在CBAT的计算机服务系统上留言；通过CBAT的发现表格报送；发送电子邮件到marsden@cfa.harvard.edu和dgreen@cfa.harvard.edu；也可以发邮件到通用电邮地址cbat@cfa.harvard.edu。

6.13 流星与流星雨

靠在一把躺椅上，手里端着一杯冷茶（或热茶）并且身边没有任何的光学设备，这听起来像是在搞天文吗？不过没错，这就是流星的观测。初级天文爱好者经常观测流星，因为它简单、有趣。我注意到一个普遍的规律：当一个人越“深入”我们的爱好领域，他所作的流星观测就越少。这或许是专业化的必然结果，不过依我看来这种现象相当糟糕。

流星，这个词起源于希腊语“meteor”，意思是“大气的”。曾经有一段时间流星被认为是大气现象，这里我要澄清一些每个天文爱好者都需要知道的事情：这个物体在太空中是流星体，在大气层中被看到时是流星，当它在燃烧中幸存之后便是落在地球上的陨石。

流星是被环绕太阳运转的地球所“捕捉”进大气层中的小碎石片。因为巨大的速度，当流星穿过我们的大气层时会激发起一道高温状态的气体。这道发光的气体就是我们所见到的流星。而流星体自身燃烧所发出的光只占流星总发光量的很少一部分。

夜间的任何时刻都可能看到单个的流星。在流星雨其间你有机会见到更多，我们将在后面讨论。同任何流星群都不相关的流星称作偶发流星。在任何一个晴朗的夜晚，一个身处良好观测地的优秀观测者平均每小时至少能见到8颗偶发流星。

流星观测者们对大流星和火流星特别感兴趣。如果不考虑严格的定义，火流星是指亮度是可以使物体投下阴影的任何流星。国际流星组织（IMO）定义火流星是亮度大于-3等的流星。有的大流星可能是火流星，但是他被定义为发生爆炸的流星。

流星雨

虽然偶发流星能够给人留下深刻的印象，但大多数观测者把他们的精力用在了流星雨上。流星雨发源于彗星。当彗星运行到太阳附近时，易挥发的物质遇热从彗星表面抛散出来，同时夹带着细小的尘埃颗粒。这些颗粒成为流星体并且随着彗星在轨道的运行而沿途散布开来，形成尘埃带，就会出现流星雨。如果你有幸看到每小时1000颗或更大的流星雨，这就是流星暴雨。反过来，所有出现率为每小时10颗或更少的流星雨则被称为小流星雨。

由于地球公转轨道和尘埃带的位置相对静止不动，我们每年都可以在同一时期看到同一个流星雨。而且，尘埃带与地球轨道的相交方式和颗粒的运行方向决定了流星体的平均速度。比如说，狮子座流星雨的平均速度71km/s，而双子座流星的平均速度只有一半，35km/s。

流星雨以它们的辐射点所在的星座命名。辐射点是所有流星雨的流星路径反向延长线在天空中的交点。另一种理解方法是辐射点方向，就是地球绕太阳运行的方向。这就像在雨中或雪中跑步时雨滴或雪花似乎径直向你飞来。一般说来，流星雨在午夜后会有更好的表现，这是因为你面对着地球在太空中前进的方向。

这样，我们有辐射点位于狮子座的狮子流星雨；或者是位于英仙座的英仙流星雨，还有象限仪流星雨……请注意！事实上象限

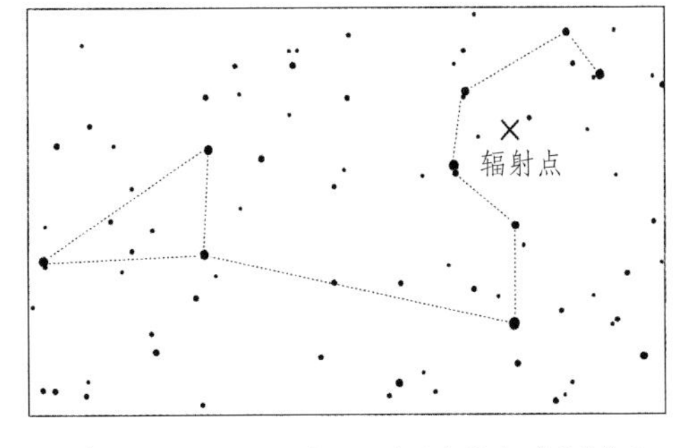

↑狮子座流星雨辐射点。（图片转自《星空》）

周期流星雨表

流星雨名称	活动日期	极　大	辐射点	数量指数	ZHR
象限仪流星雨（QUA）	1月1—5日	1月3日	12^h47^m+49	2.1	120
巨蟹座δ流星雨（DCA）	1月1—24日	1月17日	08^h40^m+20	3.0	5
半人马座α流星雨（ACE）	1月28日—2月21日	2月7日	14^h00^m-59	2.0	8
狮子座δ流星雨（DLE）	2月15日—3月10日	2月24日	11^h12^m+16	3.0	12
矩尺座γ流星雨（GNO）	2月25日—3月22日	3月13日	16^h36^m-51	2.4	9
室女座流星雨（VIR）	1月25日—4月15日	3月26日	13^h00^m-04	3.0	5
天琴座流星雨（LYR）	4月16—25日	4月22日	18^h00^m+34	2.9	15
船尾座π流星雨（PPU）	4月15—28日	4月23日	07^h20^m-45	2.0	10
宝瓶座η流星雨（ETA）	4月19日—5月28日	5月5日	22^h32^m-01	2.7	60
人马座流星雨（SAG）	4月15日—7月15日	6月11日	16^h28^m-22	2.5	15
飞马座流星雨（JPE）	7月7—13日	7月10日	22^h40^m+15	3.0	8
七月凤凰流星雨（PHE）	7月10—16日	7月14日	02^h08^m-48	3.0	20
南鱼座流星雨（PAU）	7月15日—8月10日	7月28日	22^h44^m-30	3.2	5
南宝瓶δ流星雨（SDA）	7月12日—8月19日	7月28日	22^h36^m-16	3.2	25
摩羯座α流星雨（CAP）	7月3日—8月15日	7月30日	20^h28^m-10	2.5	15
南宝瓶ι流星雨（SIA）	7月25日—8月15日	8月4日	22^h16^m-15	2.0	8
北宝瓶δ流星雨（NDA）	7月15日—8月25日	8月8日	22^h20^m-05	3.4	10
英仙座流星雨（PER）	7月17日—8月24日	8月12日	03^h04^m+57	2.6	95
天鹅座κ流星雨（KCG）	8月3—25日	8月17日	19^h04^m+59	3.0	3
北宝瓶ι流星雨（NIA）	8月11—31日	8月19日	21^h48^m-06	3.2	10
御夫座α流星雨（AUR）	8月25日—9月5日	8月31日	05^h36^m+42	2.5	20
御夫座δ流星雨（DAU）	9月5—10日	9月8日	04^h00^m+47	3.0	6
双鱼座流星雨（SPI）	9月1—30日	9月19日	00^h20^m-01	3.0	7
天龙座流星雨（GIA）	10月6—10日	10月9日	17^h28^m+54	2.6	2
双子座ε流星雨（EGE）	10月14—27日	10月18日	06^h48^m+27	3.0	3
猎户座流星雨（ORI）	10月2日—11月7日	10月21日	06^h20^m+16	2.9	5
南金牛流星雨（STA）	10月1日—11月25日	11月5日	03^h20^m+13	2.3	5
北金牛流星雨（NTA）	10月1日—11月25日	11月12日	03^h52^m+22	2.3	5
狮子座流星雨（LEO）	11月14—21日	11月17日	10^h12^m+22	2.5	25
麒麟座α流星雨（AMO）	11月15—25日	11月21日	07^h20^m+03	2.4	3
猎户座χ流星雨（XOR）	11月26日—12月15日	12月2日	05^h28^m+23	3.0	3
十二月凤凰流星雨（PHO）	11月28日—12月9日	12月6日	01^h12^m-53	2.8	100
船尾/船帆座流星雨（PUP）	12月1—15日	12月8日	08^h12^m-45	2.9	10
麒麟座流星雨（MON）	11月27日—2月17日	12月9日	06^h40^m+08	3.0	3
长蛇座σ流星雨（HYD）	12月3—15日	12月11日	08^h28^m+02	3.0	3
双子座流星雨（GEM）	12月7—17日	12月13日	07^h28^m+33	2.6	100
后发座流星雨（COM）	12月12日—1月23日	12月19日	11^h40^m+25	3.0	6
小熊座流星雨（URS）	12月17—26日	12月22日	14^h28^m+76	3.0	15

仪流星雨的辐射点位于牧夫座，那个天区曾经存在过象限仪星座。现在这个星座已经不存在并且不再被使用了。希腊字母前缀用来区分位于同一个星座中的两个不同的流星雨，如狮子座流星雨和狮子座δ流星雨。不过星座的名称总是会有的。

如果你是一个初级观测者，注意那些每小时20颗以上的活跃流星雨。更多的流星会为你记录数据和流星总体特征与亮度提供更多的实践机会。上面的表格列出了年度流星雨的清单。下文将对数量指数和ZHR做逐一解释。

数量指数

为了计算一个具体流星雨的每小时天顶流量（ZHR），我们必须先知道它的数量指数。这是在许多流星的星等分布中计算出来的术语。举例说明，如果某个流星雨的数量指数为3.0，在一个极限星等为3.0等的地方每小时可以看到4颗亮度为4等的流星，但却错过了大约12颗5等亮度的流星。数量指数越高，我们就会因为光污染和多云天气而错过更多的流星。

天文学家注意到小的数量指数暗示了一股年代久远的流星带。这是因为小流星体（它可以提升数量指数）在漫长的岁月中通过各种方式从流星带中消耗殆尽。在这种情况下，数量指数小的流星雨在平均流星亮度方面比数量指数大的流星雨要高。

每小时天顶流量

现在我们来看看在流星雨观测中最容易被误解的概念——每小时天顶流量（ZHR）。我知道一些有经验的观测者不理解ZHR的含义，但这并不影响他们在观测中的记数。现在我简单的阐述一下ZHR的价值：ZHR是唯一可以使位于得克萨斯州El Paso的我有能力直接同位于英国诺福克或得州堪萨斯市郊，以及同世界任何地方的同一流星雨的观测者比较观测结果的数据。它使不同的观测报告标准化（统一化）。

ZHR同样提供了在理想观测条件下黑暗的天空以及辐射点位于天顶所能看到流行数量的标准。不要小看辐射点高度的作用。下面的表格给出了在目视极限星等为6.5等的晴朗夜里观测ZHR为100的流星雨所能见到的流星数。这样影响数量的只有辐射点的高度。

有多种计算ZHR值的方法，有复杂的也有简单的。这是我个人喜欢的一个相对简单的公式：$ZHR=(HR\times r^{(6.5-LM)})/\sin\alpha$

这里HR是观测的每小时流量，r是数量指数，LM是极限星等，α是辐射点相对地平线的高度角，单位为度。

对于那些有幸在极限星等低于6.5等以下的地区观测的人们来说，计算公式变为：

$$ZHR=(HR\times r^{[1-(LM-6.5)]})/\sin\alpha$$

流星的颜色

不同的流星由不同的化合物组成。当这些化合物呈炽热状态如流星飞入大气层时，它们便发出不同颜色的光。这很简单。但为什么同一流星雨中的流星是五颜六色的？根据推测，流星粒子应该是由同种物质构成的。

一位尘埃专家在回答关于狮子座流星雨有不同颜色的问题时回答道：

我们推测是不同大小的粒子在穿越不同密度的大气层时引起的。绿色的电离路径是由于氧元素引起的,当离子更深入大气层时颜色就会变化。这与你在激光中看到的色彩是一样的。

由于流星体的运动速度是相同的（70km/s），主要的区别在于它们的体积，狮子座流星体的体积差异很大。较大块的流星体将会更深入地球大气层。这就是我们对问题的最好猜想。

黑暗因素

资深流星雨观测者经常报告某个观测时段内云的覆盖率和覆盖时长。通常，云的覆盖率需要大概每15分钟记录一次，用录音或手写记录。观测结束后，写在你的观测表格上的覆盖率能使用方程式转化为改正因数F：

$F=1/1-k$

这里k=遮挡比率×分钟/总观测时间

例如：狮子座流星雨。观测时段08∶30—10∶00世界时（90分钟）。在这段时间里天空被15%的云量覆盖了15分钟。

k=0.15×15分钟/90分钟=0.025

当计算k值的时候，确保所有的个人估计云量值都包含在百分率×分钟里。

代入到开始的公式里计算出F的数值是1.03。

此改正因数应该列入你的报告中。注意当没有云时，F值为1.00。这同样应该列入每一阶段的观测报告中。

基于种种原因，当天空云量的覆盖率超过20%时不推荐进行观测。你可以休息或是等另一个没有云干扰观测的夜晚。

观测流星雨

●观察从地平线到辐射点路径的2/3处的天区，不要将辐射点放在视场中央。

●找一个月光影响小和尽可能黑暗的夜晚。在星图上标出辐射点的位置，天黑后在夜空中找到它并记在脑海里。

●如果你同许多人在一起，任何人都必须独立观测。一定不要参考他人的数据。每个人都必须独立完成记录与填表。

●随时注意观测地点的极限星等。这里是指观测者在天顶附近所能见到的最暗星等。极限星等数值因人而异，因为除了天空条件外，人眼的灵敏度也是一个重要因素。

●距离辐射点越远（可达90°）和地平高度越高，流星出现的时间就越短。在辐射点或地平线附近的话，流星通常看起来更慢一些。

●观测中避免谈话更不要听音乐。如果累了就休息一会儿，散散步或吃点东西。如果实在太累，干脆停止观测去睡一觉。即使是小睡一会儿也有帮助。如果可能的话在下午或傍晚抽时间多休息一会儿。

●大多数观测者跟随星空的运动，这样有利于他们熟悉一定的天区。如果你选择的天区因为云或高度变低而变得不理想，换一个天区。一定要记下新天区中心的位置。

●用录音机或记事本记下你的观测结果。不要把视线从天空中移开（用笔记录的

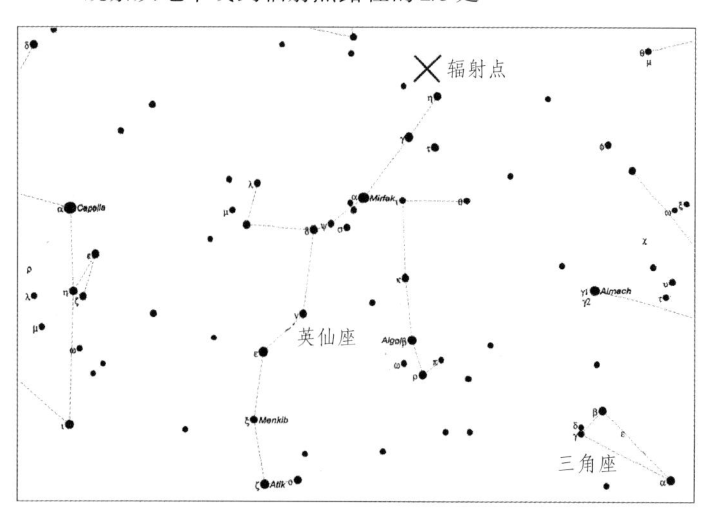

←一年中最令人期待的流星雨，英仙座流星雨的高峰期大概在8月12日。这幅图标示了高峰期的辐射点位置。（图片转自《星空》）

话需要多练习）。记录应该包括：

●用世界时记录观测的开始与结束时间，包括中间休息的时间；

●极限星等及其在观测中的变化；

●详细的云覆盖率；

●观测视场中心的赤经与赤纬；

●观测到流星的细节（星等、群发还是偶发、余迹、颜色等）。

●除非你打算拍照或出现了一颗火流星，单个流星的出现时间没什么用。大约每30分钟在你的记事本上记下时间。一些观测者最近报告了所谓的爆发，即短时间里出现大量的流星。但是如果流星雨的爆发持续时间非常短，这种报告用来评估最大流量还可以，但对ZHR的计算用处不大。

●不要盯着星座看，试着去看随机的星群。更有挑战性的是不要把注意力集中在星星上。你需要观测的是一片天区，不是点光源。

流星摄影

在《天文摄影》一章中有关照相机、胶卷等的详细材料。拍摄流星通常采用固定摄影（见“固定摄影”一节），也可以是跟踪摄影。下面是一些关于流星摄影的说明：

●准确地记录拍摄时间与曝光时间以及画面中心的位置。你应该能从图片中至少认出六颗星。

●对于固定摄影，控制曝光时间在5~15分钟以缩短星迹。如果流星的活动出现异常，则全部采用5分钟的曝光时间。

●将照相机指向距离地面50°~70°的天区以保证视场中绝大部分是星空。如果可能，还可以把照相机指向距辐射点30°~40°的天区。大多数流星只有在距离辐射点远一些时才能被看到。

●将胶平面的长轴横对辐射点以便射向画面中心的流星与之垂直。如果长轴平行于这条线，拍到的流星要小一些。

●将图像小心保存。如果你扩印，至少要扩到5×7英寸大小。负片不要裁掉边缘，把图像调亮以显现更暗的流星。

●有些流星摄影者制作了放置在镜头前面的旋快门。这种仪器类似于两个叶片的风扇。当亮流星通过视场时，影像就会被“切断”。这样就有可能算出流星的持续时间，精确至1%秒。算法是用每秒钟的快门转速（乘以两个叶片）除以流星被分隔开的段数。大多数专用马达的转速是1000转/分。

←英仙座流星。（柯达Elite chrome 200，增感1档。尼康F2和50mm Nikkor镜头。德国的Ulrich Beinert摄）

流星的光学辅助观测

你期望一个让你有别于他人的观测工作吗？一个几乎没人做的工作。那么，试试用望远镜或双筒望远镜观测流星吧！它所包含的流星观测范围大大低于摄影或目视观测的限制，并可以涉及专业工作者用雷达技术记录的流星群大小、分布范围等工作。

即便是广角的望远镜与双筒望远镜，有限的视野意味着它将比目视观测的结果更加精确。最初，你的计算机速度很低但它会随着经验而稳定增长。有限并放大了的视野使流星路径的确定比目视更加准确。这鼓励我们研究辐射点的性质，更容易地观测小流星雨，甚至发现新的流星雨！

没有单独为观测流星雨而设计的望远镜或双筒望远镜。不过，器材应该是低倍率和大视场的。

用数字来说明的话，合适的倍率应该为厘米口径数的1.4~2.0倍，比如，7×50厘米口径的为1.4倍，10×50厘米口径的为2倍。

表观视场是由于目镜的设计决定的。你可以从产品中查到放大倍数和实际视场。例如，一具10×50双筒望远镜的实际视场为6°，表观测视场为60°。一个广阔的视野会包含更多天空，因此你就会见到更多的流星。推荐范围是45°~70°，最好是50°~60°。

当表观视场增大时，平均测绘精度就会下降。所以过大的视野（大于65°）最适合计算机流量和记录高峰时间，而对于50°左右的视场仍然是合理的并且可以获得准确的位置数据。两者选择其一的话，你应该选择较小表观视场的，因为它更加有适应性和科学性。

当视场低于50°时，狭小的天区开始成问题了。如果流星量很低，观测很快会变得乏味与烦躁。

双筒望远镜成自然的正像，由于舒适度是望远镜观测者首先要考虑的，双筒镜要比（单筒）望远镜适合。口径则是次要的，国际流星组织（IMO）的观测者使用的口径为40~300mm，但是最常见的口径范围是50~80mm。中等口径（50~80mm）似乎更好用。镜片的质量对成像有较大的影响。记住你面对的是长时间的观测，精确的光轴与优秀的像质会缓解紧张。

国际流星组织有一份《望远镜任务书》，提供了数张适合望远镜流星观测的星图。每张图都有自己的极限星等、视场大小及其方位，而且每张图都附有大众双筒和望远镜的观测说明。他们的网址是：http：//www.imo.net。

收音机“听”流星

如果你对流星十分着迷，有一种方法可以在满月时、多云时甚至在白天去计数他们！用收音机监听流星的方法始于第二次世界大战结束后。当一个流星体进入大气层时，产生一道电离的气体分子柱。这股电离气体能在发报机与远距离的接收机之间反射信号。这种现象发生的频率范围是40~150MHz，最佳频率为40~70MHz。普通的FM波段（88~108MHz）经常被用来探查。

最好的调频收音机是数字的并在天线接入处配有防护装置。数字型号的能够方便地设置需要的频率。你同样需要一支好的收音机天线。不幸的是，确定所需天线的种类之前要经历尝试与失败，最好先使用便宜的。

首先检查一下所有的频率。注意那些没有音乐或讲话的频率。在那些频率中只有固定的“沙沙”声。为了找到这种频率，有的可能需要将天线转几圈。别把天线架得太高，因为在许多地区你可能会收到不想要的连续干扰信号。如果幸运，你将找到几个甚至更多的只能听到“沙沙”声的频率。

要是你一时找不到也不要心急。互联网可能帮助你。你可以去访问一个我非常喜欢的名叫“电台位置”的网站在：http：//www.radio-locator.com/cgi-bin/home。

我选择“调频”并输入TX（得克萨斯）后出现了711个站点！“NM”（新墨西

哥）又多了226个。“英国”则列出了140个站点。理论上应该选择发射功率超过30千瓦，距离为450~750千米远的电台。

准备好“观测”了吗？只需要听着“沙沙”的频率。当一个流星经过时就可能出现一段信号。收音机可以探测到相当于目视星等8~9等的流星。大多数只产生很短的、大概是1/4秒的信号。这些信号实际上像电台转播的小片段。一些听起来像重击声或鸟鸣声，而长一些的信号就有点像一小段音乐或谈话了。它们通常是突然出现，声音大且清晰，而且开始与结束都非常地快。当附近有飞机经过时会造成干扰，但它制造的信号是逐渐清晰的。

一旦你找到一个好的站点，一直用这个频率，天线的方向与高度也不要改动。这样，一天天的监测建立了一个可作比较的可靠形式。

这些观测者录下了全程并加有口头的记录。其他的则只是在纸上作记录。如果有长于1秒钟的信号出现就要单独加以记录。

↑圣迪亚国家实验室的Dick Spalding和一台全天摄影仪。（照片由圣迪亚国家实验室提供）

当你再次来到夜空下观测流星雨时，不妨试试收听与目视一同使用。有时你可能会见到并听到同一颗流星。

火流星监测网

火流星一般被认为是任何可以亮到投下影子的流星。许多流星组织为了澄清这一概念，把火流星定义为目视星等大于或等于-3.0等的流星。

有些流星雨出现较多的火流星。同时，在春分时节观测到的火流星要比秋分时节要多出3倍。此外，当地时间18点所出现的火流星要比6点要多。原因在于流星的速度。慢速的流星体能够穿越更厚的大气层从而产生更亮的流星。如果一个同样大小的流星体以更快的速度进入大气层，它就会因与大气的高速摩擦而解体，产生的光亮要暗一些。

除了前面解释过后半夜流星增多的原因，另一个原因是在傍晚时分，流星体必须“追赶”地球。这更容易出现慢速的明亮流星，甚至是火流星级别的。

所有的正规流星组织都有火流星报告表，鼓励爱好者递交他们所见的亮流星报告。目前有一个把摄像机和广角镜组合起来

↑圣迪亚火流星监测网的位于得克萨斯州El Paso的全天反射镜与照相机。（照片由得克萨斯州Jim Gamble提供）

←圣迪亚火流星监测网的位于得克萨斯州的全天摄影仪近照。（照片由得克萨斯州的Jim Gamble摄）

用于在夜晚监视天空的项目。这是著名的火流星监测网。

这个监测网的第一套系统由三架全天摄像系统组成，位于加拿大的斯萨斯卡彻温南部草原（SSFA）。

摄像系统由新墨西哥州圣迪亚国家实验室设计制造的，每个系统包括一个直径45厘米的球形镜子以及固定在中心、镜头朝下的摄像机。这套系统负责全天检测（除了楼房与障碍物）。图像被录制在标准的VHS录像带上，在接到报告后，录像带将被人工检查一遍。

摄像系统的极限星等通过行星亮度与铱星闪光检测确定。系统的极限星等近似为-1。

第一套系统安装完毕之后，其他的也陆续投入了工作。在得克萨斯州El Paso地区，至少有三个这样的系统在运作。吉姆·加贝尔（Jim Gamble），一个业余天文学家与流星专家，在自家屋顶安装了系统：

我很高兴地宣布在几个月的磋商和几个星期的安装测试后，圣迪亚实验室火流星探测网埃尔帕索站正式建成并投入使用。这个系统是为了收集火流星录像，将搜集的信息传送到阿尔伯克及附近圣迪亚实验室，用来分析轨道、速度、入射角度、高度等，或可能的“陨落”事件。

当火流星被圣迪亚实验室用无线电探测仪或自动电视巡天仪发现后，我和新墨西哥州大学的罗伯特·莱菲尔德博士将会得到通知。但由于仪器都不在这里，公众目视报告将是该事业成功的保证。

月球表面的陨石撞击

在最近的几次流星雨中，经常有电话打来说观测到了陨石撞击月球表面产生的闪光。一系列的观测报告递交了上来。这当然

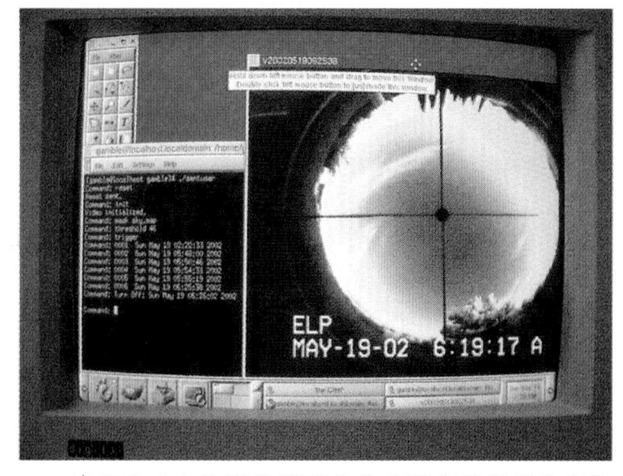

↑圣迪亚火流星监测网的位于得克萨斯州的录像监测系统。（照片由得克萨斯州的Jim Gamble提供）。

↑NGC2264，麒麟座天区内的锥状星云。（康涅狄格州Avon的Robert Gendler摄）

会被归类为爱好者的高级别报告，但似乎存在一系列问题。

亚利桑那州的杰夫·迈特凯夫仔细研究过一些有关观测到月面撞击的报告。他的结论是许多所谓的撞击闪光都是仪器问题。用他自己的话说："我当然不怀疑撞击能够被观测到——但我认为有很多制约因素。撞击闪光的假设有点不加鉴别地被接受了。"以下是他这样认为的理由，我编写时作了简化。

1. 月面撞击物能持续产生8000℃以上的高温以及几千个大气压的压力。最高的温度发生在形成冲击波的那一点（在表面之下），在撞击口更里面一些。此外，强大的撞击力使撞击物前端最可能达到最高温度。这表明闪光会被月面遮盖住而且撞击碎屑也难以从地球上被看到，产生光的实体基本被埋掩于表面下。

模拟演示表明，为了出现明亮的撞击，需要形成一个容易从地球上看到的环形山口。我的理解是在撞击早期的熔岩喷射有相似的问题——使熔岩多到可以观测到的程度需要一座真正的火山。

简要地说，在解释这么多的光如何由形成小于0.5千米环形山的撞击中产生是有很多问题。同时我也有兴趣知道这些光有多少属于红外波段的。

2. 假设中的流星群撞击闪光和它们的亮度分布的样本应该同观测到的火流星数量相关联。据我所知，在最近的观测中没有进行观测数量的研究。

3. 天体测量的问题应该全力研究。我知道至少有一件有时间关联的闪光发生在不同的位置，仅有1/4秒或更短（我的测量能力下限）。但是报告这些闪光在月面的位置是不可能的。一个闪光发生在月面，无论是撞击还是内部因素都应该在相同的地点和时间被不同位置的人观测到。

4. 考虑到可能的撞击闪光报告次数和花在月面观测方面的短暂时间后，我们可以推断出如果闪光发生在月面，那就是经常出现的现象了。那么大量的时间与位置相关联的撞击应该很容易被观测者发现。

5. 另一个统计上的限制是观测于月面相邻的一块天区并误将这里的"发现"也记录下来。也许观测者可以调整视场使月球与天空各占一半。

6. 观测应该利用一些广度测定手段，用来测定轮廓和认定闪光是来自撞击形成的可见观测到的环形山中。

第七章 深空天体的观测

7.1 双星

据天文学家们估计，宇宙中恒星总数的60%是双星和聚星。用肉眼看来，这些天体像是单个的恒星，但是用望远镜观测，有许多恒星都能够分辨出来是两颗星。我认为我所认识的天文爱好者没有谁不喜欢观测双星的。这种观测富有趣味、简单易行，并且易出成果，它不需要使用口径很大的天文望远镜或复杂的设备。您可以在城市中进行观测，而且对于每种口径的望远镜都有富有挑战性的双星供您观测。

双星的类型

●光学双星　有时也称为“视线双星”，这种双星彼此之间没有物理联系，它们仅仅看起来像是一双星，因为从地球看去它们有机会在同一视线方向上。我认为它们是种“光学错觉双星”。

●目视双星　这是种我们可以观测到的双星，所有目视双星都是通过天文望远镜辨认出来的。

●食双星　这些双星显示出亮度（星等）有一次或两次减小，这是由于双星中的一个子星在另一个子星前面和后面通过而造成的。

●分光双星　这类双星由它们光谱谱线的多普勒位移而被辨别出来，因为这种双星的成员星在趋近或远离我们时双星的光谱线会发生向光谱的蓝端或向红端的位移。

●光谱双星　光谱双星是在它们的光谱中具有来自两个不相同的恒星光谱线的天体。例如，恒星光谱中既有B型矮星的电离氦谱线又有K型巨星的特征谱线即金属谱

←天琴座ε双星，2001年7月14日摄。（Arpad Kovacsy用Celestron CR-150，HD6″反射天文望远镜，Nikon Cool Pix 950相机摄）

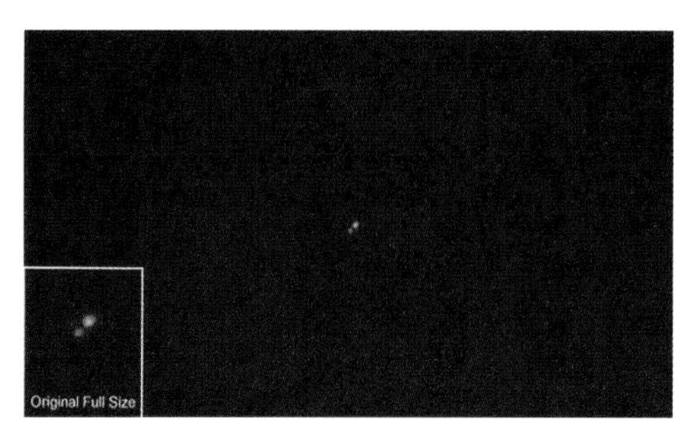

↑牧夫座ζ双星。(2001年6月25日Arpad Kovacsy 用Celestron CR-150，HD6″反射望远镜，Nikon CoolPix 950相机拍摄)

12年前，当时我从事大量双星巡天观测，我得到的印象是，一旦你达到瑞利极限，即艾里衍射圆盘刚好互相接触，那时你才真正做到你可以宣布双星已被“分解开”的地步。超过这个极限（双星彼此更为接近），艾里衍射圆盘就越来越重叠在一起了。对于两子星近于相同的双星，你最初会得到一个8字形的星像，然后是被一些人称为“面包团”形的星像，其后是卵形星像，再后是圆形星像。在“面包团”星像阶段，分辨率达到瑞利极限的一半左右。尽管不能将双星“分解开”，却可以十分肯定地说，该天体已可认定是一双星。2年前，我用口径为70毫米的Proton望远镜观察牧夫座ζ(角距大约为0.9″)，得到了恰好是面包团星像的位置角。像天鹰座π（角距约为1.4″）这样的双星通常是不难观测的（对Proton望远镜来说，戴维斯极限为1.65″）。在19世纪，巴纳德用他的6英寸反射望远镜竟发现了角距介于0.4″和0.5″之间的双星，我至今还感到很惊异。

有颜色的双星

观看富有颜色的双星是视觉上的一种享受，为了训练您的眼睛看到星的颜色，在天文望远镜旁花上一些时间而得到的回报将是很大的。双星的两子星相距很近通常有助于颜色的辨认。相距很近的两颗星或更多的星之间的颜色对比会显示出微妙的淡色调，而这种色调在分别地观看每颗子星时是看不到的。

大多数天文爱好者都认同，那些子星有颜色差别的双星是最美丽的双星（为了在星空晚会上显示给公众，肯定要选出最美的双星）。我们之中谁能够看到天鹅座β（中文名辇道增七）而不感到惊异呢？金黄色和蔚蓝色之间的颜色对比总是令人感到欣愉的。天文爱好者们所看到的双星的颜色主要有红、橙、黄、白和蓝等多种颜色，有时会看到绿色，有时还会看到灰色。在你的观测日记中一定要记录下明确的颜色。如果您决定对双星进行素描，务必随即加上它的颜色，在发红光的手电筒灯光下辨识出不同的颜色实在是一种艰苦的磨砺。

↑天鹅座β双星。(2001年7月15日Arpad Kovacsy 用Celestron CR-150，HD6″反射望远镜，Nikon CoolPix 950相机拍摄)

在天文爱好者之间，与朋友共享观测乐趣是件惬意的事，不过，您会发现，通过目镜对颜色的感觉就像人们某一时期的嗜好一样是因人和观测对象而不同的。您所看见的颜色在那个时期适应于您的眼睛。请看下面的事例。有一次，在观测双星时期，我的朋友，亚利桑那州（凤凰城费尼克斯镇）沙瓜罗（Saguaro）天文俱乐部的斯第夫·柯伊（Steve Coe）提到过，他观看的宝瓶座107双星一颗为白色，另一颗为淡绿色，他的朋友格里·拉特利（Gerry Rattley）立即走到目镜旁，过了一会儿他问道：哪颗星是你说的绿色星，是橙色的这颗星吗？

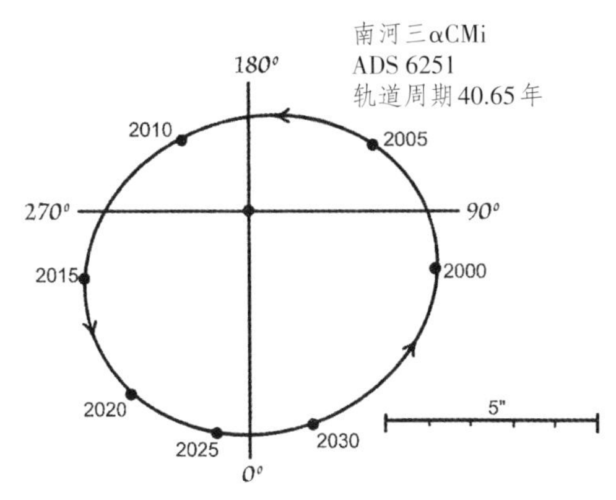

↑南河三（αCMi）双星。（双星轨道图为加拿大多伦多理查德·迪本-史密斯所绘制和提供。http：//www.dibonsmith.com/orbits.htm）

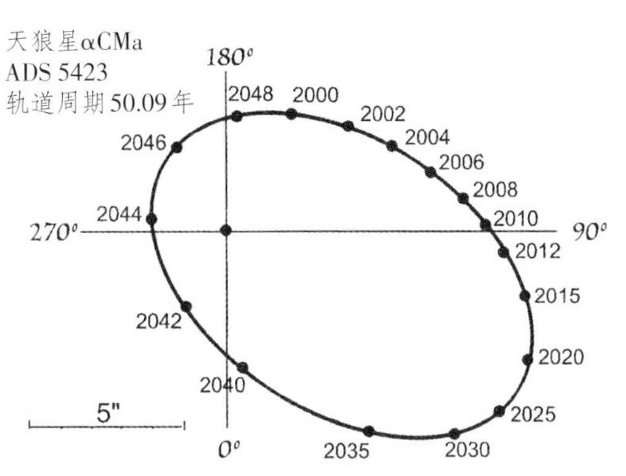

↑天狼星双星。（双星轨道图为加拿大多伦多理查德·迪本-史密斯所绘制和提供。http：//www.dibonsmith.com/orbits.htm）

↑天狼伴星可能是首次被一位天文爱好者拍摄成像。（2002年1月21日阿帕德·柯瓦西用AP155 EDT反射望远镜和Nikon CoolPix 950相机拍摄）

难观测的双星

要观测角距非常小的双星需要两个条件：高倍放大率和良好的星像视宁度（允许你采用高倍放大率）。我记得读到过一个非常简化的经验公式：$x=250/s$

式中x是要分解开双星所需要的放大率，s是以角秒为单位的双星角距。

用这个公式作为指南，显然，要分辨出一个角距为2″的双星需要放大率为125倍。对于角距为1″和0.5″的双星，则放大率为250倍和500倍。根据观测情况的不同，你的观测结果可能会是多种多样的，不过这个公式至少可作为观测的参照起点。

把子星具有相似星等的双星分解开是容易的，但当伴星与主星相差几个星等时分辨双星却更为困难些。在有些情况下，可能会遇到两子星的亮度相差10星等的双星。

观测天狼伴星——重要的观测实验

要问一位双星观测者这样一个问题：如果你能试试把一双星分解开，它会是哪颗双星呢？我相信大概会异口同声地回答是天狼星。发现天狼星是一双星应归功于阿尔芬·G·克拉克（Alvin G.Clark），他是于1862年测试刚刚装设在伊利诺伊州迪尔博恩（Dearborn）天文台中的口径18英寸的物镜时发现的。

天狼星A-B这一双星的轨道周期刚刚50年多一点儿，双星的角距从大约2″到大约10″之间变动着。现在这一双星的角距正在变宽，下一次的角距极大将在2025年发生，但是你大可不必一直等到那时才观测。

在过去几年里，我曾用口径10厘米的小天文望远镜观测过天狼伴星（天狼B）好几次，这件事值得一提，我还没听说过用这么小的望远镜进行观测的记录，它可能算不上是一个观测记录，但我却以做过这样的观测而自豪。下文是从我最近的观测天狼伴星的天文观测记事簿上摘录下的：

2002年1月26日。我决定用口径100毫米，f/15的Unitron消色差物镜观测天狼伴星。今夜天空视宁度出奇的优良，于是我决定观测天狼伴星试试我的好运。几位"amastron"赞助商最近问我是否打算用100毫米望远镜试试，该望远镜我过去还未曾用过。过去几周里我已经监测过夜空，夜空晴朗无云，很清亮，但视宁度还不算充分优良。不过今天夜晚视宁度却是极优。我们刚刚从几位朋友家晚餐归来，回到家中我马上走出家门到天文台去。临出门时我告诉妻子霍莉，如果我决定观测我会来叫她。一开始，我采用放大300倍、5毫米口径的Vixen镧玻璃（Lanthanum）目镜，15分钟后，我似乎是瞥见了天狼伴星，但是不能确实肯定。就把放大率降为250倍，大约5分钟后，我看见了我认为它是天狼伴星的那颗星。然后我走进家门，霍莉问我，是否看见了天狼伴星，我说了三个字："来，看看！"我们共同走出家门。她将眼睛凑近目镜3秒钟后说道："是在时针指向7的方向上的那颗星吗？"我真的又惊又喜，隔了一会儿我才告诉她我看见的天狼伴星在哪里。我没告诉她，这花了我不止3秒的时间。唉，年轻的眼睛多么好呀！这是在我用我的朋友的Celestron Cll反射望远镜分辨出天狼伴星那次观测（也是在家庭庭院中进行的）之后的2年零一个月。霍莉核实我的观测的时间是2002年1月27日世界时5时04分。我依稀还记得，那次观测要困难得多，在80秒后才偶然获得结果，虽然那时两子星的角距较宽些。我认为一具马马虎虎的口径6英寸反射望远镜加上美国西南地区以外的夜空条件使这一观测变得非常具有挑战性。注意：今天月亮的亮面接近94%，这证明这种观测不需要黑暗的夜空。

在收到许多观测者问他们该怎样重复天狼伴星观测的大量电子邮件之后，我在下面列出观测天狼伴星的注意要点。事实上下面所列的内容可适用于任何难以观测的双星。

后面的双星表是亚利桑那州旗杆镇洛韦尔天文台的布利安·斯基夫编制的。正如该星表说明所指出的那样，这份星表可以帮助

↑牧夫座ε双星。(2001年7月15日阿帕德·柯瓦西用Celestron CR150 HD6″反射望远镜加Nikon Cool Pix 950相机拍摄)

天文爱好者确定某一夜晚的视宁度如何，但它也是一份极其优秀的双星星表，它可作为各种口径的天文爱好者望远镜的试金石，于是我把它引述在这里。

用来估测天空视宁度的双星

下面的附表是用来估测"视宁度"（星像尺寸）的双星星表的第一次修订版本，适用于中等口径的天文爱好者望远镜。大多数双星的资料引自克利斯·路金布耳（Chris Luginbuhl）和我共同编著的《观测手册》（*Observing Handbook*）一书。补加的双星资料则是根据我大约10年前所进行的双星巡天观测结果。少数特殊情况下列入某些靠近深空天体出现的双星。

双星星表中的第一栏给出ADS星表号数，其中带*号的双星其注释在星表的最后。ADS（Aitken Double Star）星表是一部双星星表，它相当于深空天体的NGC/IC星表。由于它基本上包含了所有的不用专门观测技术便有望容易分辨出的双星，因而使它成为1930年以前的最受欢迎的著名星表。下一栏是赤经（R A）和赤纬（Dec），精确到0.1′。视星等V是我不费太大力气找到的最好的星等数据；详细审察伊巴谷数据（Hippar cos）还可以提供更为自恰的数据。我力图仅仅列入那些子星的星等差只有1.0等的双星，但有几个例外。再下一栏是双星的角距，以角秒为单位。对于角距小于1″的双星，角距值给出到小数点后2位数字。最后一栏是双星的常用

名称（大多数为巴拜尔或弗拉姆斯提德提出的名称或者是HD星表序号）。

好，这就是我如何编造这份双星星表的说明。我的目的是作为任一种目视观测的一部分，在寻觅木卫六或仅仅进行深空天体观测时，这份双星星表会有助于观测者掌握视宁度的绝对标度。我发现进行深空天体观测时，该处极限星等的临界值是非常重要的，要求视宁度不差于1.5″。至少对于我的口径15厘米的反射望远镜是如此。那种深空天体观测不要求良好的视宁度的古老说法是一种神话，像所有的神话一样，它也是错的。

当我用各种口径望远镜（最大达到洛韦尔天文台的口径60厘米的克拉克望远镜），进行大量双星观测时，我发现可用于估测星像尺寸的有用的双星明显地随望远镜口径

观测天狼伴星的十大忠告

1.要选择有极好视宁度的观测地点和观测时间。夜空不一定是极黑的。前面提及的观测，月球是出现在地平之上的。如果您有某种关于您的观测地点的视宁度品质的判据，那么首先要监测这些判据。在我的庭院，我经常监测土星。如果土星G环有细纹，能够区分得更细，用我的4英寸望远镜放大300倍能够看见恩克细缝，那么我就知道视宁度为优。当然，你的监测判据会有所不同。

2.要让天狼星位于（或非常靠近）子午圈，这样你得到最大的好处是通过最少量的空气去观测天体。

3.仔细监测位置角，要熟悉望远镜/折轴装置以便你知道天狼伴星会出现在哪里，如果你对位置角尚不熟悉的话，那么去查看一下天狼星附近的一些双星的有关数据，猎户座β（参宿七）双星就是你可以参考利用的双星。

4.要熟悉角距为5″是怎样的大小。参宿七的两子星A和B之间的角距大约为9″。它完全不像天狼星A和B那样的双星。注意：天狼B会非常靠近天狼A，正好处于一具上等品质的反射望远镜的衍射环图样以内。

5.要记住：你正在观测的两颗星其亮度相差大约有10个星等，这意味着天狼A的亮度比天狼B的亮度大约要亮10 000倍。

6.尽快改变放大倍数。为了观测贯索四（北冕座α）我先用放大300倍的目镜，随后改用放大倍数为250倍的。

一位天文爱好者于2002年1月22日拍摄的天狼星星像。（阿帕德·柯瓦西使用AP 155的EDT反射望远镜加Nikon Cool Pix 950相机拍摄）

7.要多次调焦。不要认为调焦一次就解决问题，在你观测过程中，从头到尾都需要随时调焦。将焦点调在天狼A上或许是错误，天狼星的明亮会产生一个非常伸展的星像，焦距的适当伸长会使星像变扁，要聚焦在一颗背景星上或者至少要核查您的望远镜的焦点对着其中一颗星（感谢Jeff Medkeff），他对这条和第10条忠告都提出了宝贵的意见）。

8.希望多花些时间去观测星。不是每个人都具有我妻子那样的慧眼。不要急于进行那种未来将成为“重要观测”的项目。

9.如果可能，要有别的观测者在场以便确认你的观测结果。

10.不要使用会使天狼星星光发生内反射的目镜，一具有廉价涂敷层的目镜是极可厌的（我核测过），除非是设计得可将反射光很好地抛射到焦点之外的目镜（这样一来你用任何方法都不能看到它们）。反射光会损害最终星像的亮度对比度，而这种对比度却正是你极需要加以维护的。

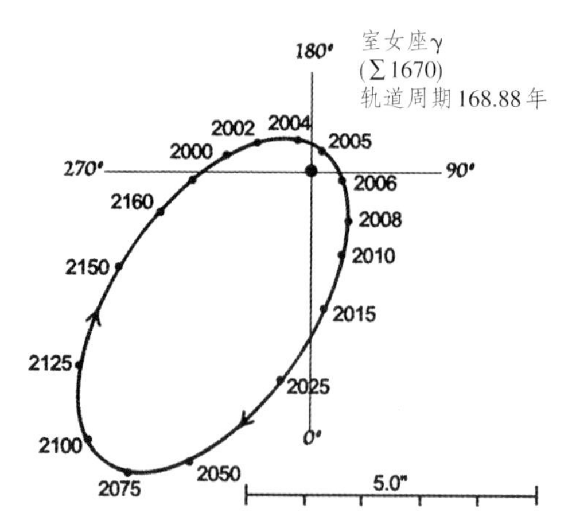

↑室女座γ双星是天上最著名的双星之一。(双星轨道图为加拿大多伦多市的理查德·迪本–史密斯绘制和提供。http：//www.dibonsmith.com/orbits.htm)

增大而逐步增加。子星在5等和7等之间的双星对口径15厘米的望远镜是比较理想的，适用于冬季月份观测的一对极妙的双星是ADS 6263，紧靠南河三（小犬座α，很容易找到！）东边的两对双星中较亮的一对，现在的角距为0.9″（在缓慢地接近）。对于这一口径的望远镜来说，这一双星正好适合于视宁度的检测。

用较大口径的望远镜观测时需要使星像越来越暗，为了避免散射光对眼睛的影响（老一辈观测者称它为光渗），这样一来，用口径为10英寸的望远镜观测，你需要选择暗一个星等的双星，用口径为16英寸的望远镜则要再暗一个星等，等等。很显然，我的双星表是适用于口径仅到12英寸左右的望远镜观测的。如果你的观测地点有优良的视宁度，使用较大口径的望远镜观测，你也需要较密近的双星以便精确地估测出视宁度，不过，我料想人们会要那些角距较大的双星。

没有一些客观的测量要说出是什么确定出双星已被“分解”或确定出星像的直径，那是很困难的。用我的反射望远镜在旗杆镇进行观测，艾里斑是很容易界定清楚的，不过有微小的整体运动，因而我的视宁度估测值中包括星像的这种运动，它使得星像尺寸超过艾里斑。这样一来，例如像天鹰座π这类双星，在平均超过数十秒的时间间隔内，星像总的移动可能会达到双星角距1.4″的程度，虽然艾里斑（用口径6英寸的望远镜，艾里斑直径为0.85″）是已清楚地界定的。大口径望远镜通常不显示出这么大的增长运动，而是使星像模糊，这是由于在任何时候在物镜口径前面都存在几个视宁度单元所造成的，这时你需要决定哪里是星像的边界。只要你前后一致地自恰地这样做（对全天的子星具有相似星等的双星进行实验是取得自恰的一个方法），那么，对于一个有确定口径的望远镜，你的估测就会和实际情况相符，成为可以信赖的。

用于估测视宁度的若干双星

ADS星表序号	赤经			赤纬		视星等	角距	位置角	通用名称
	(h)	(m)	(s)	(°)	(′)	(v表示可变)	(″)	(°)	
111	0	09	21	−27	59.3	6.1,6.2	1.4	261	玉夫座κ′
746	0	54	35	+19	11.3	6.2,6.9	0.5	198	双鱼座66
755	0	54	58	+23	37.7	6.0,6.4	0.85	305	仙女座36
1081	1	19	48	−00	30.5	6.3,7.0	1.5	17	鲸鱼座42
1254	1	36	03	−07	38.7	7.3,7.3v	1.6	55	HD 9817
1487	1	52	03	+10	48.6	7.8,7.8	3.3	201	HD 11386
1507	1	53	32	+19	17.6	4.8,4.8	7.5	0	白羊座γ
1579	1	59	19	+24	49.7	8.0,8.3v	1.2	277	HD 12101
1630BC	2	03	55	+42	19.9	5.5,6.3	0.5	104	仙女座γBC
1654	2	06	15	+25	06.5	8.0,8.5v	1.9	161	HD 12824
1953	2	34	07	−05	38.1	7.8,8.0	3.6	346	HD 15994

续表1

ADS星表序号	赤经			赤纬		视星等(v表示可变)	角距	位置角	通用名称
	(h)	(m)	(s)	(°)	(′)		(″)	(°)	
2042	2	41	07	+18	48.0	7.7,8.0	3.3	119	HD 16694
2253	2	58	53	+21	37.1	7.5,7.5	0.51	265	HD 18484
2257	2	59	13	+21	20.4	5.2,5.5	1.4	209	白羊座ε
2616	3	34	27	+24	27.9	6.6,6.7	0.66	359	金牛座7
3297	4	33	33	+18	01.0	7.0,7.1	3.0	277	HD 28867
3734	5	10	18	+37	18.1	6.7,7.0	1.6	222	HD 33203
3799	5	13	32	+01	58.1	6.9,7.1	0.57	236	HD 33883
4490	5	54	22	+18	54.0	8.0,8.0	3.0	149	HD 39588
4728*	6	08	30	+13	58.3	7.4,8.0	2.5	109	HD 41943
4991	6	22	50	+17	34.4	7.3,8.3	2.1	18	HD 44496
5400	6	46	14	+59	26.5	5.4,6.0	1.8	74	天猫座12
5436	6	48	12	+55	42.3	6.3,6.3	4.6	257	HD 48766/7
5447	6	47	23	+18	11.6	6.8,7.0	0.34	218	HD 49059
5871	7	12	49	+27	13.5	7.2,7.2	1.2	315	HD 55130
5996	7	20	31	+00	24.2	7.4,7.8	0.65	173	HD 57275
6180	7	34	32	+12	18.3	8.4,9.1	1.7	99	HD 60355
6258*	7	39	47	+05	16.4	9.2,9.3	0.83	186	HD 61502
6263*	7	40	07	+05	13.9	6.6,6.9	0.9	168	HD 61563
6425	7	52	42	+03	23.0	7.0,7.5v	0.97	13	HD 64165
6650AB	8	12	13	+17	38.9	5.6,6.0	0.67	103	巨蟹座ζAB
7071	8	54	15	+30	34.7	6.0,6.5	1.5	313	巨蟹座57
7093	8	55	30	−07	58.3	6.7,6.9	3.9	3	长蛇座17
7286	9	18	26	+35	21.8	6.4,6.7	1.8	49	HD 80024
7307	9	20	59	+38	11.3	6.7,7.0	1.02	280	HD 80441
7390	9	28	27	+09	03.4	5.9,6.5	0.52	74	狮子座ω
7555	9	52	30	−08	06.3	5.6,6.1	0.55	64	六分仪座γ
7565*	9	55	03	+68	56.4	10.6,10.6	8.9	273	BD+69 541
7566*	9	55	04	+68	54.1	9.5,9.5	2.1	112	HD 85458
7704	10	16	16	+17	44.4	7.2,7.5	1.4	180	HD 88987
7936	10	49	17	−04	01.4	7.0,7.8	2.4	14	六分仪座40
8043	11	03	59	+03	38.3	7.5,7.6	1.2	301	HD 95899
8446	12	10	47	+39	53.5	7.3,8.0	0.29	195	HD 105824
8575	12	30	34	+09	42.9	8.1,8.4	1.3	244	HD 108875
8708	12	56	27	−00	57.3	7.2,7.6v	0.97	98	HD 112398
8864	13	20	42	+02	56.5	6.7,7.4	1.1	177	HD 115995
8972	13	37	35	−07	52.3	7.5,7.5	2.7	40	室女座81
9053	13	54	58	−08	03.5	6.6,7.5	3.5	97	HD 121325
9060*	13	56	20	+05	17.4	8.4,8.9	1.03	111	HD 121605
9174	14	13	55	+29	06.3	7.5,7.6	0.61	92	HD 124587
9343	14	41	09	+13	43.7	4.5,4.6	0.81	301	牧夫座ζ
9406	14	49	41	+48	43.2	6.2,6.9	2.8	45	牧夫座39
9425	14	53	23	+15	42.3	6.9,7.5	1.2	167	HD 131473
9578	15	18	20	+26	50.4	7.3,7.4	1.6	258	HD 136176
9617	15	23	12	+30	17.3	5.6,5.9	0.8	56	北冕座η
9757	15	42	45	+26	17.7	4.1,5.5	0.7	116	北冕座γ
9969	16	13	18	+13	31.6	7.4,7.5	4.1	353	巨蛇座49
10049	16	25	35	−23	26.8	5.3,6.0	3.1	339	蛇夫座ρ

续表2

ADS星表序号	赤经			赤纬		视星等	角距	位置角	通用名称
	(h)	(m)	(s)	(°)	(′)	(v表示可变)	(″)	(°)	
10075	16	28	53	+18	24.8	7.7,7.9	1.9	126	HD 148653
10087	16	30	55	+01	59.0	4.2,5.2	1.4	26	蛇夫座λ
10345	17	05	20	+54	28.2	5.7,5.7	2.20	23	天龙座μ
10374	17	10	23	−15	43.5	3.0,3.5	.49	243	蛇夫座η
10650	17	35	50	+00	59.8	7.5,7.5	3.0	78	HD 159660
10850*	17	51	58	+15	19.6	6.8,7.1	0.81	349	HD 162734
10905	17	56	24	+18	19.6	7.0,7.0	2.6	292	HD 163640
11005	18	03	05	−08	10.8	5.2,5.9	1.7	281	蛇夫座τ
11123	18	10	09	+16	28.6	6.4,7.3	1.2	220	HD 166479/80
11479	18	35	30	+23	36.3	6.4,6.7	0.7	7	HD 171745
11483	18	35	53	+16	58.5	6.9,7.1	1.7	157	HD 171746
11635AB	18	44	20	+39	40.2	5.0,6.1	2.5	352	天琴座ε1
11635CD	18	44	23	+39	36.8	5.2,5.5	2.3	84	天琴座ε2
11640*	18	45	28	+05	30.0	6.4,6.7	2.5	119	HD 173495
11869	18	57	08	+26	05.8	8.0,8.3	0.7	74	HD 176005
12239	19	15	57	+27	27.4	6.9,7.3	0.85	158	HD 180553
12808	19	42	34	+11	49.6	5.7,6.6	0.41	77	天鹰座χ
12962	19	48	42	+11	49.0	6.3,6.8	1.4	107	天鹰座π
13277	20	02	01	+24	56.3	5.7,6.0	0.82	122	狐狸座16
13465*	20	10	37	+34	51.7	9.2,9.4	4.1	172	HD 191833
13506	20	12	35	+00	52.0	6.9,7.2	2.7	206	HD 191984
14296	20	47	25	+36	29.4	4.9,6.1	0.85	11	天鹅座λ
14360	20	51	26	−05	37.6	6.4,7.4	0.96	18	宝瓶座4
14499	20	59	05	+04	17.7	6.0,6.4	0.85	286	小马座ε
14556	21	02	13	+07	10.8	7.1,7.1	2.9	215	小马座2
14573	21	03	03	+01	31.9	6.7,7.3	1.3	120	HD 200375
14715	21	10	59	+09	33.0	7.8,8.0	2.8	80	HD 201686
15176	21	39	32	−00	03.1	7.1,7.7	0.53	270	宝瓶座24
15562	22	02	26	−16	57.9	7.1v,7.2	3.8	246	宝瓶座29 即宝瓶座DX
15639	22	07	07	+00	34.2	7.6,8.0	2.5	97	HD 209965
15934	22	26	34	−16	44.5	6.2,6.4	2.2	350	宝瓶座53
15971	22	28	50	00	01.2	4.3,4.5	1.9	191	宝瓶座ζ
16214	22	43	04	+47	10.1	6.2,7.0	0.5	303	HD 215242
16579	23	12	00	−11	56.0	7.2,7.2	3.5	278	HD 218928
16836	23	33	57	+31	19.5	6.0,6.0	0.53	90	飞马座72
17149	23	59	29	+33	43.4	6.5,6.7	1.9	326	HD 224635/6

带*号的双星的注释:

ADS 4728　位于NGC 2169中

ADS 6258　南河三东边的第一个9等星

ADS 6263　南河三东边的第一个6等星

ADS 7565　在M81的西南侧

ADS 7566　在M81的西南侧

ADS 9060　靠近NGC5363星系

ADS 10850　附近的10等星也是双星

ADS 11640　两者相当难以区分:每一子星是角距 ~ 0.2″的双星

ADS 13465　靠近IC1310疏散星团

7.2 变星

亮度在一段时间内发生变化的恒星叫作变星。变星有两大类：内因变星和外因变星。每一大类中又有两种类型。脉动变星和爆发变星构成内因变星，它们是基于星的内部的物理变化而发生亮度变化的。

食双星和自转变星属于外因变星。食双星的亮度下降是它的一个子星被另一个子星掩食而造成的，自转变星在自转时会以不同的表面朝向我们，其表面上的大量像太阳黑子那样的暗斑会使自转变星的亮度有很大的差别。

光变曲线

一颗恒星的亮度随时间变化形成的曲线称为光变曲线，它对于变星研究是特别有用的。

观测简史

在19世纪中叶，德国天文学家弗利德里希·威廉·奥古斯特·阿尔格兰德（Friedrich Wilhelm August Argelander，1799—1875）和美国天文学家本杰明·阿普索普·古尔德（Benjamin Apthorp Gould，1824—1896）号召全世界天文爱好者来从事变星观测，古尔德从全美国的天文爱好者们那里收集了变星观测结果并将它们刊布在他任编辑的美国《天文学杂志》（*Astronomical Journal*）上。

在1880年中期，哈佛大学天文台台长爱德华·C·皮克林（Edward·C·Pickring，1846—1919）和美国天文学家威廉·泰勒·奥柯特（William Tyler Olcott 1873—1936）给变星观测者们提供了一套星图，星图上直接标识出变星和它的比较星。25年以后，皮克林开始直接在照相星图上引入比较星的星等。

在1911年12月，受出版媒体和奥柯特与那些潜心于变星观测的天文爱好者们的通信联络的激励，第一个变星观测团体（后来成为美国变星观测者协会，AAVSO）在《大众天文》（*Popular Astronomy*）期刊中公开出现。在1914年4月里，该团体的第一次会议在纽约市召开。最后，在1918年10月，美国变星观测者协会正式创建。

关于变星观测的早期历史我不能比莱斯里·C·佩耳蒂尔（Leslie C.Peltier，1900—1980）所著《星光之夜》（*Starlight Night*）介绍得更详尽，该书于1965年由Harper and Row出版公司在纽约出版，1999年重印。佩耳蒂尔（1900—1980）是一位勤奋不知疲倦的观测家，他的书对推动业余天文学发展是一大贡献。

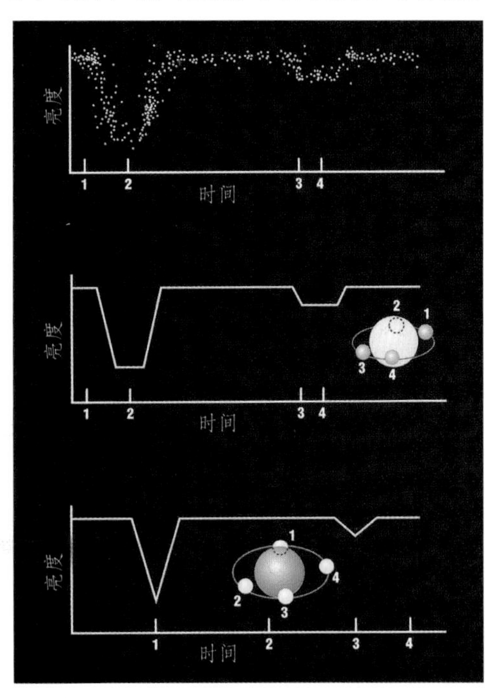

↑食变星的光度曲线。上图：未经处理的观测数据的点；中图：根据未处理的观测数据点得出的光变曲线，这是一个有全食的双星系统；下图：有偏食的双星系统的光变曲线。（霍莉·Y.白凯奇绘）

变星的命名

在1862年，阿尔格兰德指定用罗马字母R~Z作为每个星座中的前几个变星的名称，在这九个字母之后则用双字母（RR~RZ，SS~SZ，……AA~AZ，BB~BZ……QQ，QZ）。由于当初这些变星没有采用“J”，所以总共有334个变星能够用这种方式命名。于是，北冕座R是北冕座中的第一颗变星，猎户座QZ是猎户座中的第334颗变星。如果有更多的变星需要命名，就采用在字母V加上334之后的数字。这样一来，普拉斯凯特星就可定名为麒麟座V640，即麒麟座中第640颗变星。

新星最初用星座名加年代来命名，例如，天鹅座1975年新星。当该新星的亮度减小了，该新星便采用变星的命名方式来命名，这样一来，上述的新星现在则叫作天鹅座V1500。

美国变星观测者协会也采用数字系统来为变星命名，这种数字命名系统是根据哈佛天文台的命名方式。于是，天兔座R也有变星观测者协会增设的命名0455-14，这些数字是历元为1900年的赤经近似值（04^h55^m）和赤纬近似值（-14°）。

变星的类型

在前述主要分类之内还有许多次级分类。现在把变星的最常用的分类按拉丁字母表的顺序（译注：指按变星的外文名称排序，中译文据之排序，未按中文笔划或汉语拼音音序排序。）简明地表达如下。要注意的是，许多变星的类型名称是用已发现的该类型的第一颗变星的名称来命名的，该变星因而称为该类变星的典型星。

大陵型变星（Algol）

●典型星：英仙座β(β Per，中名大陵五)
●变光周期：2.87日
●亮度变化范围：2.1 ~ 3.4等

经典的食双星大陵五实际是一偏食型双星。许多食双星，其中之一为天箭座U（U Sge）则是全食型的。这种食变星的两个子星相距很远，大多数时间内两者联合发出的光是不变的。观测大陵型变星并与其他恒星进行比较是一种乐趣。大陵五本身可以与其附近的仙女座γ作比较，大陵五最亮的时候，刚刚比仙女座γ稍亮（亮0.15等），大陵五最暗时，则要暗一个多星等。

渐台型变星（β Lyr）

●典型星：天琴座β(β Lyr，中名渐台二)
●变光周期：12.91日
●亮度变化范围：3.3 ~ 4.4等

这个食双星系统的子星距离很近，致使它们或者互相接触或者几乎相接触。它们中的每一子星都受到另一子星的影响而变形，从而使它们看来呈卵形。当它们的光输出稳定的时候，它们的光变曲线上没有出现尖点而呈平滑态。当观测典型星天琴座β时，可把它和附近的天琴座γ（仅距2°），进行比较。在天琴座β最亮时，它和天琴座γ的亮度相等，当天琴座β最暗时，比天琴座γ暗一个星等。

碳星（Carbon stars）

↑欣德深红星天兔座R。（得克萨斯州休斯敦市艾德·格拉夫顿（Ed Grafton）用Celestron 14望远镜和ST5c CCD相机拍摄）

碳星是类极红和极冷的恒星，因为它们表面拥有非常丰富的碳元素而称为碳星，在最红星一类中它们非常著名，因此观测起来非常有趣味。实例是天兔座R（又称“欣德

最亮的极红星(2001年10月23日)

名称	赤经(2000)			赤纬(2000)			视星等	B-V
	(h)	(m)	(s)	(°)	(′)	(″)		
玉夫座R	01	26	58.1	-32	32	35	5.8	3.9
时钟座TW	03	12	33.2	-57	19	18	5.7	2.3
剑鱼座R	04	36	45.6	-62	04	38	5.5	1.6
天兔座R	04	59	36.3	-14	48	23	7.7	5.7
猎户座W	05	05	23.7	+01	10	39	6.2	3.5
金牛座CE	05	32	12.8	+18	35	39	4.4	2.1
绘架座W	05	43	13.8	-46	27	14	7.8	4.8
金牛座Y	05	45	39.4	+20	41	42	7.0	3.0
猎户座BL	06	25	28.2	+14	43	19	6.2	2.4
御夫座UU	06	36	32.8	+38	26	44	5.3	2.6
船尾座NP	06	54	26.7	-42	21	56	6.3	2.3
大犬座W	07	08	03.4	-11	55	24	6.9	2.5
巨蟹座X	08	55	22.9	+17	13	53	6.6	3.4
长蛇座Y	09	51	03.7	-23	01	02	6.6	3.8
船帆座X	09	55	26.1	-41	35	13	7.2	4.3
唧筒座AB	10	11	53.8	-35	19	29	6.7	2.3
唧筒座U	10	35	12.8	-39	33	45	5.4	2.9
长蛇座U	10	37	33.3	-13	23	04	4.8	2.8
大熊座VY	10	45	04.0	+67	24	41	6.0	2.4
长蛇座V	10	51	37.3	-21	15	00	6.8	5.5
室女座SS	12	25	19.9	+00	47	54	6.6	4.2
猎犬座Y	12	45	07.8	+45	26	25	4.9	2.5
天龙座RY	12	56	25.9	+65	59	40	6.4	3.3
半人马座UY	13	16	31.8	-44	42	16	6.9	2.8
半人马座V766	13	47	10.9	-62	35	23	6.5	2.0
南三角座X	15	14	19.2	-70	04	46	5.8	3.6
蛇夫座TW	17	29	43.7	-19	28	23	7.9	4.8
孔雀座V	17	43	18.9	-57	43	26	6.7	4.2
天琴座T	18	32	20.1	+36	59	56	8.5	5.5
盾牌座V450	18	32	43.3	-14	51	56	5.5	2.0
盾牌座S	18	50	20.0	-07	54	27	7.5	3.1
天鹰座V	19	04	24.2	-05	41	05	7.5	4.2
人马座V1942	19	19	09.6	-15	54	30	6.9	2.3
天龙座UX	19	21	35.5	+76	33	35	5.9	2.9
人马座AQ	19	34	19.0	-16	22	27	7.3	3.4
摩羯座RT	20	17	06.5	-21	19	04	7.4	4.0
印第安座T	21	20	09.5	-45	01	19	6.0	2.4
孔雀座Y	21	24	16.8	-69	44	02	6.4	2.8
天鹅座V460	21	42	01.1	+35	30	37	6.1	2.5
仙王座μ	21	43	30.5	+58	46	48	4.1	2.3
天鹤座π1	22	22	44.2	-45	56	53	6.6	2.0
仙王座RW	22	23	07.0	+55	57	48	6.7	2.3
双鱼座TX	23	46	23.5	+03	29	13	5.0	2.6

深红星”）和仙王座μ（“赫歇耳暗红星”）。

亚利桑那州旗杆镇的布利安·斯基夫编纂了一部最亮的“极红星”星表。红星是人们普遍感兴趣的，几颗最亮的红星对公众观星集会是很好的观测目标。表中的所有红星的亮度均亮于8.0等，使该星表便于应用于小望远镜的观测计划中。（注意：这些红星大多数是碳星，但不全是）。

布利安曾得到澳大利亚变星观测组织的首脑弗雷泽·法列耳（Fraser Farell）的帮助。澳大利亚新南威尔士（NSW）州莱恩科夫（Lane Cove）的大卫·弗留（David Frew）也对此星表作了增补。

造父型变星（Cepheid）

- 典型星：仙王座δ(δ Cep,中名造父一)
- 变光周期：5.37日
- 亮度变化范围：3.5 ~ 4.4等

天文学中的“量天尺”仙王座δ有一个令人惊奇的特性。它们的周期和它们的光度直接有关，因此，一旦一颗造父变星的变光周期被测定出来，那么它的绝对星等就能够计算出来。将绝对星等同变星的视星等加以比较就能够确定出恒星的距离。造父型变星是些年轻的星，其质量有几个太阳质量，光度大约为太阳光度的1000倍。造父型变星以有规律的方式脉动变化。脉动的发生是因为：大气外层的氦变成电离氦，使大气更不透明，在这种物态下，氦能够吸收更多的能量，随着光度的增大，星体便膨胀起来，然而，当它膨胀时，氦变冷，电离氦回复为中性氦，形成星体收缩。

盾牌座δ型变星（δSct）

- 典型星：盾牌座δ（δ Sct）
- 变光周期：04时39分
- 亮度变化范围：4.6~4.8等

这类变星的目视观测非常困难，因为其亮度变化大多小于0.1星等。较好的光变曲线可以用CCD来作出。

耀星（Flare stars）

- 典型星：鲸鱼座UV（UV Cet）
- 变光周期：10小时
- 亮度变化范围：7.5 ~ 12.1等

所有变星中最为活跃的一类是耀星，它们是些暗红星，从星体表面上的小区域里发生强烈爆发，在仅有几秒钟的时间亮度可增亮几个星等，在其后半小时左右，它们又恢复到极小的亮度。

不规则和半规则长周期变星（Irregular and semi-regular long term variables）

这些变星的特征是不可预测性。其中一些是非常著名的星。这些变星的亮度变化一般说来在2个星等以下，各个变化之间持续时间能够非常长久。实例是猎户座α（中名参宿四）、武仙座α（中名帝座）和仙王座μ（赫歇耳暗红星）。

刍藁型变星（Mira）

- 典型星：鲸鱼座o（中名刍藁增二）
- 变光周期：333.8日
- 亮度变化范围：2.9 ~ 7.3等

刍藁型变星是些红巨星，有相当长的变光周期，可长达3年以上，不过，跟踪观测这类变星是非常有益的，因为最亮的刍藁型变星的星等变化范围非常宽。刍藁型变星是一些最先被发现的一类变星，这从它们的命名可以证明，在大多数北天星座中，刍藁型变星是所看到的第一颗变星（用字母R命名），注意下表中刍藁型变星的星等范围，它是容易看见这些变星的原因。可查验一下其中最亮的变星，看看一颗星如何渐渐变得看不见了（其后又再出现）。

刍藁型变星

星　名	亮度极大	亮度极小
仙女座R	5.6	14.9
天鹰座R	5.5	12.0
白羊座R	7.4	13.7
牧夫座R	6.2	13.1
雕具座R	6.7	13.7
鹿豹座R	6.9	14.4
摩羯座R	9.4	14.9
仙后座R	4.7	13.5
鲸鱼座R	7.2	14.0
小犬座R	7.3	11.6
巨蟹座R	6.0	11.8
天鸽座R	7.8	15.0
乌鸦座R	6.7	14.4
猎犬座R	6.5	12.9
天鹅座R	6.5	14.4
海豚座R	7.6	13.8
天龙座R	6.9	13.2
小马座R	8.7	15.0
天炉座R	7.5	13.0
双子座R	6.0	14.0
武仙座R	8.2	15.0
长蛇座R	4.0	10.9
蝎虎座R	8.5	14.8
狮子座R	4.4	11.3
天兔座R	5.5	11.7
天秤座R	9.8	15.9
小狮座R	6.3	13.2
豺狼座R	9.4	14.0
天猫座R	7.2	14.3
显微镜座R	8.3	13.8
蛇夫座R	7.0	13.8
猎户座R	9.1	13.4
飞马座R	7.1	13.8
英仙座R	8.1	14.8
南鱼座R	8.5	14.7
双鱼座R	7.1	14.8
天蝎座R	9.8	15.5
巨蛇座R	5.7	14.4
人马座R	6.7	12.8
金牛座R	7.6	15.8
三角座R	5.4	12.6
大熊座R	6.7	13.7
小熊座R	8.5	11.5
室女座R	6.1	12.1
狐狸座R	7.4	14.3

北冕座R型变星（R CrB）

●典型星：北冕座R（R CrB）

●变光周期：不规则

●亮度变化范围：5.7 ~ 14.8等

它们是种罕见的、明亮的、氢元素贫乏、钙元素丰富的变星。大部分时间处于亮度极大状态，偶尔以不规则的时间间隔下降9个星等。其后在几个月到一年缓慢地回复到亮度极大。这类变星的光谱型有F到K型，还有R型。

天琴座RR型变星（RR Lyr）

●典型星：天琴座RR（RR Lyr）

●变光周期：13时36分

●亮度变化范围：7.1 ~ 8.1等

这类变星全部是很小的星，它们的光度基本是相同的，大约是太阳光度的60倍，因此，和造父变星类似，天琴座RR型变星也是极好的距离指示标，不过造父变星的光度要高得多，在很远的距离处都能看到。许多天琴座RR变星是在年老的球状星团中发现的。要观测典型星天琴座RR需要一整夜以上的时间。根据你所在的位置或者能够看到一个完整的亮度变化范围，至少能看到大体完整的亮度变化范围。

金牛座RV型变星（RV Tau）

●典型星：盾牌座R（R Sct）

●变光周期：140日

●亮度变化范围：4.5 ~ 8.2等

这类变星是明亮的黄巨星，它们的光变曲线有两个亮度极小，一个亮度极小的深度浅些，一个亮度极小的深度深些，它们的变光周期定义为两个深亮度极小之间的时间长度，有些金牛座RV型变星，像其典型星那样，对于业余观测是很有价值的。

大熊座SU型变星（SU UMa）

●典型星：大熊座SU（SU UMa）
●变光周期：不规则
●亮度变化范围：11.1 ~ 14.8等

这类变星除了轨道周期短2小时之外非常类似双子座U型星。有两个不同的亮度爆发，一个短（持续时间1~2天，暗而更频繁发生），一个长（持续时间10~20天，亮而较不频繁发生）。

共生星（Symbiotic）

●典型星：仙女座Z（Z And）
●变光周期：不规则
●亮度变化范围：8.0 ~ 12.4等

这类变星是由具有长于一年的周期的互扰双星构成。其中一些变星显示出半周期性亮度爆发，看起来像是处于缓慢运动中的新星。双星本体是一红巨星和一热亚矮星或白矮星。由星的质量散失而产生的星云包围着双星并被其中的热星的辐射而电离。这是一种非常有趣的变星。

双子座U型变星（U Gem）

●典型星：双子座U（U Gem）
●变光周期：105.2日
●亮度变化范围：8.9 ~ 14.9等

和共生星相类似，这类变星有时被称为矮新星。突然的亮度爆发可能持续1 ~ 3周的时间，亮度一般增加4 ~ 5个星等。

大熊座W型变星（W UMa）

●典型星：大熊座W（W UMa）
●变光周期：4时
●亮度变化范围：7.6 ~ 8.4等

这类变星和天琴座β型变星相类似，这意味着是由互相接触的双星构成，两者的差别在于大熊座W型变星是较冷的而且质量较小。

室女座W型变星（W Vir）

●典型星：室女座W（W Vir）
●变光周期：17.3日
●亮度变化范围：9.5 ~ 10.8等

和造父型变星非常相似，它们都有周光关系。室女座W型变星比造父型变星要年老而且较暗（暗约2个星等）。

鹿豹座Z型变星（Z Cam）

●典型星：鹿豹座Z（Z Cam）
●变光周期：22日
●亮度变化范围：10.0 ~ 14.5等

和双子座U型变星类似，不过，数目较少。鹿豹座Z型变星比双子座U型变星更为变化无常，并且时而会进入所谓停滞时期，可能持续几个亮度变化周。当一颗鹿豹座Z型变星处于停滞期内，它的星等大约是从亮度极大到亮度极小其间的3分之一，何时发生停滞完全不能预测。

作者个人感言

一个多世纪以来，业余天文爱好者对变星做了细心的测量、记录和观测。我所知道的很多的变星光变曲线都来自广大观测者们所做的专心的目视观测，他们将眼睛对准目镜在很严苛的条件下工作。那个时代现在已经过去了。

随着CCD技术的发达，变星亮度可以精确地测量，其精确度对于使用目视方法规测的业余天文学爱好者们只能是梦想！在中等尺寸的天文望远镜上装备上CCD可以测量到16等星。给这样一个望远镜系统加上一个Go To驱动装置和含有一整夜可看到的变星星表的电脑运行软件，它所采集的数据之多是难以想象的，整个观测过程中观测者或者用不同的望远镜进行观测或者去睡觉！

7.3　超新星

超新星是宇宙中最巨大的爆发现象。当一颗质量比太阳质量大得多的恒星到达它的演化的最后阶段就会发生超新星爆发。在恒星核心发生的一种不稳定物理过程造成恒星核心的质量坍缩和巨大的能量释放。

在银河系中发现的距今最近的超新星是1604年发现的，它通常称为“开普勒新星”，是伟大的德国天文学家约翰尼斯·开普勒观测到的，它出现在蛇夫座中。在这次超新星爆发前32年，即1572年丹麦天文学家第谷·布拉赫（Tycho Brahe）在仙后座中已经观测到一次超新星爆发了。

1054年中国的观星家们记录了一次最著名的超新星爆发，它发生在金牛座的边界处。后来许多业余天文爱好者将天文望远镜指向这一天区，他们看到一个极其扭曲变形的气体星云，称为蟹状星云，它就是该超新星的物质以令人惊异的每秒1400千米的高速向外放射造成的剧烈爆发的结果。

↑MI星云，蟹状星云的。(1996年12月12～13日，亚利桑那州Sierra Vista的David Healy拍摄)

开普勒新星以后所发现的最亮的超新星是于1987年2月23日在大麦哲伦云中出现的。在地球的南半球，1987年整年都可以用肉眼看到这颗超新星。这一超新星称为1987 A超新星，记为SN 1987 A。超新星被发现时常用发现的年份加上一个表示在该年内所发现的超新星序号的拉丁字母来命名。

1604年以后发现的超新星都是在河外星系中发现的。在1885年8月17日到2002年1月1日期间，有2103颗超新星被编目造册，大体上每年仅发现18颗。不过由于在较早年代发现的超新星甚为珍稀，因此这一数字有失均衡。在1997—2001年间所发现的超新星总数达996颗（大体占所发现的超新星的一半），这一阶段平均每年发现199颗超新星。

银河中的超新星

年代	星座	赤经		赤纬		星等
		(h)	(m)	(°)	(′)	
185	半人马	14	43.1	−62	28	−2
393/396	天蝎	17	14	−39	84*	−3
1006年4月30日	豺狼	15	02.8	−41	57	−9
1054年7月4日	金牛	05	34.5	+22	01	−6
1181年	仙后	02	05.6	+64	49	−1
1572年11月6日	仙后	00	25.3	+64	09	−4
1604年10月9日	蛇夫	17	30.6	−21	29	−3
1667年	仙后	23	23.4	+58	50	+6

*原书误为−39° 84′，疑为−39° 34′。又，396年的超新星在金牛座中。——译者注

超新星的类型

超新星可以分为两种很不相同的类型。Ⅰa型超新星起因于由一颗白矮星和一颗正在演化中的巨星组成的双星系统中的物质转

移过程。Ⅱ型和Ⅰb型超新星一般说来是单个的大质量恒星，在天文学意义上它寿命很短。这两类超新星能够由它们的光谱而分辨出来，因为Ⅰa型超新星的光谱中没有任何一条氢谱线，而Ⅱ型和Ⅰb型超新星的光谱中则出现非常强的氢谱线。

Ⅰa型超新星

Ⅰa型超新星产生于一种演化到老年阶段的双星系统，其中至少有一颗子星是白矮星，另一颗则要巨大得多，通常认为是颗巨星。白矮星有一质量上限，大约为1.4个太阳质量，称为钱德拉塞卡极限，它是由印裔美籍天文学家钱德拉塞卡（chandrasekhar）定出的。在大部分时间内双星系统在损耗着它们的角动量，使两子星距离彼此拉近，从某一时间开始，一子星的质量便向白矮星转移。

从巨星向白矮星的质量转移的最终结果是使白矮星的质量比钱德拉塞卡极限大得多，在这时候，整个白矮星发生质量坍缩，碳和氧聚变为镍的核聚变过程产生巨量能量使白矮星完全毁灭。

Ⅱ型超新星

质量大于8倍太阳质量的恒星会变成Ⅱ型超新星和Ⅰb型超新星，它们是些巨大的恒星，演化非常快速，演化龄在千万年的量级或者更短，就宇宙学的角度来说，这是非常短的时间。

这些恒星核心的温度如此之高以致使其核聚变过程远远超越过太阳所发生的氢原子核聚变为氦原子核的核聚变过程。在这里我不想讨论全部细节，不过要指出，核聚变最后的结果是形成铁原子核。铁原子核是最稳定的原子核，没有哪颗恒星的核心温度能够使铁原子核聚变为某种更重的元素了。当恒

↑猎户座，可以看到可能是超新星余迹的暗弱发红的光辉，这一超新星余迹称为巴纳德环。(级联式闪光（Piggyback Shot），50毫米透镜，Fuji Provia底片，曝光5分钟，作者摄）

↑船底座η星云，在将来，星云内的大质量恒星将会成为一颗超新星。(Celestron f/1.5 Schmidt照相机，柯达全色1000底片，1986年4月6—7日于秘鲁阿雷基帕。亚利桑那州David Healy摄）

星的核心成为铁核，这就是说，它不再是产生能量的源泉，它也不再能够抵抗恒星引力的压缩了。恒星便在自身的重量下坍缩了。

这种坍缩的力量是这样难以想像的巨大，原子会被压缩在一起，形成一个由从前的铁原子核形成的中子星。（注：最重的恒星会形成黑洞，它是比中子星更稠密的天体。）从前曾经是一颗恒星的一部分现在稳定了，而在中子星形成过程有巨大的能量释放出来，它们会炸裂恒星的外层。于是原来的大质量恒星便以超新星的形式毁灭了。经历这场爆炸灾难之后，仅以新形成的中子星存活下来。有趣的是，从最初的铁原子的星核到超新星和中子星的形成所用的时间比你阅读这段描述文字所用的时间还要短。

超新星的结果

超新星爆发被称为是宇宙中意义最为重大的事件。它所释放出的巨量能量作用于附近的气体云，并在其中生成激波。这种激波无需太强就足以使星云物质向四周作少量的运动。如果气体云中的气体原来相当稠密，那么激波将启动恒星的形成过程。

这种超新星爆发也会造成比铁元素更重的元素的合成，可能是由于爆发产生的大量能量使然。接着，这些重元素进入周围的气体云中，这一过程称为星际物质的富化，由于这个原因，晚一代恒星含有的重元素要比早一代恒星的重元素多。因此我们周围的汞、铅、金、碘与许多别的元素是几十亿年前在一次或数次超新星爆发中形成的。这些超新星爆发中的一个可能启动了我们的太阳的形成过程。超新星比我们原来想的更为重要。

超新星的观测

全部已记录下来的超新星几乎近一半是在5年的时间内观测到的，这一小小的事实表明，超新星观测的某些情况发生了变化。这些变化就是，现在由CCD照相机连接到天文望远镜上的观测技术在超新星观测研究中占了主导地位。超新星的目视观测已经成为过去，虽然偶尔还有目视发现超新星的报告。CCD除了能对所观测的星系提供电子像之外，CCD还比肉眼敏感得多，典型地以一具口径200毫米的天文望远镜来说，CCD的感光灵敏度通常可提高3个星等以上。

观测提示：超新星通常更多的是在较大、较亮、古老的星系中发现的。据统计，在旋涡星系中产生的超新星要比在椭圆星系中产生的多。

如果你认为你已经发现了一颗超新星，那么，要把您得到的超新星星像同你能够找到的尽可能多的可供参考的星像加以对比。你能够用来做核查的一个在线参考信息源是斯隆数字巡天（Sloan Digital Sky Survey）。它的网址是http：//skyserver.fnal.gov/en/。

↑天鹅圈星云，一个巨大的超新星余迹。（8″ Celestron Schmidt照相机，f/1.5，曝光10分钟，TP2415底片，在甘油甲酸脂［forming］气体中30℃温度下敏化9.5天。1985年9月12—13日于亚利桑那州纳科市［Naco］。David Healy摄）

为了核实，要选取至少相隔1小时的几个星像，核查它们的运动以确定你看到的星像不是一个小行星、一个热像素或是一颗变星。要查阅国际超新星网站上的关于证实超新星的补充情报和指导性资料，这些资料可以在http：//supernovae.net/isn.htm找到。

最后，当您已经能肯定你的发现是确实的时候，要发一个电子邮件给国际天文学联合会（IAU）天文电报中心办公室（CBAT），向IAU报告你的发现。在http：//cfa-www.harvard.edu/iau/cbat.html可以找到他们的网址。

请绝对核实你的观测事实。他们会记住那些发过错误警报的人。

发现报告的电子邮件中应包括以下的内容。

●姓名

●地址

●电子邮件地址

●电话号码

↙网状星云。（用150毫米AstroPhysics望远镜，f/7和TK1024［FLI］CCD相机曝光20分钟。2001年7月13日加利福尼亚州Valencia的Robert Kuberek摄）

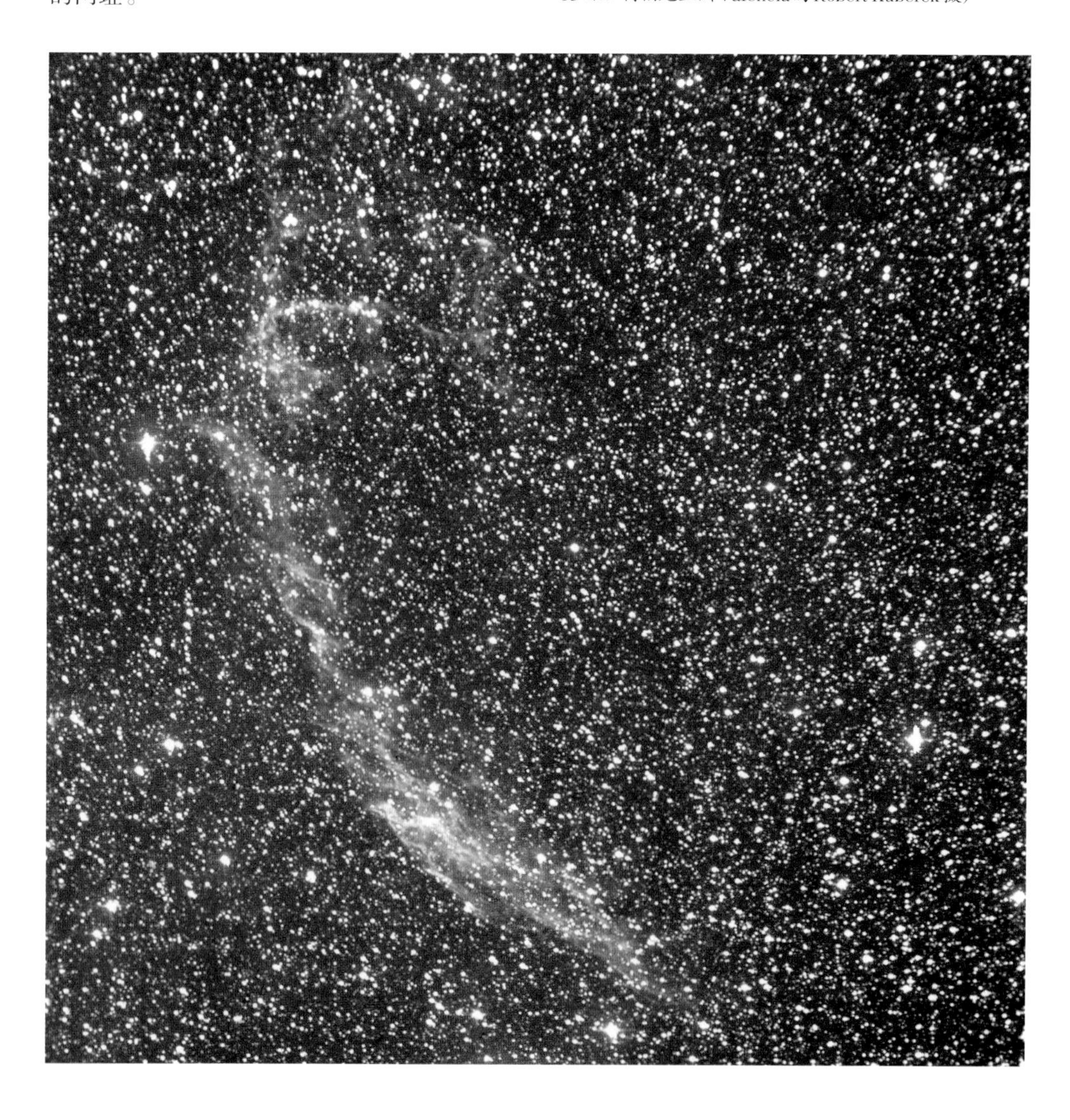

●观测日期（世界时）

●观测时间（世界时）

●观测方法（肉眼观测，用望远镜目视观测，照相观测，用CCD观测，等等）

●仪器设备（口径尺寸、焦比等）

●曝光时间（底片或CCD类型，曝光时间，等等）

●观测地址（地名、城市名、州或省名、国名）

●地理经度、地理纬度、海拔高度，如果已知的话。

上述情报应该全部报告。由于超新星的特殊性还应该报告以下内容。

●所在星系的身份和位置，要记录上春分点。

●猜测星等。

●猜测的精确位置（对CCD观测是义不容辞的）。

●目视观测应该给出星系核北-南或东-西方向的偏移（用角秒为单位）。

除上述内容以外，还要注意以下内容。

●避免含糊不清的如“左”、“右”、“上”、“下”等的描述。

●在次夜进行观测表明该天体没有移动，也应写出。

●说明您是怎样确定该天体是一新天体的（即是说，对比著名星图，比较过前一夜的观测等），您是否核查过已知的该天区超新星或小行星。

●如果您是给CBAT投信的新人，请提供一些关于您的观测经验的背景情报。

“发现报告表格”可以在http：//cfa.www.harvard.edu/iau/Discovery Form.html 查到。

7.4 掩星

当月球、一颗行星或它的卫星或者一颗小行星经过一颗恒星前面时，就会发生掩星现象。这样一种天文现象对天文学家们更多地了解关于月球边缘的形状、行星大气上层造成的消光现象以及小行星形状是有帮助的。人们永远不会忘记1977年3月10日当天王星掩蔽一颗9等恒星时发现天王星环系的事。

掠掩

掩星现象中最有价值的是著名的掠掩现象，它就是太阳系天体的边缘恰好刚刚遮住（或者恰好刚刚不遮住）恒星的现象。对于月掩星来说，因为现代的太空飞船（如著名的克利门汀号太空飞船）尚不能完全测绘月球两极区域的地形图，所以掠掩甚至更有价值。

掩食影子行经路径的边沿分别称为南界限和北界限。在月掩星预报路径的任一界限1千米或2千米以内，您能看见恒星星光瞬间熄灭的现象。当恒星通过月球两极附近的山峰和低谷的后面时，您会看到几次星光瞬时熄灭现象。在这个掠掩带上彼此分隔开的观测者们将会记录下不同事件序列的时刻，事后再分析这些数据以便绘制出月球边缘的轮廓。

行星的掠掩价值不大。几十年前，大天文台会仔细地观测这些事件。一旦这些观测数据被收集整理起来就能探测行星大气的总体特性。自从行星探测器出现以来，这种类型的掠掩已经不再值得较大的观测台站观测了。

更重要的是观测小行星掩星。小行星体积小，它们的掩星路径很窄，亮星受到小行星掩食是不常发生的。

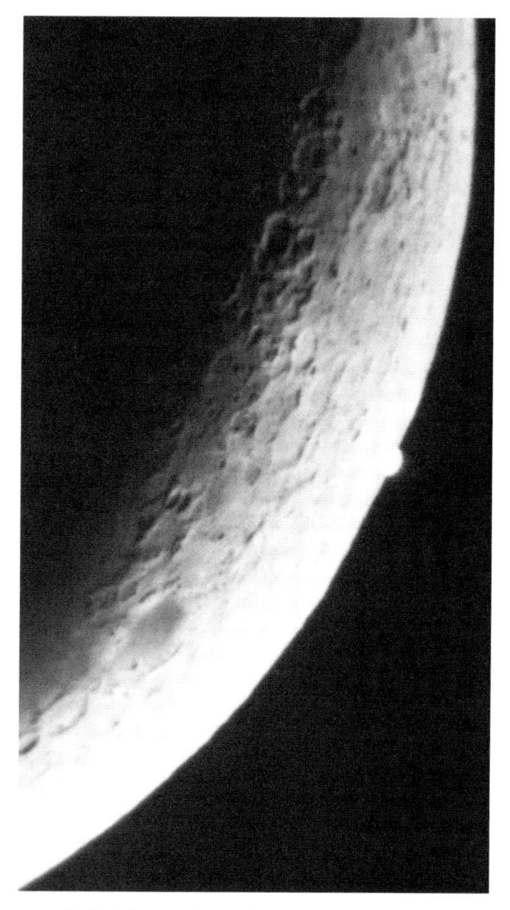

↑月掩金星。（1978年12月26日于纽约州曼哈西特［Manhasset］，Celestron 8望远望，40毫米目镜投影，f/25。柯达彩色负片64，曝光1秒钟。亚利桑那州David Healy摄）

掩星观测的重要提示

●要了解你将去观测掠掩发生的地点！提前几天去看看发生掠掩的地方，就像你去了解开会的地方一样去了解你将去观测的地点。如果你对该地区不熟悉，务必随身携带一份详细地图。

●在掠掩事件发生的前一天核查你的观测设备。要携带备用的电池、空白磁带，也不要忘记与掠掩有关的情报：时刻、持续时间、月球将发生掠食的区域，等等。

●要落实你记录时间的手段，一具能够选出几个时间讯号发射台的短波收音机是理想的。

●要知晓所观测的星场并能毫无疑问地证认出将要被掩食的恒星。在掩食事件发生前提前核查几次。印出一份适合你的望远镜目镜视场的详细的星图。

●如果你正要观测的是一次月掩星或一次亮行星掩星，那么当月亮或亮行星出现时可能会改变您的星场，有些在没有月亮或行星出现时可以看见的星可能看不见了，要意识到这种可能性。也要知道，如果恒星是被一颗小行星或冥王星掩食，那么，在掩食事件发生前你也可能看不见掩食天体，恒星会简单地直截了当地消失掉，要格外高度注意这样一种掩食：没有亮星慢慢地移向被掩星以提示预告。必须同样细心地注意观测恒星从月球背后的再现。

●要早一点到达观测地点。你大概知道将观测设备装设起来要花多长时间，至少要再追加30分钟以防到时手忙脚乱。至少在实际掩食前10分钟就要安排启动观测。对于行星掩星要提前30分钟开始观测，这样做的理由在于你可能有幸捕捉到行星的一颗卫星掩食恒星。

●记下你的望远镜所在的位置，我建议你使用一具GPS(全球定位系统）接收机。国际掩星记时协会（International Occultation Timing Association，IOTA）要求观测地点的地理经纬度均要达到16米，用角秒表示，相当于纬度精度达到0.5″，经度精度达到0.5″/cosφ（φ表示地理纬度）。由于从2000年5月1日起GPS的“选择可用”系统（GPS Selecitive Availability）已经关闭，这是个很大的变化。在“选择可用系统”开动时，超过24小时的时间间隔内典型的散布方式会使95%的点落在45.0米半径范围之内，这对于要求严格的掩星观测工作是相当不利的，不过，脱离开“选择可用系统”，则95%的点会落入半径6.3米的范围内。

●如果你没有GPS接收机，那么，你要非常精确地测量你的观测位置。可以用“旧式的”方法进行。在该地区的地形图上仔细量测。如果可能，要选择具有最大比例尺的详细地图。在美国境内，一个好的实例是7.5×7.5角分（1：24000）比例的美国地质调查所（USGS）地形图。它采用了很细的尺度（例如毫米或者30毫米到1英寸），借放大镜之助能读到分划的十分之一。注意，如果您正在使用的是其他国家的地图，比例为1：50000，那么为了达到所需的精度您更要小心量测。

●记录下所有其他有关数据。要掌握云量、风速、风向、温度、大气透明度和视宁度（以及任意不平常的环境因素），这些数据会对你更好地评价判断以后的掩星有帮助。

●如果是目视观测掩星，那么，要努力做到使掩星的时间记时精确到0.2秒，如果是以录像磁带观测掩星，则努力做到使记时精度达到0.03秒。

●安排好你怎样记录星的消失和再现。有些观测者喊一个词“now”或一个字母“D”和“R”，表示“消失”和“再现”两种掩星事件。其他的观测者用“clicker”一

↑一次月掩金星。(1979年12月26日纽约州曼哈西特，Celestron 8，f/5望远镜，柯达彩色负片64，曝光1/60秒，亚利桑那州David Healy摄）

词（音“克力克拉”），便于能够容易地高声地喊出“CLICK!”（附记：从前我实际喊出两声click，后来；对它已经不紧张时，我就完全省略掉第二次喊声click了）。

●永远要填好您的记录表格，不管您是否确实捕获了掩星，都要这样做。

借助录像磁带观测掩星

视频录像是观测掩星的好方法。不论你是把录像机直接装在望远镜上，还是手持着录像机朝向目镜都能记下较亮的恒星的掩星。一段录像将会提供一种使记时更精确得多的方法。

如果你正在把一台便携式摄像机装在一架天文望远镜的目镜下，那么，开始，要从你的望远镜的低放大倍数，宽视场的目镜观测，用摄像机的变焦镜调焦到焦点上，调试出最好的照度和视场尺寸大小。因手持产生的微小的抖动是允许的。操作视频图像以慢速回放或者更好一点的作法是单帧模式将提供精确的记时，您只要注视着恒星直到它消失，这会允许你记下的掩星时间的精度达到0.03（1/30）秒。

如果您的摄像机有上等的调焦镜头，对于月掩亮星的观测，您可能甚至不需要天文望远镜。现在已经抓拍到二等星在月球亮边缘的消失，暗到4等的星在月亮暗边缘的再现也已经被录像磁带记录下来了。

在美国，沃尔特“罗布”·罗宾逊（Walt “Rob” Robinson，一位我长期的好友）提供一种巨大无私的服务：他会计算预报出美国任一地点发生的到8等星的掩星。在北美，你可发封信给罗布，写上你的观测地点的精确的地理纬度、地理经度和海拔高度连同您的e-mail地址或者您本人的永久地址，贴足邮票封好信封。他的邮政地址为515W. Kump，Bonner Springs，KS，66012，USA。用e-mail地址：webmaster@lunaroccultations.com他也能收到。也可在互联网上查找出他的网址：http：//www.lunar-occultations.com。

在欧洲，你可以从汉斯·约阿希姆·波德（Hans-Joachim Bode)处得到掩星的预报，他的邮政地址为Bartold-Knaust-Strasse 8，D-30459 Hanover，Germany。关于掩星的一个很棒的网址是http：//astro1.physik.uni-siegen.de/uastro/occult/。

7.5　星云

星云一词的英文为nebula（复数为nebulae），它原是一个拉丁语词，意思是云。因此，我们在谈到一个星云时，是指宇宙空间中的一种气体和尘埃形成的云。存在着几种类型的星云。我把星云细分为三种类型：亮星云、暗星云和行星状星云。

亮星云

亮星云（或称弥漫星云）时常处于恒星形成的区域。如果恒星已经开始形成，那么一些恒星就会足够的热，恒星的辐射就会激发星云的气体，造成星云发光发亮。这种类型的亮星云称为发射星云。气体（氢气）被激发的过程称为电离。中性的、非电离的氢用HⅠ表示，电离的氢则用HⅡ表示。因此，发射星云指的是HⅡ区。（HⅡ是一次电离元素的范例，二次电离的和三次电离的元素也可能存在，例如OⅢ，滤光片可允许二

↑NGC 6559，人马座中的发射星云。（12.5″ Ritchey-Chretien望远镜，f/7.5，总曝光时间82分钟，康涅狄克州埃文城［Avon］Robert Gentler摄）

次电离的氧发出的光透过。)

如果恒星没有热到足以使星云气体电离，那么，恒星的光受到星云尘埃的反射而被人们看到，称为反射星云。大多数反射星云看起来蓝，这和我们地球上白昼的天空看起来发蓝的原因是同样的——光通过星云被散射。很多星云既有发射星云的成分又有反射星云的成分，因为，星云中有些气体距恒星太远以致于不能被恒星的辐射所电离。

你可能已经猜到哪个星云是第一个被发现的亮星云了，是的，它就是M42，猎户星云是在伽利略首次将他的望远镜指向恒星大约一年以后被发现的。发现者是尼克拉斯·克劳德·法布里·德佩雷斯（Nicolas Claude Fabri de Peiresc，1580—1637）。第一个发现的反射星云是M78，也在猎户座中，是皮埃尔·梅襄（Pierre Méchain，1744—1804）于1780年发现的。在梅西耶星表中的其他的弥漫星云还有M8、M16、M17、M20和M43。M16实际是两种天体——一个星团（NGC 6611）和一个著名的被称为鹰状星云（IC 4703）的星云的复合体。M45，即昴星团内也含有一个弥漫反射星云。

当你用肉眼看时，鹰状星云不是很好看，不过，马蹄星云（即M17，亦称天鹅星云——译注）却很耐看，它好似一种检验小型天文望远镜性能的检验标志。两者都是气体星云，即发光的氢气体的巨大云团。当你读这几行字的时候，在一些类似的星云中，来自原初的氢气正处在收缩形成恒星的过程。有一个类似的星云曾诞生出我们的太阳和一些肉眼能看到的我们近旁的亮星。

暗星云

暗星云是种尘埃和冷气体构成的云。由于暗星云遮蔽了来自位于它们后面的恒星和亮星云发出的光才使这些暗星云被我们看见。暗星云是天空中形状最为奇异的天体。有些暗星云，例如猎户座中的马头星云是很小的，甚至用大型天文望远镜都很难看到它；另外一些暗星云，像南十字座中的煤袋星云却很大，肉眼都容易看到。

这些星云之所以黑暗无光是由于星云中的尘埃颗粒和冷的氢分子的存在所造成的。这些物质非常冷，暗星云内部温度仅仅大约10K，暗星云中最巨大的一些称为分子云，它们是恒星形成的区域。星云应该是冷的，或者说气体不会收缩成为恒星。幸运的是，气体坍缩产生的能量的绝大部分是被星云中尘埃粒子发射出去了。在某些时刻，在星云中一个局部区域中引力压倒反抗力，于是一颗恒星便形成了。

←鹰状星云M16。(Adam Block 用0.4米Meade LX 200天文望远镜拍摄)

精选的亮星云表

名称	赤经（2000.0）	赤纬（2000.0）	角直径	天区（平方度）
NGC 6523	18时04分	−24°20′	45′×30′	0.289
NGC 6514	18时02分	−23°00′	20′×20′	0.085
NGC 6559	18时10分	−23°59′	15′×10′	0.039
IC 1274	18时11分	−23°44′	20′×5′	0.025
NGC 6590	18时17分	−19°44′	4′×3′	0.003
NGC 6589	18时17分	−19°39′	4′×3′	0.003
NGC 6618	18时21分	−15°59′	40′×30′	0.137
NGC 6611	18时19分	−13°49′	120′×25′	0.268
S 54	18时18分	−11°59′	60′×30′	0.345
S 61	18时34分	−04°58′	2′×2′	0.001
S 71	19时02分	+02°09′	2′×1′	0.001
S 80	19时11分	+16°50′	1′×1′	0.001
S 93	19时55分	+27°17′	1′×1′	0.001
S 95	19时55分	+29°18′	1′×1′	0.001
C 173	20时00分	+35°18′	20′×15′	0.042
NGC 6888	20时13分	+38°19′	20′×10′	0.024
IC 1318B	20时28分	+40°00′	45′×20′	0.175
IC 1318A	20时17分	+41°49′	45′×25′	0.211
NGC 6914	20时25分	+42°19′	3′×3′	0.001
NGC 6914	20时26分	+42°23′	3′×3′	0.001
C 181	20时34分	+45°40′	13′×13′	0.028
IC 5067	20时51分	+44°21′	25′×10′	0.036
IC 5076	20时56分	+47°24′	7′×7′	0.007
IC 5146	21时54分	+47°14′	10′×10′	0.018
NGC 7023	21时02分	+68°12′	10′×8′	0.018
NGC 7129	21时42分	+66°04′	2′×2′	0.001
NGC 7380	22时47分	+58°01′	25′×20′	0.092
S 157	23时15分	+59°56′	3′×3′	0.001
NGC 7538	23时14分	+61°29′	8′×7′	0.011
NGC 7635	23时20分	+61°11′	15′×8′	0.025
NGC 281	00时53分	+56°30′	35′×30′	0.148
IC 63	00时59分	+60°56′	10′×3′	0.007
S 188	01时30分	+58°22′	10′×3′	0.004
IC 1795	02时26分	+61°59′	12′×12′	0.028
NGC 1491	04时03分	+51°19′	6′×9′	0.011
NGC 1624	04时41分	+50°26′	5′×5′	0.004
NGC 1499	04时01分	+36°38′	160′×40′	0.982
NGC 1432	03时46分	+24°09′	60′×40′	0.834
S 228	05时13分	+37°23′	2′×2′	0.002
NGC1931	05时31分	+34°12′	4′×4′	0.002
NGC 1952	05时35分	+22°02′	8′×4′	0.003
NGC 2175	06时10分	+20°29′	40′×30′	0.229
C 59	05时46分	+09°03′	3′×2′	0.002
NGC 2247	06时33分	+10°21′	2′×2′	0.001
NGC 2245	06时33分	+10°10′	2′×2′	0.001
NGC 2264	06时41分	+09°54′	10′×7′	0.014
NGC 1788	05时06分	−03°21′	2′×2′	0.002
NGC2261	06时39分	+08°43′	2′×1′	0.001
NGC2064	05时47分	+00°01′	10′×10′	0.007
IC 431	05时41分	−01°31′	8′×5′	0.011
IC 432	05时42分	−01°34′	10′×10′	0.021
NGC 2238	06时33分	+04°58′	80′×60′	1.042
IC 434	05时42分	−02°19′	90′×30′	0.504
NGC 2023	05时42分	−02°19′	10′×8′	0.010
NGC 1976	05时35分	−05°28′	90′×60′	0.923
NGC 1999	05时36分	−06°44′	2′×2′	0.002
NGC 2170	06时07分	−06°23′	2′×2′	0.001
NGC 2182	06时09分	−06°21′	3′×2′	0.002
S 288	07时08分	−04°15′	1′×1′	0.001
IC 2177	07时04分	−10°25′	20′×20′	0.081
C 90	07时05分	−12°16′	10′×10′	0.021
NGC 2467	07时52分	−26°28′	8′×7′	0.007
IC 4606	16时29分	−26°37′	60′×40′	0.546

注：本表选自贝弗莉·T·林兹（Beverly T.Lynds）所编的“Catalogue of British Nebulae”（亮星云表），该表中星云总数为1125，可从Astrophys，J.Suppl.（天体物理杂志增刊）1965年，第12期第163页中查找到。

本表列出的所有星云都有1等的亮度（最亮的等级）。

名称栏中：IC=Index Catalog; S=Sharpless H Ⅱ Regions，1959；C=Catalog of Diffuse Galactic Nebulae，Cederblad，1959。一个天体有两个名称如M16（NGC6611和IC4073），本表选用NGC的名称。

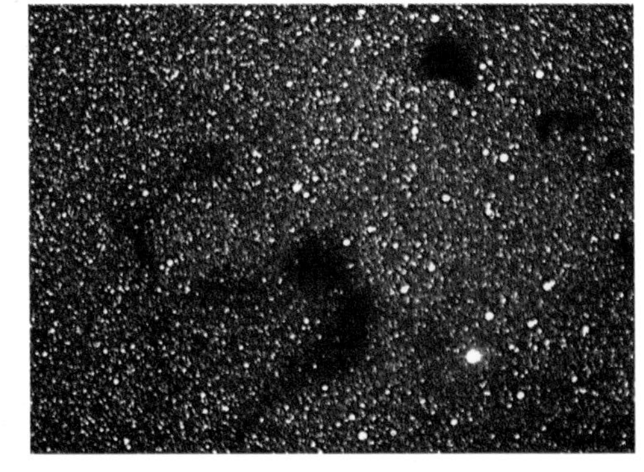

↑蛇夫座中的蛇状星云。（Celestron Fastar 8，焦比f/1.95，PixCe l 237CCD，用AP900装置，曝光120秒，在−3℃气温下未用导星设备，肯塔基州的Chris Anderson拍摄）

暗星云表

LDN序号	赤经（2000.0）	赤纬（2000.0）	所占天区面积（平方度）
1506	04时20.0分	+25°17′	0.334
1535	04时35.5分	+23°54′	0.111
1517	04时55.2分	+30°35′	0.051
1544	05时04.1分	+25°14′	0.109
1627	05时46.6分	+00°01′	0.063
1622	05时54.6分	+02°00′	0.122
1757	16时31.9分	−19°36′	0.061
1709	16时33.0分	−23°46′	0.099
43	16时34.5分	−15°50′	0.07
260	16时47.7分	−09°35′	0.074
158	16时47.8分	−14°05′	0.056
204	16时47.8分	−12°05′	0.167
162	16时49.1分	−14°15′	0.124
65	17时13.0分	−21°54′	0.088
100	17时16.0分	−20°53′	0.075
219	17时39.5分	−19°47′	0.084
513	18时10.6分	−01°33′	0.127
429	18时16.7分	−08°19′	0.068
570	18时26.6分	−00°28′	0.066
557	18时38.6分	−01°47′	0.181
530	18时49.7分	−04°47′	0.124
581	19时07.4分	−03°55′	0.072
673	19时20.9分	+11°16′	0.199
704	19时26.8分	+13°46′	0.097
694	19时40.7分	+10°57′	0.109
1262	23时27.0分	+74°17′	0.066

注：本表选自贝弗莉T・林兹所编的“Catalog of Dark Nebulae”（暗星云表）。该表收列星云总数为1791，可以在Astrophys.J.Suppl.7.p.1（1962）查找到。

本表所列的所有星云的不透明度均达到6级（最暗的等级）。这些精选的星云所占天区面积均大于0.05平方度。由林兹根据帕洛玛天文台巡天观测（POSS）所拍摄的其上有星云的专用照片比较星云相邻星场估算得出。星云赤纬从90°~−33°，为了比较，红片和蓝片都被用到，两种底片上都能看到星云以便记录。

美国天文学家爱德华・爱默生・巴纳德（Edward Emerson Barnard，1857—1923）编制了第一个暗星云星表：“A Photographic Atlas of Selected Regions in the Milky Way”（银河中若干天区的照相天图，华盛顿特区的349个暗星云。要注意的是，由于星表中天体的赤纬偏北，巴纳德并未将全天空中可能是最著名的暗星云——煤袋星云列入表中。煤袋星云赤经为12时53分，赤纬为−63°，位于南十字座中，它的视大小为400′×300′。

观测马头星云

在过去，一度曾把E・E・巴纳德星表的第33号星云（即马头星云——译注）看作是测验业余天文爱好者观测水平高低的判据。实际上，看到B33星云会使一位业余天文爱好者从“优秀的”业余天文观测者提升为“杰出的”业余天文观测者。今天，时代在改变，技术也在变化，马头星云对业余观测仍然是一个考验，不过，看见马头星云却不会使你成为传奇人物了。为了帮助你寻找出这个难以捉摸的天体的位置，这里提供若干启示。

（1）尽量使用你能够索要、租借或购买来的口径最大的天文望远镜。用口径125毫米的望远镜可以看见马头星云，但非常不容易。

（2）尽量使眼适应黑暗，这一点非常重要，尤其是当你使用中等尺寸的天文望远镜时（我发现如果你使用口径750毫米望远镜观测，让眼睛适应黑暗后再观测这件事就不显得那么重要了）。有些观测者用黑布盖在头上以使杂散光线减到最小。说到这里，你要确实搞定让猎户座ζ在望远镜现场之外。

（3）要使用Hβ滤光片，这种滤光片对你定出马头星云的位置是极好的辅助工具。你也可用它观测英仙座中的加利福尼亚星云和天鹅座中的蚕茧星云，不过，效果要好得多。

（4）手上必须有份星图，不过，有份所在天区的图像（照片的拷贝等）更好，要用马头星云周围的众恒星来判定出马头星云的形状，为了对比，要格外注意众恒星的可辨认出的图形。在伯纳姆所著的《天体手册》(*Burnham's Celestial Handbook*, Dover Pub- lications, NY, 1978)第二卷中有5张B33的照片，人们认为David Healy所拍摄的一张照片（第1344页）对于目视观测来说是最好的一幅。

(5) 开始可先找到IC 434星云。如果你不能够确定无误地找到这个星云，那么，你就不会看见马头星云，因为与IC 434相比，马头星云的反衬度是相当低的。

(6) 马头星云不是小型天体，它比你所想象的要大，尤其是当放大倍数在150倍以上时更是如此。

(7) 马头星云的可见情况与天空情况有非常紧密的关系，如果夜空视宁度很坏，就要在其他的夜晚再观测。

↑暗星云观测起来非常有趣味，这是E·E·巴纳德星表中的第86号星云，也称为B86星云。(澳大利亚维多利亚省东巴利昂的Steven Juchnowski摄。Celestron 11型天文望远镜，ST-7E相机，三色摄影RGB：红6倍，300秒，绿6倍，300秒，蓝6倍，450秒)

行星状星云

行星状星云是恒星演化的最常见的终端产物。质量像太阳的质量或比太阳质量略大的恒星在演化到接近它的生命终端即红巨星阶段时会抛射质量。在这个阶段，在比氢聚变为氦的反应温度更高的温度条件下，氦原子核聚变为碳原子核。

在短暂的时间阶段之后（噢，天文学中的说法），恒星的内核坍缩，恒星脉动起来，同时抛出它的外部气体包层的大量物质，遗留下的小星体变成为一个白矮星。抛射出的恒星气体包层演变成一个较冷的稀薄物质球壳，以每秒10~40千米的速度膨胀进入宇宙空间，它就是一个行星状星云。星云的质量为太阳质量的10%~20%。

遗留下的小星体（现在称为星云的核心星）非常热，温度达到200 000K，发射出大量紫外辐射，这种辐射使膨胀着的行星状星云物质电离从而发光。行星状星云生命很短，至少看起来如此。

由于壳层膨胀，白矮星虽然能够激发气体但只能达到一定距离。于是在1万~5万年后，行星状星云会停止发光，它虽然还在膨胀，但是我们已经不能再看见它了。大多数天文学家都同意，我们的太阳大约50亿年后的命运就是变成为一个行星状星云。

在我们银河系附近已知存在约1000个行星状星云。典型的行星状星云的直径小于1光年。

←仙王座中的范德伯格(Van den Beigh) 142星云。(口径12.5英寸Ritchey-Chretien天文望远镜，焦比f/7.5，Finger Lakes装置，1MG 1024相机，双帧Mosaic。康涅狄克州埃文城的Robert Gentler摄)

选自巴纳德星表的几个大暗星云

巴纳德星表序号	赤　经	赤　纬	大　小	常用名称	所在星座
B33	05时41分	−02.5°	6′×4′	马头星云	猎户
B42	16时29分	−24.3°	12′×12′	蛇夫ρ星云	蛇夫
B65/6/7	17时21分	−26.8°	300′×60′	烟斗(柄)星云	蛇夫
B72	17时24分	−23.6°	30′×30′	蛇状星云	蛇夫
B78	17时33分	−25.7°	200′×140′	烟斗(钵)星云	蛇夫
B86	18时03分	−27.8°	5′×3′	墨水点星云	人马
B87	18时04分	−32.7°	12′×12′	帕洛特的头星云	人马
B142/3	19时41分	+11.0°	110′×80′	巴纳德E星云	天鹰
B348/9	20时37分	+42.2°	240′×240′	天鹅缝隙星云	天鹅

←烟斗星云（Pipe）的东部。（安装在Vixen GP-DX赤道装置上的SBIC ST7e NABG照相机，带有SBIG CLA Nikon镜头，镜头口径70毫米，曝光15分钟，一组2″红绿蓝［RGB］滤光片在一次次曝光间手动切换。加利福尼亚州维伦西亚的Chris Woodruff摄）

←猎户座马头星云。梅尔·彼得森和贝蒂·彼德森以及亚当·布洛克用口径0.4米的Meade LX200型天文望远镜摄）

观测历史

1764年7月12日查尔斯·梅西耶发现了第一个行星状星云，把它列为他自己所编的星团星云星表第27号。我们现在把它叫作哑铃星云。过了15年才发现了下一个行星状星云。它就是著名的环状星云。它是于1779年1月被安托万·达尔奎尔（Antoine Darquire，1718—1802）发现的，他把它比喻为一颗“暗晦退光的行星”。

不是别人而是威廉·赫歇耳把这些天体称为行星状星云。由于这些天体在形状和颜色上类似于他在几年前发现的大行星天王星，所以他就把这些星云命名为行星状星云。也是威廉·赫歇耳于1790年发现了我们现在称为NGC 1514的行星状星云，它在金牛座中。赫歇耳还注意到星云中的一个亮的核心星，并且指明它和明亮星云物质之间的关系。

在后面我们介绍应用最为广泛的行星状星云的分类系统，它是于1934年由俄国天文学家鲍利斯·阿列克山德洛维奇·沃隆佐夫-维利亚米诺夫（Boris Alexandrovich Vorontsov-Velyaminov，1904—1994）建立的。对于结构更复杂的行星状星云用沃隆佐夫-维利亚米诺夫分类的组合也能够加以表征，例如一个既有环又有盘的行星状星云可以归类为4+2，一个有两个环的行星状星云的类型定为4+4。

←水母星云，2001年1月25日摄。（蒙大拿州博兹曼（Bozeman）市的Shane Larson、Mike Murray和NOAO/AURA/NSF的亚当·布洛克，使用口径0.4米Meade LX 200型天文望远镜摄）

←M97，夜枭星云。（NOAO/AURA/NSF的亚当·布洛克使用口径0.4米Meade LX 200型天文望远镜摄）

行星状星云的颜色

在1864年，当研究NGC 6543行星状星云的光谱时，英国天文学家威廉·哈金斯（William Huggins，1824—1910）发现星云的大多数光都是在两个波长即495.89纳米和500.68纳米发射的。对于那时的天文学家来说，这种发射是难以解释的，很显然会认为是由一种未知的物质或元素造成的。因为该物质仅在星云的光谱中看到，所以该物质被称为“氙”。1928年美国物理学家艾拉·S·鲍恩（Ira S.Bowen，1898—1973）证明，这种发射是已知元素的两个电离态之间的“禁戒”跃迁所产生的。特别指出，波长为495.89纳米和500.68纳米的光是两次电离的氧即OⅢ形成的。这两条光谱线连同波长为486.1纳米的Hβ谱线一起给出这些星云的特征颜色：蓝色，绿色，浅蓝-绿色或浅绿-蓝色。

行星状星云的沃隆佐夫-维利亚米诺夫分类方案

1 恒星状像
2 光滑圆盘
2a 光滑圆盘，向中心部分较亮
2b 光滑圆盘，亮度均匀
2c 光滑圆盘，有环状结构的亮迹
3 不规则圆盘
3a 不规则圆盘，亮度分布非常不规则
3b 不规则圆盘，有环状结构的亮迹
4 环状结构
5 形状不规则，类似弥漫星云
6 形状反常

一个特殊的行星状星云会呈现出什么颜色呢？这是个很难回答的问题。内布拉斯加州林肯市大草原天文俱乐部的大卫·奈斯里（Darid Knisely）概括如下：

问题在于占优势地位的OⅢ谱线的波长非常靠近我们主观感觉为绿色和蓝色之间的“边”，于是，人的主观感觉颜色只要一个很轻微的偏移，眼睛/大脑的分光反应就能够造成颜色显示成绿色或浅蓝色。对于少数行星状星云来说，另外一个因素是出现的Hβ辐射的数量。同丰富的OⅢ谱线相比，Hβ辐射通常是不多的。但是对于少数行星状星云，Hβ辐射的数量可能刚好充裕到使颜色感觉有点“偏移”向蓝色。

我要补充一个因素。我认为您观测行星状星云所在地的海拔高度也会影响你对行星状星云的颜色感觉，虽然这种影响不会太大。大气红化效应是真实的，在较高的海拔高度上观看到的行星状星云比靠近地平面所看到的行星状星云略微偏蓝。

←NGC 5189，在苍蝇座中的一个外形非常奇特的行星状星云，俗名叫作“旋涡行星状星云”。（这张图像的颜色［紫、红、绿、蓝］数据用C14和ST-9E相机取得，Steve Crouch惠予提供，紫色光数据则用C11，ST-7E照相机和AO-7导星镜取得。澳大利亚维多利亚省东巴利昂的史蒂文·朱可诺夫斯基摄，图像经过技术处理）

↑目视难以捉摸的在天猫座的行星状星云琼斯-伊姆伯逊1星云（Jones-Emberson 1），（Celestron Faster 8天文望远镜，焦比f/1.95，PixCel 237 CCD相机。这是由未导星曝光120秒的5张照片“跟踪和累积叠加”而构成的曝光600秒的照片。用周期误差改正过的AP 900装置，27.77℃。肯塔基州的克利斯·安德森拍摄）

星团中的行星状星云

在我们银河系中几百个球状星团中，仅在4个球状星团中发现了行星状星云。这些行星状星云是M15球状星团（在飞马座）中的Pease 1行星状星云；M22球状星团（在人马座）中的IRAS 18333-2357行星状星云；帕洛玛6球状星团（在蛇夫座）中的JaFu 1行星状星云和NGC 6441球状星团（天蝎座）中的JaFu 2行星状星云。（注：JaFu是两位发现者George Jacoby和L.Kellar Fulton姓氏的缩写。）观测这些行星状星云，尤其是观测JaFu1和JaFu2被一些业余观测者认为是极为严峻的挑战。彗星发现家和行星状星云的狂热观测家道格·斯尼德（Doug Snyder）提供了某些互联网网址以帮助更多的业余天文爱好者来观测这些行星状星云。如http：//www.black skies.com/pngcchallenges.htm可找到专门的网页。

由于行星状星云发生在一颗恒星生命的终点，因此仅有一个行星状星云是在疏散星团中发现的。疏散星团一般认为是种年轻的天体并且在行星状星云形成之前疏散星团已趋于瓦解而散开了。（如果你是一位资深的业余天文爱好者，你大概会猜测是“M46疏散星团中的行星状星云”，实际上它在M46星团中的出现只是一次偶然的排列。）这个行星状星云是NGC 2818，它是被当作年龄有点老的疏散星团NGC 2818A的成员而被发现的。

行星状星云的观测

数量最多的行星状星云是所谓的恒星样行星状星云，这些行星状星云的视大小非常小。所有行星状星云中有一半以上都属于恒星样行星状星云。其余的大多数行星状星云的视直径小于1″，大部分有趣的行星状星云的视直径都在20″～40″之间，这似乎是一个普遍规律。

对于观测的小行星状星云，挪威奥斯陆市的阿利德·莫兰德（Arild Moland）有极好的忠告，如下所述：

（1）为了成功地证认出由于太小而无法看出视圆面的行星状星云，要使用一个OⅢ滤光片来“闪视”对比用了滤光片的视场和未加用滤光片的视场。擎着滤光片在眼睛和目镜之间（务必使眼睛得到充分的调剂以解除疲劳），并移动滤光片使之移入和移出视场，当透过滤光片观看时，那个保持亮度不变或亮于其他恒星的“星”就是行星状星云。

（2）为了成功地证认出由于太小而无法看出视圆面的行星状星云，可使用一个衍射光栅。将光栅旋入目镜端或者举着光栅置于眼镜和目镜之间。行星状星云（它仅在几个分立的光谱线上发射光）不会像视场中一颗真正的恒星那样发射出连续光谱，因此行星状星云就会从群星中突现出来。

加利福尼亚州阿塔斯卡德罗（Atascadero）的肯特·华莱士（Kent Wallace）提供了如下的忠告：

当用OⅢ、UHC或Hβ滤光片闪视一个

星场寻找一个行星状星云时，一件很重要的事情是取一块黑布罩在你的头上以遮挡某些射到滤光片朝前的表面上的杂散光。这些滤光片反射掉那些照耀您双肩之上的星光，这些光线会降低你正试图观测的天体的星像质量。我使用过一块3英尺×3英尺的黑布，是我在交易会上买到的，它是一个既便宜又有用的观测用附件。对需要阻挡杂散光线的一般观测也是有用处的。我曾经听说过使用黑布观测深空天体你会获得半个星等的增益，我不知道这是否是真的，不过利用黑布肯定帮助了我。

那些使用中型甚至大型天文望远镜的观测者们可能希望尝试去观测艾利克·霍内卡特（Eric Honeycutt）所编的行星状星云高级星表中的天体，它们可从 http://www.icplanetaries.com/advanced.html 得到。

最后，肯特·华莱士编了一个行星状星云和可能的原行星状星云的俗名表，这个星表不是“正式的”。有些名称（如环状星云）是得到普遍认可和采用的，而另外一些名称（如水喷泉星云）则不是普遍采用的。有些则不止有一个俗名。现在你可以观测这个星表中的天体并且熟悉这些著名的天体的名称或者你给它们起个名字。

行星状星云M57的核心星的观测

在一个球状星团中定出一个行星状星云的位置是一场真正的挑战，而另一种类型的艰苦挑战是在环状星云中看到其核心星。用大口径天文望远镜和高倍放大率很容易显示出核心星，但是用中等口径的天文望远镜却很难看见核心星。为了完成

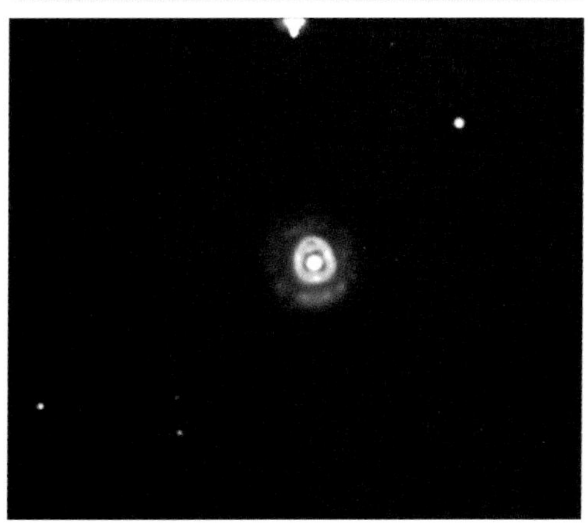

↑爱斯基摩星云，NGC 2392。(亚当·布洛克/NOAO/AURA/NSF摄，使用口径0.4米 Meade LX 200型天文望远镜)

↘行星状星云很美观！所有这些图像均是得克萨斯州丹西吉尔 Danciger 的 Al Kelly 所摄制。(参看阿里的CCD天文学，网址为 http://www.ghgcorp.com/akelly.)

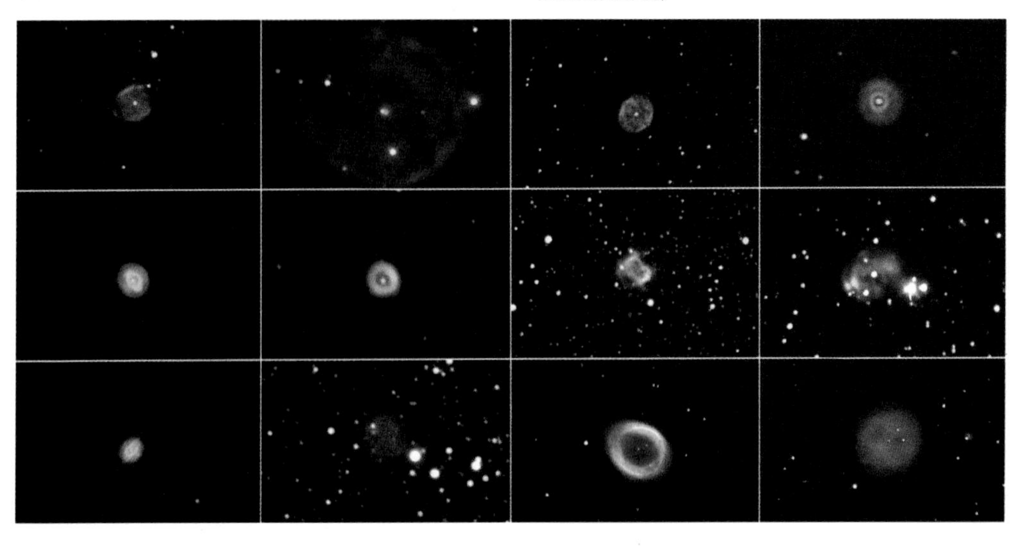

观测核心星这一壮举，查看亚利桑那州谢拉维斯塔市瓦丘卡（Huachuca）天文俱乐部的如下网址http: //c3po.cochise.cc.az.us/astro/deepsky02.htm是会有益处的。

如果可能，我补充少许想法。用我的话说，在较高的海拔高度，要有较好的大气透明度和较好的视宁度。看到核心星您需要极优的视宁度。要等到M57至少在天空上升到60°再观测，要采用放大倍数300倍以上的目镜。你要力求集中注意环状星云内的恒星和星云物质的差别对比。记下你能看见的最暗的场星。如果你不能看到15.7等刚好在星云边缘的暗星，你大概就不会看到核心星。注意场星的外貌，如果它们的星像是稳定的，则视宁度是优良的。信不信由你，依赖注意观察视宁度对场星的影响你能够预报核心星的外貌。

观测附注：如果你的望远镜具有直径500毫米或更大的镜面，不妨尝试一下去观测环内的第二颗更暗些的暗星，采用高倍放大率。

行星状星云和可能的原行星状星云的俗名表（肯特·华莱士编，2002年3月25日修订）

星云俗名	星表上的名称	赤经(2000)		赤纬(2000)		所在星座*
		(h)	(m)	(°)	(′)	
蚂蚁星云	M23	16	17.2	-51	59	矩尺
苹果核星云	NGC 6853(M27)	19	59.6	+22	43	狐狸
小爱斯基摩星云	IC 3568	12	33.1	+82	34	鹿豹
长柄亚铃星云	NGC 650/651	01	42.3	+51	35	英仙
闪光行星状星云	NGC 6826	19	44.8	+50	32	天鹅
蓝色闪烁星云	NGC 6905	20	22.4	+20	06	海豚
蓝色行星状星云	NGC3918	11	50.3	-57	11	半人马
蓝雪球星云	NGC 7662	23	25.9	+42	32	仙女
回飞棒星云	IRAS12419-5414	12	44.8	-54	31	半人马
蝶形领结星云	NGC 40	00	13.0	+72	31	仙王
盒子星云	NGC 6309	17	14.1	-12	55	蛇夫
小虫星云	NGC 6302	17	13.7	-37	06	天蝎
蝴蝶星云	M 29	17	05.6	-10	09	蛇夫
葫芦星云	CRL 5237	07	42.3	-14	43	船尾
坎贝尔之星星云	BD+303639	19	34.8	+30	31	天鹅
坎贝尔氢气星云	BD+303639	19	34.8	+30	31	天鹅
猫眼星云	NGC 6543	17	58.6	+66	38	天龙
CBS 眼睛星云	NGC 3242	10	24.8	-18	39	长蛇
欢乐星云	NGC 6337	17	22.3	-18	29	蛇夫
奶酪夹饼星云	NGC 7026	21	06.3	+47	51	天鹅
苜蓿叶星云	IRAS19477+2401	19	49.9	+24	09	狐狸
小丑脸星云	NGC 2392	07	29.2	+20	55	双子
软木塞星云	NGC 650/651	01	42.3	+51	35	英仙
棉花糖星云	CRL 6815	17	18.3	-32	27	天蝎
月牙星云	NGC 6445	17	49.3	-20	01	人马
水晶球星云	NGC 1514	04	09.3	+30	47	金牛
钻石星云	NGC 3242	10	24.8	-18	39	长蛇
双泡沫星云	NGC 2371/2372	07	25.6	+29	29	双子
双头弹星云	NGC 6853（M27）	19	59.6	+22	43	狐狸

续表1

星云俗名	星表上的名称	赤径(2000)		赤纬(2000)		所在星座
		(h)	(m)	(°)	(′)	(注)
哑铃星云	NGC 6853（M27）	19	59.6	+22	43	狐狸
蚀刻滴漏星云	MyCn 18	13	39.6	–67	23	苍蝇
蛋形星云	CRL 2688	21	02.3	+36	42	天鹅
八爆裂星云	NGC 3132	10	07.0	–40	26	唧筒
绿宝石星云	NGC 6572	18	12.1	+06	51	蛇夫
爱斯基摩星云	NGC 2392	07	29.2	+20	55	双子
胎儿星云	NGC 7008	21	00.5	+54	33	天鹅
脚印星云	M 1–92	19	36.3	+29	33	天鹅
老雄狮星云	IRAS09371+1212	09	39.9	+11	59	狮子
朱庇特之魂星云	NGC 3242	10	24.8	–18	39	长蛇
戈麦兹的汉堡包星云	IRAS18059–3211	18	09.2	–32	10	人马
绿色矩形星云	NGC 7027	21	07.0	+42	14	天鹅
耳机星云	JE 1	07	57.8	+53	25	天猫
螺旋星云	NGC 7293	22	29.6	–20	50	宝瓶
滴漏星云	MyCn 18	13	39.6	–67	23	苍蝇
哈勃双泡沫星云	Hb 5	17	47.9	–30	00	人马
柠檬片星云	IC 3568	12	33.1	+82	34	鹿豹
小哑铃星云	NGC 650/651（M76）	01	42.3	+51	35	英仙
小珠宝星云	NGC 6818	19	44.0	–14	09	人马
小鬼星云	NGC 6369	17	29.3	–23	46	蛇夫
魔毯星云	NGC 7027	21	07.0	+42	14	天鹅
假面具星云	MRSL 252	15	09.4	–55	34	圆轨
水母星云	Abell 21	07	29.0	+13	15	双子
闵可夫斯基蝴蝶星云	M 2–9	17	05.6	–10	09	蛇夫
闵可夫斯基脚印星云	M 1–92	19	36.3	+29	33	天鹅
夜枭星云	NGC 3587（M97）	11	14.8	+55	01	大熊
牡蛎星云	NGC 1501	04	07.0	+60	55	鹿豹
花生米星云	狮子座 CW	09	47.9	+13	17	狮子
虚幻条痕星云	NGC 6741	19	02.6	–00	27	天鹰
覆盆子星云	IC 418	05	27.5	–12	42	天兔
红矩形星云	CRL 915	06	20.0	–10	39	麒麟
红蜘蛛星云	NGC 6537	18	05.2	–19	51	人马
环状星云	NGC 6720（M57）	18	53.6	+33	02	天琴
朽蛋星云	CRL 5237	07	42.3	–14	434	船尾
樱花之星星云	人马座 V 4334	17	52.5	–17	1	人马
土星状星云	NGC 7009	21	04.2	–11	22	宝瓶
海马星云	K 3–35	19	27.7	+21	30	天鹅
蚕状星云	CRL 5385	17	47.2	–24	13	人马
脑壳星云	NGC 246	00	47.1	–11	52	鲸鱼
雪球星云	NGC 6781	19	18.5	+06	32	天鹰
瘦轮箍星云	IC 5148/5150	21	59.6	–39	23	天鹤
纺锤星云	IRAS 17106–3046	17	13.9	–30	50	天蝎
旋涡行星状星云	NGC 5189	13	33.5	–65	68*	苍蝇
螺卷星云	IC 418	05	27.5	–12	42	天兔
南蟹星云	He 2–104	14	11.9	–51	26	半人马
南枭星云	K 1–22	11	26.7	–34	32	长蛇
南环星云	NGC 3132	10	07.0	–40	26	唧筒
黄貂鱼星云	NGC 1357	17	16.4	–59	29	天坛

续表2

星云俗名	星表上的名称	赤径(2000)		赤纬(2000)		所在星座（注）
		(h)	(m)	(°)	(′)	
向日葵星云	NGC 7293	22	29.6	–20	50	宝瓶
龟状星云	NGC 6210	16	44.5	+23	48	武仙
核桃星云	IRAS 16594–4656	17	03.2	–47	00	天坛
喷泉星云	IRAS 16342–3814	16	37.7	–38	20	天蝎
水百合星云	IRAS 17245–3951	17	28.1	–39	54	天蝎
西方小溪星云	CRL 618	04	42.9	+36	07	御夫
白眼豌豆星云	IC 4593	16	11.7	+12	04	武仙

*原书误为-65°68′，应为-65°59′。——译者

注:“所在星座”为译者所加。

↑罗伯特·根特勒（康涅狄克州埃文城）叙述如下：“在英仙座中加利福尼亚星云，是用安装在我的圣大巴巴拉仪器ST20 CCD相机上的Nikon 300毫米镜头拍摄的。我拍摄的图像许多是LRGB四色的。这意味着含有天体细节和分辨率的数据的图像亮度是同颜色（RGB)联在一起的。比如加利福尼亚星云，亮度（L)既含有红滤光片又含有Hα滤光片的数据，因为发射星云的所有数据都可在这些波长上找到，于是，曝光时间为（Hα+R)RGB=(90+70)：10：10：20分钟。”

7.6 星团

星团是由它们公共质量中心的引力作用而松散地聚集在一起的恒星群。星团有三种类型：星协、疏散星团和球状星团。星协含有约数十颗恒星，除了星的数目较少之外，星协在许多方面都和疏散星团类似。本章的讨论集中在另外两种类型的星团。

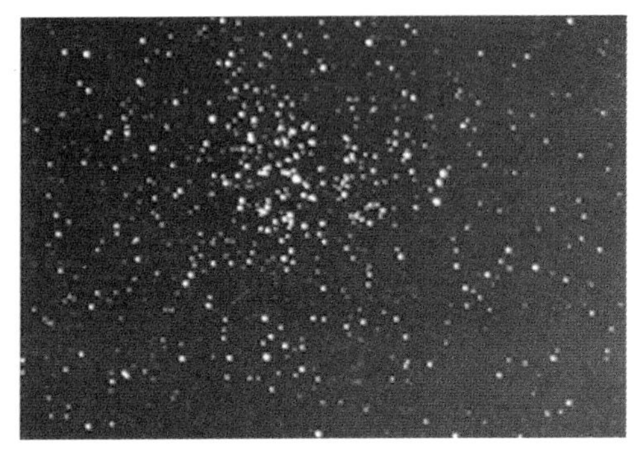

↑M37，御夫座中的疏散星团。（加利福尼亚州维伦西亚市Robert Kuberek摄）

疏散星团

位于我们星系——银河系的圆盘之内的疏散星团也称为银河星团。在很久以前人们就已认识了疏散星团。历史上对蜂巢星团（译注：Praesepe为拉丁语，意思是牲畜槽，因为在二十八宿的鬼宿中，所以我国常译为鬼星团）、昴星团和毕星团曾有过大量记述。托勒密曾经提及过后发座中的Melotte Ⅲ星团和天蝎座中的M7星团。一直到伽利略将他的望远镜瞄向蜂巢星团才发现这些天体是由许多单独的恒星构成。

星少的疏散星团含有恒星不足一百颗，而星多的疏散星团会有恒星数千颗。疏散星团是由星云（我们能够见的由气体和尘埃构成的美丽的云）形成的。所有的疏散星团都是比较年轻的天体，一般说，不超过几亿年。原因在于，经过足够的时间后星团里的恒星就会逸散开去。这是由于星团内的引力相互作用之故。如果我们能够从一个单个的疏散星团的形成开始就跟踪它的话，那么我们就会看到，在它自始至终围绕银河系中心运行的旅行过程中众恒星会逸散开。疏散星团中的恒星主要是些温度高的热星和富含重元素（这是一个天文学家说话的方式，他把除了氢和氦之外的所有元素均称为重元素）的恒星。在作者写到这里的时候，人们已经发现了大约1700个疏散星团。

美国天文学家哈洛·夏普莱（Harlow Shapley，1885—1972）创立了一个疏散星团的分类系统。他的分类系统非常简单，概括地描述了星团的恒星丰富程度和向中心的聚集程度：

c——非常松散，形状不规则

d——松散，星数稀少

e——星的丰富度中等

f——恒星相当丰富

g——恒星非常丰富，聚集度高

一个更细致的分类系统是罗伯特·朱利叶斯·特隆普勒（Robert Julius Trumpler，1886—1956）于1930年在利克天文台提出的。这一分类系统有三部分，第一部分涉及

↑NGC 1763/69，天龙座中的一个星团的星云天区。（LRGB：L=R+G+B，R600秒，G600秒，B900秒，用安装在Celestron 11型天文望远镜上的ST-7E相机拍摄。澳大利亚维多利亚省东巴利昂市的史蒂文·朱可诺夫斯基摄）

星团的恒星聚集度，第二部分涉及星团中众恒星的星等范围，第三部分是星团呈现出怎样的丰富度。

第一部分——聚集度

Ⅰ：星团中的恒星分散，向心聚集度强

Ⅱ：星团中的恒星分散，向心聚集度弱

Ⅲ：星团中的恒星分散，不向心聚集

Ⅳ：星团中的恒星不能与周围的场星明显地分离开

第二部分——星等范围

1：星的亮度范围小

2：星的亮度范围中等

3：星的亮度范围大

第三部分——丰富度

p：贫乏，星数少于50颗

m：适中，星数50～100颗

r：富裕，星数多于100颗

↙仙后座中一个发射星云和一个疏散星团的复合天体NGC 281。(口径12.5英寸Ritchey-Chretien天文望远镜带一Finger Lakes装置，IMG 1024 CCD相机，曝光时间LRGB为40：10：10：10秒，康涅狄克州埃文城的罗伯特·根特勒摄)

如果在特隆普勒分类等级之后附有字母n，则表示有星云与星团伴生在一起。

在国际互联网 http：//obswww.unige.ch/webda/navigation.html 可以找到疏散星团的众多介绍。（滚动到底部查找标识为“Archive Date Files”的方框，单击“NGC”），在这个网址内包含大量的疏散星团的扫描图像和绘制的图像，星团的范围，它们的位置和相对亮度都能容易地查到。

疏散星团的观测

疏散星团是很漂亮的，这就使得一些初级的天文爱好者们对它产生了浓厚的兴趣，不过许多资深的天文爱好者也花大量时间去观测疏散星团。至于业余天文学的其余内容你可能让它远离你的选择范围。

同其他的深空天体比较，疏散星团是比较大的，这意味着你将使用宽视场低放大倍数的目镜。有些疏散星团足够大、足够亮，以致使用双筒观剧望远镜都会有很令人满意的图像。我曾经用我们的7×50和15×70的双筒观剧望远镜观测过几百个星团。我的洛杉矶友人鲍勃有一架宫内（Miyauchi）牌20×100毫米的双筒望远镜，配有两个目镜，第一个筒镜有2.5的视场，放大24倍，高倍率的那个目镜则提供1.8的视场和放大37倍。这可能是观测疏散星团的最基本的仪器。

↑M11，盾牌座中的一个富疏散星团。（曝光31分钟，全色2415底片，Celestron14型天文望远镜，焦比f/7。1989年10月22日于亚利桑那州纳科市[Naco]，亚利桑那州David Healy摄）

在疏散星团的彊界以内你可能会发现一些有趣的天体。取M46为例，在船尾座中这个富疏散星团中有一个亮行星状星云。用中等口径的天文望远镜就能够很容易地把它显现出来。在其他的疏散星团中有行星状星云、弥漫星云甚至还有小星团在主星团的疆界之内或者在疆界附近。此外，还富含双星、有趣的小星群。

观测一个疏散星团要花费一些时间。要严密检查视场，试着辨认位于场星附近的星团的成员星。在许多情况下这是容易做到的。不过在银河区域内做到这点却是一种真正的技巧。大口径天文望远镜有时也会阻碍

↑巨蟹座中的蜂巢星团，也称鬼星团或M44星团，从一个相当黑暗的地点用肉眼就容易看到的一个疏散星团。（加利福尼亚州维伦西亚城的Robert Kuberek摄）

星团的证认，大天文望远镜会使很多背景星变为可见因而使人疑惑难以判定。

观测竞赛题： 试着去观测昴星团中昴宿五（金牛座）23周围的星云。

望远镜口径不同和疏散星团的观测

亚利桑那州谢拉维斯塔市的Medkeff有如下的说法：

“我曾经注意到列入赫歇耳400星表中的至少有几个疏散星团在用口径450毫米或500毫米望远镜观测时是混乱一片，是真正的失败，但是同一星团在用口径125毫米到200毫米的望远镜甚至用大的寻星镜观测时，却成为珍品，非常成功。

我认为原因是背景星同较大望远镜所看到的无用的暗星混杂在一起，这就是说，你要选用能使望远镜视场中包含星团成员星的大多数与少数背景星产生区别的口径才能得到良好的星团形象。依我看，似乎是有些望远镜能让这类星团看起来要大于星团周围的广大的真实地盘——大望远镜刚好不能提供的视场尺寸。我认为必须做到使松散的星团的视密度达到最大，不过我不敢肯定。无论如何，上述事实会成为为什么并非所有的观测者都喜欢用较大口径望远镜的另外一个理由。”

球状星团

球状星团是另外一种主要类型的星团。这类天体的形状是球形，恒星的向心聚集度极大，球状星团中的恒星比疏散星团的恒星要多，大约有几万到一百万颗恒星。球状星团是年老的天体，大多数的年龄都在百亿年以上，其中的恒星的重元素贫乏。

50个亮疏散星团

名　称	星　座	星　等	名　称	星　座	星　等
M45	金牛	1.6	M37	御夫	6.2
M7	天蝎	3.3	NGC 1545	英仙	6.2
M44	巨蟹	3.9	M50	麒麟	6.3
NGC 869/884	英仙	4.4	NGC 6940	狐狸	6.3
NGC 2244	麒麟	4.8	NGC 457	仙后	6.4
NGC 2362	大犬	4.8	NGC 7243	蝎虎	6.4
M41	大犬	5.0	M21	人马	6.5
M47	船尾	5.0	M36	御夫	6.5
M39	天鹅	5.3	M93	船尾	6.5
NGC 2244	麒麟	5.3	NGC 129	仙后	6.5
NGC 6633	蛇夫	5.3	NGC 654	仙后	6.5
M6	天蝎	5.5	NGC 752	仙女	6.5
M35	双子	5.6	NGC 663	仙后	6.5
NGC 7686	仙后	5.6	NGC 1528	英仙	6.5
M34	英仙	5.8	M16	巨蛇	6.6
M23	人马	5.9	M46	船尾	6.6
M48	长蛇	6.0	NGC 1027	仙后	6.7
NGC 1647	金牛	6.0	NGC 2343	麒麟	6.7
NGC 1746	金牛	6.0	NGC 2423	船尾	6.7
NGC 1981	猎户	6.0	NGC 7209	蝎虎	6.7
NGC 2264	麒麟	6.0	NGC 7789	仙后	6.7
NGC 2301	麒麟	6.0	M11	盾牌	6.8
M67	巨蟹	6.1	NGC 7036	天鹅	6.8
NGC 7160	仙王	6.1	M103	仙后	6.9
M25	人马	6.2	M38	御夫	7.0

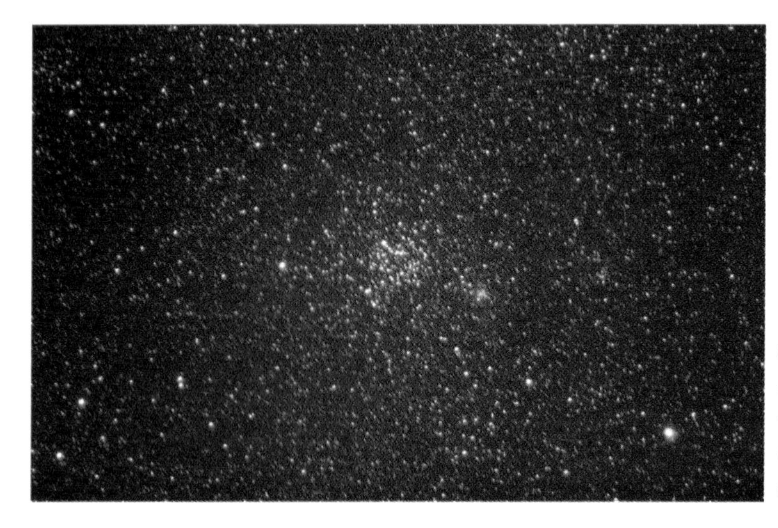

←双子座中的M35。(柯达上等彩色底片200，尼康F2型相机配105毫米镜头，德国克龙贝格(Kronberg)的UlrichBeinert摄)

真正使球状星团受到注意的是它的位置。疏散星团位于我们银河系的旋臂之中(银河系圆盘)，球状星团则围绕银河系呈球状分布。这种结构通常称为“晕”，不过这个词也用来表述一个星系的中心核球的外部区域。研究球状星团在天蝎座-人马座天区附近的分布使得哈洛·夏普莱正确地断定我们银河系的中心必然在天蝎座-人马座天区的方向。大多数球状星团围绕银河系中心运行的轨道都有很大的偏心率。

人马座中的一个美丽天体M22是于1665年首次被发现的球状星团。20年以后巨大的半人马座ω星团被哈雷观测。今天，已知在我们银河系周围约有200个球状星团。在许多其他星系周围也观测到了球状星团，例如室女座中的巨椭圆星系中含有1000多个球状星团。

在20世纪，根据对大量球状星团所作的研究，哈洛·夏普莱和海伦·索耶尔(Helen Sawyer，1905—1993)创立了一种球状星团的分类方案。在夏普莱-索耶尔的分类系统中，用罗马数字从Ⅰ~Ⅻ代表星的聚

←M22，人马座中美丽动人的球状星团，它是首次发现的球状星团。(亚当·布洛克用口径0.4米Meade LX 200型天文望远镜摄)

↑M92，武仙座中"俯视的"球状星团。（亚当·布洛克用口径0.4米Meade LX 200型天文望远镜摄）

除了刚刚说的形状为圆形的球状星团之外，还存在大量待观测的球状星团。要细心地注意每个球状星团的形状。有些略呈椭圆形，有些似乎有"臂"伸展到总的恒星聚集范围之外。你甚至可以把特隆普勒对疏散星团的分类方案的三条判据应用在球状星团上：

（1）星团的聚集度是什么样？

（2）星团中恒星的亮度范围是什么样？

（3）星团的丰富度是什么样的？

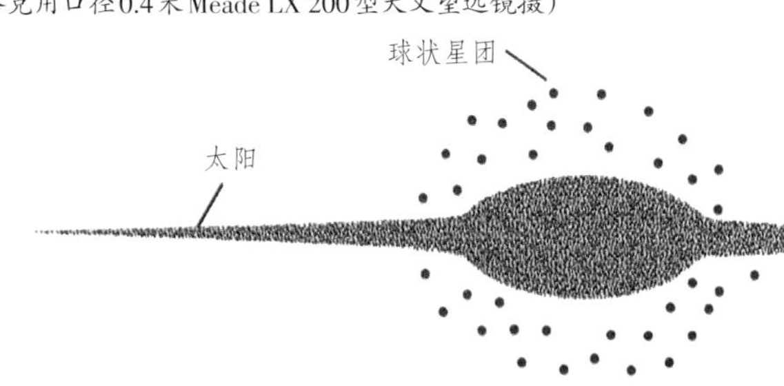

←球状星团围绕银河系中心呈球状分布（霍莉·Y·白凯奇绘）

集度，Ⅰ表示聚集度最高，而Ⅻ表示聚集度最低。

球状星团的观测

在形形色色的深空天体中没有比球状星团更为吸引观测者了。甚至有经验的天文爱好者都认为，球状星团是对观测最有回报的天体。原因很容易理解。许多球状星团很亮，甚至用市区的观测设备都可以看见，而在一个暗黑的地方观测时，这些球状星团的详细情节更为引人注意。用较高的放大率观测会使这些球状星团观测达到全新的水平。模糊的绒毛状的天体会分解为许多单独的闪光的光点，形成错综复杂的图案。细心的观测者用足够大的天文望远镜还会看到混在多星的背景中的暗淡的行星状星云。

当观测球状星团时，开始要把注意力集中在蛇夫座、天蝎座和人马座。在这三个星座中可以找到70个球状星团。已知的银河系的球状星团中超过三分之一都位于一个仅占全天视场5.6%的窄小的天区之内。

25颗亮球状星团

球状星团名	另名	视星等
NGC 5139	半人马座ω	3.9
NGC 104	杜鹃座47	4.0
NGC 6656	M22	5.2
NGC 6397		5.3
NGC 6752		5.3
NGC 6121	M4	5.4
NGC 5904	M5	5.7
NGC 6205	M13	5.8
NGC 6218	M12	6.1
NGC 2808		6.2
NGC 6809	M55	6.3
NGC 6541		6.3
NGC 5272	M3	6.3
NGC 7078	M15	6.3
NGC 6266	M62	6.4
NGC 6341	M92	6.5
NGC 6254	M10	6.6
NGC 7089	M2	6.6
NGC 362		6.8
NGC 6723		6.8
NGC 6388		6.8
NGC 6273	M19	6.8
NGC 7099	M30	6.9
NGC 3201		6.9
NGC 6626	M28	6.9

观测启示：有许多球状星团尤其是列在梅西耶星表的那些是用肉眼可以看见的，你能看见多少个？

就分辨率而论，你的望远镜越大，球状星团中的恒星可被分辨出的就越多，用中等

↑M12，蛇夫座中的球状星团。（得克萨斯州休斯敦市的Ed Grafton使用Celestron 14型天文望远镜和ST5c CCD相机拍摄）

尺寸的天文望远镜你能够计数出离开星团中心密集部分的恒星有几打甚至几百个。至少有两个球状星团（半人马座ω星团和杜鹃座47星团），细心计数出的恒星数可达数千颗。

洛韦尔天文台的布利安·斯基夫宣称：

“指出一个球状星团是‘已充分分辨了的’是在你的天文望远镜具有的极限星等处于或低于球状星团赫罗图的水平分支的星等水平的时候。原因很简单，在某一给定星等间隔内的恒星数目会突然跃升到水平分支的星等间隔内的恒星数。

让我们来探讨一下这是什么意思。在赫罗图上标出球状星团的恒星如图所示。

一般说来，图的垂直轴用绝对星等作单位，但由于球状星团的全部恒星大致上处在同一距离，因此我们可以等效地采用视星等作单位。注意如果你的天文望远镜的极限星等为13等，你会看见一个“保守的”恒星数。星等为14等时，星数开始变得引人注意。然而，如果极限星等是15等，那么水平分支的所有恒星便都是可以看见的，在这一点球状星团是“已充分分辨了的”。

正如较早时说过的，许多其他星系都拥有球状星团。对于大型的业余天文望远镜来说，观测河外星系的球状星团是一个极好的

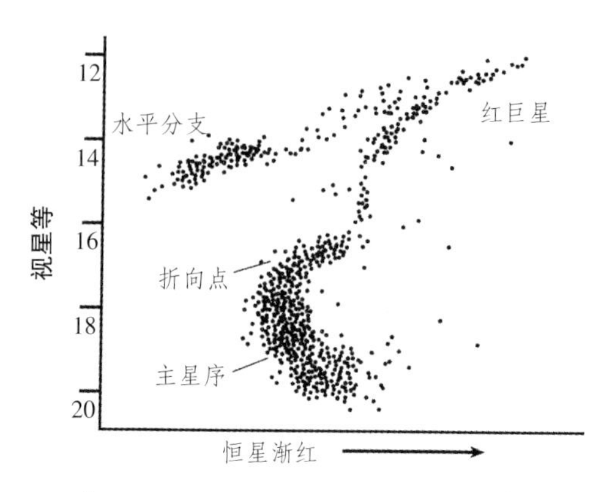

↑球状星团的赫罗图。（霍莉·Y·白凯奇绘）

设想。致力于这一观测宗旨的一个极优的资料源可以在吉姆·席耳兹（Jim Shields）所运作的“Adventures in Deep Space”网址上找到。可查互联网上的http：//www.angelfire.com/id/jsredshift/gcextra.htm网址上专门网页。

↑杜鹃座47（NGC 104）。最大的球状星团之一，位于赤纬72°S，非常靠近小麦哲伦星云。（用安装在Celestron 11型天文望远镜上的ST7E相机拍摄，曝光时间600秒（R），600秒（G），900秒（B）。澳大利亚维多利亚省东巴利昂市史蒂文·朱可诺夫斯基摄）

7.7 星系

↑ NGC 4565。(亚当·布洛克，用口径0.4米的Meade LX200天文望远镜摄)

人们可能会惊奇由高达十亿颗或者更多的单颗的太阳组成的星系怎么会如此难以观测。当然，答案很简单，因为距离太远。除了少数星系之外，星系距离都非常遥远，以致使它们看起来既小又暗。有经验的观测家们把观测暗星系看作是一种挑战。我认识一位天文爱好者，他的天文望远镜的性能不断提高，由口径200毫米（8英寸）到口径300毫米（12英寸），随后又提升到400毫米（16英寸）。当我写这本书时，现在他使用的是一架口径600毫米（24英寸）的天文望远镜。每启用一台新望远镜，他所观测到的星系越来越暗，经常会恰好达到望远镜观测能力的极限。

我不太赞成这种无节制的竞赛式的观测模式。好吧，反正有很多的星系要出局，而且有些还是相当亮的星系。亚利桑那州旗杆镇的布利安·斯基夫已经编了一部亮星系星表，其中一些星系是星空画廊中的精美展品。本书附录E引入了布利安的亮星系表。

除了星系的星等之外，你还必须要考虑星系的表面亮度，它是指星系总亮度除以星系的面积。表面亮度用每单位面积的亮度来量度，通常用每平方角分或每平方角秒多少星等来表示。

亚利桑那州谢拉维斯塔的杰夫·米德凯夫创出了一项简单的经验定则来帮助他确定所要观测的星系有怎样的难度。他把累积星等乘以表面亮度，这样一来就会得到一个数（没有单位，仅是一个数）。这个数越高，星系越难以看到。杰夫强调说，这不是一项过硬的稳定的法则，但是它却似乎能够提供一个难度的判据。

在我们的经验中，感到存在一些因素，它们会帮助你确定在观测星系期间怎样安排得更好。现在把其中六个因素在这里略加讨论。

（1）望远镜口径举足轻重

如果你试图用一架口径100毫米（4英寸）的望远镜去观测星系，你的观测记事簿还会填满关于星系的粗略形状和中心凝聚程度的观测报告以及像“暗示着”、“小而暗”之类的描述性词语，那么你就会成为地球上人们所看到的最伟大的观测家了。没有办法解决这种难题。如果你想观测星系，我认为，除了你要在目镜端花费时间之外真正要做的事是，你必须换用大天文望远镜。

（2）要忍耐

罗马不是在一天内建成的。星系不会在一分钟之内便献出它的奥秘。开始要注意观察星系的总体形状。它是圆形的？卵形？矩形？三角形？（在这个阶段，这些描述都是有意义的。）接下来要注视星系的亮度分布方式，有中心凝聚区？在其他部分有较亮的区域吗？还要注意视场中的众恒星。星系或星系的较亮部分同这些场星相比是什么样？

（3）尽快改变放大倍数

不管使用什么样的放大率的目镜，你必须锁定你想要观测的星系的位置，然后开始增大放大倍数。依我的看法，一位观测新手所犯的一个最大错误就是，相信较低的放大倍数会使星系容易看见。实际上，使用较高放大倍数会提高星系和天空背景之间的对比度，使星系更容易看见。至于为什么会是这样的，罗杰·N·克拉克（Roger N.Clark）的杰作《深空天体的目视天文学》（*Visual Astronomy of the Deep Sky*）中作了冗长的讨论。

（4）不要轻易放弃

在目镜旁的观测经验绝不比你观测星系所花的时间更重要。对我来说，当我第一次观测看起来像个没有一定形状的小斑块的东西，现在却能发现其丰富的细节。

观测忠告：观测星系时，特别是观测像后发座和室女座那样的富含星系的天区时，要细心核查视场，你的望远镜有可能会看到你的星图上没有标示出来的星系。

（5）滤光片和星系

星系是由许多不同类型的天体组成的，因此星系的光谱实质上是连续光谱。对这样的天体使用任何种类滤光片都会“消去”星系正在发射的部分光线，这就会使得一个暗的星系更难观测到。在少数情况下，被光线“污染”的滤光片可能会有助于观测者，不过如果你拥有的是一具小望远镜，那么这种滤光片对观测星系也是无用的。使用大天文望远镜的幸运儿、许多深空天体观测家们，

←NGC 4449。（亚当·布洛克使用口径0.4米的Meade LX 200型天文望远镜摄）

↑ NGC 1300。(亚当·布洛克用0.4米口径的Meade LX200天文望远镜摄)

喜欢使用82埃的蓝光滤光片观测星系，因为这种滤光片能抑制极光的光辉（地球上层大气的天然光辉——不包含极光爆发）。

内布拉斯加州的业余天文学家、目镜滤光片专家大卫·奈斯里有这样的说法：

在将放大倍数增至中等放大倍数时，采用宽带滤光片观测星系至少是有点益处的，尽管没有达到观测星云时所达到的同样效果。我曾经注意到这样做对观测较大的星系或更弥漫的星系如M33，M101，M81，NGC 253，NGC 2403等是有所改善的，对其他星系，增大放大倍数对揭示星系细节似乎是有效的（它冲淡暗弱的天空背景光，放大星系星像的尺度，使得观看星系暗弱的细节容易些）。有些星系的旋臂包含HⅡ区，不过这些HⅡ区对旋臂的可见光的贡献不像旋臂中的亮星云的贡献那么大。描出恒星群迹象的明亮的旋臂所发出的连续辐射是足够连续的，因此不会被滤光片大大增强。星系中较亮的蓝星的辐射不是足够“高”到允许这些滤光片增强它们的辐射，像这些滤光片对星云的发射线所做的那样。

杰夫·米德凯夫补充说：

因为对蓝光敏感的照相乳胶会使旋臂突显，这样一来，也许一个蓝滤光片会是有助益的。我曾经用过两种（亮的和暗的）蓝滤光片观测较亮的旋涡星系，在提高旋臂的对比度方面有几年是非常成功的。结果似乎是不够肯定，但对某些星系的情况是有一定的益处的，它不完全像使用窄带滤光片观测星云那样有生动的效果，但比起用一个LPR观测星系来却有更加戏剧性的效果。对于那些拥有大天文望远镜（譬如说在夜空很黑的条件下的一架22英寸的望远镜）的观测者一开始便要将最好的滤光片和一个大的观测目标实例联系起来。我可以从我的朋友那里获得使用大望远镜的全部观测时间，因此我用不着做这类事，但是我向你保证，它决不是浪费时间。

(6) 天空将决定成败

在你所能控制的因素之外的一个因素

←MGC 891是亮得肉眼可以看见的一个星系，这是一幅较好的图像。(亚当·布洛克使用口径0.4米Meade LX 200型反射望远镜摄)

←草帽星系 M104。(唐·斯托兹，迈克·福特和亚当·布洛克使用口径 0.4 米 Meade LX 200 型反射望远镜摄)

是，你的望远镜能不能在给定的夜晚提供一个质量上等的星像。正如观测行星、双星或某些天体那样，视宁度限定了天体上有多少细节能被看到。

有些天文爱好者相信，因为星系是延伸状天体，视宁度对星系观测不能像对双星观测那样起着那么大的作用。星系作为整体相对较大的确是事实，但是视宁度不佳时，你想看到星系中的细节（旋臂结构、恒星凝聚度等）却是不可能的。那些细节是在天空视宁度掌控下的。

星系的分类

今天我们深深受惠于杰出的美国天文学家爱德文·哈勃（Edwin Hubble，1889—1953）的工作，他创建了简明的星系分类方案。他在 1922 年写的论文中最早提出这一方案，4 年以后他阐释了这一分类方法并补加上一些图解，最后，在 1936 年他的著作《星云王国》（*The Realm of the Nebulae*，Yale University Press Haven，New Haven，CT）对这一分类方案作了稍加展开的解释。在这本书中首次出现了著名的“音叉”式分类图。

哈勃描述了几种不同的主要星系类型。他的分类方案中星系分为三种类型：椭圆星系、旋涡星系、棒旋星系，还可以提出哈勃分类的第四种星系类型（在音叉图之外），这第四种星系类型是“不规则星系”，每个不规则星系基本上都不在星系音叉图上。

像我们银河系这样的旋涡星系，依据它们的形状和核球的相对大小又细分为几种次型：正常的旋涡星系的几种次系，各标记为 Sa，Sb，Sc，而那些在旋臂的内部区域伸展出一个棒状结构的星系的次型则标记为 SBa，SBb，SBc。旋涡星系的特征是在它的星系盘中出现气体，这表明有恒星还在形成中，因此是一年轻的星族。通常在星系密度低的天区可以找到旋涡星系。在这些天区，旋涡星系的纤细的形状才得以避免因受到邻近星系的潮汐力的作用而分裂开来。

椭圆星系则依据它们的椭率的大小分为 E0，E1……直到 E7 类次型。它们亮度均匀，类似于旋涡星系中的核球，但是没有星系盘。这些星系中的恒星是些星系中的恒星，没有气体存在。椭圆星系通常可在星系密度高的天区内或者在星系团的中央找到。

星系音叉图的修订

当我向洛韦尔耳天文台的布利安·斯基夫问起关于在星系音叉图上一个代表一种星

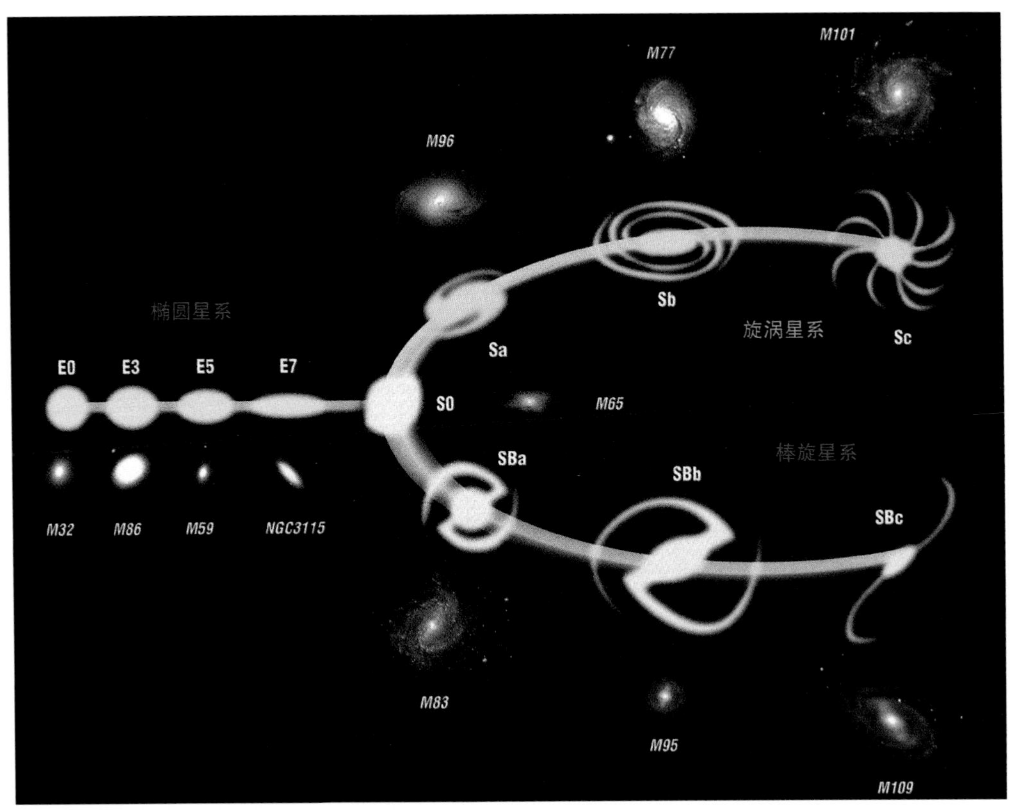

↑哈勃的音叉分类图。虽然现在它已过时，但它仍然是最为广泛接受的分类方案。(霍莉·Y·白凯奇绘)

↑M87，室女座星系的主宰星系。2001年1月25日。(蒙大拿州博兹曼市的莎恩·拉尔森和迈克·莫雷以及亚当·布洛克使用口径0.4米Meade LX200型天文望远镜摄)

系类型的实例时，他提出了一些关于为什么该分类系统不再被天文学家们应用的一些观点：

“不幸的是，哈勃分类系统大部分是根据那些光度的对称的星系，然而在邻近的宇宙空间中它们却是很少数。这就是‘星系音叉’方案不是很好的分类方案的原因，哈勃没有看到足够多的星系。”

在1959年，法国天文学家热拉尔·德·沃库勒（Gerard de Vaucouleurs）出版了一部哈勃分类方案的修订版本，这是一种对星系类型的详尽得多的分析，包括4种星系类型。麦哲伦类型（麦哲伦星云是这类星系的典型）后来被从不规则星系中区分出来形成它自己的单独一类。不同星系类型所占的百分比也修订了。最新近的资料表明，总体星系中大约三分之一有棒状结构，大约三分之一没有棒状结构，大约三分之一是形形色色的混杂情况。

布利安继续说道：

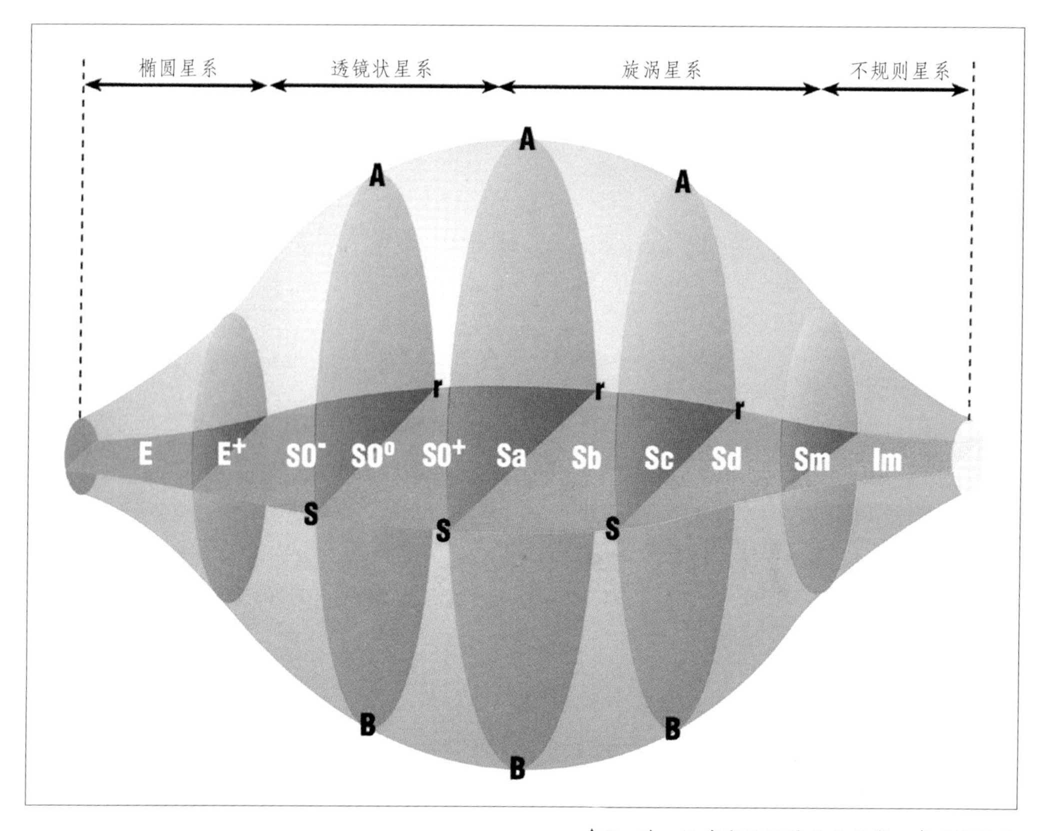

↑G·德·沃库勒的星系分类方案。在顶部的是通常的旋涡星系（标识为A）；底部的是棒旋星系族（标识为B），在近侧的是S型星系类（标识为S）；在远侧的是有环的星系类（标识为r），在最右端，Im代表麦哲伦型不规则星系。（霍莉·Y.白凯奇绘）（译注：在左端，E代表椭圆星系。）

星系分类方案比较

哈勃的初始分类						
类型	E	SO	SASB	SC	不规则型	特殊型
百分比（%）	23.4	21.0	24.4	26.3	3.4	1.5
德·沃库勒的分类						
类型	E	Sa，SBa	Sb，SBb	Sc，SBc	I	
百分比（%）	17	19	25	36	2.5	

“德·沃库勒的分类系统采取音叉结合沿手柄方向伸展的纺锤形，因此代替音叉的是一个环形的变形的框。绕着从‘正常’星系到棒旋星系的变形框。”

星系的观测

正如你从前几章中已经了解到的，我喜欢观测多种不同类型的天体，不过，排在我的观测计划表前列的常是旋涡星系，令人遗憾的是我的口径100毫米的反射望远镜无法让我看清，只有用大天文望远镜才能看到的众多细节。按实际条件，要能够揭示星系的最起码的细节，望远镜口径最低限度也要200毫米。对于本书中所介绍的许多星系来说，望远镜的口径没有上限。这个规则的例外是像M31那样的较大星系。

详细的旋涡结构的目视观测（做到像观看星系相片那样）要求一架大天文望远镜。对于这种观测，我个人偏爱好使用口径500毫米以上的天文望远镜。用小仪器我时常看到许多“有杂色斑点的花样”，它可能表明旋臂的存在但又不能认定它们是真实性观测。

←NGC4725。（亚当·布洛克使用口径0.4米Meade LX200反射望远镜摄。）

用中等尺寸的天文望远镜能成功地观测到星系细节（除M31外）。我热衷于观测梅西耶星系M33（在三角座）、M 51（在猎犬座）、M64（在后发座）、M81（在大熊座）、M83（在长蛇座）、M101(在大熊座）、M106（在大熊座）和M108（在大熊座）。我非常感激Meade仪器公司在写作本书期间惠借口径300毫米LX200GPS。这架天文望远镜是“中等尺寸”天文望远镜中的高端产品，在我那拥有黑暗夜空条件的观测地点，这架望远镜提供了上述几个星系的极好的星像。M101比它们中任何一个星系的表面亮度都低，但在有耐心的观测者使用上等品质的望远镜时将会呈现精美的细节。对于使用大型天文望远镜的观测者来说，梅西耶星系M61、M91和M95以及NGC1395这些棒旋星系用适当的放大率都能探测出它们的棒和旋臂。

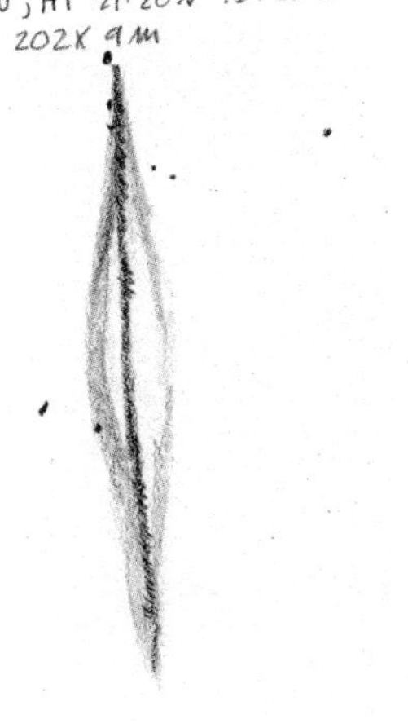

↑在仙女座中的NGC891。（加利福尼亚州旧金山市的Jane Houston Jones绘）

观测忠告：用中等尺寸的天文望远镜，一个非常黑暗的夜空条件对于观测者是异常重要的。要查看星系的中心凝聚区、微妙的亮度变化、整体的形状和旋臂的伸展程度。

不规则星系是最小的一类星系，但是依我的观点，对观测来说，它却是比椭圆星系还要有趣的。大多数不规则星系是非常暗的，但也有例外。对于北半球的业余天文爱好者来说，不规则星系之王是大熊座的M82。在南半球，事情是很显然的，大麦云和小麦云由于它距离近的缘故是巨大的星系。只要你需要，尽可研究这些星系。NGC55（在玉夫座）、NGC625（在凤凰座）、NGC4449（在猎犬座）、NGC5128（在半人马座）和NGC6822（在人马座）是另外一些相当亮的不规则星系，值得花费些时间观测它们。

←大麦云和小麦云。(澳大利亚维多利亚省东巴利昂市史蒂文·朱可诺夫斯基摄)

星系团

您有大型天文望远镜和充裕的时间吗?就您来说观测星系团也许是可能的(令人惊奇的是用很少几节简短的叙述我们已经从讨论星团的观测跃进到讨论星系团是由几个直到上千星系组成的天体系统)。如同星团一样,星系团是由众星系相互的引力而彼此集聚在一起的。

注意: 银河星团(galactic cluster)和星系团(Cluster of galaxies)是完全不同的。(译注:银河星团和星系团的英语单词近似故作者有此提醒。汉语中"银河星团"和"星系团"字形完全不同,不会因字形相近混淆字义。)前者是恒星的集团(也称为疏散星团),后者是星系的集团。

我认为,最著名的星系团是包含我们银河系在内的一个星系团,称为本星系群。它包含36个成员星系。下表是亚利桑那州洛韦尔天文台的布利安·斯基夫惠予提供的本

←武仙星系团。最亮的成员星系是NGC 6166。(2002年5月14日清晨拍摄,使用口径0.4米的Meade LX 200型反射望远镜。这幅令人难以置信的LRGB CCD图像曝光105分钟,R,G,B各曝光20分钟。亚当·布洛克和威斯康星州麦迪逊市的Jeff Hapeman摄)

本星系群表

名称	赤经(2000)			赤纬(2000)		视星等	视大小	类型	距离
	(h)	(m)	(s)	(°)	(′)		(′)		(kpc)
WLM	0	01	58	−15	27.7	10.6	12×4	1B(s)m	950
IC 10	0	20	20	+59	18.0	11	6.3×5.1	1B(s)mⅣ	660
鲸鱼星系	0	26	11	−11	02.5	14		dE	780
NGC 147	0	33	12	+48	30.5	9.5	13×8	dE5	660
仙女Ⅲ星系	0	35	29	+36	30.5	15	4.5×3.0	dE	760
NGC 185	0	38	58	+48	20.2	9.2	12×10	dE3	660
NGC 205	0	40	22	+41	41.1	8.1	22×11	SAo−	760
NGC 221	0	42	42	+40	51.9	8.1	8.7×6.5	cE2	760
NGC 224	0	42	44	+41	16.1	3.4	190×60	SA(s)b1−11	760
仙女Ⅰ星系	0	45	40	+38	02.2	13.6	2.5×2.5	E3	810
小麦云	0	52	44	−72	49.7	2.3	320×185	1B(s)mⅤ	60
玉夫星系	1	00	09	−33	42.5	9	40×31	dE	90
双鱼星系	1	03	54	+21	53.0	18	2×2	1mⅥ?	810
IC 1613	1	04	46	+02	07.1	9.2	16×15	1B(s)mⅤ	720
仙女Ⅴ星系	1	10	17	+47	37.7	15		dE	810
仙女Ⅱ星系	1	16	30	+33	25.2	13	3.6×2.5	dE	680
NGC 598	1	33	51	+30	39.6	5.7	71×42	SA(s)cdⅡ−Ⅲ	790
凤凰星系	1	51	07	−44	26.7	12.5	4.9×4.1	1AmⅤ	400
天炉星系	2	39	59	−34	27.0	9	17×13	dE0	140
大麦云5	2	3	34	−69	45.4	0.6	645×550	1B(s)mⅣ	50
船底6	4	1	37	−50	58.0	16?	23×16	E3	100
狮子A	9	59	26	+30	44.8	12	5.1×3.1	1B(s)mⅣ	690
狮子Ⅰ星系	10	08	27	+12	18.5	10	9.8×7.4	dE	250
六分仪星系	10	13	03	−01	36.9	12		dE	90
狮子Ⅱ星系	11	13	29	+22	09.5	12.0	12×11	dE0	210
小熊星系	15	09	11	+67	12.9	11	30×19	dE	60
天龙星系	17	20	12	+57	54.9	10	36×25	dE	80
银河系	17	45	40	−29	00.5			SB:(rs?)bc:Ⅱ?	
人马Ⅰ星系	18	55	03	−30	28.7			dE?	
人马矮星系*	19	29	59	−17	40.7	15	2.9×2.1	B(s)m:V	30
NGC 6822	19	44	56	−14	48.1	9	16×14	1B(s)m:V	500
宝瓶星系	20	46	52	−12	50.9	13.9	2.2×1.1	1B(s)m:V	950
杜鹃星系	22	41	50	−64	25.2	15	2.9×1.2	dE4	870
仙女Ⅶ星系	23	26	31	+50	41.5	13	2.5×2.0	dE?	690
飞马星系	23	28	35	+14	44.6	13	5.0×2.7	1mV	760
仙女Ⅵ星系	23	51	46	+24	35.0	14	4.0×2.0	dE?	780

*译注：Sag DIG　酌译为人马矮星系。

星系群表。它引自西德尼·范·登·伯格（Sidney van den Bergh）发表在《太平洋天文学会会刊》（*Phublications of the Astronomical Society of the Pacific*）2000年5月刊中的文章。观测到本星系群中的每个成员星系是对业余天文爱好者的一场真正的挑战。

另外两个经常受到观测的著名星系团是室女星系团和天炉星系团。室女星系团距离地球大约5千万光年，它是一个明亮的星系团。属于该星系团中的梅西耶天体有M49，M60，M84，M85，M86，M87，M88，M89，M90，M98，M99和M100。此外，还有超过100个NGC星系也属于室女星系团。

许多观测者认为，天炉星系团对业余天

←互扰双星系 NGC 7253。（亚当·布洛克和哈利哈尔·帕德曼纳布使用口径0.4米 Meade LX 200反射望远镜摄）

文爱好者来说是最漂亮的星系团。天炉星系团由18个星系组成，其中最明亮的星系是NGC 1316，它的视星等为8.8等，表面亮度为12.7等，它也是个射电源，称为天炉座A。下一个容易看到的是NGC 1399，视星等为9.8等，表面亮度为12.3等。居第三位的是NGC 1365，视星等为9.5等，表面亮度为13.7等，它是正面对着我们的棒旋星系，有着非常展开的旋臂。用广角视场、高倍放大率的目镜观测可以看到这个星系团中的十余个星系。

乔治·阿贝耳（George O.Abell，1927—1983）是研究星系团的最著名的美国天文学家，他于1958年刊布一部包含2712个北天（赤纬到-27°）星系团表。其中各个星系团是他根据帕洛玛山天文台巡天观测（POSS）底片证认出来的。一部南天星系团表（第2713～4076星系团）是他和哈罗德·科尔文（Harold Corwin）于1975年开始运作，于1987年由科尔文和罗纳德·奥洛文（Ronald Olowin）完成。这些星系团则根据英联邦的1.2米施密特望远镜（位于澳大利亚赛丁泉天文台）拍摄的底片证认的。还有一部包含1174个补充的星系团的增补南天天体星表。

←飞马座中的奇妙的星系团以斯蒂潘五重星系著称于世。（亚当·布洛克用口径0.4米 Meade LX200型反射望远镜摄）

←巨星系NGC 4631。2001年1月25日。（蒙大拿州博兹曼市沙恩·拉尔森和迈克·莫雷以及亚当·布洛克用口径0.4米Meade LX200型望远镜摄）

其中的星系团或因成员星系不够多或因距离太过遥远未被列入主要的星系团表中。这些星系团标以词尾“s”，例如Abell 696s。

另一个富有挑战性趣味的星系团表是希克森星系团表。保罗·希克森（Paul Hickson，在写作本书时他是英国哥伦比亚大学物理学和天文学系的教授）创作了一部《致密星系群天图》（*Gordon & Breach Science Publishers*，伦敦，1994）。这本书包含100个致密星系群，其中含有像斯蒂潘五重星系那样的著名星系群。如果您刚刚开始入门，那么您不要购买此书，它是那些有大型天文望远镜的真正的业余天文学家们使用的星系团表。

为了完备起见，我还要提及另外的星系团表，不过这可能要花费你一些时间并且还要有一架大天文望远镜才能完全观测到。兹维基星系团表包含9134个星系团，有些星系团暗到20等。

超星系团

宇宙中最大的分立的构造。有些人说，决定我们的宇宙形状的构造是超星系团。包含我们银河系的本星系群属于其内的超星系团称为本超星系团。（颇有创造性，嗯？）本

←M63（亚当·布洛克用0.4米Meade LX200型反射望远镜摄。）

星系群位于本超星系团的一端，室女星系团则位于本超星系团的中心附近。本超星系团的主轴长有1.25亿～1.5亿光年。较近的另外的超星系团有长蛇-半人马超星系团，距离1.5亿光年，英仙超星系团距离大约为2.2亿光年。

星系表

有许多星系表，其中较好的有：《星系形态表》（the Morphological Catalog of Galaxies［MCG］），它包含30642个星系；《兹维基星系表》（the Zwicky Catalog of Galaxies［ZC］），它包含19367个星系；《乌普萨拉星系总表》（Uppsala General Catalog［UGC］），它总共包含12921个星系；《南天星系表》，包含5476个星系，欧洲南方天文台编制。所有这些星系表都刊有所含星系的位置的赤道坐标：赤经和赤纬，精确到几个角秒甚至更精确。

关于星系的最好参考资料源是NASA/

观测方案——肉眼寻觅M81

几个月前（在写本书时）在业余天文的电子邮件上发生一次关于用肉眼能够看到的最远天体的讨论。由于我在埃尔帕索（El Paso）附近的观测地点夜空非常黑暗，加上我的妻子有异常灵敏的慧眼，我们能够辨出NGC 253（而且当它仅有20°的高度时）。我曾经认为它可能是肉眼所能看到的最远的天体了，但是

↑M81。（亚当·布洛克用口径0.4米Meade LX200型反射望远镜摄）

洛韦尔天文台的布利安·斯基夫却修正了这一看法，后来他做了一次用肉眼怎样看到M81（比NGC 253稍远一些的星系）的精彩报道，现引述如下：

“正如在从前的邮件中已经扼要提到的，我能够从有着夜空很黑条件的洛韦尔天文台的安德森高坪的观测地点看到M81。如果别人想做这种观测，下面作些详细介绍，作为参考请参看Uranometria第23图或新版的*Sky Atlas* 2000星图的相关星图。

有两个星系位于一由暗星排列而成的星串上。大熊座24（24 UMa，即变星DK UMa）在星串的西端，向东成弧形伸展，在略南处通过M81和NGC 3077到达一个6等星处（该星在星图第24图上，是三颗星构成的三角形中最亮的一颗）。M81实际上是星串中的一员。如果你希望看到M81并且确定不会和恒星相混，那么你首先认证出星串中的几颗星。距M81星系之西1.5°的较亮的星是HD83489，其视星等为5.7等，其次要认证星串东端的较暗的星（在Uranometria 2000星图第24图上），它是HD89343=EN UMa，是一颗光变幅非常小的盾牌座δ型变星，视星等为6.0等。现在在HD 83489和89343之间我看到（不过，用“瞥见”一词更好）至少三颗像恒星状的天体。首先是在M81之东约1.5°（刚好在HD 89343之西）的HD 87703，它的视星等为7.1等，如果您不能很容易地看到这颗星（探测能力水平的20%～30%），那么您大概就不能看到星系了。更难以看到的是Uranometia 2000星图上靠近NGC 3077的一群星（探

测能力临界值的50%)，它们是HD 86458（视星等为8.0等）、HD 86574（视星等为8.2等）和HD 86677（视星等为7.9等)。我看见这三颗星（或许可能是较接近的两颗星HD 86458和HD86677)好像是一颗单个的天体。这三颗星的复合亮度相当于视星等6.8等，但是这三颗星延伸开的特性意味着肉眼观测其表面亮度要低于该星等的单星的亮度，这使它更难于认出。

在同一位置（准确无误）反复认出的第三个天体就是M81!此外，这是一个临界天体，在有效地避开刚刚提及的其他暗星的条件下，我仅仅有5%～10%的时间探测到它。有时我也好像是看出另外一颗暗星HD 85828，（视星等为7.7等），它在星系南侧约40′。NGC 253和NGC 5128（半人马座A)两者都比M81略为近些。M81可能是肉眼能看到的最遥远的分立天体，位于3.6兆秒差距（0.118亿万光年）。此前我曾两次认真地（未成功地）尝试过这一观测，我认为这一观测的关键是将全部场星都挑选出来，因为星系附近有几颗亮度相似的星。实际上必须将这些场星的每一颗星都认证出来以便可靠地定出星系的位置。

←NGC 6946。（亚当·布洛克使用口径0.4米Meade LX200型反射望远镜摄）

IPAC河外天体数据基地NED（NASA/IPAC Extragalactic Datebase）。如果你需要关于某一星系的信息，不妨先查询NED。最终统计表明，它包含430万个星系的数据，这些星系的大多数其位置具有角秒的精确度。值得感谢的是，这一美妙的资源能够在国际互联网上查得到，网址是http：//nedwww.ipac.caltech.edu/。

附 录

A. 50个亮疏散星团

星 座	发 音	最佳观测时间	星 座	发 音	最佳观测时间
Andromeda 仙女	an draw′meh duh	10月9日	Lacerta 蝎虎	luh sir′tuh	8月28日
Antlia 唧筒	ant′lee ah	2月24日	Leo 狮子	lee′owe	3月1日
Apus 天燕	ape′us	5月21日	Leo Minor 小狮	lee′owe my′nor	2月23日
Aquarius 宝瓶	uh qwayr′ee us	8月25日	Lepus 天兔	lee′pus	12月14日
Aquila 天鹰	ak′will uh	7月16日	Libra 天秤	lye′bruh	5月9日
Ara 天坛	air′uh	6月10日	Lupus 豺狼	loo′pus	–
Aries 白羊	air′eeze	10月30日	Lynx 天猫	links	1月19日
Auriga 御夫	or ey′guh	12月21日	Lyra 天琴	lie′ruh	7月4日
Boötes 牧夫	bow owe′teez	5月2日	Mensa 山案	men′suh	12月14日
Caelum 雕具	see′lum	12月1日	Microscopium 显微镜	my krow scop′ee um	7月4日
Camelopardalis 鹿豹	kam uh low par′dah liss	12月23日	Monoceros 麒麟	mon oss′sir us	1月5日
Cancer 巨蟹	kan′sir	1月30日	Musca 苍蝇	mus′kuh	3月30日
Canes Venatici 猎犬	kay′neez ven ah tee′see	4月7日	Norma 矩尺	nor′muh	5月19日
Canis Major 大犬	kay′niss may′jor	1月2日	Octans 南极	ok′tans	–
Canis Minor 小犬	kay′niss my′nor	1月14日	Orphiuchus 蛇夫	off ee oo′kus	6月11日
Capricornus 摩羯	kap rih kor′nus	8月8日	Orion 猎户	or eye′on	12月13日
Carina 船底	kuh ree′nuh	1月31日	Pavo 孔雀	pah′voe	7月15日
Cassiopeia 仙后	kass ee oh pee′oh	10月9日	Pegasus 飞马	peg′ah sus	9月1日
Centaurius 半人马	sen tor′us	5月30日	Perseus 英仙	pur′see us	11月7日
Cepheus 仙王	see′fee us	9月29日	Phoenix 凤凰	fee′niks	10月4日
Cetus 鲸鱼	see′tus	10月15日	Pictor 绘架	pik′tor	12月16日
Chamaeleon 蝘蜓	kuh meel′ee un	3月1日	Pisces 双鱼	pie′seez	9月27日
Circinus 圆规	sir sin′us	4月30日	Piscis Austrinus 南鱼	pie′siss os try′nus	8月25日
Columba 天鸽	kol um′buh	12月18日	Puppis 船尾	pup′iss	1月8日
Coma Berenices 后发	koe′muh bear uh nye′seez	4月2日	Pyxis 罗盘	pik′siss	2月4日
Corona Australis 南冕	kor oh′nuh os tral′iss	6月30日	Reticulum 网罟	reh tik′yoo lum	11月19日
Corona Borealis 北冕	kor oh′nuh boar ee al′iss	5月19日	Sagitta 天箭	suh gee′tuh	7月16日
Corvus 乌鸦	kor′vus	3月28日	Sagittarius 人马	sa ji tare′ee us	7月7日
Crater 巨爵	kray′ter	3月12日	Scorpius 天蝎	skor′pee us	6月3日
Crux 南十字	kruks	3月28日	Sculptor 玉夫	skup′tor	9月26日
Cygnus 天鹅	sig′nus	7月30日	Scutum 盾牌	skoo′tum	7月1日
Delphinus 海豚	dell fee′nus	7月31日	Serpens 巨蛇	sir′pens	6月6日
Dorado 剑鱼	dor ah′doe	12月17日	Sextans 六分仪	sex′tans	2月22日
Draco 天龙	dray′koe	5月24日	Taurus 金牛	tor′us	11月30日
Equuleus 小马	ek woo oo′lee us	8月8日	Telescopium 望远镜	tel es koe′pee um	7月10日
Eridanus 波江	air uh day′nus	11月10日	Triangulum 三角	try ang′yoo lum	10月23日
Fornax 天炉	for′nax	11月2日	Triangulum Australe 南三角	try ang′yoo lum os trail′	5月23日
Gemini 双子	gem′in eye	1月5日	Tucana 杜鹃	too kan′uh	9月17日
Grus 天鹤	groose	8月28日	Ursa Major 大熊	er′ suh may′jor	3月11日
Hercules 武仙	her′cur leez	1月13日	Ursa Minor 小熊	er′suh my′nor	5月13日
Horologium 时钟	hor uh low′gee um	11月10日	Vela 船帆	vay′luh	2月13日
Hydra 长蛇	hi′druh	3月15日	Virgo 室女	ver′go	4月11日
Hydrus 水蛇	hi′druss	10月26日	Volans 飞鱼	ver′lans	1月18日
Indus 印第安	in′dus	8月12日	Vulpecula 狐狸	vul pek′yoo lah	7月25日

注：最佳观测时间是指当天半夜时星座中正过子午圈。这时星座和太阳处于“冲”的情况，赤经相距12小时。南极座是极圈星座，不存在这个问题。

B. 30颗最亮星

星座星名	英文专名	中文名	星等
大犬α	Sirius	天狼	-1.46
船底α	Canopus	老人	-0.72
半人马α	Rigil Kentaurus	南门二	-0.27
牧夫α	Arcturus	大角	-0.04
天琴α	Vega	织女	0.03
御夫α	Capella	五车二	0.08
猎户β	Rigel	参宿七	0.12
小犬α	Procyon	南河三	0.38
波江α	Achernar	水委一	0.46
猎户α	Betelgeuse	参宿四	0.50
半人马β	Hadar	马腹一	0.61
天鹰α	Altair	河鼓二	0.77
南十字α	Acrux	南十字二	0.79
金牛α	Aldebaran	毕宿五	0.85
室女α	Spica	角宿一	0.98
双子β	Pollux	北河三	1.14
南鱼α	Fomalhaut	北落师门	1.16
天蝎α	Antares	心宿二	1.22
南十字β	Mimosa	十字架三	1.25
天鹅α	Deneb	天津四	1.25
狮子α	Regulus	轩辕十四	1.35
大犬ε	Adhara	弧矢七	1.50
双子α	Castor	北河二	1.58
南十字γ	Gacrux	十字架一	1.63
天蝎λ	Shaula	尾宿八	1.63
猎户γ	Bellatrix	参宿五	1.64
金牛β	Elnath	五车五	1.65
船底β	Miaplacidus	船底二	1.68
猎户ε	Alnilam	参宿二	1.70
天鹤α	Alnair	鹤一	1.74

C. 梅西耶马拉松

（按北半球中纬度地带可见情况排列）

M编号	NGC编号	星座	类型	大约星等	M编号	NGC编号	星座	类型	大约星等
M77	NGC1068	鲸鱼	Glx	8.9	M81	NGC3031	大熊	Glx	6.9
M74	NGC628	双鱼	Glx	8.5	M82	NGC3034	大熊	Glx	8.4
M33	NGC598	三角	Glx	5.7	M97	NGC3587	大熊	PN	9.9
M31	NGC224	仙女	Glx	3.4	M108	NGC3556	大熊	Glx	10.0
M32	NGC221	仙女	Glx	8.2	M109	NGC3992	大熊	Glx	9.8
M110	NGC205	仙女	Glx	8.0	M40	NGC(Win4)	大熊	DS	9.0,9.6
M52	NGC7654	仙后	OC	6.9	M106	NGC4258	猎犬	Glx	8.3
M103	NGC581	仙后	OC	7.4	M94	NGC4736	猎犬	Glx	8.2
M76	NGC650	英仙	PN	10.1	M63	NGC5055	猎犬	Glx	8.6
M34	NGC1039	英仙	OC	5.2	M51	NGC5194	猎犬	Glx	8.4
M45	—	金牛	OC	1.5	M101	NGC5457	大熊	Glx	7.9
M79	NGC1904	天兔	GC	7.7	M102	NGC5866	天龙	Glx	10.0
M42	NGC1976	猎户	N	3.7	M53	NGC5024	后发	GC	7.7
M43	NGC1982	猎户	N	6.8	M64	NGC4826	后发	Glx	8.5
M78	NGC2068	猎户	N	8.0	M3	NGC5272	猎犬	GC	5.9
M1	NGC1952	金牛	SNR	8.0	M98	NGC4192	后发	Glx	10.1
M35	NGC2168	双子	OC	5.1	M100	NGC4321	后发	Glx	9.3
M37	NGC2099	御夫	OC	5.6	M85	NGC4382	后发	Glx	9.1
M36	NGC1960	御夫	OC	6.0	M84	NGC4374	室女	Glx	9.1
M41	NGC2287	鹿豹	OC	4.5	M86	NGC4406	室女	Glx	8.9
M93	NGC2447	船尾	OC	6.2	M87	NGC4486	室女	Glx	8.6
M47	NGC2422	船尾	OC	5.7	M89	NGC4552	室女	Glx	9.7
M46	NGC2437	船尾	OC	6.1	M90	NGC4569	室女	Glx	9.5
M50	NGC2323	麒麟	OC	5.9	M88	NGC4501	后发	Glx	9.6
M48	NGC2548	长蛇	OC	5.8	M91	NGC4548	后发	Glx	10.1
M44	NGC2632	巨蟹	OC	3.1	M58	NGC4579	室女	Glx	9.6
M67	NGC2682	巨蟹	OC	6.0	M59	NGC4621	室女	Glx	9.6
M95	NGC3351	狮子	Glx	9.7	M60	NGC4649	室女	Glx	8.8
M96	NGC3368	狮子	Glx	9.2	M49	NGC4472	室女	Glx	8.4
M105	NGC3379	狮子	Glx	9.3	M61	NGC4303	室女	Glx	9.6
M65	NGC3623	狮子	Glx	8.8	M104	NGC4594	室女	Glx	8.0
M66	NGC3627	狮子	Glx	9.0	M68	NGC4590	长蛇	GC	7.6

续表

M编号	NGC编号	星座	类型	大约星等	M编号	NGC编号	星座	类型	大约星等
M83	NGC5236	长蛇	Glx	7.5	M26	NGC6694	盾牌	OC	8.0
M5	NGC5904	巨蛇	GC	5.7	M16	NGC6611	巨蛇	N	6.0
M13	NGC6205	武仙	GC	5.3	M17	NGC6618	人马	N	6.0
M92	NGC6341	武仙	GC	6.5	M18	NGC6613	人马	OC	6.9
M57	NGC6720	天琴	PN	8.8	M24	NGC6603	人马	SC	2.5
M56	NGC6779	天琴	GC	8.4	M25	IC4725	人马	OC	4.6
M29	NGC6913	天鹅	OC	6.6	M23	NGC6494	人马	OC	5.5
M39	NGC7092	天鹅	OC	4.6	M21	NGC6531	人马	OC	5.9
M27	NGC6853	狐狸	PN	7.3	M20	NGC6514	人马	N	6.3
M71	NGC6838	天箭	GC	8.0	M8	NGC6523	人马	N	3.0
M107	NGC6171	蛇夫	GC	7.8	M28	NGC6626	人马	GC	6.9
M12	NGC6218	蛇夫	GC	6.8	M22	NGC6656	人马	GC	5.2
M10	NGC6254	蛇夫	GC	6.6	M69	NGC6637	人马	GC	7.4
M14	NGC6402	蛇夫	GC	7.6	M70	NGC6681	人马	GC	7.8
M9	NGC6333	蛇夫	GC	7.8	M54	NGC6715	人马	GC	7.2
M4	NGC6121	天蝎	GC	5.4	M55	NGC6809	人马	GC	6.3
M80	NGC6093	天蝎	GC	7.3	M75	NGC6864	人马	GC	8.6
M19	NGC6273	蛇夫	GC	6.8	M15	NGC7078	飞马	GC	6.0
M62	NGC6266	蛇夫	GC	6.7	M2	NGC7089	宝瓶	GC	6.3
M6	NGC6405	天蝎	OC	4.2	M72	NGC6981	宝瓶	GC	9.2
M7	NGC6475	天蝎	OC	2.8	M73	NGC6994	宝瓶	OC	8.9
M11	NGC6705	盾牌	OC	5.3	M30	NGC7099	摩羯	GC	6.9

符号

DS=双星　　GC=球状星团

Glx=星系　　N=星云

OC=疏散星团　　PN=行星状星云

SC=恒星云　　SN=超新星遗迹

D. 考德威尔星团星云表

C编号	NGC/IC编号	星座	类型	赤经		赤纬	
				h	m	Deg(°)	Arcmin(′)
1	NGC188	仙王	OC	00	44.4	+85	20
2	NGC40	仙王	PN	00	13.0	+72	32
3	NGC4236	天龙	SG	12	16.7	+69	28
4	NGC	仙王	BN	21	01.8	+68	12
5	IC342	鹿豹	SG	03	46.8	+68	06

续表1

C编号	NGC/IC编号	星座	类型	赤经		赤纬	
				(h)	(m)	(°)	(′)
6	NGC6543	天龙	PN	17	58.6	+66	38
7	NGC2403	鹿豹	SG	07	36.9	+65	36
8	NGC559	仙后	OC	01	29.5	+63	18
9	Sh2-155	仙王	BN	22	56.8	+62	37
10	NGC663	仙后	OC	01	46.0	+61	15
11	NGC7635	仙后	BN	23	20.7	+61	12
12	NGC6946	仙王	SG	20	34.8	+60	09
13	NGC457	仙后	OC	01	19.1	+58	20
14	NGC869/884	英仙	OC	02	20.0	+57	08
15	NGC6826	天鹅	PN	19	44.8	+50	31
16	NGC7243	蝎虎	OC	22	15.3	+49	53
17	NGC147	仙后	EG	00	33.2	+48	30
18	NGC185	仙后	EG	00	39.0	+48	20
19	IC5146	天鹅	BN	21	53.5	+47	16
20	NGC7000	天鹅	BN	20	58.8	+44	20
21	NGC4449	猎犬	IG	12	28.2	+44	06
22	NGC7662	仙女	PN	23	25.9	+42	33
23	NGC891	仙女	SG	02	22.6	+42	21
24	NGC1275	英仙	IG	03	19.8	+41	31
25	NGC2419	天猫	GC	07	38.1	+38	53
26	NGC4244	猎犬	SG	12	17.5	+37	49
27	NGC6888	天鹅	BN	20	12	+38	21
28	NGC752	仙女	OC	01	57.8	+37	41
29	NGC5005	猎犬	SG	13	10.9	+37	03
30	NGC7331	飞马	SG	22	37.1	+34	25
31	IC405	御夫	BN	05	16.2	+34	16
32	NGC4631	猎犬	SG	12	42.1	+32	32
33	NGC6992/5	天鹅	SN	20	56.4	+31	43
34	NGC6960	天鹅	SN	20	45.7	+30	43
35	NGC4889	后发	EG	13	00.1	+27	59
36	NGC4559	后发	SG	12	36.0	+27	58
37	NGC6885	狐狸	OC	20	12.0	+26	29
38	NGC4565	后发	SG	12	36.3	+25	59
39	NGC2392	双子	PN	07	29.2	+20	55
40	NGC3626	狮子	SG	11	20.1	+18	21
41	-	金牛	OC	04	27.0	+16	00
42	NGC7006	海豚	GC	21	01.5	+16	11
43	NGC7814	飞马	SG	00	03.3	+16	09
44	NGC7479	飞马	SG	23	04.9	+12	19
45	NGC5248	牧夫	SG	13	37.5	+08	53
46	NGC2261	麒麟	BN	06	39.2	+08	44
47	NGC6934	海豚	GC	20	34.2	+07	24
48	NGC2775	巨蟹	SG	09	10.3	+07	02
49	NGC2237-9	麒麟	BN	06	32.3	+05	03
50	NGC2244	麒麟	OC	06	32.4	+04	52
51	IC1613	鲸鱼	IG	01	04.8	+02	07
52	NGC4697	室女	EG	12	48.6	−05	48
53	NGC3115	六分仪	EG	10	05.2	−07	43
54	NGC2506	麒麟	OC	08	00.2	−10	47
55	NGC7009	宝瓶	PN	21	04.2	−11	22
56	NGC246	鲸鱼	PN	00	47.0	−11	53
57	NGC6822	人马	IG	19	44.9	−14	48
58	NGC2360	大犬	OC	07	17.8	−15	37
59	NGC3242	长蛇	PN	10	24.8	−18	38
60	NGC4038	乌鸦	SG	12	01.9	−18	52
61	NGC4039	乌鸦	SG	12	01.9	−18	53
62	NGC247	鲸鱼	SG	00	47.1	−20	46

续表2

C 编号	NGC/IC 编号	星座	类型	赤经		赤纬	
				(h)	(m)	(°)	(′)
63	NGC7293	宝瓶	PN	22	29.6	−20	48
64	NGC2362	大犬	OC	07	18.8	−24	57
65	NGC253	玉夫	SG	00	47.6	−25	17
66	NGC5694	长蛇	GC	14	39.6	−26	32
67	NGC1097	天炉	SG	02	46.3	−30	17
68	NGC6729	南冕	BN	19	01.9	−36	57
69	NGC6302	天蝎	PN	17	13.7	−37	06
70	NGC300	玉夫	SG	00	54.9	−37	41
71	NGC2477	船尾	OC	07	52.3	−38	33
72	NGC55	玉夫	SG	00	14.9	−39	11
73	NGC1851	天鸽	GC	05	14.1	−40	03
74	NGC3132	船帆	PN	10	07.7	−40	26
75	NGC6124	天蝎	OC	16	25.6	−40	40
76	NGC6231	天蝎	OC	16	54.0	−41	48
77	NGC5128	半人马	EG	13	25.5	−43	01
78	NGC6541	南冕	GC	18	08.0	−43	42
79	NGC3201	船帆	GC	10	17.6	−46	25
80	NGC5139	半人马	GC	13	26.8	−47	29
81	NGC6352	天坛	GC	17	25.5	−48	25
82	NGC6193	天坛	OC	16	41.3	−48	46
83	NGC4945	半人马	SG	13	05.4	−49	28
84	NGC5286	半人马	GC	13	46.4	−51	22
85	IC2391	船帆	OC	08	40.2	−53	04
86	NGC6397	天坛	GC	17	40.7	−53	40
87	NGC1261	时钟	GC	03	12.3	−55	13
88	NGC5823	圆规	OC	15	05.7	−55	36
89	NGC6087	矩尺	OC	16	18.9	−57	54
90	NGC2867	船底	PN	09	21.4	−58	19
91	NGC3532	船底	OC	11	06.4	−58	40
92	NGC3372	船底	BN	10	43.8	−59	52
93	NGC6752	孔雀	GC	19	10.9	−59	52
94	NGC4755	天鹤	OC	12	53.6	−60	20
95	NGC6025	南十字	PC	16	03.7	−60	30
96	NGC2516	船底	OC	07	58.3	−60	52
97	NGC3766	半人马	OC	11	36.1	−61	37
98	NGC4609	南十字	OC	12	42.3	−62	58
99	–	南十字	DN	12	53	-63	
100	IC2944	半人马	OC	11	36.6	−63	02
101	NGC6744	孔雀	SG	19	09.8	−63	51
102	IC2602	船底	OC	10	43.2	−64	24
103	NGC2070	剑鱼	BN	05	38.7	−69	06
104	NGC362	杜鹃	GC	01	03.2	−70	51
105	NGC4833	苍蝇	GC	12	59.6	−70	53
106	NGC104	杜鹃	GC	00	24.1	−72	05
107	NGC6101	天燕	GC	16	25.8	−72	12
108	NGC4372	苍蝇	GC	12	25.8	−72	40
109	NGC3195	蝘蜓	PN	10	09.5	−80	52

符号

BN=亮星云　DN=暗星云　EG=椭圆星系　GC=球状星团

IG=不规则星系　OC=疏散星团　PN=行星状星云　SG=旋涡星系

SN=超新星遗迹

R. 天文望远镜目视观测使用的有效放大率范围

（美国内布拉斯加州林肯市 David Knisely）

- 低倍率（每英寸口径3.7~9.9倍/6.9~2.6毫米出瞳）：适用于寻找目标和观测大角径的天体，例如疏散星团、大的暗星云以及较大的星系。对于月亮观测，这个倍率范围用处不大，不过依然可以用来观察在星空背景上的蛾眉月。那些星云滤镜也是在这个倍率范围内表现最佳。
- 中等倍率（每英寸口径10~17倍/2.5~1.4毫米出瞳）：许多深空天体都适于使用这个倍率观察：星系、一些弥漫星云、小的疏散星团、中等以上的行星状星云等，还可以用来部分分解出许多明亮的球状星团的细节。这个倍率还可以用来发现那些在低倍率下无法看到的很小的星系，或者观测星点样的星系核区。对于大尺度的月面观测很有用，也可用来观测行星的卫星系统或者大行星上某些明显的特征。
- 高倍率（每英寸口径18~29.9倍/1.4~0.8毫米出瞳）：非常适用于行星和月亮的观测（这个放大率范围正是和望远镜的理论分辨率相匹配）。在观测密集的球状星团时能更好地分辨出恒星，对于小的行星状星云的细节观测也很合适，还可用于分解紧密的双星。大于5英寸的口径上所能使用的高倍率会有所降低，因为此时视宁度（地球大气层的扰动造成图像的模糊）已经成为限制因素。
- 很高倍率（每英寸口径30~41.9倍/0.8~0.6毫米出瞳）：用于行星表面细节的高分辨率研究，以及分解那些角距接近或稍微高于仪器的理论分辨率极限的双星。也可以分解非常致密的球状星团的核心部分，或者研究更小的行星状星云的精细结构和暗弱的中心星。这个倍率范围非常适用于望远镜的校准和简单的星点测试。与低些的倍率相比，由于视宁度的缘故，这个倍率范围在大口径望远镜上用得比较少。使用较高的倍率观测时，眼睛中的一些缺陷，例如小颗粒和漂浮物会变得非常明显和令人生厌。
- 极高倍率（每英寸口径42~75倍/0.6~0.3毫米出瞳）：主要用来对角距小到仪器的理论分辨极限的双星进行观测，或是测量无法分解开的双星的方位角。在较小的望远镜上，每英寸口径60倍的放大率可以用来帮助一些新手更容易地看出大行星表面的一些明显特征（比如木星的条带，或者土星的卡西尼缝）。使用这个倍率需要仪器的光学质量非常优异，而且由于视宁度的限制，这个倍率很少用在6英寸以上的望远镜上。即便条件很好，使用这么高的放大率去观测月亮和行星可能不比用稍低倍率去看时的感觉好，因为图像会变得很暗淡，并且眼睛里的漂浮物等造成的干扰非常厉害。但是，有些特殊的目标或者细节确实需要在这样的倍率下才能看到，例如（在大口径望远镜下）土星的恩克缝，或者M57的中央星，以及一些较亮的行星状星云的细节，或者某处月面的细微结构。每英寸口径75到90倍的倍率偶尔会被用来测量非常紧密的双星的方位角，或检测望远镜的光学质量，而超出这个范围的放大率没什么意义了。
- 虚高的放大率（每英寸口径100倍甚至更高）：基本上是无效的放大率。有些利欲熏心的望远镜厂家或者经销商会把一些小望远镜标注上这种虚假的放大倍数，来蒙骗那些新手。

名词解释

Abbe number　阿贝比数

阿贝比数是一种表示光学色散特性的参数，玻璃色散低的时候阿贝比数大。

aberration　像差

指光学系统成像时不能得到良好的像，像差包括像散、色差、彗差、场曲、畸变和球差。

absolute magnitude　绝对星等

天体的真实亮度，光度；即天体距离我们10秒差距时的视星等。

absolute magnitude of a comet　彗星的绝对星等

当彗星距离地球和太阳的距离都为1个天文单位时的亮度，事实上这种情况不可能出现，因此彗星的绝对星等是由彗星的光度曲线计算得出。然而彗星的绝对星等并不是不变的，彗星在近日点前后是不同的，对于周期彗星，其绝对星等还会随彗星的每一次出现而改变。

absorption lines　吸收线

连续光谱里的暗条纹。来自天体的光线的某些波长被原子或分子选择性地吸收，导致那部分波长的光从星光中被吸收掉，留下一条条的暗线。研究夫琅和费谱线对确定空间中的非辐射原子很有帮助，在太阳光谱中已经发现了15 000条吸收线。

absorption nebula　吸收星云

吸收星云内部没有恒星，不能从内部照亮星云所具有的尘埃和气体；吸收星云是完全黑暗的，而且能阻挡位于它们身后的恒星或发射星云所发出的光。典型的吸收星云的温度范围在10~20K之间。

accretion disk　吸积盘

大质量恒星周围存在的由尘埃和气体组成的盘状结构，其中心区域在引力作用下不断坍缩；吸积盘主要发现在原恒星和黑洞周围。

achromat　消色差透镜

见achromatic lens消色差透镜。

achromatic doublet　消色差双合透镜

见achromatic lens消色差透镜。

achromatic lens　消色差透镜

一种二元透镜，用来改正两种不同波段（通常指红端和蓝端）的光在通过单个透镜时不在同一点聚焦造成的像差，即我们所知道的色差。“achromatic”（消色差）这个词的意思是没有颜色，但实际上这种改正镜也有轻微的色差。

active galactic nucleus　活动星系核

星系的核心中有着剧烈的活动（可能是黑洞），并以电磁辐射的形式释放巨大的能量，这种星系核被称为活动星系核。

active galaxy　活动星系

这类星系中存在着不同寻常的激烈物理过程，同时伴随着巨大的能量释放；这些激烈的物理过程主要集中在星系核心。

active optics　主动光学

用于矫正大型反射望远镜的主镜的相位畸变的技术，或者是矫正新出现的多镜面望远镜中各个镜面的相位畸变的技术。

adaptive optics　自适应光学

指一种应用于大反射望远镜的镜面的一种补偿系统，可以通过快速反应的支撑系统使镜面发生形变来补偿大气抖动引起的星象闪烁。

afocal system　无焦系统

望远镜中，当天体和所成的像（理论上）都处于无穷远处时；在天体照相学中，指望远镜和望远镜后所接的照相机都在无穷远处聚焦。

airglow　气辉

地球大气的上层出现微弱发光的现象，这是由于大气中的分子、原子与主要来自于太阳的高能粒子和光子发生碰撞产生复合反应而发光；一般称为气辉，如果是在晚上则称作夜天光。

Airy disk　艾里斑

点光源通过理想透镜成的像，中央是明亮的圆斑，周围有一组较弱的明暗相间的同心环状条纹，我们把其中以第一暗环为界限的中央亮斑称作艾里斑，它的大小决定了望远镜的分辨能力。

albedo　反照率

指行星、卫星或其他自身不发光的天体的反射系数，即反射光量与入射光量的比值；理想的反射镜的反照率为1，完全吸收光线的黑体的反照率为0，反照率可分为邦德反照率和几何反照率两类。

altazimuth (alt-az) mounting　地平装置

一种望远镜的支撑结构，这种支撑结构的望远镜有两个相互垂直的轴，一个轴指向天顶，望远镜可以沿地平线转动，另一个轴使望远镜可以改变地平高度；多数小型望远镜采用地平装置；多布森装置就是一种地平装置；大型望远镜也有采用地平装置的，并且可以利用计算机控制两轴的运转。

altitude　地平纬度（地平高度）

地平高度表示天体距地平以上或以下的角距离，沿地平经圈由地平面开始至天顶方向度量，范围从0°（地平处）至90°（天顶处），负值对应于天体位于地平以下。

aluminizing　镀铝

在望远镜镜面原坯上真空镀上一层薄的铝膜的过程。

anastigmatic system　消像散系统

由许多各自改正了像散作用的小镜片拼接的复合透镜，是一种没有像散的系统。

angular diameter　角直径

在地球上观测到的一个天体的视面大小，亦即天体的直径对观测者所张的角度，用度、分、秒表示，例如从地球上看到的太阳平均角直径是0.53°。

angular distance　角距离

观测上用度、分或角秒为单位表示两个天体之间的距离。

ansae　环脊

从土星的两面都能看到的土星光环的一部分，拉丁文中称为handle；也指某些行星状星云的突出部分。

antapex　背点

见太阳背点（solar antapex）。

anti-tail　逆向彗尾

彗星朝向太阳方向伸出的彗尾，称之为逆向彗尾，也称反常彗尾；大（重）的彗星尘埃和颗粒没有因太阳光的压力而分散，而是留在了彗星的轨道上形成了逆向彗尾；当彗星离太阳很近，且地球-彗星-太阳间的三者的位置排列合适时，彗星轨道上留下的那些尘埃看起来就像指向太阳。

apastron　远星距（点）

双星系统中的两个星体之间最大的距离（点）。

aperture 孔径、口径

指光学望远镜主镜的直径，或者射电望远镜天线的大小。

apex 向点

见太阳向点（solar apex）。

aphelion 远日点（时刻）

行星绕日公转轨道上距太阳最远的那一点（那一刻），即行星椭圆轨道的长轴的距太阳最远的一端。

apochromatic lens 复消色差透镜

矫正色差的复合式透镜：即红、绿和蓝三原色的色差都已矫正，没有残余色差。

apogee 远地点

月球或其他天体在绕地球公转的椭圆轨道上距离地球最远的点或时刻。

aplanatic system 消球差系统、齐明系统

一种用来减小球差和彗差的光学系统。

apparent field of view（afov） 表观视场

能透过目镜的光锥的角大小，其大小范围是25°~80°；实际视场=表观视场/放大倍数。

apparent magnitude 视星等

地球上观测者观测到的天体亮度，与天体的真实亮度不是一个概念。

apparition 可见期

天体能被观测到的时间范围。

appulse 合；最小角距

一个天体与另一天体非常接近而没有出现掩或食的现象。

arcminute 弧分

见角分（minute of arc）。

arcsecond 弧秒

见角秒（second of arc）。

ascending node 升交点

见交点（node）。

ashen light 灰光

金星背对太阳的那一面微弱的光，1643年首次被发现，类似于月球上出现的“地照”，但是一般没有地照那么明亮。

aspect 视方位

从地球上看月球或行星相对太阳的位置，如合、冲、方照；亦即行星动态。

aspheric lens 非球面透镜

至少有一个面不是球对称的透镜。

association 星协

分布在很大空间范围内的具有近似光谱型的年轻恒星的松散集团称为星协，它比疏散星团分布的更稀疏。

asterism 星官；星宿

一组对可见恒星的范围的简单划分；一个星宿内的恒星可以属于同一个星座（例如“北斗七星”属于大熊座），也可以属于多个星座（例如“夏夜三角形”由来自天琴座、天鹅座和天鹰座的恒星所组成）。

asteroid 小行星

由岩石和金属组成的围绕太阳公转的小天体，绝大部分（95%）小行星位于火星和木星的轨道之间；也被称为minor planet。

asteroid belt 小行星带

是位于火星和木星轨道之间的小行星的密集区域， 绝大多数的小行星都集中在小行星带，也称之为主带。

asteroid designation　小行星编号

一颗小行星被观测到后，小行星中心就会赋予这颗小行星一个国际统一格式的暂定编号，得到暂定编号的小行星，必须在非常精确地确定出轨道后（通常在2~5次的回归中被观测到），才能得到小行星中心给它的永久编号，同时该小行星的发现者将拥有对这颗小行星的命名权。

astigmatism　象散

光束通过光学系统后不能聚焦于一点；光学系统的光轴外光束的象散是最明显的。

astrometric binary　天测双星

有时双星的其中一位成员会由于某些原因而不可见，但因为看不见的伴星对可见的那颗恒星会有引力作用，我们仍可凭借恒星在天空的移动情况得知其伴星的存在。

astrometry　天体测量学

测量天体位置的学科；天体测量学的主要任务是研究和测定天体的位置和运动，建立基本参考坐标系和确定地面点的坐标。

astronomical horizon　天文地平线

天球上的一个大圆，圆上的每一点到天顶的距离都是90°。

astronomical twilight　天文晨昏朦影

在日出前或日落后，日面中心位于地平面以下18°时的亮度情形；亦即太阳的地平高度为108°时的亮度情形。

astronomical unit（AU）　天文单位

天文学中用到的一种距离单位，等于太阳与地球之间的平均距离，约为149 597 870千米。

astronomy　天文学

天文学是研究宇宙中天体的物理、化学性质，宇宙的结构和演化的科学，包括观测和理论两方面。

astrophotography　天体照相学

天体在摄影底片的感光乳剂上成像；区别于通常说的天体成像astroimaging (CCD成像)。

atmospheric refraction　大气折射

见折射、大气（refraction，atmospheric）。

AU　天文单位

见天文单位（astronomical unit）。

aurora　极光

地球电离层的发光现象；太阳发出的高速带电粒子（太阳风）受地球极地磁场影响，使高层大气分子或原子激发或电离而产生的彩色发光现象。

autoguider　自动导星装置

小望远镜上所接的CCD相机在曝光过程中，由一个与之相连的计算机驱动系统保持星体在曝光过程中处在视场中心，通过这样的方式消除地球自转的影响。

autumn (or autumnal) equinox　秋分（点）

见September equinox秋分（点）。

axis　（自转）轴

自转的天体（如行星或卫星）绕一根假想的轴线转动，这根轴就称为（自转）轴。

azimuth　方位角、地平经度

从北点顺时针起到天体所在地平经圈与地平圈的交点的角距离，称为地平经度或方位角，范围从0°~360°；天体正东时方位角为90°，反之，正西则方位角为270°。

Baily´s Beads　贝利珠/倍利珠（台）

日食过程中，当太阳完全被食的前后所观测到的现象，此时当太阳光照射到月球边缘时上凹凸不平的表面时，刹那间形成的光珠现象，称为“贝利珠”。

Barlow lens　巴罗透镜

一种负透镜，能增加望远镜物镜或主镜的有效焦距，放大倍率为2×，3×等。

Barnard objects　巴纳德天体

美国天文学家巴纳德在1900年左右发现了暗星云，它可以吸收和散射它后面的恒星所发出来的光。为了纪念这位天文学家，暗星云又叫做巴纳德天体。

barred spiral galaxy　棒旋星系

旋涡星系的一种，其旋臂并不是从星系核心开始，而是从贯穿星系中心的棒状结构两端开始。

Bayer letter　拜尔星名字母

1603年，首次在德国业余天文学家Johannes Bayer的工作中提出：每个星座中的恒星按从亮到暗顺序排列，并用该星座名加一个希腊字母按顺序表示。

Bertele eyepiece 目镜

用多个（通常是4个）元件组成的目镜，有着非常宽的视场。

bias frame　本底图像

CCD的零秒曝光，即CCD照相机的读出噪声。

Big Bang　大爆炸理论

这种理论认为宇宙形成于150亿年前的一个瞬间的大爆炸事件，所有的物质都在那个时候产生，随后宇宙不停膨胀，演化形成了今天的恒星和星系。

Big Crunch　大崩塌理论

一种认为宇宙是封闭的、会死亡的理论，这种理论认为如果宇宙中包含足够的物质，那么宇宙的膨胀会缓慢下来，变成收缩，最后所有的物质将重新被引力聚集在一起。

binary star　双星

两颗恒星或其他天体组成的系统；大多数情况下指在引力作用下绕共同的质量中心运行的恒星；有时候处于同一视线上的两颗恒星看起来很接近，实际上可能距离却很遥远，被称为光学双星。

binning　像素合并

CCD中的专用术语，指将CCD上水平或者垂直的多个像素综合成单个像素来利用；1×1表示CCD中的一个像素还是组合后的一个像素；2×2则表示将CCD上相邻的4个像素合并成一个更大像素来利用。在2×2组合中，CCD对于光的灵敏度将比单独的一个1个像素增加4倍，但是图像的分辨率变为原来的一半。

binoculars　双筒望远镜

由两个镜筒组成的手持光学仪器，它的聚焦装置利用棱镜把两只眼里的图像汇聚到一个焦点上。

bipolar nebula　偶极星云

有两个瓣的星云，通常被描述为蝴蝶或沙漏状。

black drop　黑滴

黑滴是在入凌和出凌时发生的有趣的光学现象，太阳边沿和水星或金星边沿互相靠得很近，而它们的边缘看起来像是有一非常细的丝将两个边缘连接起来，这种现象被称为黑滴。

black dwarf　黑矮星

一种温度极低的小质量死亡恒星；白矮星缓慢的变冷后便成为黑矮星。

black holes　黑洞

一些恒星死亡后留下的核心在自身引力作用不断收缩，它的密度变得越来越大，直到其表面重力非常大以至于连光也无法逃脱它的吸引，就形成了我们所说的黑洞；超大质量恒星经过超新星爆发后可以形成黑洞。

black ligament　黑带

见黑滴（black drop）。

blazars　耀变体/蝎虎BL类星体（台）

一种活动星系，由于活动星系核向外喷射气体，喷流的速度接近光速，当它指向我们的视线方向的时候就是我们所看到的耀变体；将蝎虎天体和类星体结合起来就有了蝎虎BL类星体的名字。

blink comparitor　闪视仪

用于在同一恒星背景视场中转换图像来寻找移动天体的装置或技术；可以利用透明照片之间的互相转换，也可以利用电子计算机来进行数字图像的转换。

BL Lacertae　蝎虎座BL天体

发现的第一个耀变体/蝎虎BL类星体（blazar）。

bloomed lens　消晕透镜

透镜的表面镀了一层膜用来减少反射，但是膜与透镜之间的干涉会产生色差。

blueshift　蓝移

光的波长（或者光子的能量）向波长更短或能量更高的一端变化；根据多普勒效应，当光源相对于观测者在接近时，接收的光子频率增高，波长会变短，相当于向蓝端偏移，称为“蓝移”。

bolide　火流星

质量比较大的流星在大气中燃烧，看起来像火球并且伴着爆炸，被称为火流星。

brightness　亮度

见星等（magnitude）。

brilliancy at opposition　辉度

天体在“冲”的时候的视星等，此时从地球上看，天体和太阳的位置相差180°。

brown dwarfs　褐矮星

在引力作用下塌缩的一种天体，其质量小于0.08个太阳质量，即其质量小于点燃核聚变，把氢聚合为氦的质量下限；只能在红外波段辐射能量。

canals　火星运河

19世纪末20世纪初的时候Percical Lowell和其他一些天文学家观测到火星表面上有模糊不清的线条，称之为火星运河，他们认为那些火星表面的痕迹是人工挖掘的运河。

cardinal points　基点

地平圈上的东点、南点、西点和北点，共同组成地平圈。

Cassegrain telescope　卡塞格林望远镜

一种反射式天文望远镜，其主镜为抛物面镜，副镜为凸的双曲面镜，光线经过副镜反射后透过在主镜中心的孔在主镜后面聚焦。

Cassini Division　卡西尼环缝

土星光环的A环和B环之间的空隙，宽度约为4200千米。

catadioptric telescope　折反射望远镜

主镜是球面反射镜，并且有一个改正透镜来矫正主镜的像差的天文望远镜；由折射元件和反射元件共同组成的一种天文望远镜。

CCD　电荷耦合器件

CCD是charge coupled device的首字母缩写，是一种能收集光的电子探测器，它的量子效率比摄影底片的感光乳剂高很多；从技术上说CCD就是一种对光敏感的半导体片，组装起来后通常被称为CCD照相机。

cD galaxy　cD星系

在星系团的中心发现的一种巨大的椭圆星系，它的名称中的cD表示“cluster dominating”，即它可能主宰了整个星系团。

celestial equator　天赤道

地球赤道面和天球相交所截出的大圆就叫天赤道，即地球赤道在天球上的投影。

celestial longitude　黄经

从春分点起算，向东沿黄道（逆时针）度量到天体的所在的黄经圈的角距离就叫做这个天体的黄经，范围从0°~360°。

celestial sphere　天球

天文学中引进的假想圆球面，它的半径为无穷大；把天体投影到天球面上就是天体在天球上的位置。

central meridian　中央子午线；日心子午线

行星（地球除外）上连接两极的任意大圆。

Cepheid variable　造父变星

一类周期性脉动变星，其光变周期和光度之间有密切关系，称为周光关系；典型的造父变星是仙王δ(中文名造父一)，这也是造父变星得名的原因。

Ceres　谷神星（1号小行星）

1号小行星，发现于1801年1月1日，是现在已知的最大的小行星，其直径为930千米。

chromatic aberration　色差

天体发出的不同波长的光通过透镜时聚焦在光轴的不同点上，这样产生的像差称为色差。

chromosphere　色球

恒星（如太阳）的光球层和冕之间的那部分大气。

circumpolar star　拱极星

在观测者地平线以上从不下落的恒星；在赤道上观测不到拱极星，而在北极或南极观测到的所有的星都是拱极星；对于其他任意地理纬度的观测者，如果一颗星的赤纬大于90°减去观测者的当地纬度时，那么这颗星对于这个观测者而言就是一颗拱极星。

civil twilight　民用晨昏朦影

地球上在日出前或日落后，日面中心位于地平面以下6度时的亮度情形；亦即太阳的地平高度为96度时的亮度情形。

cloud features　大气特征

行星或卫星的大气中暂时或永久可见的特征或结构。

cluster　星团

被引力束缚在一起有物理联系的恒星群体，参见globular cluster球状星团和open cluster疏散星团。

cluster of galaxies　星系团

在引力束缚作用下，相互间有物理联系的大量星系组成的星系集团。注：区别于银河星团（a galactic cluster）。

coaltitude　天顶距

等于90°减去该天体的地平高度，亦即zenith distance天顶距。

coating，anti-reflection　镀膜，减反射

给透镜镀一层或多层电解质或金属的薄膜，用来减少透镜的反射，增加透射。

cold camera　制冷相机

用作天体照相的一种相机，在拍摄时制冷底片（通常用冷冻的水、干冰和液氮制冷）；目的是防止倒易率失效问题。应该注意的是：CCD片通常也需要制冷，但制冷的目的是消除CCD本身产生的热量，同时增加热效率。

collimate　校准

调整光线或者光学仪器中的透镜的轴线，使它们处于恰当的相对位置。

collimator　准直器

测试和调整光学仪器时用来人为得到无穷远的观测目标的光学装置；通常由一个会聚透镜和一个观测目标组成，在该透镜的主焦点上设置有十字丝系统。

color index　色指数

同一恒星在两个不同波段的测光星等之差称为色指数，B星等和V星等分别接近于照相星等和目视星等，

二者之差就是常用的色指数。

coma 彗差；彗发

（1）彗差：轴外光束若在焦平面上得不到点像，而是一个彗星状的斑点，称为彗差，主要存在于反射望远镜中，对于视场边缘的光束，彗差更为严重。

（2）彗发：彗核受热蒸发，其散发的气体或尘埃在彗核周围延展相当大范围，形成所谓的彗发，将彗核隐藏在下面。

combined magnitude 合成星等

用一个共同的星等值来表示双星系统中两颗星的总亮度，这个星等值就称为合成星等。

comet 彗星

太阳系中绕太阳公转的较小的天体之一，由冰冻的气体和尘埃组成。

concave 凹面；凹形结构

向内弯曲、凹陷，在天文里通常用来描述透镜或镜面的形状。

conjunction 合

从地球上观测两个天体的黄经的差别是0度时称为合；当两个天体的赤经相同时，也可能是合。当其中的一个天体是太阳的时候，“合”意味着另一个天体将在太阳与观测者之间，我们将看不到另一个天体。

constellation 星座

人们在天空中规定出88个包含恒星区域，每个区域称为一个星座，亦即全天球被分成88个天区。

convex 凸面；凸形结构

向外弯曲、凸起，在天文里通常用来描述透镜或镜面的形状。

Copernican system 哥白尼体系

由哥白尼-尼科劳斯建立的太阳系的模型，该模型发表于1543年出版的《天体运行论》中，该模型提出太阳位于太阳系的中心，而不是以前一直认为的地球是我们太阳系的中心。

corona 冕；日冕；星冕

太阳或恒星的色球以外，由稀薄的明亮气体向外延伸一定距离形成的气体壳层。

coronal mass ejection（CME） 日冕物质抛射

发生在日冕层的气体物质爆发、抛射事件，在太阳活动极大期期间时常发生。

corrector 改正镜；改正器

折反射望远镜（如：施密特望远镜，施密特-卡塞格林望远镜，马克苏托夫望远镜）用一个非球面的透镜来修正球面主反射镜所引起的像差，这个非球面的透镜就叫做改正镜。

cosmology 宇宙学；宇宙论

宇宙学是从整体角度研究宇宙的结构，起源和演化的学科。

counterglow 对日照

见 gegenschein 对日照。

craters 环形山

太阳系的许多天体表面上不平整的圆形凹陷的坑叫做环形山；大多数的环形山是由于陨石的撞击，以及火山爆发的残留物或天体表面塌缩而形成的。

Crepe ring C环

C环是环绕土星的光环中一个暗弱的环，位于最明亮的B环和土星之间。

crescent 新月；月牙

月亮或其他天体的一种相位；在新月的时候观测者可见的发光面占月面积的0%到25%之间（或是占月球可见面积的50%）。

crown lens 冕玻璃

阿贝数大于55的一种玻璃。

culmination 中天

天体经过当地子午圈的时候叫中天，离天顶较近中天时叫上中天，离天顶较远时的中天叫下中天。

curvature of field 场曲

指光学系统成像的焦面不是平面而是一个曲面。

dark adaptation 暗适应

人眼从较亮的环境进入较暗环境时的适应过程称为暗适应；在暗于0.034烛光度/平方米的情况下人眼会调整为暗适应。

dark frame 暗场图像

在没有入射光的条件下用CCD拍摄的图像，暗场用来测定CCD相机的内部噪声；通常暗场的曝光时间应该等于星象的曝光时间，或者与之成比例。

dark nebula 暗星云

由于暗星云内部的物质挡住了背景恒星或者是发射星云所发出的光，因此在亮背景上能被观测到黑暗区域。

dawes limit 道斯极限

道斯极限近似等于所用的望远镜能够分辨开来的两个亮度相同的恒星之间的最小角距。

计算方法：道斯极限=118/物镜直径（mm）(单位：角秒)

=4.54/物镜直径(英寸) (单位：角秒)

day 日

一般指行星绕其自转轴旋转一周所需的时间；行星相对于某一颗恒星自转了一周的时间间隔为一个恒星日；行星相对于太阳自转了一周所花的时间为一太阳日。由此还可以定义其他的日。

dayglow 日辉

行星或卫星的大气在某一特定的波长上对太阳光的共振吸收和发射。

December solstice 冬至（点）

太阳的赤纬最小的那一刻（点）；此时太阳的天球坐标大约是：赤经=18小时，赤纬=−23.5°；注：只有在北半球时冬至才对应冬天的来临。

declination 赤纬

天球地心赤道坐标系中天体到天赤道的角距离；天体的赤纬从天赤道起算，向北为正，向南为负。

degree of arc 角度

一角度等于圆周的1/360，包含60个角分，用°表示；85°18′08″=85度18分8秒。

degree of condensation(DC) 凝结度

凝结度是指彗发不同部分的亮度随着离开彗发中心的距离而变化的程度；彗发的凝结度的数值范围为DC=0（朦胧星象，不凝结）到DC=9（恒星状星象）。

descending node 降交点

见交点（nodes）。

detection level 探测极限

恒星或者其他天体可以被观测到时所成的点像大小；有时也用观测到某个天体时所花的积分时间的百分比来表示，不考虑观测时观测条件的变化或者天体真实的暗弱程度。

dew cap 露罩

望远镜（一般是折射望远镜或折反式望远镜）镜筒上的附属部件，用来防止透镜或改正镜上结露或者结霜。

diagonal 对角镜

见对角镜（diagonal mirror）。

diagonal mirror 对角镜

牛顿式望远镜中使用的一块平面镜，用于把主镜所成的像反射到镜筒边缘的目镜内以方便观察；对角镜因此又被称为副镜。

diameter　直径

天体的直径指的是从天体表面向内穿过天体中心到达另一面的距离；等于半径的两倍。

diamond ring　金刚石环

日全食过程中，在食既与生光之间的一刹那，由于月球表面凹凸不平，太阳光球层所发出的光从月球上较凹的位置漏出，加上此时可见的太阳色球层，状似一颗钻石戒指挂在天空上，这就是钻石环现象。

diaphragm　光阑

光路中用于阻挡入射的杂散光的装置，可以增加图像的对比度；也指望远镜的孔眼掩模，可以有效提高望远镜的焦比。

dichotomy　弦

内行星（水星或金星）看起来一半被照亮的时刻。

diffraction　衍射

衍射就是指望远镜所成的星象看上去是一个小圆斑（称为艾里斑）的效应。在圆斑的周围有一系列亮的衍射环，对于理想光学系统84%的星光将集中在中心，另外7%在第一环，3%出现在第二环上……对于非理想光学系统或者望远镜中心存在挡光而言，光的分布会向外环延伸。

diffraction grating　衍射光栅

光栅是由大量互相平行、紧密排列的细缝、槽或者反射面构成的光学元件，能使光分解为光谱；光栅可分为反射光栅和透射光栅。

diffraction-limited　衍射极限

望远镜制造商标明，技术上指望远镜满足1/50波长的均方根波前判据，对应于斯太尔率（Strehl ratio）为98.4%。

direct motion　顺行

从地球上观测，行星或其他天体在天球上自西向东的视运动。

disk　视圆面

天体在天空中的可见的视面。

Dobsonian mount　多布森装置

由John Dobson发明的一种简易的地平装置。

Doppler effect　多普勒效应

由于发射源和观测者之间的相对运动而引起的电磁波辐射（或声波）的波长的变化；当观测者与光源相互接近时，观测者观测到的波长变短，发生蓝移；当观测者与光源相互远离时，观测者观测到的波长变长，发生红移。

double star　双星

在天球上看起来很接近的两颗星，它们可能是由于物理引力而联系在一起，即binary stars，也可能实际上没有物理联系仅仅是处于同一视线上，即光学双星。

doublet　双合透镜

由两个透镜组成的复合透镜。

dust lane　尘埃带

由气体和尘埃组成的暗带，可以遮挡星系中恒星所发射出来的光。

dust tail　尘埃彗尾

彗尾的一种，主要由尘埃气体反射太阳光形成的；尘埃彗尾比离子彗尾的形状更弯曲。

dwarf galaxy　矮星系

非常小或者表面亮度很低的一种星系，矮星系最多可包含几百万颗恒星。

dwarf star　矮星

主序星中由于太小而不能被分类为巨星或者超巨星的恒星；太阳就是一颗矮星。

eccentricity　偏心率

偏心率用来表示太阳系天体轨道非圆的程度，偏心率越大，椭圆就越扁；椭圆的偏心率在0~1之间；圆轨道的天体偏心率是0；数学上可用椭圆两个焦点之间的距离除以2倍长轴的长度来算出偏心率。

eclipse　食

一个天体的阴影投影到另一个天体上，挡住了一部分或者全部的光而使该天体变暗的现象。

eclipse season　食季

太阳在月球轨道的交点附近时，可能出现“食”现象的这一段时间叫做食季；对于日食来说每一个食季为37.5天，间隔时间为173天。

eclipse year　食年

太阳从月球轨道的交点附近再回到同一交点所经历的时间间隔叫食年，大约是346.6天。

eclipsing binary　食双星

从地球上观测，两子星周期性地相互绕转彼此掩食（一颗子星从另一颗子星前面通过），出现亮度变化的双星系统。

ecliptic　黄道

地球绕太阳公转轨道平面与天球相交的大圆就是黄道，亦即太阳的周年视运动的轨道。

ED glass　超低色散玻璃

ED是extra low dispersion的缩写，超低色散玻璃是一种可以减小色差的玻璃，不像普通玻璃那么容易引起色散。

effective focal length　有效焦距

复合透镜的焦距，与各个分透镜的焦距及透镜之间的距离有关。

element　元透镜

组成多元透镜的单个透镜。

ellipse　椭圆

一种离心率小于1的圆锥截面（圆可以看成是离心率等于0的椭圆）。

elliptical galaxy　椭圆星系

一类没有旋臂的椭圆形状的星系。

elongation　距角

从地球上观测，行星和太阳或者是行星和行星的卫星之间所成的夹角；从太阳向东或向西，从0°~180°度量；也可从行星向东或向西，从0°到180°度量。

emersion　复现

天体在被“掩”之后再次出现。

emission nebulae　发射星云

由星际气体组成的发光的星云；星云内的物质吸收了星云内部高温恒星的紫外辐射，然后再发射出其他波段的光。

Encke Division　恩克环缝

土星环中分隔A环和F环的缝隙叫恩克环缝，它的宽度大约是325千米。注：恩克环缝不是Encke Gap（恩克裂缝）。

ephemeris　历表；天文年历

天体在某个确定日期或时刻的预测位置的列表；天文年历是公开发表的包含一段时间内太阳、月球、行星的位置的历表，通常每年出版一次（ephemeris的复数形式是ephemeredes）。

epoch　历元

历元是星表中所标出的天体位置所对应的标准参考时间，现在所用的标准历元是J2000.0；过去标准历元可

50年保持不变，现在改为25年变一次。

equation of time　时差

不考虑夏令时日晷时间和钟表时间的差别；精确的说是真实的太阳时和平太阳时之间的差别。

equator　赤道

与天体自转轴垂直且过天体中心的平面，在这个天体表面所截得的大圆就是这个天体的赤道。

equatorial coordinate system　赤道坐标系

以天赤道为基本圈，春分点为赤经的起算点，由赤经和赤纬来确定天体位置的一种天球坐标系。

equatorial diameter　赤道直径

赤道直径指在天体赤道平面上测得的直径。以木星为例，赤道直径与极直径一般不相等。

equatorial mounting　赤道装置

望远镜的一种支撑装置，它的一根轴指向天极，叫极轴；另一条轴和极轴垂直，叫赤纬轴。

equinox　二分点

黄道上赤经等于0小时（春分）或12小时（秋分）的点。

Erfle eyepiece　尔弗利目镜

两组双合透镜和一个单透镜的按2-1-2结构组成的目镜，或者是由三组双合透镜组成的一种目镜。

eruptive variable　爆发变星

爆发变星是一种亮度突然激烈增强的变星，例如新星和超新星；红矮星能突然爆发激烈的恒星耀斑，也是一种爆发变星。

evening star　昏星

昏星用来描述在日落后出现在西方天空的明亮行星，例如水星、金星、火星。

exit pupil　出射光瞳

指从目镜出射的光锥的直径，等于物镜口径(mm)除以倍率。

extinction　消光

星光受星际介质的吸收和散射而减弱的现象。宇宙中主要是由于星际固体尘埃颗粒引起消光；更近的消光现象是地球大气引起的消光。

eye relief　良视距

从目镜的最高点到出射光瞳的距离，指眼睛清楚看见整个视野时接近目镜的最短距离；有的目镜的良视距是可调整的，如巴罗透镜；越长焦距目镜的良视距越大；一般良视距是很难判断出来的。

eyepiece　目镜

在光学仪器中，靠近观测者眼睛那一端的透镜（或者复合透镜），用来观看所成的图像。

facula　光斑

太阳光球层上分布着太阳黑子和光斑，亮的区域叫光斑；在太阳边缘最容易看到（facula的复数形式是faculae）。

field curvature　场曲

平面经过光学系统成像后所成的像不再是平面而是曲面的现象。

field galaxy　场星系

一种孤立星系，不属于任何一个已观测到的星系团。

field of view　视场

指透过光学仪器的透镜能看到的范围，一般用角直径来度量（例如：20角分）。

field star　场星

出现在视场中的孤立恒星。

filament　暗条

太阳色球层上相对于明亮的太阳视面可见的由气体云形成的暗黑条纹。

filar micrometer　动丝测微计

用来测量双星的间距和方位角的仪器。

filter　滤光片

吸收某些波段的光，而让其他波段的光线通过的产品。

finder　寻星镜

在较大的望远镜（主镜）旁附设一个小型望远镜，它的光轴与主镜光轴平行，视场比主镜大，用来搜寻待观测的天体。

fireball　火流星

火流星是非常明亮的流星，能够把夜晚也照亮；通常判断一颗流星是否为火流星的星等极限为-3等。

first contact　初亏

在掩食过程中，掩食天体的阴影第一次与被掩食天体相切的时刻；初亏是掩食过程的开始；在凌日过程中，指行星的视圆面第一次与太阳相切的时刻。

first point of Aries　春分点

以前对于春分点的称呼；春分点的赤经和赤纬都为零，由于岁差作用的影响，现在的春分点位于双鱼座内。

First Quarter　上弦

新月后一周或者满月前一周的月相；这时地球上的观测者能够看到整个月面的1/4（或者是被太阳光照亮的月面部分的一半）。

Flamsteed number　弗兰斯蒂德星号

John Flamsteed星表中恒星（亮于7等的恒星）的编号。该星表名为“Historia Coelestis Britannica”，1725年在伦敦由H. Meere发表（1712年时曾经有个非正式的版本）；星表内约有3000颗恒星。

flare　耀斑

太阳色球层出现的局部短暂增亮的现象，观测耀斑最好是使用氢α滤镜（hydrogen alpha filter）来观测。

flare stars　耀星

亮度有着非常迅速而且无法预测的增亮现象的一类红矮星。原因可能是红矮星光球层中耀斑的影响。

fluorite　萤石玻璃

一种超低色散玻璃，具有低折射率和低色散的特点，化学式为CaF。

focal length　焦距

指光学系统中物镜（透镜或反射镜）到焦点的距离。

focal plane　焦平面

通过焦点与光学系统的主轴垂直的平面，即成像的平面。

focal point　焦点

光线经过透镜或反射镜汇聚在一点，叫焦点，也称为focus。

focal ratio 焦比

焦距与透镜或反射镜直径的比值叫做焦比；例如有一个直径为100米，焦距为1500毫米的透镜，它的焦比为f/15。

focus　焦点

见focal point焦点。

fork mounting　叉式装置

一种望远镜的赤道支撑结构（SCT施密特卡-塞格林望远镜大都用这种支撑结构），支撑点在望远镜镜筒短轴的两端。

fourth contact　复圆

在掩食过程中，被掩食的天体完全离开掩食天体的阴影的时刻，即掩食的结束。

frequency　频率

指单位时间内某种波动的重复次数，频率的单位是赫兹（Hz），即1S。

full 盈

月球或其他天体的一种位相，指天体被照亮的半个面全部朝向观测者，天体的可见范围应该是整个月面的50%。

galactic center 星系中心；银心

星系的中心区域；银河系的中心位于人马座方向。

galactic cluster 星系星团

见疏散星团（open cluster）。

galactic disk 星系盘；银道面

旋涡星系或棒旋星系的旋臂所存在的盘面，是由恒星、尘埃和气体组成的扁平盘；透镜状星系也有星系盘，但没有旋臂。

galactic equator 银道

由银河系银道面决定的天球上的大圆，以银河系为中心；银道面和天球赤道面之间的夹角大约是63°。

galactic halo 星系晕；银晕

银河系或者其他旋涡星系周围存在的，由暗的恒星、褐矮星和球状星团组成的球形区域。

galactic nucleus 星系核

星系中心附近的凸出结构，主要由在旋涡星系中心范围内常见的属于星族Ⅱ的年老恒星组成。

galactic pole 银极

天球上到银道上任意一点的角距离都为90°的两点；银河系自转轴和天球的两个交点。

galaxy 星系

引力作用束缚下，由上千亿颗恒星、尘埃和气体组成的集合。

Galilean satellites 伽利略卫星

指木星最大的四颗卫星（Io木卫一，Europa木卫二[欧罗巴]，Ganymede木卫三，Callisto木卫四）；伽利略在1610年发现，因而得名。

Galilean telescope 伽利略望远镜

伽利略发明的第一种用于观测的天文望远镜——是由一个单透镜作为物镜，加上一个简单的目镜组成的折射望远镜。

gas giant 巨行星

由大量气体组成的行星。太阳系中有四个巨型气体行星：木星、土星、天王星和海王星。

gegenschein 对日照

也叫counterglow，指的是黄道上与太阳相距180°的位置上能看见一个非常暗弱的亮斑。人们认为对日照是由于小行星际粒子反射太阳光而形成的。双鱼座（9月）和西方的室女座（3月）最容易看到这种现象，因为这两个黄道星座与明亮的银河系距离最远。

geometric albedo 几何反照率

和一个太阳系天体等直径的由理想的白色反射材料构成的球体的反照率，就是该太阳系天体的几何反照率。

German mounting 德国式装置

一种流行的望远镜的赤道装置，其赤纬轴放置在极轴的末端，成“T”字形。

giant 巨星

一种体积和质量都比太阳大得多的恒星，但绝不是把太阳简单的按比例放大；巨星的外部大气层很稀薄。

gibbous 凸月

月亮或其他天体的一种月相，凸月时可视的天体视面积占天体总表面的25%~50%（或大于50%而小于100%的月球被照亮部分可以被观测到）。

globular cluster 球状星团

旋涡星系的晕中或者更多地在椭圆星系的周围发现的由年老的恒星（星族Ⅱ恒星）组成的球形星团。

granulation　米粒组织

太阳色球层上被观测到的斑驳状现象，形成原因是对流引起的气泡的上升和下降。

gravity　万有引力

所有有质量的物体之间存在的相互吸引的力。

Great Red Spot（GRS）　大红斑

大红斑是木星大气云层中的一个大旋涡风暴，位于木星赤道以南22°。

greatest brilliancy　最大亮度

从地球上观测时，金星和水星在轨道上最亮时的位置。

greatest elongation　大距

从地球观测，行星（通常指水星或者是金星）和太阳的最大角距离。

Greenwich Mean Time (GMT)　格林尼治平时

格林尼治平时是英国格林尼治的地方平时，用来作为全世界标准时间的基准。

Gregorian calendar　格里历

罗马教皇格里戈里十三世于1582年颁布新的改进后的历法，称为格里历，即现在世界上大部分地方所通用的公历。

Gregorian telescope　格里望远镜

由James Gregory发明的一种反射望远镜，主镜是抛物面反射镜，副镜是椭圆镜；副镜将主镜反射过来的光线又通过反射到主镜上的一个小孔后成像。

guide telescope　导星镜

望远镜(特别是大望远镜)上安装的在成像过程中保证所观测的天体的位置保持不变的望远镜装置；需要手动进行调整。

HⅠregion　中性氢区

星际空间中的中性氢云（即氢原子），能够辐射波长为21厘米的谱线。

HⅡregion　电离氢区

星际空间中由高温电离的氢组成的云，通常会在年轻的高温恒星（或星团）周围形成亮星云。

head　彗头；架台

彗星的彗核和彗发的合称；有时也指装载在赤道式望远镜上的主驱动装置，望远镜的镜筒就安装在架台上面。

Hertzsprung-Russell（H-R）diagram　赫罗图

赫罗图是恒星光谱型（或有效温度）和绝对星等（或光度）的关系图。

horizon　地平；地平圈

天球和观测者所在地地面相交的大圆。

hour angle　时角

当地子午圈向西距离天体所在时圈的角度，范围从0到24小时，以小时，分，秒的形式表示。

hour circle　时圈

天球上同时过南天极和北天极的大圆叫做时圈。

Huygens eyepiece　惠更斯目镜

由两片平凸透镜组成的目镜。两片透镜之间有视场光阑；当不是用在具有长焦距的折射望远镜上时，会有明显的球差。

image tube　象管

一种用来增强天体发出的（微弱的）信号（可见光或其他波段）的电子设备。

immersion　掩食

天体在掩食过程中消失而看不见的现象。

inclination 倾角、交角

行星的公转轨道面与黄道面的夹角。

inferior conjunction 下合

地内行星（水星或金星）运行到太阳和地球之间，与太阳和地球成一条直线的时候称为下合。

inferior planet 内行星

在地球公转轨道内环绕太阳公转的行星叫做内行星，水星和金星是内行星。

inner planets 带内行星

轨道在小行星带以内的行星。水星、金星、地球和火星都是带内行星。

integrated magnitude 累积星等

延展天体（彗星、星云、星系等）的光亮并将其假设为都是从一个点光源发出来时的星等。

intergalactic medium 星系际介质

星系之间存在的弥散物质叫做星系际介质。

International Astronomical Union（IAU） 国际天文联合会

决策与天文相关的事务的国际性组织，由全世界范围内的天文学家组成；其网站是http：//www.iau.org。

interplanetary medium 行星际介质

太阳系中各行星之间的物质，太阳风所吹出的物质是其主要组成之一。

interstellar absorption 星际吸收

可见光辐射被星际介质削弱的过程。

interstellar medium 星际介质

大多数星系中的恒星之间所存在的弥散物质。

ion tail 离子尾

彗尾的两种类型之一，也叫做等离子尾，由电离的分子组成。离子尾一般较直，比尘埃尾要蓝，长度可达数百万千米。

irregular galaxy 不规则星系

星系分类的一种星系；形状既不属于椭圆星系也不属于旋涡星系，而是随机无序的形状；不规则星系通常很年轻，比椭圆星系和旋涡星系年轻。

Jovian 木星的

指与木星有关的。

Jovian planets 类木行星

四个大的带外行星：木星、土星、天王星和海王星，由于它们的大小、成分与木星类似，因而叫做类木行星。

Julian date 儒略日

从公元前4713年1月1日正午（UT）起算的日数；如2000年1月1日正午（UT）的儒略日为JD2 451 605天；2000年1月2日午夜（UT）的儒略日为JD2 451 605.5天。

June solstice 夏至；夏至点

黄道上太阳的赤纬最大的点或时刻，其坐标约是：赤经=6小时，赤纬=+23.5°。注：只有在北半球夏至才对应于“夏天”。

Keeler Gap 基勒环缝

土星光环中，基勒环缝位于A环的外侧，有35千米宽。

Kellner eyepiece 凯尔纳目镜

1849年发明的由一个单个场镜和双合透镜组成的目镜；传统的凯尔纳目镜无畸变，良视距（目视暂留）约为0.5倍焦距。

Konig 康尼格目镜

一种简化的尔弗利目镜，由一个二元场镜和一个单元透镜组成。

Kuiper Belt 柯伊伯带

从冥王星轨道的向外扩展的环带，里面的天体主要是由冰组成的天体（柯伊伯带天体）。

lanthanum 镧玻璃

利用镧的氧化物做成的特殊玻璃，这种玻璃因为加入了镧的氧化物而有更高的折射率，比冕玻璃或者火石玻璃有更好的阿贝比数。

Large Magellanic Cloud 大麦哲伦星云

银河系的一个不规则卫星星系；也是距离银河系最近的星系，离银河系180000光年远。

Last quarter 下弦（月）

满月后大概一周的月相，或者是新月前一周的月相，这时能够看到月面的1/4（月球朝向地球的那面的1/2）。

lateral color 横向色差

离轴的色差之一，它使视场边缘的星像带有模糊色彩。

latitude 纬度

从南或从北距离地球赤道的夹角，范围从0°~90°；天体的纬度为天体在天球上和天赤道所成的夹角。

lens 透镜

一面是曲面另一面是平面或者是两面都是曲面的由透明物质（玻璃、石英、透明塑料等）组成的片状透明器件；可以利用一个或者很多透镜来组成一个光学器件，将光线聚焦成像；许多透镜的组合也可以看成一块透镜，严格地说应该称为复合透镜。

lenticular galaxy 透镜状星系

介于椭圆星系和旋涡星系之间的一种星系类型，这类星系有着平坦的星系盘却没有旋臂。

libration 天平动

自转和公转同步的卫星面向中心天体的那一面的轻微摆动；由于月球天平动，地面上的观测者可以看到的月球表面的50%以上。

light adaptation 明适应

人眼从较暗的环境进入较亮环境时的适应过程称为明适应，在亮于3.4个烛光/平方米的情况下人眼会调整为明适应。

light curve 光变曲线

天体的亮度随时间的变化曲线。

light gathering power 聚光本领

表征望远镜聚光能力的参量，主要由望远镜的口径大小决定。

light year 光年

光以接近每秒钟300 000千米的速度在一年内传播的距离。

limb

有视面天体视圆面的外边缘。

limb darkening 临边昏暗

太阳的视圆面边缘比起视圆面中心看起来较暗的现象，这是由于从太阳发出来的光线在视圆面边缘处通过的太阳大气厚度要比中心处更厚。

limiting magnitude 极限星等

通过目视、望远镜观测或者利用照相底片、电子探测器能够观测到的最暗的星等。

Local Group 本星系群

由包括我们银河系在内的几十个星系组成的星系团，半径约为325万光年。

local sidereal time 地方恒星时

地方恒星时等于过当地子午圈的天体的赤经。

Local supercluster 本超星系团

由包括本星系群在内的范围更广的星系群组成，以室女座星系团为中心，半径约为5000万光年。

long-period comet 长周期彗星

轨道运行周期在200年以上的彗星。

long-period variable 长周期变星

有一些巨星或者是超巨星的亮度会具有80天以上的变化周期，被称为长周期变星；鲸鱼座O星（刍藁增二就是第一个典型的长周期变星，其周期约为332天。

lower culmination 下中天

见 culmination 中天。

luminosity 光度

恒星或者是其他能够发光的天体每秒钟向空间辐射的总能量。

luminosity classes 光度型

按照恒星的光度所分的恒星类型，可分为超巨星（光度Ⅰ型），亮巨星（光度Ⅱ型），巨星(光度Ⅲ型)，亚巨星（光度Ⅳ型）和主序星。

lunar 月球的

和月球有关的。

lunar eclipse 月食

满月时当月球完全或部分进入到地球的影子中出现的食现象。

lunation 朔望月

月球连续两次朔的时间间隔。

Magellanic clouds 麦哲伦星云

银河系的两个不规则卫星星系。

magnitude 星等

用来表示天体所发出的可见光或者其他波段辐射强度的量。可参考 absolute magnitude 绝对星等，apparent magnitude 目视星等。

main belt 主带

见 asteroid belt 小行星带。

main sequence 主序（星）

赫罗图上由燃烧氢的稳定的中年恒星组成的一部分区域。

major axis 长轴

椭圆上直线距离最远的两点之间的距离；也即椭圆上通过椭圆中心和椭圆焦点的直线与椭圆相交的两点之间的距离；对于圆，长轴就是圆的直径。

major planet 大行星

见 planet 行星。

Maksutov telescope 马克苏托夫望远镜

一种使用球面主镜和弯月形改正镜的天文望远镜。

Maksutov-Newtonian telescope 马克苏托夫-牛顿式望远镜

由弯月形改正镜、凹面主镜、平面副镜组成的类牛顿式的天文望远镜。

March equinox 春分（点）

太阳从南向北穿过地球赤道平面的那一刻；黄道和赤道相交的两点中天球坐标赤经为0小时，赤纬等于0°的那一点。只有对于北半球，这一点才能算是“春”分。

mare （月）海

海的拉丁文。一般指月球表面为玄武岩的冲击盆地；其他大行星和卫星上相对平坦的大面积区域也可以称为海。

martian 火星的

跟火星有关的。

Maxwell Gap 麦克斯韦环缝

土星光环中B环和C环之间的宽270千米的缝隙。

mean solar time 平太阳时

平太阳时定义时间的变化是有规律而且匀速的，而不是像真实的太阳时那样有着不均匀的变化；一平太阳日等于恒星时单位的24小时3分56.555秒。

mean sun 平太阳

假想的作匀速运动的太阳，以此作为标准来定义平太阳时。

meridian 子午圈

天球上穿过观测所在地的天顶和天极的大圆。

meridian passage 中天

天体经过观测者当地子午线时叫中天。也可称为：meridian transit；culmination。

Messier，Charles 查尔斯-梅西耶

法国著名的天文学家和彗星猎手；他最著名的工作是将当时已经发现的深空天体（星云、星系和星团等）制成星表，以避免和彗星混淆。

Messier object 梅西耶天体

查尔斯-梅西耶所发表的星表中的天体被称为梅西耶天体。

meteor 流星

陨星体进入地球大气层后，由于和地球大气摩擦而燃烧，在天空中划出一道亮迹的现象。

meteor shower 流星雨

地球每年在通过某个固定的陨星体带时，出现的流星数目增多的现象。

meteor storm 流星暴

每小时出现的流星数目平均在1000颗以上，并保持这样的流量在20分钟以上的流星雨才能被称为流星暴。

meteorite 陨石

降落在地球表面后被发现的陨星体（在经过地球大气时叫流星）。

meteoroid 陨星体

绕太阳系公转的由岩石、金属或者二者共同组成的小天体；绝大部分陨星体都非常微小，质量在0.001~0.000001克。

Milky Way 银河系

我们所在星系的名称。

minor axis 短轴

经过椭圆中心并垂直于椭圆中心和焦点的连线的直线，与椭圆相交的两点之间的距离。

minor planet 小行星

见asteroid小行星。

minute of arc 角分

1度的1/60；1角分等于60角秒，用符号“′”表示；22°31′46″=22度31分46角秒。

mirror 反射镜

光学器件。通常在其表面镀有一层很薄的铝，以增强对光的反射。

mirror cell　镜室

装载天文望远镜主镜的装置。

molecular cloud　分子云

星际中由温度很低（约为10K）的分子组成的气体云。

monochromatic　单色波

固定波长的电磁波，或者是频率单一的波。如656.3纳米处是氢的阿尔法线。

moon　月球（自然卫星）

地球的卫星；或者绕着其他大行星公转的自然天体。

morning star　晨星

较亮的几颗大行星（水星、金星、火星、木星、土星）清晨出现在东方天空时，被称为晨星。

mounting

天文望远镜的支撑结构，除镜筒以外的望远镜所有部件，包括：镜头或镜面部分、三脚架、底座，等等。

multi-coated　多层镀膜

指对透镜的接触空气的表面作超过一次的镀膜。

multiple star　聚星

在共同的引力作用下聚集的很近的两颗或两颗以上的恒星系统；理论上最多为六颗。只有两颗时就是常说的双星。

mutual phenomena（of satellites）　互掩

木星的一颗卫星掩或者食另一颗卫星的现象。

nadir　天底

天球上位于观测者正下方的那一点；也位于观测者所在的子午圈上，正对着天顶这一点。

Nagler eyepiece　纳格勒目镜

1982年出现的一种目镜，具有非常宽的视场，明暗对比和良视距（目视暂留）好，成像清晰。

Nasmyth focus　内氏焦点

地平式望远镜中沿其高度轴的两个焦点，大型的成像装置一般用这种焦点。

nautical twilight　航海晨昏朦影

日出前或日出后，大气散射太阳光引起天空发亮的现象，对应于太阳的天顶距为102°时（即太阳在地平线下12°时）的亮度状况。

Near-Earth Object　近地天体

轨道和地球轨道很接近，很可能和地球发生碰撞的小行星或其他天体。

nebula　星云

来自拉丁文，本意是“云”，指由星际尘埃和气体组成的云。

negative shadow　环食带

日环食时，月球的伪本影在地球表面上扫出的狭长地带，在这个地带的观测者能够看到日环食。

neutron star　中子星

超新星爆发后在原来的中心位置残存的恒星，其中的质子和电子都融合在一起变成了中子；中子星的半径在10千米左右，但其密度却高达10^{18}kg/m^3。

New General Catalogue（NGC）　星云星团新总表

J.L.E. Dreyer在1888年编撰的深空天体星表。最早的星表有7840个天体，后来补充发表的两个星表包括5386个天体。最早的星表中的天体在其编号前加有NGC三个字母，后面补充的两个星表中的天体在其编号前加有IC两个字母。

new　新月

月球被太阳光照亮的部分完全不能被地球上的观测者看到的时候的月相。

Newtonian telescope 牛顿式天文望远镜

牛顿发明的一种最早用于实际观测的反射式天文望远镜。由一面抛物一面凹镜作为主镜，一面平面镜作为副镜组成。副镜用于改变光线的方向，使光线能够射出镜筒。

NGC number 星云星团新总表编号

星云星团新总表（A New General Catalogue of Nebulae and Clusters of Stars）中对应天体的编号，由J.L.E. Dreyer在威廉-赫歇尔男爵的星表基础之上，整合、修订并增加之后出版的，包括有星系、恒星、星团和星云。该星表首先发表在1888年伦敦出版的皇家天文学会论文集（Memoirs of the Royal Astronomical Society）中。随后Dreyer在皇家天文学会论文集又补充发表了两篇文章，分别叫做Index Catalog of Nebulae found in the Years 1888 to 1894 (伦敦1895年)， Second Index Catalogue of Nebulae and Clusters(伦敦1908年)，最终这三个星表被合在一起发表，叫做Revised New General Catalog of Nonstellar Astronomical Objects。

nightglow 夜天光

见airglow 气辉。

nodes 交点

天体的轨道和参考平面相交的两点，参考平面一般用天赤道面或者黄道面；如果天体在轨道上运动时是从南到北穿过参考面，则这个交点叫做升交点；反之如果是从北到南，则称为降交点。

north polar distance 北极距

天体距离天球北极的角距离，等于90°减去天体的赤纬。

north polar sequence 北极星序

曾作为星等系统的标准的一组恒星，位于天球北极附近。

nova 新星

亮度忽然增亮可达10个星等，在随后的几个月内又缓慢变暗的恒星；在密近双星系统中如果其中一个成员是白矮星，另外一颗恒星的物质会不断流向白矮星，形成一个吸积盘慢慢覆盖到白矮星表面；当温度和压力慢慢增大到能引发白矮星的核聚变反应时，白矮星就爆发而形成新星。

nucleus 彗核

冰块组成的彗星内核；当彗星靠近太阳时，彗核中蒸发的尘埃和气体在其周围形成彗发。

nutation 章动

由于月球和太阳相对于地球的距离和位置在不停地变化，在它们的引力作用下使地球自转轴产生周期性的不规则运动；章动是叠加在岁差之上的运动。

objective 物镜

折射望远镜的主镜也叫物镜。

oblateness 扁率

描述行星或者其他天体的非球形程度的量。数值上，扁率等于行星的赤道直径与极直径之差除以行星的赤道直径。

obliquity 倾角

行星或其他天体运行的轨道平面和其赤道平面的夹角；行星的自转轴和轨道法线之间的夹角。

observatory 天文台

天文台是进行天文观测和天文研究的科研机构；拥有各种类型的天文望远镜和天文测量装置。

observing log 观测日志

观测者观测天体的记录，可以是短期记录也可以是长期记录。

occultation 掩星

天体被其他更大视面的天体全部或者部分遮挡住的现象。

occulting bar 遮掩条

放置在望远镜目镜的焦平面上用来遮掩部分视场的条状装置；通常是为了将较亮的天体遮挡住，以更好的观测其附近较暗弱的天体。

occulting disk 遮掩圆面

观测太阳日冕时用来遮挡住太阳光球层发出的光的一种装置。

off-axis 偏轴

业余天文学家中常用此词来表示星像不在视场的中心。

Oort Cloud 奥尔特云

理论上提出的环绕太阳系的一个球状区域，里面包含了大量的彗星；距离太阳约30000到100000天文单位。

open cluster 疏散星团

一类年轻的恒星系统，通常包括几百到几千颗恒星。

opposition 冲

在地球上观测时，两个天体的经度相差180°时的位置；当其中一个天体是太阳时，“冲”意味着另一个天体刚好在太阳相对的位置上，整个夜晚都可以观测到这个天体。

opposition effect 冲日

地外行星的相位角等于0°的时候；这时如果从行星上观测，地球刚好从日面上经过。

optical axis 光轴

光学系统中假想的一条通过所有光学器件的中心和它们的焦点的直线。

optical binary 光学双星

天球上彼此靠得很近的两颗恒星；光学双星之间并不一定有什么物理联系，它们之间的距离也可能很遥远；也被称作为目视双星visual binaries。

orbit 轨道

在主星的引力作用下绕主星运动的天体的运动轨迹。

orbit-orbit resonances 轨道-轨道共振

在引力的互相作用下，两个或多个天体按照某种特殊的运动模式重复运动的现象。

orbital elements 轨道要素

用来描述天体在轨道上运动的位置和运动状况的六个参数，可以通过观测天体的位置来得到天体的轨道数。这六个参数分别是偏心率，半长轴，轨道倾角，升交点经度，近星点角距，过近星点时刻。

orthoscopic eyepiece 无畸变目镜

无球差的透镜组成的目镜，能够均匀地放大整个视场内的图像。

outburst（cometary） 彗核爆发

彗星的彗核在短时间内释放大量尘埃和气体到彗发中，使彗星的亮度突然增亮的现象。

outer planets 外行星

轨道在小行星带以外的行星，包括木星、土星、天王星、海王星和冥王星。

Palomar Sky Survey 帕洛马全天图

著名的照相星图之一，利用帕洛马天文台的施密特照相机完成，覆盖了赤纬-33°以北的天区。

Panoptic 全景目镜

由Tele-Vue提出的Erfle目镜的一种改进形式，视场宽，成像清晰，一些型号的良视距（目视暂留）比较短。

paraboloid 抛物面

抛物线构成的三维面；反射望远镜中主镜的表面就是抛物面，可以将光线聚焦到一点。

parallax 视差

见恒星视差stellar parallax。

parfocal 等焦面

两个或多个目镜的焦平面到镜筒顶端的距离的都是一样。

parsec 秒差距

周年视差等于1角秒的恒星距离我们的距离；在这个距离上，地球公转轨道半长轴的长度（1天文单位）对观测者所成的夹角就是1角秒；1秒差距=3.0857×10^{13}千米=206265天文单位=3.2616光年。

path of totality 全食带

日全食时，月球的影子在地球上形成的影带（200英里，宽）。

Paul-Baker telescope 保罗-贝克望远镜

主镜是抛物镜面的一种天文望远镜，利用一块椭圆副镜和另一块球面镜来取得非常宽的视场。

peculiar galaxy 特殊星系

大约有十二种星系不太容易用经典的哈勃星系分类法来进行分类，被称为特殊星系。

penumbra 半影

太阳系天体挡住太阳光所形成的影子中，较亮的影子部分。

penumbral eclipse 半影食

月球没有进入地球影子的本影部分，而只是在地球的影子的外部较亮的半影区经过而产生的月食现象。

periastron 近星点（距）

双星系统中两个成员之间最近的距离。

perigee 近地（点）

月球或者是其他绕地球公转的天体距离地球最近的那一个位置；月球（或其他卫星）在其公转轨道上运行时距离地球最近的那一刻。

perihelion 近日（点）

绕太阳公转的天体距离太阳最近的那一位置；行星（或者其他天体）在其公转轨道运行时距离太阳最近的那一刻。

period 周期

天体连续两次发生相同的天文事件的时间间隔。

periodic comet 周期彗星

在其名字前面加了字母"P/"的彗星。比如P/Halley是指哈雷彗星，即有名的周期彗星哈雷。最近国际天文学联合会开始对出现过一次以上的周期彗星进行编号，这样哈雷彗星就是1P/Halley，德维科彗星即122P/de Vico。

perturbation 摄动

行星或卫星在轨道上运行时会受到：（1）其他行星或卫星引力的影响；（2）其他一些行星或卫星引力共同的影响，使其运动轨道受到扰动，产生变化。

phase 相位

月球或其他太阳系天体在其轨道运行时，在不同的位置上被照亮部分占其表面的百分比。

phase angle 相位角

月球-地球-太阳或者是行星-地球-太阳所成的角度，从0°到180°。

photodetector 光电探测器

利用光电效应原理来探测和测量电磁辐射强度的各种器件的总称。

photographic magnitude 照相星等

对中心波长为425纳米的蓝光区域有最大响应的探测器件所测得的恒星或其他天体的星等。

photometer 测光计

通过把电磁辐射变成电信号来精确测量光强、光通量、照度或亮度的器件。

photometry 测光法

研究如何利用测光探测器来测量光的强度的分支科学。

photon 光子

一种无质量的基本粒子，电磁波通过它以光速传播能量、动量和角动量。

photopic vision　白昼视觉

白昼视觉产生于视网膜上的圆锥细胞，圆锥细胞对于色彩敏感；比起昏暗视觉来，需要更亮的光线才能产生白昼视觉。

photosphere　光球层

恒星的表面。比如太阳也有光球层，可见光从这层发出，大约有500千米厚。

pixel　像素

组成一个图像的最小元素（比如视屏显示装置VDU中的一个像点）；用作光学探测器的电荷耦合器件CCD上的一个探测元。

plage　谱斑

太阳色球层上的亮斑，其温度比周围更高；也叫做bright flocculi亮（谱）斑。

planet　行星

太阳系中绕着太阳公转并且反射太阳光的9个大天体；按照它们距离太阳的远近排列，太阳系内的行星有：水星，金星，地球，火星，木星，土星，天王星，海王星，冥王星。

planetary nebula　行星状星云

红巨星外部的一层气体，被不断的吹向恒星之外的空间，这些气体被中心正在塌缩的恒星发出的辐射激发而发光形成可见的星云。

plasma tail　等离子体尾

见Ion tail离子尾。

Plossl　普罗斯目镜

由二组相同或略有不同的消色差胶合透镜组成的目镜。

polar diameter　极径

通过天体中心度量的天体两极之间的直线距离。

poles　极

行星、卫星或者其他天体上距离一个给定的大圆（一般是该天体的赤道大圆）上面的各点都是90°的两点。

Population I 星族I

集中在旋涡星系的星系盘和旋臂上的一类较亮、温度较高的年轻恒星，这些恒星一般含有由上一代恒星产生的重金属元素；太阳就属于这一类恒星。

Population II　星族II

球状星团和星系核心部分发现的一类恒星，它们的年龄更大，光度较小，温度较低，比起星族I的恒星来其重金属元素的含量要低。

position angle(PA)方位角

（1）双星系统中，主星和伴星之间的连线从北朝东度量的角度；（2）彗星的彗尾所指向的天空的方向，用由北起量的角度来表示。

precession　进动、岁差

给自转的天体的自转轴一个垂直于其自转轴的力矩时，天体的自转轴会沿着一个锥面运动。

primary　主星

由两个或者两个以上天体互相轨道绕转形成的系统中，距离质量中心较近的天体或者看似其他天体在绕其公转的天体。

prime focus　主焦点、主焦点摄影法

望远镜主镜的焦点；一种使用天文望远镜的天文摄影方法，直接成像于主镜焦平面的底片上。

prism diagonal　棱镜对角镜

一种利用棱镜，而不是平面镜来使光线转向90°的对角镜。

prograde motion　顺行

轨道运行方向和通常天体绕太阳运动的方向相同；逆行的相反方向。

prominence　日珥

太阳表面上的一种大尺度的气体结构（理论上任何恒星都有），一般发生在太阳活动剧烈的地方，比如黑子群。

proper motion　自行

恒星或者是其他天体在垂直于观测者视线方向上每年的视角位移。

provisional designation　暂定名、临时编号

见asteroid designation小行星编号。

pulsar　脉冲星

迅速自转的中子星；由于该中子星的两个磁极辐射出两束电磁辐射，当这两束电磁辐射中任意一束扫过我们的视线方向时我们就能观测到该中子星的脉冲。

Purkinje effect　浦尔金耶效应

观测两个具有相等星等的恒星时发生的现象，如果一个恒星偏红一个偏蓝，则蓝色的恒星看起来较亮；如果观测的时间再长一些，则偏红的恒星的亮度看起来会增加。

quadrant　象限

平面被两条真实的或者是假想的互相正交的直线所划分成的4部分中任一部分。

quadrature　方照、上弦、下弦

从地球上看，太阳和其他天体的位置经度相差90°时的位置。

quasar(quasi-stellar radio source)类星体

银河系外非常遥远的致密天体，有着很高的光度，实际上是一类活动星系核。

radial velocity　视向速度

恒星或者其他非太阳系内的天体在观测者的视线方向上的运动速度。

radiant　辐射点

同一流星雨中的流星轨迹反向延长后会相交在天空中同一地点（即辐射点），流星雨看起来好像是从辐射点发射出来。

radio galaxy　射电星系

一种具有很强的射电波段辐射的活动星系（大多是椭圆星系）。

radius　半径

天体的中心到其表面的距离；半径等于直径的二分之一。

radius of curvature　曲率半径

圆周长满足所讨论的透镜或镜面的曲率的圆的半径。

Ramsden eyepiece　冉斯登目镜

由两个平凸透镜组成的简单目镜，两个透镜凸面相对，靠近物镜的那一面是平面。

reciprocity failure　交互失准、倒易不足

对于一定曝光度的底片，光圈和快门速度之间的正常对应关系不再存在的现象。

recurrent nova　再发新星

被观测到爆发一次以上的新星。

red dwarf　红矮星

质量在0.08个太阳质量下限附近的一种低温小恒星。

red giant　红巨星

核心燃烧氦元素的恒星，光谱型一般是K或M型。

red supergiant　红超巨星

演化后期的恒星，其半径比红巨星还要大。

reddening 红化

由于星际云对于偏蓝色的光线散射更严重，恒星发出的光线在通过星际云后，恒星的颜色显得偏红。

reflecting telescope 反射望远镜

利用反射镜面聚焦光线的一种天文望远镜。

reflection 反射成像

反射镜面成像的过程。

reflection nebula 反射星云

将星光散射到我们的视线方向上的一种星际云；通常反射星云看起来是蓝色的，这是因为蓝色的光线波长较小，发生散射的程度比起红光来说更大。

refracting telescope 折射望远镜

用透镜来聚焦遥远的天体发射来的光线的一种天文望远镜。

refraction 折射

能量波（光波）从一种介质传播到另外一种介质中时，其直线传播的方向发生偏折的现象。

refraction，atmospheric 大气折射

光线倾斜地进入天体的大气层时发生的偏折现象；对于地球来说，大气折射导致天体的位置向天顶发生位移，位移的量随着天体的天顶距的增加而增加。

refractive index 折射率

电磁波在真空中的传播速度和它在其他的介质中的传播速度之比；即指特定的物质使光线发生偏折的能力。

regression 退行

相对于轨道运行的天体来说，其轨道上的其他点相对于天体本身来说朝相反的方向运动。比如，月球由西向东运动，但是其交点（nodes）却由东向西退行。

residual 位置误差

对于行星来说，理论预测的行星位置和实际观测的行星位置之间的差别。

resolution 分辨率

一幅图像中能可见的最小细节，表示图像精细程度的技术参数。

resolving power 分辨本领

通常定义为分辨开两个同样亮度的天体（恒星）的能力；见Dawes limit道斯极限。

reticule 十字丝

目镜内的一组直线或圆圈，照亮或者不照亮时，都能在目镜的视场内形成相同的十字或同心圆形图案。

retrograde 逆行

轨道运行方向与太阳系内公转的大多数天体的运动方向相反；顺行的相反方向。

retrograde motion 逆行

从地球上观测，行星或者是其他天体在天球上不正常（由东向西）的视运动。当大行星处于冲日附近时会发生这种现象。此时地球的运动相对于行星来说变快了，地球超过行星使行星看起来像是在向后运动。类似于一辆汽车超过另一辆汽车时出现的现象——虽然两辆汽车都在朝着同一方向运动，但是开的慢的汽车却看起来像在向相反的方向运动。

revolution 公转、绕转

行星或者其他太阳系天体绕着太阳进行轨道运动；或者指卫星绕着行星作轨道运动。

rhodopsin 视网膜色素

人眼中视网膜上的杆状细胞内的感光色素。

rich-field telescope（RFT） 特广视场望远镜

具有大视场的一种天文望远镜。

right ascension（RA） 赤经

一种地心天球坐标，沿着天赤道向东，用春分点和天体所在的时圈与天赤道的交点之间的角度来度量；一般表示成小时，分钟，秒钟，范围从0小时到24小时，一小时赤经等于15°。

ring galaxy 环状星系

一种少见的环状星系类型，一般认为是由于致密星系穿过一个正常的旋涡星系中心而形成的。

rising 升、出

由于行星或者卫星的自转而引起的天体出现在行星或者卫星的地平线之上的现象。

RKE 改进凯尔纳目镜

一种源自凯尔纳目镜的目镜，除了将单片的接目镜改为双胶合消色差透镜外，还采用了低色散玻璃。比起传统的凯尔纳目镜来说，它的视场比较平直，图像变形也更轻微。

rotation 自转

行星或者是其他天体绕着其自转轴旋转的运动。

rotational period 自转周期

行星或者是卫星自身旋转一周所需的时间；按照其赤道上的点旋转一圈的时间来度量，因此也叫做赤道自转周期。

Saros 沙罗周期

日食的出现具有223个朔望月的周期，即6585.32天（约18年11天）。

satellite 卫星

绕着一个比其更大的天体绕转的天体。

Schmidt-Cassegrain telescope（SCT） 施密特-卡塞格林望远镜

一种折反射天文望远镜，其主镜是一面球面反射镜，中间有一个全孔径的改正镜，在卡塞格林焦点上是一面副镜。

Schroeter effect 斯若特效应

金星的（上下）弦出现的时间和其大距时间不相同的现象；首先由德国的业余天文学家Johann Hieronymus Schroeter（1745—1816）发现。对于月球和水星也观测到了这种现象。

scintillation 闪烁

由于大气的湍动而引起的天体亮度的快速变化；即twinkling。

scotopic vision 昏暗视觉

昏暗视觉的主要感受器是视网膜上的杆状细胞；它对色彩不敏感但是在光线暗的时候起作用。

SCT 施密特-卡塞格林望远镜

Schmidt-Cassegrain telescope施密特-卡塞格林望远镜的缩写形式。

second contact 食既、第二切

全食过程中，太阳或者是月球完全被遮掩住的时刻；即全食真正开始的时刻（食既）；如果是在凌日过程中，则指行星的视圆面完全进入到太阳的视圆面内的那一刻（第二切）。

second of arc 角秒

一角分的1/60。一度等于3600角秒，角秒的表示符号是“″”。比如22°31′46″=22度31分46角秒。

secondary 伴星

由两个或者两个以上天体，互相轨道绕转形成的系统中，距离质心较远的或者是绕着主星绕转的天体。

secondary spectrum 二级光谱

消色差镜头所成的像中明显地还有剩余的色差，称作二级光谱，其他的多元透镜也会产生这种现象。

seeing 视宁度

视宁度是用来概括地描述某一个特定的观测地点的大气稳定程度的；通常用角秒来表示。

semi-apo　半复消色差镜

具有高度消色差的性能的一种反射镜。

semi-diameter　视半径

视面是球面的天体的视半径。

semi-major axis　半长轴

椭圆上距离最长的两点之间的长度的1/2；亦即椭圆的中心到椭圆中心和焦点的连线与椭圆的一交点之间的距离。

semi-minor axis　半短轴

椭圆的中心到垂直于椭圆中心与焦点的连线的直线与椭圆的交点之间的距离。

semi-regular variable　半规则变星

一种变星，其光变曲线偶尔会表现出有规则、有层次的变化，但这种变化并不会出现循环，即该恒星的亮度变化有一定规律但周期不定。

separation　间距

天球上两个天体之间的距离，一般用从观测地看到的两者之间的夹角来表示。

September equinox　秋分、秋分点

太阳由北向南穿过地球赤道平面的那一刻；天赤道和黄道相交的两点中赤经等于12小时，赤纬等于0°的那一点；注意只有对于北半球来说，这一点才真正算是“秋”分点。

setting　没、落

由于行星或卫星的自转引起的其他天体消失在该行星或卫星的地平线以下的现象。

setting circles　定位度盘

赤道跟踪装置上可转动的刻度盘，利用度盘可以让观测者根据天体的赤经和赤纬通过望远镜找到相应的天体。

shadow bands　影带

日全食前或日全食后的瞬间，由于大气折射的缘故，有时可在平坦浅色地面上看见投影下一些暗弱的直条。

short-period comet　短周期彗星

公转轨道运行周期小于200年的彗星。

sidereal clock　恒星钟

按照恒星时运行的钟。

sidereal period　恒星周期

太阳系天体相对于固定的恒星背景完成公转一周的时间间隔。

sidereal time　恒星时

某地春分点的时角；也可用当地此时子午线上的恒星（真实的或者是假想的）的赤经来表示，也可用“star time”来表示。

silvering　镀银

老术语，指在望远镜的镜面上覆盖上一层非常薄的银。

Small Magellanic Cloud　小麦哲伦星云

银河系的一组不规则的卫星星系，是距离银河系第一近的星系，大约有240 000光年距离。

solar　太阳的

和太阳有关的。

solar apex　太阳向点

相对于临近的许多恒星来说，天球中太阳和整个太阳系朝之运动的那一点叫太阳的向点。这一点位于武仙座边缘，坐标约为赤经6小时，赤纬+30°。

solar cycle 太阳活动周期

太阳活动的十一年变化周期，其中最显著的变化是光球层中可见黑子的数目变化。

solar eclipse 日食

新月时，有时从地球上观测，可以见到的月球完全或者部分遮挡住太阳的现象。

solar flare 太阳耀斑

太阳光球层中一些轻粒子（质子、电子等）和电磁能的突然爆发。太空中太阳风的产生和其有关，地球上出现的低能宇宙线辐射和极光现象也和太阳耀斑有关。

solar irradiance 太阳辐射度

行星或者是卫星表面上单位面积接收到的太阳能量，常用单位为瓦特/平方米。

solar system 太阳系

由太阳的引力所能控制的所有天体和物质组成的系统。整个太阳系包括太阳、九大行星及其卫星、小天体如小行星和彗星等。太阳系是由46亿年前的太阳系星云演化而成的。

solar telescope 太阳望远镜

设计用来专门观测太阳的天文望远镜。

solar wind 太阳风

高速逃逸到太阳日冕以外的高能带电粒子，使太阳不断的流失质量和角动量。

solstice 二至点

黄道上赤经等于6小时（夏至点）和18小时（冬至点）的两点。

solstitial colure 二至圈

天球上过天极并与黄道相交于二至点的大圆。

spectroscopy 光谱学

通过将光线分成不同的波长来研究天体的方法。

speculum 镜用合金、镜齐

一种比较老的术语，指用于制作反射望远镜的主镜面的含80%铜、20%锡的一种高反光合金。

spherical aberration 球差

透镜无法将平行于轴向的光线和近轴光线聚焦在焦平面上的同一点，由此产生模糊的像。

spider 网支架

支撑牛顿式天文望远镜的对角镜的支架。

spider diffraction 网架衍射

牛顿天文望远镜中，在支撑副镜的网支架周围产生衍射形成的十字形图案。

spiral galaxy 旋涡星系

旋涡星系的内部是年老的恒星聚集而成的核心部分，其周围环绕着由年轻的、较亮的恒星组成的旋涡状的平坦星系盘（旋臂）。

sporadic meteor 偶发流星

不属于任何一个已知的流星雨群的流星。

spring equinox 春分、春分点

见 March equinox 春分、春分点（三月点）。

star 恒星

自己能够发光的巨大的气体球，其核心内部发生着剧烈的核聚变反应从而产生了巨大的能量。

star atlas 星图集

亮于某一指定星等的恒星和其他天体的天球位置图集，可以帮助天文爱好者按位置找到对应的天体。

star catalog 星表

亮于某一指定星等的大量恒星的数据表（不同于星图）。

star diagonal 对角镜

见 diagonal mirror 对角镜（天体棱镜）。

star trails 星象迹线

业余天文摄影家中所流行的拍摄主题；照相机固定在一个地点不动，同时快门持续打开一段时间（从几分钟到几小时不等），由于地球的自转运动而在底片上留下恒星周日视运动的轨迹。

stationary point 留点

行星从顺行转为逆行，或者由逆行转为顺行时，看似不动的位置。

stellar parallax 恒星视差

由于地球绕日公转引起的恒星或其他天体的视角位移；数值上，某一天体相对于一天文单位的距离所成的夹角就等于其视差。恒星视差与太阳视差不同，太阳视差是在地球表面两个不同的观测地点（通常是两个相距比较远的地方）观测太阳时，太阳的视角位移。

Strehl ratio 斯太尔率

实际的望远镜中所成的最亮的像点中所会聚的光线的数量与理想条件下的望远镜所能会聚的光线的比值；斯太尔率为100%时，望远镜即为理想条件下的望远镜。

summer solstice 夏至点

见 June solstice 夏至点。

Sun 太阳

太阳系中心的恒星，地球和其他行星都绕着它公转；太阳是颗光谱型为G2V型的恒星，年龄约为46亿年，质量约为2×10^{30}千克。

sungrazer 掠日彗星

从离太阳非常近的距离上掠过的彗星，通常这些彗星在掠过太阳的过程中会被毁灭。

sunrise 日出

由于地球自转，太阳的上边缘刚刚出现在地平线上的时刻。

sunset 日落

由于地球自转，太阳的上边缘刚刚消失在地平线下的时刻。

sunspot 太阳黑子

由于太阳磁场的变化而引起的太阳光球层中某些区域温度变得比周围更低而看起来变黑的现象。

sunspot cycle 太阳黑子周期

近似为11年的周期，为两次观测到的黑子数目极大的时间间隔。

supercluster 超星系团

由靠得比较近的延伸亿万光年的许多星系团组成的超星系团。至今为止大约有50多个超星系团在观测上被区分出来。

supergiant 超巨星

比起有同样光谱型的巨星来说，有着更亮的亮度和更大的半径的恒星。一般其光度是巨星的100倍以上，几乎都会演化成为超新星。

superior conjunction 上合

在发生合时，地内行星与地球分别处于太阳相对的两侧的现象。

superior planet 外行星

绕太阳公转的轨道在地球公转轨道之外的行星：包括火星、木星、土星、天王星、海王星、冥王星。

supernova 超新星

恒星发生剧烈的爆炸，辐射出大量能量和光，在短时间内迅速增亮很多倍的现象；通常恒星会在爆发过程中消失。

supernova remnant 超新星遗迹

超新星爆发后在原来位置处留下的弥散气体云。

surface　表面

对于类地行星或者是卫星，表面指的是行星本身和其大气之间的边界；对于类木行星，表面则指行星大气同其在大气以下很深处的固体核之间的边界，有时也可能指“光学”表面，即行星大气开始变得不透明的地方。

surface brightness　表面亮度

任一天体（或者是指天空本身）单位面积的发光强度，通常表示为：星等/平方角秒。

symmetrical　对称目镜

一种由参数完全相同的两组透镜组成的目镜。最常用的对称目镜是普罗素目镜（Plossl 目镜），它由完全相同的两组双胶合消色差透镜组成。

synchronous rotation　同步绕转

一颗卫星的自转周期和其公转的轨道周期相同时，叫做同步绕转。

synodic period 会合周期

从地球上观测，两个不同的大行星连续两次合的平均时间间隔。

syzygy　朔望

当太阳、地球和月球或者是某个大行星并排成一条线的时候叫做朔望。对月球来说，朔望发生在新月（朔）和满月（望）时，对于大行星，朔望指行星发生合或者是冲的时候。

tail　彗尾

彗星最为显著的特征；彗尾总是背向太阳，其形状和长度也在不停地变化。

telecompressor　缩焦镜

一种缩短镜面到焦平面的距离的光学装置，缩短了望远镜的焦距，以此扩大系统的光圈，通常可以提高光学系统的成像速度。

tele-extender　增焦镜

即巴罗（Barlow）透镜。

telescope　天文望远镜

收集、聚焦并且放大来自于天体的光线的天文仪器。

terminator　明暗界线

月球或者是其他太阳系天体上，其被太阳光照亮和黑暗的两个半球之间的界线。在明暗界线上，出现的是日出或者是日落现象。

terrestrial　地球的

地球上的或者与地球有关的。

terrestrial planets　类地行星

太阳系内四个比较小的内行星：水星，金星，地球，火星；由于这些行星的大小和组成都和地球类似，因此得名。

third contact 生光或第三切

全食时，太阳或者是月球就要重新出现的那一刻；或者指在凌日快要结束时，行星就要与太阳边缘相切的时刻。

tilt of axis　轨道倾角

行星或者是卫星的自转轴同其运行的轨道平面之间的夹角。

time zone　时区

为了提供标准的时间，将地球表面分成24个相等的区域，每个区域为一个时区；在每个时区内的时间采用相同的时间。

total eclipse　全食

日食或者是月食时：（1）太阳光完全被月球挡住时，叫日全食；（2）月球完全进入到地球的本影中的时候，叫月全食。

total magnitude　总星等

见 integrated magnitude 累积星等。

transient lunar phenomena (TLD)月球暂现现象

也叫做lunar transient phenomena(LTP)，指月球表面发生的短暂发光、闪光，颜色或者亮度变化，等等。

transit　凌日，上中天

（1）从地球上看，水星或者是金星从日面上经过的现象，这叫凌日。

（2）也叫做上中天（upper culmination），某个天体经过观测者所在的子午圈时，靠近天顶的那个位置（反之如果离天顶最远称为下中天）。

truss-tube telescope　架式望远镜

用轻便的支架组装成镜筒的天文望远镜，可以很迅速很简易地进行组装。

twilight　晨昏朦影

日出前和日没后，由于高空大气散射太阳光引起天空发亮的现象称为晨昏朦影。按照太阳光照到地球表面的不同位置，可有：当太阳的地平高度时96°时称为民用晨昏朦影（civil twilight），102°时称为航海晨昏朦影（nautical twilight），108°时称为天文晨昏朦影（astronomical twilight）。

twinkling　闪烁

见 scintillation 闪烁。

umbra　本影

太阳系天体在太阳光的照射下所形成的阴影中央完全没有阳光到达的部分。

unit-magnification finder　单倍寻星镜

没有放大作用的一种寻星镜。

Universal Time (UT)世界时

也叫格林尼治平时（GMT），即格林尼治子午线上（地理经度为0°）的地方时间；在天文和航海的应用中，世界时(UT)通常特指的是UT1，这是根据天文方法观测地球的自转来进行时间的度量的。民用的世界时(UT)通常指的是协调UTC，是由高精度的原子钟来度量的，协调世界时全世界民用时间所通用的基准时间系统。

upper culmination　上中天

见 culmination 中天。

variable star　变星

光度有变化的恒星，其变化的原因有很多。

Vernal equinox　春分、春分点

太阳由南向北穿过地球赤道平面的那一刻；也是黄道和天赤道相交的两点之中，天球赤道坐标为赤经等于0小时，赤纬等于0°的那一点。注：对于地球来说，只有北半球该点才成为真正的春分点（对应3月、春天）。

vertical circle　地平经圈

天球上过天顶并且与地平圈垂直相交的大圆；这样的大圆有很多，按照经度的不同就可以分成不同的地平经圈。

vignetting　渐晕

相对于一幅图像的中心部分来说，图像的外部逐渐变暗的地方。

visual binary　目视双星

夜空中肉眼可见的两颗紧紧靠在一起的恒星，称为目视双星。

visual magnitude　目视星等

同apparent magnitude视星等。

waning　亏

月球或者是其他行星被太阳光照亮的范围开始变小的时刻。

wavelength 波长

横波，如电磁波的两个波峰或者波谷之间的距离。波长越短，横波所带的能量也就越大。

waxing 盈

月球或者是其他的行星被太阳光照亮的范围开始变大的时刻。

white dwarf 白矮星

恒星的核聚变反应完全停止后剩下的恒星核心部分，由电子简并态物质组成。

Wilson Effect 威尔逊效应

由于透视效果，当黑子接近日面边缘时，其本影看起来就不在半影中央，而是贴近靠日面中心的半影。这个现象称为威尔逊效应。

y.d.h.m.s 年.日.小时.分钟.秒

year.days.hours.minutes.seconds的缩写，如$2^y298^d16^h33^m20^s$=2年298日16小时33分种20秒。

year 年

一般指地球或者是其他行星绕着太阳完全公转一周所用的时间间隔；细分的话有很多不同的年类型。

zenith 天顶

天球上到地平上任一点的角距离都为90°的点，也即观测者所在地子午圈上地平高度最高的那一点；即正对天底的那一点。

zenith distance 天顶距

天体距离天顶的角距离，等于90°减去天体的地平高度。

zenithal hourly rate（ZHR） 天顶每小时出现率（流星）

观测者目视的极限星等为6.5等时，在最佳的观测条件下（无月夜，晴天），如果观测的流星雨的辐射点位于天顶时，理论上每小时能够观测到的流星数目。

zodiac 黄道带

天球中以黄道为中心的，纬度为18°的环天球的带状区域。

zodiacal band 黄道亮带

黑夜中沿黄道可见的亮带，比起黄道光来说更暗弱些，伸展范围也更广。

zodiacal dust 黄道尘埃

弥散在黄道面内的太阳系中的行星际尘埃，一般认为这些尘埃是由于小行星互相碰撞或者是彗星解体时形成的。

zodiacal light 黄道光

由于黄道面上的尘埃粒子散射太阳光的影响，在黑夜时，肉眼可见的沿黄道伸展的淡弱光亮。

zone of avoidance 隐带

以银河系为中心的一个环带，该环带内的星系由于银河系中的尘埃遮掩而变模糊。

致 谢

我再一次感谢我的妻子霍莉。她的理解、同情和忍耐是帮助这一工作完成的动力之一。当我说“我对一幅照片有一个新的想法时”，她就会主动放弃所有的事情来帮助我，我在这里能做的只是聊表谢意。霍莉创作了本书中所有的非照相插图。她几乎掌握了所有基于图形的软件程序。除了这些技术上的帮助，她的帮助对我来说比太阳和月亮（或本文中提到的任何其他天体）还珍贵。霍莉，我爱你。

当这一任务还处于构思阶段时，我的想法是要包括尽可能多的天文爱好者的贡献。然后，我发出了“征图启事”，并联系了一些天文爱好者，询问他们是否愿意提供一幅或几幅图片。来自于天文爱好者团体的响应是令人振奋的。下一段落列出了我要感激和致以真诚谢意的人的名单，按字母顺序排列。同时在他们所贡献的图片下方的插图说明中也加以说明，或是直接引用他们的说明。

Leonard B. Abbey, FRAS, Mark Abraham (Olathe, Kansas), Paul Alsing (Poway California), Chris Anderson (western Kentucky), Thomas M. Back (Cleveland, Ohio), Ulrich Beinert (Kronberg, Germany) Steve and Susan Carroll (Fort Scott, Kansas), Roland Christen (Rockford, Illinois), Steven Coe (Phoenix, Arizona), A. J. Crayon (Phoenix, Arizona), Mark Cunningham (Craig, Colorado), Richard Dibon-Smith (Toronto, Canada), Eugene Dolphin (San Diego, California), Jim Gamble (EI Paso, Texas), Robert Gendler (Avon, Connecticut), Ed Grafton (Houston, Texas), Robert Haler (Kansas City, Missouri), Jeffrey R. Hapeman (Madison, Wisconsin), David Healy (Sierra Vista, Arizona), Carlos E. Hernandez (Houston, Texas), Jane Houston Jones (San Francisco, California), Mick Hradek (EI Paso, Texas), Tim Hunter (Tucson, Arizona), Steven Juchnowski (Balliang East, Victoria, Australia), Jere Kahanpaa (Jyvaskyla, Finland), Al Kelly (Danciger, Texas), David W. Knisely, (Lincoln, Nebraska), Arpad Kovacsy (Mt. Vernon, Virginia), Ron Lambert (EI Paso, Texas), Shane Larson (Bozeman, Montana), Eugene Lawson (EI Paso, Texas), Tan Wei Leong (Singapore), Charles Manske (Watsonville, California), Mark Marcotte (EI Paso, Texas), James McGaha (Tucson, Arizona), Arild Moland (Oslo, Norway), Craig Molstad (Onamia, Minnesota), Mike Murray (Bozeman,

Montana), Larry Robinson (Olathe, Kansas), Ray Rochelle (Chico, California), Jim Sheets (McPherson, Kansas), Raymond Shubinski (Prestonsburg, Kentucky), Rick Singmaster (Arcadia, Kansas), Brian Skiff (Flagstaff, Arizona), Shay Stephens (Seattle, Washington), Rick Thurmond (Mayhill, New Mexico), Alin Tolea (Baltimore, Maryland), John Wagoner (Cleveland, Texas), Kent Wallace (Palominas, Arizona), Chris Woodruff (Valencia, California)

有三位我在前面没有提及，是为了留在这里特别感谢。他们的帮助远大于为本书的某些章节提供图片、提供建议和指出缺点。按字母排序，他们是：Adam Block (Tucson, Arizona)，他负责基特峰的高级观测者计划（Advanced Observers Program）。本书中的星系图片，除极少数外，都是在Adam的帮助下获得的。一开始，我就看到了Adam提供的高品质图像和信息，这使我放下了一块心事，更使我确信本书将会很值得一看。感谢你，Adam。

第二位我要特别感谢的是Robert Kuberek (Valencia, California)。我提出的要求没有Bob做不到的。无论是关于某一天体的照片，还是关于某一设备的某一个部分的照片（Bob以收藏有高品质的素材资料而著称），我听到的都是"没问题，我马上为你准备"。感谢你，Bob。

第三位（但不是不重要）值得感谢的是Jeff Medkeff (Sierra Vista, Arizona)，我从Jeff那里学到了业余天文学许多领域的大量知识，他一直乐于与他人分享信息，并解答疑问。除了简单的知识外，Jeff还在我以前根本不感兴趣的领域赋予我灵感（电子耦合装置，月球等）。感谢你，Jeff。

除此之外，我还要感谢很多个人和团体。首先，我要特别感谢Meade Instruments Corporation慷慨地借给我一台300mm LX200具有全球定位系统的施密特-卡塞格林望远镜。我用这台望远镜检测了这本书里所涉及的很多有关设备零件、滤光片等的用法。

感谢Thomas M. Bisque (Software Bisque)提供了他们杰出的软件TheSky的最新完全版本。不管他是不是这么认为，从我的第一本拙作开始，Tom就是重要的支持者。

Al Misiuk (Sirius Optics in Kirkland, Washington)提供了大量的滤光片，改进并协助了我在我那有光污染的后院的观测。我唯一遗憾的是我的截稿日期临近，以致我没有时间检验几项即将得到的令人振奋的结果。Al，感谢你那几个使我深受启发的电话。

感谢太平洋天文协会广告市场部的协调员Glenn Eaton提供了RealSky的拷贝和几个星图编绘的软件包，RealSky提供的帮助是令人难以置信的。

最后，我要感谢剑桥大学出版社的全体工作人员。他们专业的指点和建议再一次引导我毫不费力地完成了整个复杂的图书出版流程。特别感谢Simon Mitton博士，他策划了这项工作，并见证了这本书的成书过程，还要特别感谢Jacqueline Garget小姐，她接任了Mitton博士的工作。这两位耐心和蔼地解答了我所有的问题，并提供了许多非常有意义的建议。

我把我最后和最高的赞美送给我的文字编辑Fiona Chapman。如果你喜欢这本书——我的意思是非常非常喜欢这本书——Fiona就是我们应该感谢的人。我提供的是思想和文字，而她提供的是把文字塑造成这本书的艺术。感谢你，Fiona。

图书在版编目（CIP）数据

剑桥天文爱好者指南 / (美) 迈克尔·E.白凯奇著；李元，马星垣，齐锐，曹军等译. — 长沙：湖南科学技术出版社，2021.7
ISBN 978-7-5710-0845-1

Ⅰ.①剑… Ⅱ.①迈… ②李… Ⅲ.①天文观测－指南 Ⅳ.①P12-62

中国版本图书馆CIP数据核字（2020）第226338号

JIANQIAO TIANWEN AIHAOZHE ZHINAN
剑桥天文爱好者指南

著　　者：[美] 迈克尔·E.白凯奇
译　　者：李元　马星垣　齐锐　曹军 等译
策划编辑：吴炜
责任编辑：杨波
营销编辑：吴诗
出版发行：湖南科学技术出版社
社　　址：长沙市开福区芙蓉中路一段416号
网　　址：http://www.hnstp.com
湖南科学技术出版社天猫旗舰店网址：
　　　　　http://hnkjcbs.tmall.com
印　　刷：长沙超峰印刷有限公司
厂　　址：宁乡市金州新区泉州北路100号
版　　次：2021年7月第1版
印　　次：2021年7月第1次印刷
开　　本：787 mm × 1092 mm　1/16
印　　张：23. 25
字　　数：535千字
书　　号：ISBN 978-7-5710-0845-1
定　　价：128. 00元